T0222487

Materialwissenschaft und Werkstofftechnik

Klaus Urban

Materialwissenschaft und Werkstofftechnik

Ein Ritt auf der Rasierklinge

Klaus Urban
Eichwalde
Deutschland

Planung Rainer Münz

ISBN 978-3-662-46236-2   ISBN 978-3-662-46237-9 (eBook)
DOI 10.1007/978-3-662-46237-9

Die Deutsche Nationalbibliothek verzeichnet diese Publikation in der Deutschen Nationalbibliografie;
detaillierte bibliografische Daten sind im Internet über http://dnb.d-nb.de abrufbar.

Springer

Gedruckt auf säurefreiem und chlorfrei gebleichtem Papier

Springer-Verlag Berlin Heidelberg ist Teil der Fachverlagsgruppe Springer Science+Business Media
(www.springer.com)

Meiner Enkelin Gina

Vorwort

Mein Hauptanliegen ist es, Abiturienten zu motivieren, sich für das Studium eines Faches zu entscheiden, von dem die meisten in der Schule nie etwas gehört haben und das auch in der öffentlichen Wahrnehmung, gemessen an seiner Bedeutung für unser Leben, stark unterbelichtet ist: Die Materialwissenschaft und Werkstofftechnik. Außerdem möchte ich Studienanfängern, auch anderer technischer Studienrichtungen, helfen, sich auf diesem breiten und vielfältig differenzierten Gebiet rasch zurechtzufinden und Zusammenhänge zu erkennen, die für einen Einsteiger zunächst nicht offensichtlich sind.

Das vorliegende Buch ist deshalb anders angelegt als Lehrbücher, die der Ausbildung von Werkstofffachleuten auf verschiedenen Stufen und speziellen Gebieten ihres Studiums dienen. Zwar vermittelt es ebenfalls Faktenwissen und Wissen über Teilgebiete der Materialwissenschaft und Werkstofftechnik, aber nur in dem Umfang und in der Tiefe, die notwendig sind, die Gesamtstruktur und die Dynamik dieses Fachgebietes zu verstehen.

Meinem Anliegen entsprechend habe ich es nicht unpersönlich geschrieben, wie es für Lehrbücher üblich ist, sondern spreche den Leser direkt an, animiere ihn zum Mitdenken und bringe ihm die Materialwissenschaft und Werkstofftechnik nicht nur als akkumuliertes Wissen, sondern als einen sich entwickelnden Organismus nahe, der von der oft aufopferungsvollen, manchmal auch mit Enttäuschungen verbundenen, aber immer faszinierenden Arbeit von Forschern lebt. Und ich stelle die Materialwissenschaft und Werkstofftechnik in gesellschaftliche, wirtschaftliche und wissenschaftliche Zusammenhänge, die ihre Entwicklung fördern sowie die Nutzung ihrer Ergebnisse beschleunigen oder auch hemmen können, die Chancen eröffnen, aber auch Risiken in sich bergen, über die ein Hochschulstudent, zumal ein angehender Werkstofffachmann, nachdenken sollte.

Ich habe den Inhalt des Buches anders gegliedert als es in Lehrbüchern der Materialwissenschaft und Werkstofftechnik gängig ist, die nicht vordergründig für den Zweck geschrieben sind, sie Jugendlichen verständlich und schmackhaft zu machen. Mein ordnender Grundgedanke ist, ausgehend von den Spuren einer uralten Kulturtechnik zu schildern, wie dieses Fachgebiet vom Handwerk zur Wissenschaft geworden ist. Dann exemplarisch zu zeigen, dass „Hightech", auf die wir heute tagtäglich und überall angewiesen sind, ohne sie höchstens eine reizvolle Idee wäre, die niemals hätte zünden können. Und schließlich einen Ausblick zu wagen, wohin sie sich entwickeln könnte.

Das Buch wendet sich jedoch nicht nur an „Kandidaten" der Materialwissenschaft und Werkstofftechnik. Es soll dieses Fachgebiet darüber hinaus auch einer
breiteren Öffentlichkeit näher bringen, vor allem jenen, die als Aufklärer und Rat-
geber Einfluss auf die Studienwahl von Abiturienten haben: Journalisten, Lehrer
und nicht zuletzt Eltern, die ihren jugendlichen Kindern bei der Wahl eines Studienfaches zur Seite stehen möchten, das deren Interessen und Fähigkeiten entspricht
und das ihnen vielfältige berufliche Entwicklungswege eröffnet. Wenngleich ein
Hochschulstudium mehr sein sollte als eine Art gehobener Berufsausbildung.

Ich danke dem amtierenden Vorstandsmitglied der Deutschen Gesellschaft für
Materialkunde, Herrn Dr.-Ing. Fischer, dass er mein Manuskript an den Springer-
Verlag vermittelt hat. Dem Cheflektor, Herrn Dr. Münz, danke ich dafür, dass er
es ohne zu zögern aufgegriffen und für die schnelle Realisierung dieses Buches
gesorgt hat. Frau Saglio habe ich für das verständnisvolle Management dieses Pro-
jektes zu danken sowie Herrn Neuert für sein Engagement bei der grafischen Ge-
staltung der Bilder und bei der Einholung notwendiger Genehmigungen für ihre
Verwendung. Mein besonderer Dank gilt aber vor allem meiner Frau Monika. Ohne
sie hätte ich dieses Buch nicht schreiben können. Sie hat mir mit erstaunlicher Geduld den notwendigen Freiraum dafür geschaffen und mich auf jede nur erdenkliche
Weise unterstützt. Nicht zuletzt war sie „Testleserin" meines Manuskripts, die mir
sehr geholfen hat, manche Sachverhalte verständlicher zu beschreiben, übermäßig
komplexe Formulierungen zu vereinfachen und bestimmte Zusammenhänge deutlicher zu machen. Nicht zuletzt danke ich allen Fachkollegen, die mir freundlicherweise Bilder zur Veröffentlichung überlassen haben.

Oktober 2014   Klaus Urban

Begleitwort

Liebe Leserin, lieber Leser,

Materialwissenschaft und Werkstofftechnik (MatWerk) ist kein Unterrichtsfach. Das ist traurig, aber wahr. Dabei müsste MatWerk, seiner Bedeutung gemäß, eigentlich längst in den Lehrplänen unserer Schulen und in den Leistungskursen der gymnasialen Oberstufe fest verankert sein, um effektiv auf ein weiterführendes Studium vorzubereiten. Immerhin bietet der Studiengang Materialwissenschaft und Werkstofftechnik, der 40 Hochschulen in Deutschland vereint, für Abiturientinnen und Abiturienten bestmögliche Karrierechancen. Tatsächlich gibt es keinen Industriezweig in Deutschland, aber auch in Europa und den USA, der im internationalen Wettbewerb nicht auf neue Materialien und Werkstoffe angewiesen wäre. Mehr als 70% des Bruttosozialproduktes in westlichen Industrienationen sind auf die Entwicklung neuer Materialien zurückführen. Vor allem in den großen Zukunftsfeldern Mobilität, Kommunikation, Energie, Gesundheit und Sicherheit führt kein Weg an MatWerk mehr vorbei.

Eigentlich war das aber schon immer so. Von der Zündkerze über den Dieselmotor bis zur Magnetschwebebahn, vom Segelflieger über das Düsentriebwerk bis zum Hubschrauber, von der Chipkarte bis zum Airbag, von der Kathodenstrahlröhre bis zu LCD-Flüssigkristallbildschirmen, von bioresorbierbaren Stents bis zu Dentalimplantaten wären Neuerungen ohne Materialwissenschaft und Werkstofftechnik überhaupt nicht möglich gewesen. Erfinder wie Robert Bosch, Rudolf Diesel, Karl Ferdinand von Braun und Otto Lehmann haben auf neue Materialentwicklungen zurückgegriffen, um ihre Ideen in die Tat umzusetzen. Und der erste Mensch, der einen Steinkeil schlug, um ihn als Werkzeug zu benutzen, betrieb Materialwissenschaft und Werkstofftechnik, ohne es zu wissen.

An der Entwicklung von MatWerk entlang lässt sich also nicht nur die gesamte Geschichte der Technik, sondern sogar die Kulturgeschichte der Menschheit vom Urbeginn an erzählen. Zivilisationshistorische Epochenbezeichnungen wie Stein-, Eisen- oder Bronzezeit weisen darauf hin, und die astronomisch sensationelle „Himmelsscheibe von Nebra" ist nicht zuletzt ein Meisterwerk materialkundlicher Behandlung. An diesem Punkt setzt Klaus Urbans faszinierender „Ritt auf der Rasierklinge" durch die Geschichte der Materialwissenschaft und Werkstofftechnik an – und führt seine Leserinnen und Leser bis hin zu den aktuellen MatWerk-Abenteuern im Bereich der kleinsten Nanoteilchen oder beim digitalen „Werkstoffdesign 2.0". Dabei wird auch deutlich, wie viel Schulwissen von Physik über Chemie bis hin zu Mathe oder Geschichte in MatWerk steckt – ein Allgemeinwissen, auf das jeder MatWerk-Student später zurückgreifen kann.

Ein wenig entschädigt Urbans „Ritt auf der Rasierklinge" also auch dafür, dass Materialwissenschaft und Werkstofftechnik auf den Lehrplänen der Gymnasien nicht zu finden ist. Dass das Buch dabei auch noch fesselnder und spannender daherkommt als gewöhnlicher Schulunterricht, macht die Lektüre umso wertvoller. MatWerk sei für ihn „das faszinierendste Fachgebiet, das man sich denken kann", schreibt Urban in der Einleitung seines Buches. Ich finde es wundervoll, dass diese Begeisterung in jeden Satz mit eingeflossen ist – und so, hoffentlich, auch möglichst viele Leserinnen und Leser an der Schwelle zum Studium, aber auch als der so genannten interessierten Öffentlichkeit „infiziert".

„Materialisierung von Ideen" lautet das Motto der Deutschen Gesellschaft für Materialkunde e. V. (DGM), deren Geschäftsführendes Vorstandsmitglied ich bin. Auf wie vielfältige Arten und Weisen diese Ideen in der Materialwissenschaft und Werkstofftechnik Form annehmen können, macht Klaus Urbans „Ritt auf der Rasierklinge" besonders unterhaltsam anschaulich. Ein solches einführendes Buch hätte ich mir zu Beginn meines Maschinenbaustudiums am Institut für Werkstofftechnik in Siegen gewünscht. Jetzt lege ich es Ihnen sehr ans Herz.

Vielleicht regt Sie die Lektüre ja auch an, selbst MatWerk zu studieren. Damit auch aus Ihren Ideen vielleicht einmal Werkstoffe und Materialien werden.

In diesem Sinne wünsche ich Ihnen eine anregende, spannende – und nicht zuletzt lehrreiche – Lektüre.

Ihr Frank O.R. Fischer

Dr.-Ing. Frank O.R. Fischer hat vor dem Abitur zunächst Tischler gelernt und sich im Anschluss für ein Maschinenbau-Studium entschieden. Im zweiten Semester begann er als studentische Hilfskraft am Institut für Werkstofftechnik in Siegen, wo er schließlich auch promovierte. Heute setzt sich Fischer als Geschäftsführendes Vorstandsmitglied der Deutschen Gesellschaft für Materialkunde e. V. besonders für die Förderung des Nachwuchses ein.

Inhaltsverzeichnis

Einleitung

1

Wenn Sie die Werkstoffwissenschaft als Studienfach wählen, entscheiden Sie sich für ein Fachgebiet, das für mich das faszinierendste ist, das man sich denken kann. Ein Fachgebiet, das von gravierender Bedeutung für die gesamte Menschheit war und ist. Denn seit Menschengedenken dreht es so kräftig am Rad der Zivilisation, wie kaum ein anderes. Werkstoffe sind das materielle Fundament unserer gesamten Kultur, so wie Wissen ihre geistige Basis ist. Sie haben ganze historische Epochen geprägt. Davon zeugt die Einteilung früher Etappen der Menschheitsgeschichte in Steinzeit, Bronzezeit und Eisenzeit. Sie ist übrigens keine Erfindung von Werkstofffachleuten, um die Bedeutung ihres Faches hervorzuheben. Sie wurde vielmehr in den 1830er Jahren unabhängig voneinander von dem dänischen Altertumsforscher Christian Jürgensen Thomsen (1788–1865), dem damaligen Leiter der Altnordischen Sammlung des Kopenhagener Nationalmuseums, und dem deutschen Prähistoriker Johann Friedrich Daneill (1783–1868) vorgenommen.

Heute sind wir im täglichen Leben, zumindest in modernen Industriegesellschaften, von Werkstoffen abhängiger als jemals zuvor. Sie stecken in Hightech-Erzeugnissen, die uns das Leben nicht nur angenehmer machen, sondern die auch unserer Gesundheit dienen und uns auf erträgliche Weise älter werden lassen. Ohne manche von ihnen wären wir im Alltag inzwischen ziemlich hilflos. Denken Sie nur an komfortable und schnelle Autos, entspiegelte Sonnenbrillen, medizinische Implantate und nicht zuletzt an die gesamte Palette der modernen Informations- und Kommunikationstechnik. Jeden Tag und überall haben wir es dabei mit Werkstoffen zu tun. Wir machen uns das als Anwender, Verbraucher oder Patient aber in der Regel nicht bewusst, weil wir meist nicht mit dem Werkstoff an sich konfrontiert sind, sondern vom technischen Endprodukt profitieren, dessen Herstellung aber oft erst durch intensive Werkstoffforschung und -entwicklung ermöglicht worden ist.

Vielleicht sind Sie der Werkstoffwissenschaft zum ersten Mal auf der Suche nach einer für Sie geeigneten Studienrichtung begegnet. Das könnte zunächst mal ein eher verwirrendes Rendezvous gewesen sein. Das beginnt schon mit der Bezeichnung dieses Fachgebietes. Ich spreche von der Werkstoffwissenschaft, aber gewiss sind Sie auch auf andere, ähnliche Begriffe gestoßen.

© Springer-Verlag Berlin Heidelberg 2015
K. Urban, *Materialwissenschaft und Werkstofftechnik*,
DOI 10.1007/978-3-662-46237-9_1

Als ich studiert habe, hieß dieses Fach noch schlicht und einfach „Werkstoffkunde". Seither ist die Werkstoff*kunde* zu einer Wissenschaft avanciert. Oder besser gesagt: Sie hat sich von einer überwiegend empirischen zu einer zunehmend theoretisch fundierten Wissenschaft entwickelt und in verschiedene, entweder naturwissenschaftlich oder ingenieurwissenschaftlich orientierte Richtungen differenziert.

Damit sind Bezeichnungen entstanden, wie Werkstoffwissenschaft(en), Werkstoffwissenschaft und -technologie und Materialwissenschaft. Jede Hochschule hält es damit, wie sie es für richtig hält. Und zudem sind die verschiedenen Studiengänge auch noch in unterschiedlichen Fakultäten angesiedelt, zum Beispiel bei den Physikern und Chemikern oder bei den Maschinenbau-, Fertigungs- oder Hütteningenieuren. Vermutlich hat Sie das bei Ihrer Suche nach einer geeigneten Studienrichtung einigermaßen irritiert. Ein klares Bild dieses Fachgebietes haben Sie so wahrscheinlich nur schwerlich erkennen können.

Vor einigen Jahren haben sich seine führenden Köpfe entschlossen, ihm ein einheitliches Gesicht zu geben und sich darauf geeinigt, die einzelnen Gebiete der aus der Werkstoffkunde erwachsenen Wissenschaft in Forschung und Lehre unter dem Label „Materialwissenschaft und Werkstofftechnik" zusammenzufassen. Allerdings nicht mit der Konsequenz, wie das beispielsweise ihre Kollegen in den USA getan haben. Dort gibt es praktisch nur noch ein werkstoffrelevantes Forschungs- und Studiengebiet und das heißt „Materials Science and Engineering". Hierzulande hingegen hat man die vielfältigen Bezeichnungen, die ja auch tatsächlich unterschiedliche Forschungs- und Ausbildungsprofile kennzeichnen sollen, beibehalten und lediglich eine gemeinsame Hülle darüber gestülpt, auf der „Materialwissenschaft und Werkstofftechnik" steht.

Im Grunde handelt es sich dabei um zwei Seiten ein und derselben Medaille. Auf der einen werden die naturwissenschaftlichen Grundlagen der Eigenschaften von Materialien untersucht, auf der anderen werden auf dieser Basis Materialien mit neuen oder verbesserten Eigenschaften entwickelt und hergestellt, die für technische Zwecke eingesetzt werden sollen, und die Werkstoffe genannt werden. Da ich hauptsächlich Ihr Interesse an der Entwicklung, Herstellung und Anwendung von Werkstoffen wecken möchte, fasse ich beide unter dem Begriff Werkstoffforschung zusammen und bezeichne die Wissenschaft, in der diese Forschung betrieben wird, weiterhin als Werkstoffwissenschaft. Durchgehend von „Materialwissenschaft und Werkstofftechnik" zu sprechen, ist mir einfach zu unhandlich ist.

Ich habe Studenten erlebt, die gar nicht so recht wussten, worauf sie sich mit ihrer Entscheidung, Werkstoffwissenschaft zu studieren, eingelassen haben. Einige haben mir erzählt, dass sie sich sowohl für Naturwissenschaft als auch für Technik interessieren und dass man ihnen gesagt habe, dass Werkstoffforschung da ein geeignetes Fach für sie wäre. Andere wollten einfach mal sehen, ob das ein interessantes Fach für sie sei, aber eigentlich hätten sie vor, später mal ins Lehramt zu wechseln. Und wieder andere meinten lediglich, die Werkstoffwissenschaft interessiere sie, weil sie etwas mit der Umwelt zu tun habe. Einem war sogar von einer Arbeitsagentur empfohlen worden, es doch einfach mal mit Werkstoffwissenschaft zu versuchen. Das ist keine gute Grundlage, um sich sachkundig zu entscheiden zu können, ob man Werkstoffwissenschaft studieren möchte oder nicht.

In dieser Hinsicht war ich seinerzeit in einer besseren Position, als ich mich um einen Studienplatz auf diesem Fachgebiet beworben habe. Ich hatte schon während meiner Berufsausbildung zum Maschinenschlosser beispielsweise etwas über Gitterstrukturen, Werkstoffgefüge und Zustandsdiagramme gelernt und hatte eine Vorstellung davon, was Werkstoffingenieure zu tun haben.

Warum wollen Sie eigentlich Werkstoffkunde studieren? Diese Frage war die erste, die mir je ein Hochschullehrer gestellt hat. Jeder, der bei Professor Eisenkolb an der TU Dresden dieses Fach studieren wollte, hatte sie ihm in einem kurzen Aufsatz zu beantworten. Bevor Sie sich für ein Studium der Werkstoffwissenschaft entscheiden, wozu ich Sie ermutigen möchte, sollten Sie sich selbst fragen: Warum will ich das? Und worauf lasse ich mich da ein? Ich möchte Ihnen helfen, sich diese Fragen zu beantworten, indem ich Ihnen eine Vorstellung davon vermittle, was Werkstoffforschung ist, woher sie kommt, wohin sie geht und wozu man sie betreibt. Dabei gehe ich davon aus, dass ein Hochschulstudium mehr ist als gehobene Berufsausbildung.

Dem Ingenieur stehen heute etwa 50.000 Werkstoffe zur Verfügung, aus denen Erzeugnisse für alle Lebensbereiche hergestellt werden. Sie können durch zum Teil hochkomplexe Herstellungs-, Formgebungs- und Fügeverfahren, durch Oberflächenveredelungen und Funktionalisierungen vielfältiger Art von vornherein den jeweiligen Bedürfnissen und technischen Anforderungen der Industrie optimal angepasst werden.

Mehrere Tausend Jahre hat der Mensch probiert, experimentiert, nachgedacht und schließlich zielgerichtet geforscht bis er das geschafft hat. Ich lade Sie ein, mit mir eine Erkundungstour durch die Vergangenheit und Gegenwart der Werkstoffforschung zu unternehmen. Wir werden dabei nicht ausgetretenen Pfaden, sondern dem Entwicklungsweg einer uralten Kulturtechnik folgen, die durch die Verfügbarkeit und Nutzung neuer Werkstoffe immer weiter perfektioniert wurde, deren Wirkprinzip aber seit der Steinzeit unverändert geblieben ist, der Nassrasiertechnik. An einigen markanten Punkten dieses Weges werden wir auch das umliegende Gelände erkunden. Wenn Sie dabei den Eindruck haben sollten, dass wir zu weit von unserem Weg abkommen und uns verirren könnten, keine Sorge, wir kehren immer wieder zur Werkstoffforschung zurück. Am vorläufigen Ende der Entwicklung der Nassrasiertechnik angekommen, werden wir uns dann auf einigen aktuellen Gebieten der Werkstoffforschung umsehen und einen Ausblick wagen, wie es mit ihr weitergehen könnte.

Sie werden bei diesem „Ritt auf der Rasierklinge" und der exemplarischen Besichtigung der modernen Werkstoffforschung erkennen, dass die Werkstoffwissenschaft ein vitaler Organismus ist. Sie werden verstehen, wie sie bis heute am Rad der Zivilisation dreht und wie der Umgang des Menschen mit Werkstoffen vom Handwerk zur Industrie und schließlich zu einer eigenständigen Wissenschaft geworden ist. Auf diesem Weg werden Sie Personen begegnen, die diese Entwicklung maßgeblich vorangebracht und damit kulturelle Leistungen vollbracht haben, die denen eines Cranach, Goethe oder Beethoven nicht nachstehen. Und Sie werden sehen, wie ihre Ergebnisse in viele Gebiete vorgedrungen sind, wie sie selbst aus anderen Quellen geschöpft hat und in welchen historischen Zusammenhängen sich das abgespielt hat, die teilweise bis in die Gegenwart reichen.

Außerdem werden Sie lernen, welches naturwissenschaftliche und technische Wissen, welche technischen Fähigkeiten und Fertigkeiten, zum elementaren Handwerkszeug des Werkstofffachmannes gehören. Aber auch, über welches Wissen und Können er darüber hinaus verfügen muss, um damit Werkstoffe zu entwickeln und herzustellen, die dann auch zu Innovationen in der Industrie und der Gesellschaft führen. Und was er für eine Persönlichkeit sein muss, um Hindernisse überwinden zu können, die dem nicht selten entgegenstehen. Oder auch, um Chancen und Risiken des Einsatzes neuer Materialien und Werkstoffe abzuwägen und zu entscheiden, was er tut – oder lässt. Auch das ist manchmal, im übertragenen Sinne, ein Ritt auf der Rasierklinge.

Am Ende werden wir aus den vielen Einzelheiten, die Sie auf dieser Exkursion kennengelernt haben, das Allgemeine, Grundsätzliche herausfiltern und zu einem Gesamtbild der Werkstoffwissenschaft zusammenfügen. Eine solche Struktur möchten wir ja gern im Kopf haben, weil sie es unserem Gehirn erleichtert, erworbenes Wissen dauerhaft im Gedächtnis zu verankern und neues einzuordnen. Falls Sie sich für eine Studienrichtung der Materialwissenschaft und Werkstofftechnik entscheiden, um es hier korrekt zu sagen, wird sie Ihnen auch helfen, sich in der Vielfalt der werkstoffwissenschaftlichen Lehrveranstaltungen zu orientieren und ihren inhaltlichen Zusammenhang zu erkennen. In Ihrer künftigen beruflichen Tätigkeit wird sie es Ihnen ermöglichen, rasch und flexibel auf neue Entwicklungen und Anforderungen zu reagieren. Und machen Sie sich dann bitte auch klar, dass vor allem Sie es sind, die eines nicht allzu fernen Tages die Geschicke der Werkstoffforschung in die Hand nehmen und deren Wirkungen auf die Gesellschaft verantworten müssen, in der Sie und Ihre Kinder leben werden. Nicht mehr Ihre Lehrer!

Der Weite Weg Zur Werkstoffwissenschaft

2

2.1 Höllenqualen für einen Kuss

Der Bart eines Mannes besteht aus etwa 7000 bis 15.000 Haaren, die täglich etwa 0,4 mm wachsen und die im trockenen Zustand beinahe ebenso hart sind, wie gleich dicke Kupferdrähte. Männer, die sich regelmäßig nassrasieren, verbringen etwa 140 Tage Ihres Lebens damit, sich fast 840 m Bart abzuscheren. Ich habe das nicht nachgemessen, aber diese Zahlen liest man allenthalben, wenn man im Internet googelt, zum Beispiel in einem Bericht des Handelsblattes aus dem Jahre 2006 über eine Ausstellung zur „Kultur des Rasierens". Angesichts dieses Aufwandes möchte ich gern einer Studie der Gillette Company glauben, dass die meisten Frauen lieber glattrasierte Männer küssen als Kerle mit Bart – was übrigens eine deutsche Sexualwissenschaftlerin bestätigt [1].

Höhlenmalereien und archäologischen Funde liefern ziemlich sichere Hinweise darauf, dass sich schon unsere Vorväter in der Steinzeit rasiert haben. Welche Gründe sie dafür hatten, liegt im Dunkeln. Wir wissen nicht, wie ihre Höhlendamen über die Attraktivität männlicher Bärte dachten. Wir können uns aber vorstellen, dass unsere männlichen Vorfahren seinerzeit ziemliche Qualen auf sich genommen haben, um ihren Bart ab zu bekommen – kaum denkbar, dass bessere Erfolgschancen beim weiblichen Geschlecht dabei kein Rolle gespielt haben sollen. Warum sonst sollte ein Mann bereit sein, sich seinen Bart mit behauenen und abgeschliffenen Steinen oder Vulkanglas abzuschaben?

Heute stehen Rasierklingen ganz weit oben auf der Hitliste von Erzeugnissen, die in Drogeriemärkten geklaut werden, wie „Die Zeit" berichtet hat [2]. Vermutlich, weil viele Männer nicht einsehen, warum sie mehrere Euro für ein paar kleine Metallblättchen bezahlen sollen. Haben Sie sich mal gefragt, warum die so teuer sind? Die Antwort ist: Sie bestehen aus Hightech-Werkstoffen, deren Herstellung sehr kompliziert ist.

Die Entwicklung der Nassrasiertechnik von ihren Anfängen bis zur Gegenwart war eine Kulturleistung der Menschheit [3], die nur dadurch gelingen konnte, dass

© Springer-Verlag Berlin Heidelberg 2015
K. Urban, *Materialwissenschaft und Werkstofftechnik,*
DOI 10.1007/978-3-662-46237-9_2

5

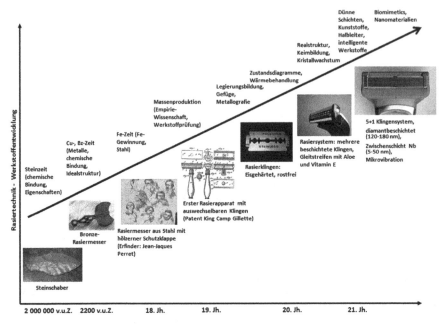

Abb. 2.1 Neue Werkstoffe – neue Rasiertechnik

für die Herstellung von Rasierklingen im Laufe der Zeit immer neue Werkstoffe zur
Verfügung standen (Abb. 2.1).

Entlang der historischen Entwicklung dieser steinalten Kulturtechnik, die über
Jahrtausende eine Domäne der Männerwelt war, von der heute aber auch das schöne
Geschlecht Besitz ergriffen hat, soll uns nun auf unserer Erkundungstour durch die
Werkstoffforschung navigieren. Starten wir dort, wo alles angefangen hat.

2.2   Die Spur der Steine

Er liegt im Britischen Museum und ist etwa zwei Millionen Jahre alt. Ein Stein mit
einer messerscharfen Kante, so behauen, dass er gut in der Hand liegt. Er ist einer
der ältesten Gegenstände, die jemals von Menschenhand gefertigt worden sind, soweit wir heute wissen. Gefunden hat ihn der britische Archäologe Louis Leakey im
Jahre 1931 in der Olduvai-Schlucht in Tansania, nahe der Grenze zu Kenia. Dort
liegen die tiefsten Wurzeln unserer Kultur, der erste „Werkzeugkasten der Menschheit" [4]. Ob auch die Nassrasierkultur dort ihren Ausgangspunkt hat, ist eher fraglich. Genau erfahren werden wir es vermutlich nie.

In unserer Weltgegend fand die Steinzeit erst eine runde Million Jahre später
statt, etwa zwischen dem 10. und dem 2. Jahrtausend v.u.Z. Archäologen haben
Rasierschabern aus Stein und Obsidian ausgegraben, die aus dieser Zeit stammen.
Jedenfalls sind sie sich ziemlich sicher, dass es sich um Rasiergeräte handelt. Aber,

obwohl Vieles dafür spricht, einen gesicherten Beweis dafür, dass sich Steinzeit-männer wirklich rasiert haben, gibt es allem Anschein nach bislang nicht.

Behauene und polierte Steine und Klingen aus Obsidian waren Werkzeuge vom Feinsten, Hightech-Geräte der Steinzeit, hart und scharfkantig. Deshalb verwendete man sie zum Beispiel als Speerspitzen zur Jagd, löste damit Fleisch vom Knochen erlegter Tiere, zertrümmerte mit ihnen die Knochen, um an das nahrhafte Mark zu gelangen, benutzte sie als Hackwerkzeuge, um Holz zu zerkleinern, und wahr-scheinlich eben auch zum Rasieren. Ihre Herstellung und Nutzung hat der Entwick-lung des Menschen einen enormen Schub gegeben.

Sie erforderten räumliches Vorstellungsvermögen, kreatives Vorausdenken, Ge-schick und geordnete Arbeitsabläufe. Das trainierte das Gehirn und bewirkte eine Differenzierung seiner Struktur und damit seiner Leistungsfähigkeit. Gleichzeitig sorgte der erleichterte und vermehrte Zugang zu energiereicherer Nahrung für des-sen Wachstum und für eine Stärkung der Körperkraft des Menschen. All das führte zu einer sprunghaften Erweiterung der Fähigkeiten und Fertigkeiten des Menschen – ausgelöst durch Steinzeit-Hochtechnologie. Können Sie sich vorstellen, dass unsere moderne Technik sowie die durch sie veränderte Lebensweise der Entwick-lung des Menschen einen vergleichbaren Impuls verleihen? Ich fürchte, dass sie auf Dauer bei Vielen von uns eher das Gegenteil bewirken könnte: Eine Degeneration mancher geistiger und körperlicher Fähigkeiten und Fertigkeiten, weil bestimmte Teile unseres Gehirns und unseres Bewegungsapparates weniger beansprucht wer-den als nötig wäre, um sie ordentlich auf Trab zu halten.

Was den Werkstoffforscher interessiert, ist natürlich: Was sind das für Materi-alien, die unsere Altvorderen vor Jahrtausenden als Werkstoffe zur Fertigung von Rasierschabern und anderen Werkzeuge verwendet haben, Steine und Obsidian? Warum eignen sie sich überhaupt dazu? Woraus bestehen sie? Wie sieht ihre innere Struktur aus?

Steine oder Gesteine, wie die Geologen sagen, bestehen in erster Linie aus Mi-neralen. Das sind vor allem Silicate, wie Feldspäte, Quarz und Glimmer. In weitaus geringerer Menge findet man Gesteine, die aus Karbonaten bestehen, wie Calcit oder Dolomit. Denken Sie an die daraus entstandene Gebirgskette in den Alpen, die Dolomiten.

Die Erdkruste besteht zu etwa 90 % aus Silicaten. Für den Chemiker sind das die Salze der Kieselsäure ($SiO_2 \times nH2O$). Entfernt man aus ihnen das Wasser, entsteht Siliciumdioxid (SiO_2). Den Werkstoffforscher interessiert jedoch nicht nur die Zu-sammensetzung, sondern vor allem die Struktur der Silicate. Er fragt sich: Wie sind die Silicium- und Sauerstoffatome in den Silicaten angeordnet? Um diese Frage zu beantworten, reaktivieren Sie bitte Ihr chemisches Grundwissen und erinnern sie sich:

Silicium ist vierwertig positiv geladen, Sauerstoff zweiwertig negativ. In den Silicaten ist das Si-Atom das zentrale Atom. Es schart tetraederförmig vier Sauer-stoffatome um sich. Da diese insgesamt acht negative Ladungen tragen, vom Si-Atom aber nur vier gebunden werden, bleibt an jedem Sauerstoffatom eine negative Ladung frei. Dieses SiO_4-Tetraeder ist der Grundbaustein, die „Einheits- oder Ele-mentarzelle" der Silicate (Abb. 2.2).

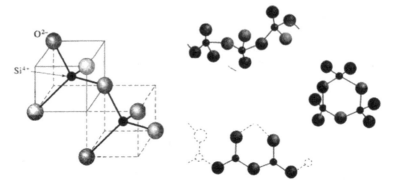

Abb. 2.2 Silicatstrukturen: *links*: $(SiO_4)^{-4}$ – Tetraeder (Grundbausteine), *rechts*: **a** Kettensilicat (das sich seitlich über Sauerstoffatome zu einem Bandsilicat verbinden kann), **b** Ringsilicat, **c** Schichtsilicat

Über die freien Ladungen der Sauerstoffatome sind die Tetraeder in der Regel zu größeren Komplexen verknüpft. Dadurch entstehen mehr oder weniger geordnete Strukturen, von Bändern über Schichten bis hin zu räumlichen Gittern. So konnte die Natur aus den silicatischen Grundbausteinen verschiedene Arten von Silicat-mineralen bilden. Materialien, die aus solchen geordneten Raumgittern bestehen, bezeichnet man als „kristallin". Sie bilden Kristalle. Der Begriff Kristall leitet sich vom griechischen „krýstallos" = Eis ab. Vermutlich hat man im antiken Griechen-land Quarz-Kristalle gefunden und sie für Eis gehalten, das nicht geschmolzen war.

Aufgrund dieser Kristallbildung konnten unsere steinzeitlichen Vorväter Steine in eine scharfkantige und handliche Form bringen. Werden Steine nämlich mecha-nisch bearbeitet, spalten sich Splitter ab, und zwar meist nicht irgendwie, sondern entlang bestimmter Kristallebenen. Dadurch entstehen ebene Spaltflächen, die die Oberfläche des Steines bilden. Die Menschen der Steinzeit haben die Splitter nun geschickt und gezielt so abgeschlagen, dass die hergestellten Werkzeuge ihre funk-tionsgerechte Gestalt erhielten, handlich und scharfkantig. Dafür war vor allem Feuerstein gut geeignet. Er besteht aus sehr kleinen Kristallen und ist deshalb be-sonders hart und wenn man ihn zerschlägt, entstehen sehr scharfe Kanten.

Warum sind Steine aber so hart, fragt sich der Werkstoffforscher weiter, dass sie sich als Werkzeuge eignen? Was „schweißt" ihre Atome so fest zusammen, dass sie sich dem mechanischen Eindringen der meisten anderen Materialien in ihre Ober-fläche widersetzen können? Um das zu verstehen, müssen wir uns ansehen, auf welche Weise die Atome in Silicat-Strukturen chemisch aneinander gebunden sind. Denn grundlegende Eigenschaften eines Materials, nicht nur von Silicaten, hängen von der Art der chemischen Bindung zwischen seinen Atomen ab.

Erdacht hat sich den Begriff „chemische Bindung" der englische Chemiker Ed-ward Frankland (1825–1899). Er hat metallorganische Verbindungen synthetisiert und dabei im Jahre 1852 sein Konzept der „Sättigungskapazität" entwickelt. Da-nach kann jedes Atom nur eine bestimmte maximale Anzahl anderer Atome an sich binden. Wir beschreiben dieses Konzept heute mit der Theorie der Valenzelektro-nen. Von Elektronen konnte Frankland noch nicht die leiseste Ahnung haben, denn sie sind erst 45 Jahre später, ebenfalls von einem Engländer, dem Physiker Joseph John Thomson (1856–1940), entdeckt worden. Der Mann ist 1906 mit dem Nobelpreis für Physik geehrt worden, allerdings nicht für diese Entdeckung, sondern für seine Arbeiten über die elektrische Leitfähigkeit von Gasen. Die Existenz des Elektrons war theoretisch schon 1874 von dem irischen Physiker George Johnstone Stoney (1826–1911) vorausgesagt worden. Er hatte postuliert, dass es elektrische Elementarladungen gibt, die mit den Atomen verbunden sind.

Sie haben über chemische Bindungsarten ganz sicher schon im Chemieunterricht gehört und Sie werden in Lehrveranstaltungen über die chemischen und physikalischen Grundlagen von Werkstoffen tiefer in diese Theorie eindringen. Kurz und knapp gesagt zu Ihrer Erinnerung:

Wie sich Atome verschiedener Elemente miteinander verbinden, hängt vom Aufbau ihrer Elektronenhülle ab. Alle Elemente sind bestrebt, bei chemischen Reaktionen eine möglichst stabile Elektronenkonfiguration zu erreichen. Das ist dann der Fall, wenn ihre äußere Elektronenschale voll mit Elektronen besetzt ist. Eine besonders stabile Elektronenkonfiguration weisen die Elemente der 8. Hauptgruppe im Periodensystem der Elemente (Edelgase) auf. Bei ihnen ist die äußere Elektronenschale mit acht Elektronen besetzt (Edelgaskonfiguration). Edelgase gehen daher nur wenige chemische Reaktionen ein. Die übrigen Elemente versuchen, in chemischen Reaktionen eine Edelgaskonfiguration zu erreichen. Im einfachsten Fall dadurch, dass sie Elektronen abgeben oder aufnehmen. Dadurch entstehen Ionen, die sich gegenseitig elektrostatisch anziehen. Diese Art der chemischen Bindung bezeichnet man deshalb als Ionenbindung (auch heteropolare Bindung). Sie tritt vor allem zwischen Metallen und Nichtmetallen auf, also bei Salzen, und bindet die beteiligten Partner sehr fest aneinander.

Sind beide Materialien Nichtmetalle, funktioniert die chemische Bindung zwischen ihren Atomen anders. Sie sind nämlich nicht gewillt, Elektronen abzugeben. Die Elektronen nichtmetallischer Elemente sind fester im Atom verankert als bei allen anderen, abgesehen von den Edelgasen. Wie können zwei Nichtmetalle bei einer chemischen Reaktion dennoch beide eine Edelgaskonfiguration erreichen? Nun, die Atome teilen sich die Elektronen ihrer äußeren Schalen und bilden Elektronenpaare, die quasi beiden gehören. Auf diese Weise werden beide Atomsorten ebenfalls sehr fest aneinander gekettet. Diese Art der chemischen Bindung bezeichnet man als Atom- oder Molekülbindung (auch kovalente oder homöopolare Bindung).

Bei Silicaten und anderen Mineralen ist die Art der chemischen Bindung komplizierter als bei reiner Ionen- oder Atombindung. Sie hat einen Doppelcharakter: Im Grunde ist sie eine Atombindung, hat aber auch einen starken ionischen Bindungsanteil. Daraus, dass sowohl Ionen- als auch Atombindungen zwischen den Atomen die Reaktionspartner sehr fest miteinander verbinden, erklärt sich die Härte von Mineralen und der aus ihnen bestehenden Steine. Dafür, dass Steine in grauer Vorzeit zu einem Hightech-Werkstoff werden konnten waren aus Sicht der Werkstoffforschung also zwei Faktoren entscheidend, die Art der chemischen Bindung zwischen ihren Atomen und ihr kristalliner Aufbau. Auf einen Begriff gebracht: Ihre innere Struktur (Abb. 2.3)

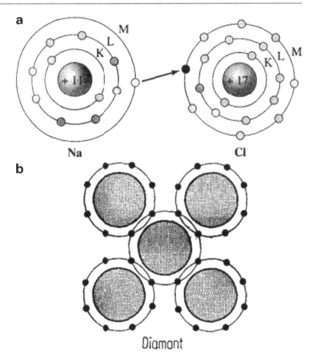

Abb. 2.3 Ionenbindung (a) und kovalente Bindung (b)

Sie wissen jetzt, warum Steine für unsere Altvorderen ein vortrefflicher Rasier-schaber-Werkstoff waren. Archäologen haben aber auch Klingen gefunden, die unsere steinzeitlichen Vorfahren aus Obsidian hergestellt hatten. Haben Sie eine Ahnung, was das für ein Material ist? Falls nicht, haben Sie eine Idee, welches Material zur Herstellung eines Rasiermessers seinerzeit noch in Frage gekommen ist? Große Auswahl hatten die Leute ja nicht. Holz? Wohl kaum. Metalle? Im Prin-zip ja. Aber welche? Metalle aus Erzen zu gewinnen haben die Steinzeitmenschen erst relativ spät gelernt. Und jene, die sie vielleicht zufällig gediegen in der Natur fanden, waren Edel- oder Halbedelmetalle, wie Gold und Kupfer. Und die waren zu weich, viel weicher als Stein, um daraus vergleichbar scharfe Klingen herzustellen.

Was halten Sie von Glas? Geeignet ist es zweifellos. Hart genug ist es und scharf kann es auch sein, wie jeder aus Erfahrung weiß. Aber wo sollten die Männer der Steinzeit Glas hernehmen? Herstellen konnten sie es jedenfalls noch nicht. Doch die Natur hat es gut mit ihnen gemeint. Sie hatte für sie ein Gesteinsglas im Angebot, das bei der Eruption von Vulkanen entstanden war, und das wir auch heute noch finden können. Es besteht im Grunde aus den gleichen Elementen wie Minerale. Seine Bausteine sind aber nicht über größere Bereiche hinweg periodisch geordnet. Das vulkanische Magma war so rasch abgekühlt, dass sie nicht genügend Zeit hat-ten, sich zu einer Kristallstruktur zu ordnen. Solche Materialien, deren Atome keine geordneten Strukturen bilden, bezeichnet man als amorphe Materialien. Typisch dafür ist Glas. Und genau das ist auch Obsidian, ein natürliches Glas. Seine scharf-kantigen Bruchflächen machten es selbstredend ebenfalls zu einem für Steinzeitverhältnisse ausgezeichneten Rasierschaber-Werkstoff. Die Bezeichnung Obsidian soll von Obsius abgeleitet worden sein, dem Namen des Römers, der als Erster solches Gesteinsglas von Äthiopien nach Rom gebracht haben soll.

Das Wort „Glas" bezeichnet übrigens nicht ein Material, wie es umgangssprachlich üblich ist, sondern den nichtkristallinen, amorphen Zustand eines Materials. Wenn man sie schnell genug aus der Schmelze abkühlt, können aus fast allen Materialien Gläser entstehen, beispielsweise auch „metallische Gläser", amorphe Metalle. Gläser aus organischen Materialien, wie Kunststoffen, kennen Sie sicher als Brillengläser.

Ein charakteristisches Merkmal von Gläsern ist, dass sie sich beim Übergang vom flüssigen in den festen Zustand über einen weiten Temperaturbereich verdichten und nicht sprungartig, wie kristalline Werkstoffe. Das heißt, Glas hat keinen Schmelzpunkt. Es geht beim Erwärmen kontinuierlich in einen plastischen, viskosen und anschließend in den flüssigen Zustand über. Was dabei genau geschieht, ist bis heute erst unvollständig verstanden und Gegenstand intensiver Forschung.

Die Entstehung der Minerale und vulkanischen Gläser fällt in das Forschungsfeld der Geologen. Die Untersuchung ihrer Zusammensetzung und ihrer Struktur ist Gegenstand der Mineralogie und der Kristallographie, geht es um Gesteine, auch der Petrografie. Während meines Studiums hatte ich ein Semester lang eine Lehrveranstaltung „Petrografie", Vorlesung und Praktikum. Ich habe damals zunächst nicht verstanden, was das eigentlich soll, Gesteinskunde für Werkstoffkundler. Denn Gesteine und Mineralien stehen ja eher am Rande der Palette moderner Werkstoffe. Dann, gegen Mitte des Semesters, hat unser Dozent eine Exkursion in eine Porzellanfabrik mit uns unternommen. Dort begann mir zu dämmern, dass es von der Gesteinskunde eine direkte Verbindung zur Werkstoffforschung gibt. Einigermaßen verstanden habe ich es, als uns unser Dozent im Anschluss an das, was wir während der Exkursion gelernt hatten, vom Porzellan zu den Keramiken geführt hat.

Porzellan ist ein keramisches Produkt, wie Sie vielleicht annehmen. Es unterscheidet sich von anderen Keramiken, wie Steingut, vor allem durch seine innere Struktur. Während Keramiken im Allgemeinen vollständig kristallin aufgebaut sind, hat Porzellan daneben teilweise eine amorphe Struktur. Dieser Glasanteil ist der Grund dafür, dass sehr dünnes Porzellan durchscheinend ist.

Keramiken werden aus Mineralen hergestellt, aus denen auch Gesteine aufgebaut sind. Sie bestehen wie Minerale aus anorganischen nichtmetallischen Elementen, die ebenfalls durch Atom- und Ionenbindungen chemisch miteinander verbunden sind, und sie bilden wie diese Kristalle. Aufgrund ihrer gleichartigen inneren Struktur haben Keramiken auch ganz ähnliche Eigenschaften wie Minerale. Keramiken sind gewissermaßen künstlich erzeugte Verwandte von Mineralen und Steinen.

Ursprünglich war Keramik identisch mit Tonwaren. Die meisten Tone sind feinkörnige Verwitterungsprodukte silicatischer oder auch anderer Minerale. Gebrannt, geformt und im Feuer gehärtet, diente Ton schon in der Steinzeit beispielsweise zur Herstellung von Gefäßen für die Aufbewahrung von Lebensmitteln. Die ersten Gefäße sind, so besagen neuere Erkenntnisse, vor etwa 7000 Jahren in Japan hergestellt worden. Entscheidend dafür war die chemische Beständigkeit dieses Werkstoffes. Lange hat man angenommen, dass die Töpferei mit der Entwicklung von

Ackerbau und Viehzucht einhergegangen ist, in deren Folge die Menschen sesshaft geworden sind. Dem lag die plausible Vermutung zugrunde, dass Menschen nicht töpfern, wenn sie häufig ihren Aufenthaltsort wechseln. Inzwischen weiß man jedoch, dass Keramiken schon in der Altsteinzeit entstanden, wie Altertumsforscher sie nennen, als sie noch als Jäger von Ort zu Ort umhergezogen sind [5].

Zunächst waren aus Ton die ersten kunsthandwerklichen Gegenstände hergestellt worden. Der älteste, den wir kennen, ist die „Venus von Vestonice" (benannt nach ihrem Fundort). Sie ist etwa 25.000 Jahre alt und wird im Mährischen Landesmuseum in Brno aufbewahrt, aber leider nicht ausgestellt [6]. Später begann man Keramiken als Baumaterial zu nutzen. Technische Keramiken waren noch bis vor wenigen Jahrzehnten Silicat- oder Oxidkeramiken (die im Wesentlichen aus Metalloxiden bestehen). Erst in jüngerer Zeit hat man gelernt, auch keramische Werkstoffe auf der Basis von Bor-, Kohlenstoff-, Stickstoff- und Siliciumverbindungen herzustellen, die z. T. völlig frei von silicatischen und oxidischen Bestandteilen sind. Dazu gehören vor allem Silicium- und Borcarbide sowie -nitride. Aufgrund ihres hohen Anteils kovalenter chemischer Bindungen sind sie besonders hart und fest sowie hochtemperatur- und korrosionsbeständig und werden deshalb oft als Hochleistungskeramiken bezeichnet.

Aufgrund ihrer Eigenschaften sind die guten alten Keramiken seit geraumer Zeit beispielsweise im Maschinen- und Anlagenbau, im Turbinenbau und in der Medizintechnik zu einer ernsthaften Konkurrenz von Metallen geworden, ja haben diese sogar aus manchen Anwendungsbereichen verdrängt. Was einer ihrer Vorteile ist, kann aber auch ein Nachteil sein. Harte Werkstoffe sind in der Regel spröde, schlecht plastisch verformbar. Ein ordentlicher Schlag oder eine kräftige Biegebelastung und sie sind hinüber.

Deshalb habe nicht nur ich daran gezweifelt, dass es gelingen könnte, Walzen aus Keramik herzustellen, mit denen man Erzeugnisse aus Stahl fertigen kann. Zumal solche Versuche in Japan und in Frankreich in den 1990er Jahren nicht zum Erfolg geführt haben. Trotz, nein richtiger gesagt, gerade wegen des Risikos, dass es misslingen könnte, hat das Bundesministerium für Bildung und Forschung ein Forschungs- und Entwicklungsprojekt gefördert, das sich zum Ziel gesetzt hatte, die Werkstoffeigenschaften und den Herstellungsprozess von Keramikwalzen aus Siliciumnitrid (Si_3N_4) so zu optimieren, dass sie in der Industrie zur Fertigung von qualitativ hochwertigen Drähten, Rohren und Bändern eingesetzt werden können. Nach Jahren intensiver Forschung, Entwicklung und Erprobung in verschiedenen Anwendungsgebieten steht fest: Es geht.

Keramiken waren auch die erste Klasse von Werkstoffen, die ihre Bedeutung vor allem dem Vermögen verdankt, aufgrund ihrer Eigenschaften nicht nur mechanische, sondern vor allem physikalische (elektrische, magnetische, optische) Funktionen erfüllen zu können. Man spricht deshalb auch von Funktionskeramiken. Denken Sie nur an Isolatoren, ohne die die Entwicklung und Verbreitung der Elektro- und der Rundfunktechnik undenkbar gewesen wäre. Keramiken haben im Vergleich mit anderen Werkstoffen noch immer die größte Spannweite funktionaler Einsatzmöglichkeiten. Heute erfüllt ein keramischer Werkstoff nicht selten mehrere Funktionen gleichzeitig.

Sowohl die Keramikentwicklung als auch deren Anwendung haben zu einer verwirrenden Vielgestaltigkeit der Keramikindustrie geführt: Man kennt heute etwa 40 Anwendungsfelder, 160 Produktgruppen und 75 Stoffsysteme. Typisch ist geblieben, dass die Keramikherstellung in der Regel direkt zu fertigen Erzeugnissen führt, bei denen keine Nacharbeit notwendig ist. Sie sind damit nicht nur im funktionellen, sondern auch im geometrischen Sinne, also im eigentlichen Sinne des Begriffes, „Werkstoffe nach Maß". Keramiken werden in einem Verfahren hergestellt, das später auch in die Metallindustrie übernommen worden ist und zur Entstehung der Pulvermetallurgie geführt hat. Sie werden gesintert. Das heißt, die Ausgangsstoffe werden zu Pulver gemahlen und unter Druck erhitzt, wobei sie „zusammenbacken".

Eine der Spuren, die Steine in der Geschichte der Menschheit hinterlassen haben, hat uns also, wenngleich auf einem kleinen Umweg, von den ersten Rasiergeräten zu Hightech-Kreationen der modernen Werkstoffforschung geführt. Während Keramiken jedoch seit Jahrtausenden auf dem Vormarsch sind und neue Anwendungsgebiete erobert haben, ist es mit den Rasierschaber-Werkstoffen der Steinzeit anders gelaufen. Steine und Obsidian haben bald eine Konkurrenz bekommen, der sie nicht standhalten konnten: Rasiermesser aus Bronze. Das wird zwar das Rasieren noch nicht gerade komfortabel gemacht, dürfte aber die Leiden der Männer schon erheblich gelindert haben.

Einen Mann aus der Zeit, in der Steinwerkzeuge und -geräte von Geräten aus Bronze abgelöst wurden, kennen wir „persönlich": Den im Jahre 1991 gefriergetrocknet als Mumie in Südtirol gefundenen Ötzi, der ca. 3300 v. Chr. lebte. Er hatte ein Bronzebeil bei sich. Die Klinge war gegossen und ähnlich geformt, wie ein aus Stein geschliffenes Beil. Ob er sich mit einem Rasiermesser aus Bronze rasierte, wissen wir nicht. Es ist aber eher unwahrscheinlich. Sicher ist, dass Männer es eines Tages taten, in Europa aber erst ab der mittleren Bronzezeit um 1600 v.u.Z., wie Altertumsforscher durch archäologische Funde ermittelt haben. Die erste kulturgeschichtliche Karte der europäischen Vorgeschichte aus dem Jahre 1889 zeigt uns, dass sich Männer früher oder später in allen Ländern Europas ihren Bart mit bronzenen Rasiermessern geschert haben. [7]

Die Frage ist: Warum war diese Innovation, wie wir heute sagen würden, so erfolgreich? Was hat Bronze, was haben Metalle, was andere Werkstoffe nicht haben? Welche Vorteile hatten sie in der „Evolution der Werkstoffe"? Was hat sie zum „Jahrtausende-Renner" gemacht?

2.3   Zwei biblische Werkstoffe

Da trat aus dem Lager der Philister ein Vorkämpfer namens Goliath aus Gat hervor. Er war sechs Ellen und eine Spanne groß. Auf seinem Kopf hatte er einen Helm aus Bronze, und er trug einen Schuppenpanzer aus Bronze, der fünftausend Schekel wog. Er hatte bronzene Schienen an den Beinen, und zwischen seinen Schultern hing ein Sichelschwert aus Bronze.
1 Samuel 17:4–7

Stein gegen Metall – wie im Kampf David gegen Goliath, auf den dieses Zitat aus der Bibel verweist. Es beschreibt eine Szene des Kampfes zwischen den Philistern und den Israeliten. Die Philister hatten sich im 12. Jahrhundert v.u.Z. im fruchtbaren Süden des historischen Palästina angesiedelt und dort einen Bund der Stadtstaaten Aschdod, Askalon, Ekron, Gath und Gaza gegründet. Die Region stand zunächst noch unter ägyptischer Vorherrschaft. Später übernahmen die Philister die Macht und hielten sie fest bis zu eben diesem Kampf [8]. Wer kennt sie nicht, die Legende vom Kampf des kleinen David gegen den Riesen Goliath?

Einer aus den Reihen der Israeliten sollte, so wollte es Goliath, zum Zweikampf gegen ihn antreten. Sollte dieser siegen, würden die Philister den Israeliten dienen. Würde er aber unterliegen, sollten die Israeliten Knechte der Philister werden. Man kann sich leicht vorstellen, wie den Israeliten angesichts der Größe und vor allem der bronzenen Ausrüstung Goliaths zumute war. Ihr König, Saul, versprach demjenigen, dem es gelänge, Goliath zu schlagen, nicht nur Reichtum, sondern sogar die Hand seiner Tochter.

Der junge David erklärte sich bereit zu kämpfen. Mit nichts anderem bewaffnet als mit einer Steinschleuder und einem Sack voll Steinen. Erinnern Sie sich, wie das ungleiche Duell ausging? David schleuderte einen Stein genau auf Goliaths ungeschützte Stirn, sodass dieser zu Boden fiel. Zwar versuchten die Philister zu fliehen, nachdem ihr stärkster Mann gefallen war, aber sie wurden von den Israeliten niedergemetzelt.

Stein hatte Bronze besiegt. Jedenfalls in diesem legendären Kampf. Im historischen Wettbewerb der Werkstoffe allerdings, konnten Steine gegenüber den Vorzügen der Bronze nicht standhalten. Eingeleitet hat den Übergang von der Steinzeit in die Bronzezeit, der etwa 5000 Jahre gedauert hat, ein anderes Metall, das der Menschheit bereits vor etwa 10.000 Jahren als Werkstoff diente: Kupfer. Anfangs war es gediegenes Kupfer, das der Mensch in der Natur gefunden, bearbeitet und genutzt hat. Wie auch Gold, aus dem er vor allem Schmuck und rituelle Gegenstände herstellte sowie Münzen prägte. Als Werkstoff für die Herstellung von Geräten und Waffen war dieses edle Metall jedoch nicht geeignet, weil es zu weich ist.

Wohl eher zufällig haben unsere Vorfahren eines Tages entdeckt, dass man nicht unbedingt nach gediegenem Kupfer suchen muss, sondern dass man es auch aus bestimmten Steinen gewinnen kann. Vermutlich hatten sie dieses Aha-Erlebnis bei der Herstellung von Keramiken. Es ist bekannt, dass Handwerker in der Jungsteinzeit z. B. Keramikvasen mit Malachit dekorierten. Malachit ist ein Mineral/ $CuCO_3 \cdot Cu(OH)_2$/mit einem Kupfergehalt von 57%. Da die Brennöfen bis zu 800 °C heiß wurden, ist der Malachit beim Töpfern erst zu Kupferoxid und dann weiter zu Kupfer reduziert worden. Stellen Sie sich vor, wie der jungsteinzeitliche Handwerker gestaunt haben muss, vor dessen Augen sich zum ersten Mal der grüne Malachit in goldähnlich glänzendes Kupfer verwandelt hat! Leider ist uns die Fähigkeit zu staunen weitgehend abhandengekommen. Dabei ist sie doch eine Quelle der Neugier. Und die treibt uns an, Neues zu erlernen und zu erforschen. Prüfen Sie sich doch mal selbst, wann und worüber Sie zum letzten Mal gestaunt haben.

Archäologen gehen davon aus, dass die Umwandlung von Malachit in Kupfer, die beim Töpfern in der Steinzeit begann, der Ausgangspunkt für die Kupfergewinnung aus Erzen gewesen ist. Später lernte man, das Kupfer aus Erz in tönernen Brennöfen zu erschmelzen. Das heißt, ohne die in der Steinzeit erworbenen Fähigkeiten, wäre der Übergang in die Zeitalter der Metalle nicht möglich gewesen. Anders gesagt: Die Steinzeit hat sich mit ihren fortwährenden Fortschritten bei der Herstellung und Nutzung von Materialien und Werkstoffen selbst zugrunde gerichtet.

Aber um aus Erzen – neben Malachit, vor allem Cuprit (Cu_2O) und Chalkopyrit (Kupferlies $CuFeS_2$) – Kupfer gewinnen zu können, musste man Kupfererz zunächst mal abbauen. Und das war ein mühsames Unterfangen. Stellen Sie sich vor, Sie wären ein Zeitgenosse von Ötzi und Sie oder einer Ihrer „Kollegen" hätte ein Kupfererzvorkommen entdeckt. Wie würden Sie herangehen, um es abzubauen?

Vermutlich ist Ihr erster Gedanke: Mit einer Spitzhacke das Erz herausschlagen. Aber wie wollen Sie damit in Tiefen von mehreren Metern vordringen, bis zu denen die Vorkommen teilweise reichten? Möglich wäre das natürlich, aber effektiver wäre es, Sie würden größere Brocken heraussprengen. Aber, werden Sie sagen, damals gab es doch noch keinen Sprengstoff. Richtig. Dennoch haben die Menschen seinerzeit das erzhaltige Gestein gesprengt, bevor sie das Erz mit Spitzhacke und Hammer herausgelöst haben. Können Sie sich denken, wie sie das gemacht haben?

Nun, sie haben das genommen, was sie hatten und womit sie sich auskannten: Feuer und Wasser. Sie haben das Gestein erhitzt und dann mit Wasser abgeschreckt, sodass es zerborsten ist. Heute würden wir eine dieser Methode, der sogenannten Feuersetzmethode, vergleichbare Erfindung wahrscheinlich als Jahrtausendinnovation feiern. Erst nachdem das Gestein auf diese Weise zerkleinert worden ist, sind Ötzis Zeitgenossen mit mechanischen Werkzeugen daran gegangen, das Erz herauszuschlagen. Anschließend haben sie es im Feuer geröstet, um Begleitelemente wie Schwefel zu entfernen, und dann in Lehmgruben erhitzt, um das Kupfer heraus zu schmelzen.

Diese Methode ist bis zur Erfindung der Sprengung mit Schwarzpulver im Bergbau praktiziert worden. Das heißt, über Jahrtausende! Denn die ersten Sprengversuche mit Schwarzpulver zur Erzgewinnung erfolgten erst zu Beginn des 17. Jahrhunderts, und zwar 1627 im damals ungarischen Selmecbánya, dem heutigen Banská Štiavnica in der Slowakei [9].

Nun hatte man also Kupfer, aber der Gebrauchswert der daraus hergestellten Gegenstände war noch relativ gering, denn Kupfer ist bekanntlich auch in kaltem Zustand biegsam und Kupferschneiden werden schnell stumpf. Nichts also für Rasiermesser oder gar Schwerter. Im Laufe der Jahrhunderte lernten die Menschen dann die Gebrauchseigenschaften des Metalls zu verbessern, indem sie es erhitzten und hämmerten, es gossen und mit anderen Metallen wie Blei, Silber oder Zinn vermischten. Dabei entdeckten sie, dass ein Gemisch aus Kupfer und Zinn härter ist und leichter zu verarbeiten als reines Kupfer. Dieses Metallgemisch war es, aus der die Ausrüstung und die Waffen des Philisters Goliath bestanden, die die Israeliten später so beeindruckten sollten und die einer ganzen Epoche ihren Namen gab: Bronzezeit. Die Bronzeherstellung gelangte vermutlich aus dem Vorderen Orient und Kleinasien nach Europa. Das dauerte, man kann es sich heute nicht mehr vorstellen, 2500 Jahre.

Metalle, denen ein oder mehrere andere metallische oder auch nichtmetallische Elemente beigemischt sind, bezeichnen Werkstoffforscher als Legierungen. Bronze war die erste Legierung, die der Mensch hergestellt hat. Eigentlich muss man im Plural sprechen, von Bronzen, denn Bronze ist ein Sammelbegriff für verschiedene Kupferlegierungen. Klassische Bronzen sind Kupfer-Zinn-Legierungen mit meist 10 % Zinn. Sie sind umso härter und ihr Schmelzpunkt ist umso niedriger, je höher ihr Zinngehalt ist. Das Legieren ist bis heute eine der wichtigsten Methoden zur gezielten Erzeugung bestimmter Eigenschaften von metallischen Werkstoffen geblieben.

Was hatte nun Bronze, was andere Werkstoffe seinerzeit nicht hatten? Zinnbronze ist schon bei den damals erreichbaren Temperaturen gut gießbar. Deshalb konnten Bronzeerzeugnisse nun in Massenfertigung hergestellt werden, sodass Bronze, anders als Gold und Silber, ganz abgesehen von Steinen, auch wirtschaftliche Bedeutung erlangte. Das gab den Ausschlag dafür, dass sie im Wettbewerb mit anderen Werkstoffen das Rennen machen konnte.

Die Herstellung von Metallen aus Erzen und die völlig neuen Verwendungs- und Gestaltungsmöglichkeiten von Bronze bewirkten aber nicht nur einen „Wirtschaftsboom", sondern führten auch zu einem grundlegenden sozialen und kulturellen Wandel. Es begannen sich die ersten Oberschichten zu bilden – sie kontrollierten den Abbau und die Verhüttung des Metalls. Als Zeichen ihrer Macht trugen sie Bronzeschwerter, die als ein Wahrzeichen der Bronzezeit gelten.

Da Kupfer und Zinn in der Regel nicht in der gleichen Region vorkamen, entwickelte sich der Fernhandel mit Rohstoffen. Außerdem weitete sich der Handel mit den begehrten Werkzeugen, Geräten und Waffen aus Bronze aus. Um ihre Macht zu sichern, mussten die entstehenden wirtschaftlichen und politischen oder auch klerikalen Eliten dafür sorgen, dass die Handelswege gegen eventuelle Überfälle gesichert wurden. So entstanden die ersten Städte und staatlichen Gebilde, die in der Lage waren, diese Aufgabe zu erfüllen. Und es entstanden völlig neue Berufe, wie der des Metallgießers. Archäometallurgen haben herausgefunden, dass diese Handwerker wahre Meister ihres Faches waren. Dafür spricht sowohl die sehr gute Gussqualität der untersuchten Funde als auch die bei solchen Untersuchungen gewonnene Erkenntnis, dass sie spezielle Legierungen für unterschiedliche Anwendungen hergestellt haben [10].

Die Archäometallurgie als Spezialgebiet der Archäometrie ist eine seit Anfang der 1980er Jahre zum Beispiel an der TU Clausthal und an der TU Bergakademie Freiberg sowie an der Universität Mainz entstandene interdisziplinäre Forschungsdisziplin, die mit Hilfe moderner Methoden der Werkstoffforschung jahrtausendealte Relikte untersucht und die zu ihrer Herstellung notwendigen Prozesse rekonstruiert, um archäologische und kulturhistorische Fragen zu beantworten. Ein Vorreiter auf diesem Gebiet in Deutschland, das für Sie als künftige Werkstofffachleute eine interessante berufliche Perspektive bieten könnte, ist der österreichische Chemiker Professor Ernst Pernicka, der an der Universität Tübingen forscht und lehrt.

Sie assoziieren mit den heutigen Hochtechnologien wahrscheinlich eher „moderne" Metalle, wie Titan, Tantal, Lithium oder Gallium. Bronze als „altes" Metall scheint in der Hightech-Welt nichts verloren zu haben. Das ist ein Trugschluss. Moderne Bronzewerkstoffe haben Eigenschaften, die sie auch heute für viele Anwendungen z. B. im Maschinen- und Apparatebau, im Fahrzeugbau und in der elektronischen Industrie attraktiv machen: z. B. gute Gleit- und Notlaufeigenschaften, hohen Verschleißwiderstand, Korrosionsbeständigkeit, hohe Warmfestigkeit, Elastizität auch bei tiefen Temperaturen, gute Wärmeleitfähigkeit und nicht zuletzt sind sie recycelbar und damit umweltschonend. Sie bestehen aus mindestens 60 % Kupfer und weiteren Hauptkomponenten, nach denen sie auch benannt werden, z. B. Aluminium-, Blei- und Zinnbronze [11].

Die Bronzezeit war also eine Epoche des Wandels und der Erneuerung, die auf vielfältige Weise bis in die Gegenwart fortwirkt. Doch wie es bei gravierenden historischen Wendungen immer war und ist, hatte auch die Wende von der Steinzeit zu den Metallzeitaltern nicht nur positive Folgen für die Menschheit. Die neuen Möglichkeiten, die die Gewinnung und Verarbeitung von Metallen bot, weckten natürlich auch Begehrlichkeiten bei jenen, die darüber nicht verfügten. Es ist deshalb sicher kein Zufall, dass die Epoche der Bronzezeit auch die Zeit der ersten bislang nachweisbaren Kriege war.

Spuren des ersten uns bekannten Krieges der Menschheit, der vor etwa 5500 Jahren stattfand, haben Archäologen in der Gegend von Hamoukar auf dem Gebiet des heutigen Syrien an einer wichtigen Handelsroute zwischen Anatolien und Südmesopotamien gefunden. In der von hohen Mauern umgebenen Stadt waren Werkzeuge, Waffen und Gebrauchsgegenstände aus Keramik und Obsidian hergestellt worden. Möglicherweise sind von hier aus auch bereits zahlreiche Kupferprodukte ins südliche Zweistromland exportiert worden [12] [13].

Auch dieses Erbe aus der Zeit der beginnenden Nutzung von Metallen ist der Menschheit offenbar bis heute erhalten geblieben. Ich erinnere mich, wie ein ehemaliger Staatssekretär aus dem Bundesministerium für Wirtschaft und Technologie im Anschluss an ein Gipfeltreffen der sogenannten G8-Staaten auf einer Veranstaltung der BTU Cottbus gesagt hat, dass es künftig kein Ost und West, Nord und Süd in den internationalen Beziehungen mehr gäbe, sondern nur noch Länder, die über Erdöl verfügen und solche, die kein Erdöl haben. Dem habe die gesamte Außenpolitik Rechnung zu tragen.

Und für jeden, der lesen, hören und sehen kann, ist offensichtlich, dass diese Doktrin auch für andere Rohstoffe gilt. Wen kann es da wundern, dass sich die Politik auch militärischer Mittel bedient, um die Versorgung der Wirtschaft mit benötigten Rohstoffen zu sichern, dass noch immer Kriege um begehrte Bodenschätze geführt werden und dass Militärs schon heute im Pazifik und im Nordpolarmeer in Stellung gehen, um für künftige Kämpfe um Ressourcen in diesen Regionen gerüstet zu sein? [14] [15].

Sie sollten sich klar machen, dass wir alle daran indirekt beteiligt sind, indem wir massenhaft Erzeugnisse kaufen, zu deren Herstellung Rohstoffe benötigt werden, die in unserer Weltgegend nicht vorkommen. Und dass es insbesondere von Ihnen als künftige Werkstofffachleute abhängen wird, ob mit diesen kostbaren Ressourcen so verantwortungsvoll und effizient umgegangen wird, dass die daraus hergestellten Werkstoffe nicht mit Blut befleckt sind.

Rasiermesser aus Bronze haben sicherlich die Qualen der Männer gemildert, obwohl Rasieren noch für Jahrtausende eine blutige und schmerzhafte Angelegenheit geblieben ist. Sie wurde zwar durch die Verwendung von Seifenschaum zum

Aufweichen des Bartes ab Mitte des 16. Jahrhunderts etwas erträglicher, dennoch rasierten sich die Männer wegen der nach wie vor großen Verletzungsgefahr nicht selbst. Sie begaben sich dazu sicherheitshalber in die Hand von Fachleuten, den Barbieren. Die hantierten aber schon lange nicht mehr mit Bronze-Rasiermessern.

Denn folgen wir auf unserer Erkundungstour weiter der Entwicklung der Nass-rasiertechnik, so stoßen wir bereits um 600 v.u.Z. auf die ersten Rasiermesser aus Eisen. Damit rasierten sich die in weiten Teilen Europas verbreiteten Kelten [16]. Archäologen haben sie in Österreich in der Nähe von Hallstatt im Salzkammergut gefunden. Dort hatte der Bergwerksbeamte Johann Georg Ramsauer (1795–1874) Mitte des 19. Jahrhunderts ein großes Areal mit Gräbern aus diesem Abschnitt der Eisenzeit entdeckt, mit Ausgrabungen begonnen und Tausende Funde dokumentiert. Sie sind für das Verständnis der Kultur dieser Periode so typisch und bedeutsam, dass man sie heute Hallsteinzeit nennt.

Begonnen hat die Eisen-Story, da scheinen sich die Altertumsforscher einig zu sein, in der späten Bronzezeit bei den Hethitern in Anatolien. Sie waren um 2000 v.u.Z. dort eingefallen, weiteten ihr Reich dann über Syrien und das Zweistromland aus und zerstörten gegen 1340 v.u.Z. schließlich auch das Königreich Qatna, das vor allem durch seine Lage an einer der wichtigsten Handelsrouten von Mesopotamien zum Mittelmeer wohlhabend und mächtig geworden war. Schreiber des hethitischen Heerführers Hannutti sollen Qatnas König Idana vor dem Angriff gewarnt haben. Idana rüstete zur Verteidigung. In seinen Bronzegießereien sollten 18.600 Schwerter hergestellt werden. Über ein solches Arsenal verfügten zu jener Zeit nur Großmächte. Ob dieser Auftrag erfüllt worden ist, wissen wir nicht. Er hätte dafür 40 t Kupfer und Zinn benötigt. Jedenfalls glaubte er wohl, damit die Hethiter besiegen zu können [17], [18], [19].

Was er wahrscheinlich nicht wusste: Hethitische Handwerker waren bereits in der Lage, Eisen zu verhütten [20]. Dadurch konnten sie leichtere und schärfere Waffen aus Eisen schmieden, die eine fast doppelt so hohe Festigkeit hatten wie Bronzewaffen. Wie schon zu Beginn der Bronzezeit, war es wieder ein neuer Werkstoff, der nicht nur militärische Überlegenheit verlieh, sondern auch eine weitere Etappe der Zivilisation einleitete, die schließlich über 3000 Jahre später in eine industrielle Revolution mündete.

Eisen, zunächst, wie Neues sehr oft, ein Luxusgut, wurde bald zum Allerweltswerkstoff, aus dem nicht nur Waffen, sondern auch Messer, Keulen, Äxte und vielfältige Gebrauchsgüter hergestellt wurden. Und wieder waren es die Philister, die von der Verwendung des neuen Metalls sowohl wirtschaftlich als auch militärisch besonders profitierten. Sie brachten das know how der Eisenherstellung nach Palästina, wo sie lange Zeit die Einzigen waren, die Eisen verhütten und verarbeiten konnten [21]. Auch darüber berichtet uns die Bibel:

> Damals war im ganzen Land kein Schmied zu finden. Denn die Philister hatten sich gesagt: Die Hebräer sollen sich keine Schwerter und Lanzen machen können. Alle Israeliten mußten zu den Philistern hinabgehen, wenn jemand sich eine Pflugschar oder Hacke, eine Axt oder eine Sichel schmieden lassen wollte. … Als es nun zum Krieg kam, fand sich im ganzen Volk, das bei Saul und Jonatan war, weder ein Schwert noch ein Speer. Nur Saul und sein Sohn Jonatan hatten solche Waffen [22]

Nach und nach verbreitete sich die Eisenherstellung und -nutzung im Mittelmeer-raum und in ganz Europa. Sie veränderte nachhaltig die sozialen Strukturen. Die bronzezeitlichen Eliten, die die Metallversorgung kontrollierten, verloren ihre Macht, denn Eisenerze waren fast überall zu finden. Außerdem brauchte man Eisen nicht noch, wie Bronze, mit einem anderen Metall zu legieren, das oft erst aus ande-ren Regionen herangeschafft werden musste. Es entstanden bäuerliche Oberschich-ten, die ihren Eisenbedarf selbst deckten. Schärfere und länger haltbare Werkzeuge gaben vor allem auch der Entwicklung der Landwirtschaft einen kräftigen Schub, was die Versorgung mit Nahrungsmitteln erleichterte. Allerdings ist Eisen schwieri-ger zu verarbeiten als Bronze, weil man dazu höhere Temperaturen benötigt.

Bronze, die im historischen Wettbewerb der Werkstoffe Steine und Keramiken aus dem Rennen geworfen hatte, musste nun gegenüber Eisen kapitulieren, das sei-nen Siegeszug durch die Geschichte antrat.

80 % aller chemischen Elemente sind Metalle, obwohl sie in der Erdkruste im Vergleich zu Silicium nur relativ selten vorkommen. Die Häufigkeit der Eisenvor-kommen beträgt nicht einmal fünf Prozent, die von Kupfer sogar nur ein Hundert-stel Prozent. Silicium, das Basiselement von Keramiken, hingegen macht etwa ein Viertel der Vorkommen aus.

Es war also nicht die Menge der Kupfer- und Eisenvorkommen, die diesen Me-tallen gegenüber keramischen Werkstoffen den entscheidenden Wettbewerbsvorteil verschafft hat. Es waren vielmehr die wirtschaftlich bedeutsamen Gebrauchseigen-schaften, die dafür gesorgt haben, dass die Metalle das Rennen machten. Können Sie sich denken, warum die Eigenschaften beider Metalle denen von Steinen und Keramiken überlegen sind? Und warum Eisen noch viel bessere Gebrauchseigen-schaften hat als Bronze?

Nicht anders als bei Mineralien und Keramiken, bestimmt auch bei Metallen deren „Innenleben" über ihre Eigenschaften. Die Atome in einem Metall sind auf völlig andere Weise aneinander gebunden als in Mineralien und Keramiken. Die Metallatome geben nämlich alle ihre Elektronen ab, sodass sich im Material quasi ein Elektronengas bildet. Die Elektronen dieses „Gases" gehören gewissermaßen allen Metallionen gemeinsam. Positive und negative Ladungen heben sich auf, so-dass das Metall nach außen elektrisch neutral ist. Das Elektronengas bewirkt die gute elektrische und thermische Leitfähigkeit der Metalle, weil sich die Elektronen frei im Kristallgitter bewegen können, wenn man eine äußere elektrische Spannung anlegt. Außerdem verursachen sie eine hohe Lichtreflexion und damit den typi-schen metallischen Glanz (Abb. 2.4).

Die verbleibenden Atomrümpfe (positiv geladene Metallionen) werden von den abgegebenen Elektronen zusammengehalten. Da diese Art der chemischen Bindung typisch für Metalle ist, bezeichnet man sie als „metallische Bindung". Die Bindung der Atomrümpfe aneinander ist viel weniger stark als die Bindung zwischen den elektrisch geladenen Ionen in Mineralien und Keramiken. Außerdem sind die Git-terstrukturen reiner Metalle weniger kompliziert aufgebaut, als Silicatgitter. Des-halb sind Metalle in der Regel nicht so hart, leichter plastisch verformbar und gut gießbar.

Abb. 2.4 Metallische
Bindung

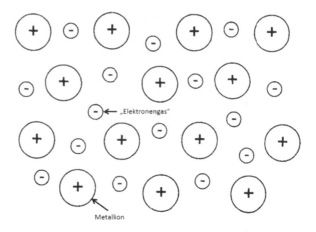

Grundbausteine der Raumgitter von Metallen sind die sogenannten Elementarzellen. Die Elementarzellen der Metalle ordnen sich ebenso wie Silicat-Tetraeder zu
räumlichen Kristallgittern. In diesen Elementarzellen können die Metallatome (man
sagt das gemeinhin so, obwohl es sich eigentlich um Ionen handelt) auf unterschiedliche Weise angeordnet sein. Nach der Art dieser Anordnung unterscheidet man vor
allem kubisch-raumzentrierte, kubisch-flächenzentrierte (kubisch-dichtestgepack-
te) und hexagonal-dichtestgepackte Kristallgitter, die unterschiedliche Eigenschaften haben. Wie kann man sich diese Strukturen vorstellen (Abb. 2.5)?

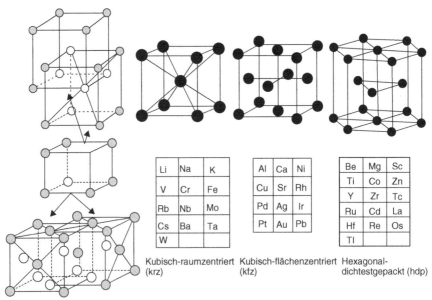

Li	Na	K
V	Cr	Fe
Rb	Nb	Mo
Cs	Ba	Ta
W		

Al	Ca	Ni
Cu	Sr	Rh
Pd	Ag	Ir
Pt	Au	Pb

Be	Mg	Sc
Ti	Co	Zn
Y	Zr	Tc
Ru	Cd	La
Hf	Re	Os
Tl		

Kubisch-raumzentriert   Kubisch-flächenzentriert   Hexagonal-
(krz)   (kfz)   dichtestgepackt (hdp)

Aufbau des krz- und kfz-Gitters aus zwei
kubisch-einfachen Elementarzellen

Abb. 2.5 Gitterstrukturen von Metallen

Abb. 2.6 Dichteste
Kugelpackungen

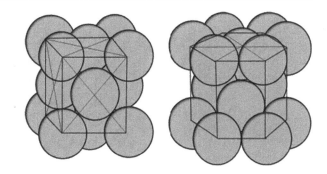

Denkt man sich die Atome als Kugeln mit gleichem Durchmesser, entspricht die kubisch-raumzentrierte Elementarzelle einem Würfel, an dessen acht Eckpunkten und in dessen Raummittelpunkt sich jeweils eine Kugel befindet. Im kubisch-flächenzentrierten Gitter sitzen die Atome auf den Würfelecken und auf den Mittelpunkten der Würfelflächen. Das hexagonale Gitter kann man sich als ein Prisma mit sechseckiger Grund- und Deckfläche vorstellen. Die Eisenatome besetzen dort die Ecken dieser Flächen und deren Mittelpunkte sowie die Ecken eines gleichseitigen Dreiecks, das drei Kanten des Prismas miteinander verbindet und zwischen seiner Grund- und Deckfläche liegt. In kubisch-flächenzentrierten und hexagonalen Gittern sind die Metallatome dichter gepackt als in kubisch-raumzentrierten. Sie liegen so eng beieinander, dass es dichter nicht geht. Man spricht deshalb bei diesen Elementarzellen und den daraus entstehenden dreidimensionalen Gitterstrukturen auch von „dichtesten Kugelpackungen" (Abb. 2.6).

Mechanische Eigenschaften, wie die plastische Verformbarkeit der Metalle hängen nun direkt mit ihrer Packungsdichte zusammen. Sie sind prinzipiell umso besser verformbar, je höher ihre Packungsdichte ist. Sie lässt sich mit Hilfe der sogenannten Koordinationszahl beschreiben. Das ist die Anzahl der nächsten Nachbarn, die einen Gitterbaustein in gleicher Entfernung umgeben. Dichtestgepackte Gitter, sowohl das kubisch-flächenzentrierte als auch das hexagonal-dichtestgepackte, haben die gleiche Koordinationszahl.

Demnach müssten Metalle mit kubisch-flächenzentriertem und hexagonal-dichtestgepacktem Gitter gleichgut verformbar sein. Sind sie aber nicht. Am leichtesten sind kubisch-flächenzentrierte (kubisch-dichtest gepackte) Metalle wie Kupfer verformbar, am schwierigsten Metalle mit hexagonaler Struktur, wie z. B. Magnesium. Warum ist das so? Nun, das hängt damit zusammen, dass die Verformung nicht allein von der Koordinationszahl abhängt. Sie erfolgt auch bevorzugt in bestimmten Ebenen und Richtungen des Kristallgitters, nämlich in jenen, die am dichtesten mit Atomen besetzt sind. Je mehr es dicht mit Atomen besetzte Ebenen und Richtungen in einem Gitter gibt, desto besser lässt sich der Werkstoff verformen. Man nennt sie Gleitebenen und Gleitrichtungen. Zusammen bilden sie Gleitsysteme. Hexagonal-dichtestgepackte (hdp-) Gitter haben nur drei, kubisch-flächenzentrierte (kfz) hingegen zwölf Gleitsysteme. Metalle mit kfz-Gitter sind deshalb viel besser verformbar als solche mit hdp-Gitter, obwohl beide die gleiche Koordinationszahl aufweisen (Abb. 2.7).

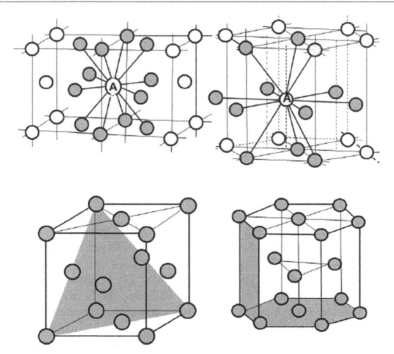

Abb. 2.7 Koordinationszahl 12 und Gleitebenen im kfz- und hdp-Gitter

Beim kubisch-raumzentrierten (krz) Gitter ist die Raumdiagonale der Elementarzelle am dichtesten mit Atomen besetzt, also die bevorzugte Gleitrichtung. Es gibt jedoch keine Gitterebene mit dichtester Packung, also keine eindeutig bevorzugte Gleitebene. Als Gleitebenen kommen deshalb andere Gitterebenen in Frage, in denen die bevorzugte Gleitrichtung liegt. Es ist also nicht ganz eindeutig, wie sich krz-Metalle bei der Verformung verhalten. Während der Verformung kann das betätigte Gleitsystem sogar wechseln.

Vor diesem Hintergrund werden Sie jetzt auch verstehen, warum Bronze härter und fester ist als reines Kupfer. Kupfer kristallisiert in einem kubisch-flächenzentrierten Gitter und ist in reiner Form gut verformbar. Es ist weich und biegsam. Wird es nun mit Zinn zu Bronze legiert, werden in das Kristallgitter des Kupfers Zinnatome eingebaut. Genauer gesagt: Sie werden gegen Kupferatome ausgetauscht, sodass sie deren Plätze im Kristallgitter einnehmen. Die Zinnatome haben aber einen größeren Atomdurchmesser als Kupferatome. Dadurch wird das Gitter verzerrt. Das führt zu inneren Spannungen und die sind der Grund für die größere Härte und Festigkeit der Bronze. Dieser Vorgang, bei dem man ein Metall härtet, indem man durch den Austausch eines Atoms des Grundmetalls gegen ein größeres Fremdatom einen sogenannten Austauschmischkristall erzeugt, ist eine Form der sogenannten Mischkristallhärtung.

Beim Eisen liegen die Dinge etwas anders als bei Bronze. Es kann entweder ein kubisch-raumzentriertes (Alpha-Eisen) oder bei höheren Temperaturen ein kubisch-flächenzentriertes Kristallgitter (Gamma-Eisen) haben. Reines Eisen kristallisiert immer in einem krz-Gitter. Es ist relativ weich und praktisch nutzlos. Wie konnte es dann aber einen historischen Sieg über die so erfolgreiche Bronze erringen? Nun, es war nicht reines Eisen, sondern eine Eisen-Kohlenstofflegierung, die die Bronze aus dem Rennen geworfen hat. Entscheidend für seine Härte und Festigkeit ist, wie viel Kohlenstoff das Eisen enthält.

Im Eisengitter kann sich Kohlenstoff, der einen wesentlich kleineren Atomradius hat als Eisen, bequem einlagern. Die Kohlenstoffatome nehmen dort jedoch, nicht die Plätze von Eisenatomen ein, werden nicht gegen sie ausgetauscht, wie Zinnatome gegen Kupferatome in Bronze. Sie setzen sich in die Lücken zwischen die Eisenatome, auf sogenannte Zwischengitterplätze. So entstehen ebenfalls Mischkristalle, und zwar im Unterschied zu Bronze nicht Austausch-, sondern sogenannte Einlagerungsmischkristalle. Der Effekt ist derselbe. Das Kristallgitter wird verspannt und der Werkstoff wird härter und fester. Das ist eine andere Form der Mischkristallhärtung (Abb. 2.8).

Eisen wird aus Brauneisenstein ($Fe_2O_3 \times H_2O$, Fe-Gehalt: 30–40 %), Hämatit (Fe_2O_3, Fe-Gehalt: 70 %), Magnetit (Fe_3O_4, Fe-Gehalt: 72 %) und Pyrit (Fe_2S, Eisengehalt: 62 %) gewonnen. Fällt Ihnen etwas auf? Wenn Sie sich die Zusammensetzung dieser Rohstoffe ansehen, stellen sie fest, dass sie gar keinen Kohlenstoff enthalten. Wie konnten die Hethiter seinerzeit dann aber Waffen herstellen, die härter und fester waren als Bronze, also Kohlenstoff enthalten haben? Die Frage ist: Wie kam der Kohlenstoff ins Eisen?

Das passierte nach der Verhüttung, der Gewinnung des Eisens aus Eisenerz, beim Schmieden des Eisens. Um Eisen aus dem Erz zu gewinnen, vermengte man das Erz mit Holz, Holzkohle oder Torf, die als Heizmaterial dienten, in Gruben oder Schachtöfen aus Lehm oder Steinen, den Rennöfen. Zu Beginn der Eisenzeit

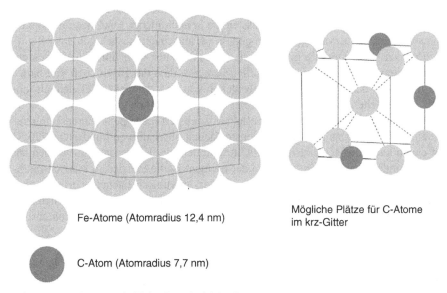

Fe-Atome (Atomradius 12,4 nm)

C-Atom (Atomradius 7,7 nm)

Mögliche Plätze für C-Atome im krz-Gitter

Abb. 2.8 Einlagerungsmischkristall (Beispiel Fe-C)

sorgte der natürliche Luftzug für die Zufuhr von Sauerstoff. Man verstärkte ihn, indem man Rennöfen an Berghängen anlegte, an denen der Wind besonders stark blies. Später benutzte man Blasrohre, um Luft in das glühende Erz zu blasen. In Rennöfen wurden Temperaturen von über 1200 °C erreicht. Dabei wurde das Erz im festen Zustand zu Eisen reduziert, denn diese Temperaturen reichten nicht aus, um das Eisen zu schmelzen. Die „Hüttenleute" der Hethiter mussten es aus dem Ofen herausschlagen. Die flüssige Schlacke hingegen sank nach unten und konnte durch eine Öffnung aus dem Ofen rinnen. Von diesem Rinnen abgeleitet ist die Bezeichnung Rennofen.

Das Ergebnis war ein Eisenklumpen, der noch mit Schlacke durchsetzt war, die sogenannte „Luppe". Er musste anschließend mehrere Male erhitzt und mit dem Hammer „ausgeschmiedet" werden, um ihn von den Schlackeresten zu befreien und zu verdichten. Das gelang allerdings noch sehr unvollkommen. Die aus dem gewonnenen „Schweißeisen" (auch als „Luppen-„ oder „Rennfeuereisen" bezeichnet) geschmiedeten Werkzeuge enthielten noch immer Schlacke und schädliche Eisenbegleiter, wie beispielsweise Phosphor, in ihrem Inneren blieben Hohlräume. Sie waren deshalb noch sehr bruchanfällig.

Dass die Schmiede den Eisenklumpen überhaupt in die gewünschte Form bringen und daraus brauchbare Werkzeuge oder andere Gerätehersteilen herstellen konnten, hatten sie dem Kohlenstoff zu verdanken, den er beim Schmieden in Holzkohle aufgenommen hatte. Aber Achtung: Hatte man zu viel des Guten getan, sodass der Kohlenstoffgehalt gar auf drei bis vier Prozent angestiegen war, hatten sich Eisenkarbide gebildet, die das Rennfeuereisen spröde und damit unbrauchbar machten. Beim ersten kräftigen Schlag wäre es zersprungen. Seine optimale Härte erreichte es bei einem Kohlenstoffgehalt von 0,8 %.

Die Schmiede der Hethiter, die wohl auch die „Hüttenleute" waren, müssen deshalb sehr erfahrene Fachleute gewesen sein, um nicht über das Ziel hinaus zu schießen. Denn von Kohlenstoff wussten sie ja noch nichts. Und messen konnten sie schon gar nicht, wann das Eisen genügend, aber nicht zu viel Kohlenstoff aufgenommen hatte. Deshalb genossen sie hohes Ansehen unter ihren Zeitgenossen. Irgendwann hat ein Schmied vermutlich bemerkt, dass das Eisen noch viel härter wird, wenn er das glühende Schmiedestück in Wasser abschreckt. Vielleicht als ihm mal aus Versehen ein Schmiedestück in einen Wasserbottich gefallen war.

Was passiert dabei? Wie schon gesagt, kristallisiert Eisen bei höheren Temperaturen, und zwar abhängig vom Kohlenstoffgehalt oberhalb von mindestens 723 °C in einem kubisch-flächenzentrierten Gitter, in dem der Kohlenstoff gut löslich ist. Er nimmt dort den Platz im Zentrum der Elementarzelle ein, der im kubisch-raumzentrierten Gitter mit einem Eisenatom besetzt, im kubisch-flächenzentrierten aber frei ist. Kühlt man das Schmiedestück ab, wandelt sich das kubisch-flächenzentrierte wieder in ein kubisch-raumzentriertes Eisengitter um, das kaum Kohlenstoff aufnehmen kann. Geschieht das langsam, hat der Kohlenstoff genügend Zeit, aus dem Raummittelpunkt der Elementarzelle herauszuwandern.

Bei schneller Abkühlung hingegen schafft der Kohlenstoff das nicht. Er bleibt quasi im Eisengitter auf dem Platz „eingefroren", den jetzt aber im kubisch-raumzentrierten Gitter das Eisenatom für sich beansprucht. Das führt zu einer sehr viel stärkeren Verspannung des Kristallgitters als sie allein durch die Einlagerung von Kohlenstoff, die Mischkristallbildung, erreicht werden kann. Die Elementarzellen des Eisens werden regelrecht verformt. Deshalb wurden die Schwerter noch viel härter und fester.

Im Grunde genommen hatten die Schmiede der Hethiter die Stahlerzeugung und vermutlich auch das Härten von Stahl erfunden. Denn nach der klassischen Definition ist Stahl nichts anderes als eine Eisen-Kohlenstoff-Legierung, die bis etwa zwei Prozent Kohlenstoff enthält. Bei höheren Anteilen von Kohlenstoff spricht man von Gusseisen, weil es eben nicht geschmiedet oder auf andere Weise geformt werden kann, sondern in die gewünschte Form gegossen wird. Heute gibt es allerdings einige Gruppen von Stählen, die keinen Kohlenstoff mehr enthalten. Deshalb versteht man unter Stählen neuerdings schlicht und einfach eisenbasierte Legierungen, die plastisch umgeformt werden können. Ich spreche bewusst nicht von Stahl, sondern von Stählen, denn wir kennen heute über 2000 verschiedene Stahlsorten.

Das war aber nicht die einzige erstaunliche Leistung der hethitischen Schmiede. Denn „nebenbei" mussten sie noch andere Probleme lösen, um Eisen zu gewinnen und zu verarbeiten. Um Eisen schmieden zu können, musste es zunächst auf Rotglut (ca. 760 °C) erhitzt werden. Kupfer dagegen hatte man im kalten Zustand durch Hämmern formen können. Die Schmiede der Hethiter mussten deshalb Zangen oder zangenähnliche Gebilde entwickeln und herstellen, um das glühende Metall handhaben zu können. Allein schon das hat wahrscheinlich Jahrhunderte gedauert.

Außerdem: Auf geschmolzenem Kupfer schwammen die in den Erzen enthaltenen Mineralien als Schlacke obenauf und man konnte sie leicht abschöpfen. Die Beimischungen des Eisenerzes waren dagegen nicht so einfach zu entfernen, denn Kupfer schmilzt bereits bei 1084 °C, während der Schmelzpunkt von Eisen bei 1535 °C liegt – eine Temperatur, die in den damaligen Öfen nicht zu erreichen war. Man musste deshalb die mineralischen Begleiter des Eisenerzes aus dem glühenden Metall heraushämmern. Oder man musste höhere Temperaturen erzeugen und neue Verfahren erfinden, um schädliche Eisenbegleiter aus dem Erz zu entfernen und dem Eisen die richtige Menge Kohlenstoff beizugeben [23].

Das waren Jahrtausendaufgaben. Ihre Lösung hat den Fortschritt der Eisenerzeugung bis in die Gegenwart bestimmt. Oder, um es anders zu sagen: Es war vor allem die Metallurgie, die den Menschen aus der Eisenzeit in die Industriegesellschaft geführt und Eisen zu einem Goliath gemacht hat, der noch heute in der Champions League der Werkstoffe spielt. Ein Siegeszug des Eisens, der bis ins 20. Jahrhundert alle anderen Werkstoffe in den Schatten gestellt hat. Ohne den es keine Maschinen, keine Eisenbahnen und keinen Eiffelturm geben würde. Und auch keine komfortablen Rasiergeräte.

2.4 Der Siegeszug des Eisens

Im Jahre 1762 erfand Jean Jaques Perret in Paris das erste Rasiermesser, mit dem man sich angeblich nicht mehr schneiden konnte und das die Männer beim Rasieren von erheblichen Qualen befreite. Darauf geht die bis heute gebräuchliche Bezeichnung „Sicherheitsrasierer" zurück. Seine Klinge war auf ihrer Oberseite so durch Holz geschützt, dass nur ein schmaler Streifen für die Klinge frei blieb. Man konnte es zusammenklappen wie heutige Rasiermesser. Und die Klinge bestand aus einem ganz besonderen Stahl: Damaszener Stahl.

Perret gilt für manche als der bedeutendste Messerhersteller aller Zeiten. Er veröffentlichte 1771 das Buch „The Art of the Cutler". Darin beschrieb er detailliert jeden Schritt und alle Aspekte der Messerherstellung, von der Konstruktion über die Werkstoffbehandlung bis hin zum Verkaufsmanagement. Und auch, wie es ihm gelungen war, Damaszener Stahl so zu verarbeiten, dass er daraus Klingen herstellen konnte, die so scharf sind, dass man sich damit mühelos sauber rasieren kann. Dabei war es ursprünglich gar nicht seine Absicht, ein Rasiermesser herzustellen. Er wollte die Qualität chirurgischer Instrumente verbessern, was er auch tat. Zu diesem Zweck studierte er Medizin, nachdem er als junger Mann bei den größten Messerherstellern des Landes gearbeitet hatte, um die Geheimnisse dieses Gewerbes zu erlernen [24].

Damaszener-Stahl, bezeichnet nach der Stadt Damaskus, besteht nicht aus einer, sondern aus mehreren verschiedenen Stahlsorten. Sie wurden übereinander gelegt, im Schmiedefeuer verschweißt, gefaltet und wieder geschmiedet. Dieser Prozess wurde mehrmals wiederholt. So erzeugte man einen Werkstoff, der aus mehreren miteinander verschweißten Lagen bestand. Wenn man seine Oberfläche polierte, wurde diese Struktur sichtbar: Das berühmte Damaszener-Muster.

Da war es durchaus auch ein Vorteil, dass man die Stähle, die bis ins Mittelalter aus in Rennöfen gewonnenen Eisenklumpen hergestellt wurden, nicht in gleichmäßiger Qualität erzeugen konnte. So standen den Schmieden Stahlsorten mit verschiedenem Kohlenstoffgehalt und unterschiedlichen Restmengen von Begleitelementen, wie Nickel, Mangan, Silicium und Phosphor zur Verfügung. Und irgendwann müssen sie bemerkt haben, dass Klingen, die sie aus unterschiedlichen Stählen zusammenschmiedeten, zäher, bruchfester und schärfer waren als jene, die sie aus nur einer Sorte herstellten. Schon im 11. Jahrhundert lehrten orientalische Krieger mit Schwertern aus Damaszener Stahl die Kreuzritter das Fürchten.

An Klingen konnte man ja leicht erkennen, wie brauchbar der Stahl ist, aus denen sie geschmiedet worden waren. Aber nicht nur Waffen, Werkzeuge und andere Geräte, sondern auch Stahl selbst war auch zu einem begehrten Handelsgut geworden. Und da wollte man schon gern wissen, ob man gute Qualität angeboten bekam. Keltische Händler kamen deshalb auf die pfiffige Idee, von ihren Schmieden Stahlbarren mit spitz ausgeschmiedeten Enden herstellen zu lassen. Der Käufer konnte diese hämmern, biegen oder abbrechen und sich so ein Bild von der Qualität des Stahls machen, den er kaufen wollte – oder auch nicht. Das war im Grunde die erste Methode der Werkstoffprüfung [25].

Ende des 19. Jahrhunderts erfand King Camp Gillette einen Rasierapparat mit austauschbaren, zweiseitig verwendbaren Stahlklingen, wie er noch heute benutzt wird. Diese Klingen bestanden nicht mehr aus Damaszener Stahl, sondern wurden aus nur einer Stahlsorte gefertigt. Warum das, wo es doch ein so toller Werkstoff war? Nun, schon zu Perrets Zeit erzeugte in Europa niemand mehr Damaszener Stahl. Er stellte ihn selbst her. Das Damaszener-Verfahren war ein Nebenweg auf dem Siegeszug des Eisens, der in einer Sackgasse endete. Es war einfach zu aufwendig und wurde nahezu vollständig vergessen, seit man nach und nach gelernt hatte, ebenso guten und sogar besseren Stahl auf andere Weise herzustellen.

Bis zum frühen Mittelalter verhüttete man Eisenerz zu Eisen im Rennofen, so wie es die Hethiter erfunden hatten. Allerdings wurden sie nicht mehr durch den natürlichen Luftzug oder mit Blasrohren belüftet, sondern mit Blasebälgen. Ägyptische Handwerker benutzten handbetriebene Blasebälge bereits 1500 v.u.Z. Seit dem 12. Jahrhundert betrieb man die Blasebälge nicht mehr von Hand. Man hatte gelernt, dafür die Kraft des Wassers zu nutzen. Mit wasserbetriebenen Blasebälgen erreichte man eine gleichmäßige und höhere Luftzufuhr. Dadurch stieg die Temperatur in den Öfen auf bis zu 1400 °C. Damit konnte man viel größere Mengen Eisenerz reduzieren, wozu man allerdings auch größere Öfen brauchte. Man grub sie nicht tiefer in die Erde, sondern baute sie bis zu sieben Meter in die Höhe. So entstand aus dem Rennofen der Stückofen. In diesen Stücköfen konnte nun zwar deutlich mehr Eisen gewonnen werden als im Rennfeuer. Die „Stücke", wie man das so erzeugte Eisen nannte, waren allerdings viel zu groß, als dass man sie noch per Hand mit Muskelkraft hätte schmieden können. Auch hierfür half die Wasserkraft weiter. An die Stelle der menschlichen Arbeitskraft trat der mit Wasserkraft angetriebene Hammer.

Erst etwa weitere 200 Jahre später gelang ein entscheidender Durchbruch. Aus dem immer größer werdenden Stückofen entwickelte sich im 14. Jahrhundert der zunächst mit Holzkohle betriebene Hochofen. Der große Fortschritt war, dass in ihm Temperaturen um die 1600 °C erreicht wurden, sodass das Eisen flüssig wurde. Der Hochofen war so konstruiert, dass durch „Anstechen" das glühend heiße flüssige Roheisen nach unten ablaufen konnte, während der Ofen von oben schon wieder mit Erz und Holzkohle beschickt wurde. Die erdigen Bestandteile des Erzes schwammen als „Schlackedeckel" auf dem Eisen. Das blieb selbst frei von Schlacke und konnten relativ leicht abgeschöpft werden. Dadurch gewann man Eisen mit einer deutlich besseren Qualität. Außerdem konnte der Hochofen, weil das erzeugte Eisen kontinuierlich abfloss, im Dauerbetrieb produzieren ohne zwischendurch zu erkalten, was die erreichbare Produktionsmenge drastisch erhöhte. Erst von da an kann man im technischen Sinne eigentlich von „Eisenzeit" sprechen, weil man jetzt Roheisen in nennenswerten Mengen erzeugen konnte (Abb. 2.9).

Der mit der Entwicklung von Hochöfen erzielte Fortschritt hatte, wie viele Innovationen heute auch, eine im wahrsten Sinne des Wortes katastrophale Kehrseite, nämlich eine Umweltkatastrophe. Die Produktion von einem Kilogramm Eisen verschlang 125 kg Holz und so waren bis gegen Ende des 18. Jahrhunderts die mitteleuropäischen Wälder weitgehend abgeholzt [26]. Es musste deshalb nach einer anderen Lösung für das Heizen der Hochöfen gesucht werden. Es ist nicht verwunderlich, dass man diese zuerst in England fand, denn der Import von Holz auf die Insel war teuer. Sie bestand darin, die Hochöfen statt mit Holzkohle mit Steinkohle zu befeuern, die damals in beliebiger Menge verfügbar war. Aber auch das war problematisch, denn aus der Steinkohle gelangte Schwefel in das Eisen, wodurch es spröde wurde.

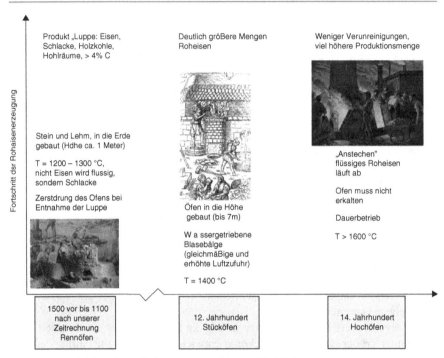

Fortschritt dsr Rohaisenerzeugung

Produkt „Luppe: Eisen,
Schlacke, Holzkohle,
Hohlräume, > 4% C

Deutlich gröBere Mengen
Roheisen

Weniger Verunreinigungen,
viel höhere Produktionsmenge

Stein und Lehm, in die Erde
gebaut (Hdhe ca. 1 Meter)

T = 1200 – 1300 °C,
nicht Eisen wird flussig,
sondern Schlacke

Zerstdrung des Ofens bei
Entnahme der Luppe

Öfen in die Höhe
gebaut (bis 7m)

W a ssergetriebene
Blasebälge
(gleichmäBige und
erhöhte Luftzufuhr)

T = 1400 °C

„Anstechen"
flüssiges Roheisen
läuft ab

Ofen muss nicht
erkalten

Dauerbetrieb

T > 1600 °C

| 1500 vor bis 1100 nach unserer Zeitrechnung Rennöfen | 12. Jahrhundert Stücköfen | 14. Jahrhundert Hochöfen |

Abb. 2.9 Entwicklung der Roheisenerzeugung bis zum 14. Jahrhundert

Die Lösung dieses neuen Problems kam aus einer völlig anderen Richtung, die für Sie nicht uninteressant sein dürfte: Von englischen Bierbrauern. Sie dörrten Malz für das Bier nämlich ebenfalls mit Steinkohle. Und da deren Inhaltsstoffe auch in das Bier gelangten, schmeckte es übel und wurde stinkig. Um diese Stoffe aus der Steinkohle auszutreiben, kamen sie auf die Idee, diese unter Luftabschluss bei etwa 1000 °C zu „rösten". Das Ergebnis war Koks. Und der wurde von nun an nicht nur zur Herstellung von Bier, sondern auch für die Eisengewinnung im Hochofen verwendet [27]. Im Jahre 1709 nahm Abraham Darby erstmals einen Kokshochofen in Betrieb. Die englische Unternehmerdynastie Darby in Coalbrookdale (Vater und zwei Söhne, alle drei hießen Abraham) stellte dann 1735 die gesamte Eisenverhüttung auf Koks um. In Deutschland gelang es erst 1796 einen Hochofen mit Koks zu betreiben [28]. Mit Koks waren noch höhere Temperaturen erreichbar, sodass man wesentlich leistungsfähigere Öfen bauen konnte. Das hat die Eisenerzeugung so revolutioniert, dass Coalbrookdale als Geburtsort der Industrie gilt. Obwohl die Eisenverhüttung im Hochofen seither immer weiter verbessert wurde, sind der Aufbau von Hochöfen und der Hochofenprozess im Grunde bis heute unverändert geblieben (Abb. 2.10).

Die dadurch möglich gewordene massenhafte Herstellung und Verwendung von Eisen war ein wesentliches Element und eine starke Triebkraft für den drastischen Umbruch in der Wirtschaft und der gesamten Gesellschaft, der Mitte des 18. Jahrhunderts in England begann und sich in die Welt ausbreitete. Wir bezeichnen ihn heute als „Industrielle Revolution". Symbolisch dafür steht die Erfindung der

Abb. 2.10 Hochofenprozess

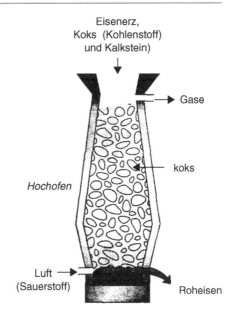

Eisenerz,
Koks (Kohlenstoff)
und Kalkstein)

Gase

koks

Hochofen

Luft
(Sauerstoff)

Roheisen

Dampfmaschine. Dieser Umbruch reichte weit über die Industrie und die damit ein-
hergehenden Veränderungen der Arbeits- und Lebensbedingungen der Menschen
hinaus.

Er führte bis hin zu Wandlungen in der Kunst. So entstand unter anderem eine
neue Gattung in der Malerei: Die Industriemalerei. Englische Künstler malten nicht
mehr antike Tempel oder andere Motive, die sie auf ihrer Italienreise gesehen hatten, die quasi zu ihrem Pflichtprogramm gehörte. Sie malten die vor ihren Augen
entstehende Industrielandschaft, rauchende Fabrikschlote, Bergwerke und Eisen-
hütten [29].

Die massenhafte Herstellung von Eisen wurde jedoch nicht nur zum Geburtshelfer der Industrie und trieb ihre Entwicklung voran. Die Werkstoffherstellung selbst
war vom Handwerk zur Industrie geworden.

Trotz allem technisch-industriellen Fortschritts blieb die Eisengießerei noch für
lange Zeit ein mühsames, schweiß- und hin und wieder wohl auch tränentreibendes
Unterfangen. Das zeigt uns ein Brief, den Ferdinand von Miller, ein im Oktober
1813 in München geborener Eisengießer (während die Völkerschlacht bei Leipzig
tobte), im August 1832 an seine Mutter schrieb – 100 Jahre nachdem in Coalbrookdale die Eisenverhüttung mit Koks begonnen worden war:

Teuerste Mutter! Mit schwerem Herzen muß ich Ihnen die traurige Nachricht schreiben,
daß unser großer Guß gänzlich mißlungen ist. Ja, das war gestern ein trauriger Tag! Mitt-
woch nachts um 10 Uhr wurde geheizt. Das Metall schmolz so herrlich, daß es am nächsten
Tag um 1/2 11 Uhr schon im Fluß war. Voll Freude wurde alles zum Gusse hergerichtet, der
Kanal ausgeräumt und um 1 Uhr der Zapfen ausgestoßen. Sie können sich unsere bange
Erwartung denken. Das Metall strömte so schön heraus, daß mir das Herz ordentlich vor
Freude schlug; erst gar, als das Metall schon bei einem der Luftrohre herauskam. Alles

wollte frohlocken ... aber auf einmal sank das Metall; es konnte nicht mehr genug aus dem Ofen nachströmen; die Form verschlang alles; niemand konnte begreifen, wohin all das Metall gekommen. Da allmählich fing es unter der Erde an zu brausen – immer stärker und stärker wurde das Getöse, bis der Boden wie bei einem Erdbeben unter uns erzitterte. Wir standen in der Grube bei 20 bis 30 Mann, alle in der freudigen Hoffnung, daß jeden Augenblick das Metall nun kommen müsse. Aber plötzlich gab es einen furchtbaren Knall. Aus dem Boden brach eine Feuersäule, die hinaufschoß bis unter den Dachstuhl – 50 Fuß, wenn nicht höher. Als ein glühender Metallregen kam es zurück, herunter auf die Menge. Alles, was Füße hatte flüchtete sich. ... Einer warf den anderen zu Boden; Hüte, Stöcke, alles wurde in Stich gelassen. Einen Mann sah ich, der sich unter dem Löwen versteckte, ein anderer verkroch sich unter dem Obelisken. Dicht am Ausgang zu Boden geworfen lag ein Baurat. Alle stiegen darüber hinweg. Ein Stück Metall fiel ihm auf die Hand und brannte ihm ein Loch hinein, wie ein Taler groß. Nach der ersten Bestürzung galt die sorge vor allem, ob die Leute vollständig beisammen und keinem ein Unglück passiert sei. Merkwürdigerweise war von den Arbeitern, die an der gefährlichsten Stelle, in der Grube, standen, kein einziger verletzt, während unter den Zuschauern kein einziger war, der nicht irgendwie einen Schaden davon getragen hätte. Dem einen waren die Kleider voll Löcher gebrannt, daß es aussah, als ob sie mit Schroten durchschossen wären. Andere hatten Brandwunden und Löcher im Gesicht; den meisten aber war der feurige Metallregen ins Genick gefallen usw. ... Es zeigte sich, daß das Metall ganz unten in der Tiefe ein Loch ausgewühlt und durch die anderthalb Schuh dicke Form das Metall zum Durchbruch gekommen ist. Es arbeitete sich durch die Erde und verursachte in dieser die einem Vulkan ähnliche Explosion. [30]

Das in der ersten Hälfte des 18. Jahrhunderts im koksbeheizten Hochofen gewonnene Roheisen hatte einen Kohlenstoffgehalt bis zu zehn Prozent, da es bei den in ihm erreichten höheren Temperaturen mehr Kohlenstoff aufnehmen konnte. Vor allem deshalb war es hart und spröde. Es ließ sich zwar leicht gießen, aber nicht schmieden oder auf andere Weise mechanisch formen. Deshalb ging es in der Folgezeit zunächst darum, Kohlenstoff aus dem Roheisen zu entfernen.

Vergleichen Sie das mal mit der Eisengewinnung im Rennofen. Fällt ihnen da etwas auf, abgesehen davon, dass man nun im Hochofen kontinuierlich flüssiges Eisen produzieren konnte? Es gibt einen gravierenden technischen Unterschied: In die im Rennofen gewonnene Luppe brachte man durch anschließendes Schmieden Kohlenstoff hinein. Aus dem im Hochofen gewonnenen Roheisen musste man es herausholen.

Das machte man mit Hilfe von Luft, genauer gesagt, mit dem Sauerstoff der Luft. Und so macht man es bis heute. Diesen Vorgang nennt man „Frischen". Je nachdem, wie weit man das Roheisen frischte, wie viel Kohlenstoff man aus ihm entfernte, entstand daraus entweder Gusseisen, Stahlguss oder Stahl. Sie unterschieden sich also in dem verbliebenen Kohlenstoffgehalt.

Diese Begriffe mögen Sie vielleicht auf den ersten Blick ein wenig verwirren. Deshalb ein kurzer Zwischenstopp, um sie zu erklären: Wie Sie schon gelernt haben, ist Stahl nach der klassischen Definition eine Eisen-Kohlenstoff-Legierung, die weniger als etwa zwei Prozent Kohlenstoff enthält, und die man schmieden oder walzen kann. Bei höheren Anteilen von Kohlenstoff spricht man von Gusseisen. Er ist im Gusseisen in Form von Graphit oder Zementit (Fe_3C) enthalten. Deshalb ist es hart und spröde und kann nur vergossen, nicht geschmiedet oder gewalzt werden. Stahlguss ist Stahl, der aber nicht mechanisch geformt, sondern in Formen gegossen

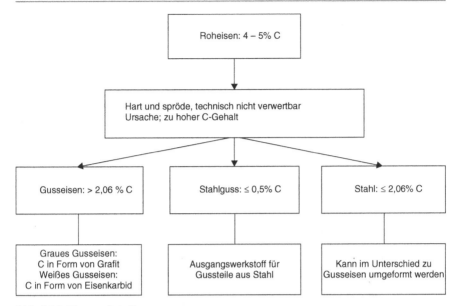

Abb. 2.11 Eisenwerkstoffe

worden ist. Denn Stahl kann man nicht nur schmieden oder walzen, sondern auch gießen! Stahlguss enthält maximal 0,6 % Kohlenstoff und wird oft mit anderen Elementen, wie Chrom, Nickel und Molybdän legiert (Abb. 2.11).

Im Jahre 1784 erfand der englische Metallurge und Unternehmer Henry Cort (1740–1800) ein Frischverfahren, mit dem man zum ersten Mal größere Mengen bruchfesten, elastischen Stahls herstellen konnte: Das Puddelverfahren. Er war zudem besonders korrosionsbeständig. Deshalb verwendete ihn die britische Marine zum Bau von Schiffen. Und auch ein berühmtes Bauwerk, das Sie ganz bestimmt kennen, ist aus 7300 t Puddel-Stahl erbaut worden: Der Eiffelturm [31]. Wie schon bei der Inbetriebnahme eines mit Holzkohle beheizten Hochofens, hinkte Deutschland auch dieser Entwicklung weit hinterher. Man kann es sich heute kaum vorstellen, es hat bis 1830, also über 40 Jahre gedauert, bis das Puddelverfahren auch in Deutschland Fuß fassen konnte [32] [33]. Dieses Frischverfahren markiert die Geburtsstunde der Stahlindustrie.

Henry Cort hatte die einfache, aber vielleicht gerade deshalb geniale Idee, das Roheisen von der Feuerstelle zu trennen. Können Sie sich denken, warum das eine großartige Idee war? Nun, beim „Puddeln" wurde in einem pfannenartigen Ofen Kohlenstoff aus dem Roheisen verbrannt, indem man die dickflüssige Masse umrührte („to puddle" = umrühren) und dabei Luft über ihre Oberfläche blies. Dadurch verringerte sich der Kohlenstoffgehalt des Roheisens, weil kein Kohlenstoff aus dem Heizmaterial mehr in das Eisen „nachrücken" konnte. Denn Cort hatte ja die Feuerstelle von der Eisenschmelze im Ofen getrennt. So konnten sich Stahlklumpen bilden, die man mit einer Zange herausholen und sofort unter einem Dampfhammer weiter verarbeiten konnte. Dadurch wurde auch die restliche Schlacke entfernt. Die Qualität des Stahls hing vor allem von der Körperkraft des Puddlers ab. Und von seinem Geschick und seiner Erfahrung. Gute Puddler konnten abschätzen, wann der Kohlenstoffgehalt den gewünschten Wert erreicht hatte.

Nachdem man Stahl in größerer Menge herstellen konnte, gierte die Industrie förmlich nach diesem Werkstoff. Mit dem Puddelverfahren war ihr Bedarf auf Dauer nicht zu decken. Da betrat ein Mann die Bühne der Stahlhersteller mit einer Erfindung, die die Massenproduktion von Stahl ermöglichte und als wichtigste Erfindung in der Stahlindustrie im 19. Jahrhundert gilt: Der britische Ingenieur Henry Bessemer (1813–1898) erfand im Jahre 1855 das Windfrischen. Es verdrängte das Puddelverfahren in Windeseile.

Das Prinzip des Bessemer-Verfahrens ist denkbar einfach. Das Roheisen wird in ein großes birnenförmiges Gefäß geschüttet, das gekippt werden kann, den Konverter. Dann bläst man von unten Pressluft hindurch. Dadurch werden der Kohlenstoff und andere unerwünschte Beimengungen des Roheisens so weit verbrannt, dass das Eisen schmiedbar wird, also Stahl entstanden ist. Dann wird der Konverter gekippt und in eine Gießpfanne entleert.

Das Windfrischen ist bis heute aus der Stahlindustrie nicht wegzudenken. Das wichtigste Verfahren, mit dem man derzeit weltweit etwa zwei Drittel des Stahles erzeugt, ist das 1949 in den Vereinigten Österreichischen Eisen- und Stahlwerken (VÖEST) erfundene Linz-Donawitz-Verfahren (LD-Verfahren). Dabei wird allerdings nicht mehr Luft durch das flüssige Roheisen, sondern Sauerstoff auf dessen Oberfläche geblasen. Dadurch verbrennen der Kohlenstoff und die Eisenbegleiter so heftig, dass die Schmelze durchwirbelt wird. Damit sie sich gut durchmischt, wird zusätzlich von unten Argon in den Konverter geblasen. Dieses Verfahren wurde zum ersten Mal in den 1950er Jahren in den österreichischen Stahlwerken in Linz und in Donawitz großindustriell eingesetzt, daher sein Name.

So einfach das Bessemer-Verfahren prinzipiell auch ist, es war ein schwieriger Weg, bis es sich in der Industrie etablieren konnte. Es ist bis heute interessant und lehrreich, wie Bessemer zu dieser, wie wir heute sagen würden, Innovation kam und unter welchen Bedingungen sie letztlich weltweit zu einem fundamentalen Prozess der Eisenherstellung werden konnte.

Zunächst: Was war Bessemers Motiv, warum hat er nach einer Möglichkeit gesucht, große Mengen von Stahl möglichst billig herzustellen? Wie so oft war die Rüstungsindustrie der Auslöser. Bitte bemühen Sie Ihre Geschichtskenntnisse und erinnern Sie sich: Es gab Krieg zu dieser Zeit, den Krimkrieg, von 1853 bis 1856. Russland versuchte, sein Gebiet auf Kosten des im Inneren zerfallenden Osmanischen Reiches auszudehnen und die Chance zu nutzen, seinen Machteinfluss in Europa zu verstärken. Vor allem wollte es Zugang zum Mittelmeer und zum Balkan bekommen und die Kontrolle über die Meerengen des Bosporus und der Dardanellen zu erlangen. Dieses Bestreben kollidierte mit den Interessen Englands und Frankreichs. Sie traten deshalb in den Krieg ein, der als neunter russisch-türkischer Krieg begonnen hatte. Der Sieg dieser Alliierten unterband die Ambitionen Russlands und sicherte deren Machtposition in Südosteuropa. England behielt die Kontrolle über die Verbindungswege nach Indien.

Dieser Krieg weckte Bessemers Interesse am Artilleriewesen. Er war ein Unternehmer neuen Typs, einer, wie ihn die industrielle Revolution hervorgebracht hatte:

Ein technisch versierter, scharfsinniger Erfinder mit Blick für praktische Bedürfnisse, beharrlich, geschäftstüchtig und er suchte und nutzte den Kontakt zur aufkommenden technischen Wissenschaft. Zugute kam ihm zweifellos, dass sein Vater eine Schriftgießerei besaß, in der er seine ersten technischen Kenntnisse und Fertigkeiten erwarb.

Sein erster Erfolg war die Erfindung einer Stempelpresse. Sie setzte der Markenfälschung ein Ende, die dem englischen Staat bis dahin riesige finanzielle Verluste eingebracht hatte. Bessemer selber hatte davon keinerlei Nutzen, denn er hatte versäumt, seine Erfindung zum Patent anzumelden. Daraus hat er gelernt, denn künftig passierte ihm das nicht wieder. Er erwarb später insgesamt 117 Patente. Am Anfang stand das Patent für die Bronzeproduktion mit neuen Maschinen. Das Vermögen, das es ihm einbrachte, ermöglichte ihm, seine Versuche auf vielfältigen technischen Gebieten zu finanzieren.

Bessemers Beschäftigung mit dem Artilleriewesen, angeregt durch den Krimkrieg, hatte ihn auf die Idee gebracht, Granaten für Kanonen zu entwickeln, die mit einem Drall versehen waren. Förderer dieser Entwicklung war – auch das wirft ein Licht auf Bessemers unternehmerische Umtriebigkeit – Napoleon III. Die englische Regierung hatte daran zunächst kein Interesse. Die Schießversuche mit solchen Granaten waren zwar erfolgversprechend. Das Dilemma war aber, dass die gusseisernen Kanonen auf Dauer dem durch den Drall verursachten zusätzlichen Druck nicht standhielten. Für einen Erfinder und Unternehmer wie Bessemer war das kein Grund zur Resignation, sondern Anreiz nach einem neuen Material für Kanonen zu suchen, zumal er hoffen konnte, damit viel Geld verdienen zu können.

Bei seinen Versuchen beobachtete er, wie aus Gussstücken in einem mit Winddüsen versehenen Ofen schmiedbares Eisen, also Stahl, entstand. Das brachte ihn darauf zu untersuchen, ob man nicht auch Roheisen durch Einblasen von Luft in Stahl verwandeln könnte. Er schmolz also in einem Tontiegel fünf Kilogramm Roheisen, tauchte ein Tonrohr in die Schmelze, blies große Mengen Luft hindurch. Und siehe da, der Tiegel enthielt am Ende Schmiedeeisen, das man auswalzen konnte. Und das Material wurde durch das Einblasen von Luft nicht etwa kälter, sondern heißer, sodass es flüssig blieb und abgegossen werden konnte. Können Sie sich denken, warum? Nun, durch die eingeblasene Luft bildete sich mit dem im Roheisen enthalten Kohlenstoff zunächst Kohlenmonoxid. Das brannte ab und dadurch erhöhte sich die Temperatur.

Bessemer berichtete über seine Erfindung, die er bis zu der uns heute bekannten Bessemerbirne vervollkommnet hatte, auf der Jahrestagung 1856 der British Association for the Advancment of Science. Dass man in kurzer Zeit aus Roheisen flüssigen Stahl herstellen konnte, erregte großes Aufsehen. Mehrere englische Hüttenwerke schlossen sofort mit ihm Lizenzverträge ab. Er verdiente damit 27.000 Pfund Sterling. Seine Hoffnung hatte sich also erfüllt.

Doch die Enttäuschung folgte auf dem Fuß. Den Hüttenwerken gelang es nicht, mit seinem Verfahren brauchbaren Stahl herzustellen. Es war blasig und brüchig. Bessemer gab jedoch nicht auf. Mit dem verdienten Geld machte er sich daran, die Ursachen dafür herauszufinden. Es stellte sich heraus: Er hatte für seine Versuche schwedisches Eisenerz verwendet. Die englischen Hüttenwerke verwendeten einheimisches Eisenerz. Und das enthielt Phosphor und auch Schwefel.

Bessemers Konverter war mit einem kieselsäurereichen Futter ausgekleidet, das Phosphor und Schwefel nicht binden konnte. Er galt als Schwindler und kein Hüttenwerk war mehr zu weiteren Versuchen bereit. Aber er gab nicht auf. Zusammen mit seinem Schwager baute er in Sheffield selbst ein Stahlwerk, in dem er phosphorarmes Roheisen verwendete und erzeugte gute Stahlproben. Er präsentierte sie 1859 in der Institution of Civil Engineers in London. Obgleich er das Misstrauen von Fachleuten nicht ganz ausräumen konnte, begann nun der Siegeszug des Bessemer-Verfahrens [34].

Das Problem der Entfernung von Phosphor und Schwefel aus dem Roheisen konnte Bessemer allerdings nicht lösen. Phosphor aus dem Roheisen zu entfernen gelang erst zwanzig Jahre später Sidney Gilchrist Thomas (1850–1885). Er modifizierte das Bessemer-Verfahren, indem er die „Birne" mit einem basischen Material, magnesiumhaltigem Kalkstein, auskleidete. Der konnte Phosphor binden, wodurch der Phosphorgehalt im Stahl verringert wurde.

Thomas war eigentlich kein Fachmann, sondern arbeitete als Angestellter an einem Polizeigericht. In seiner Freizeit studierte er Chemie an einer Zweigstelle der Londoner Universität. Dort kam er auf die Idee, die zum Erfolg führte. Um sie auszuprobieren bat er seinen Cousin Percy Carlyle Gilchrist (1851–1935) um Unterstützung. Der war Chemiker in einem Hüttenwerk in Südwales. Der Geschäftsführer der Hütte ließ sie die Versuche durchführen, allerdings auf eigene Kosten. Sie waren ein voller Erfolg. Thomas und sein Cousin stellten ihre Ergebnisse auf einem Treffen des Iron and Steel Institute vor. Sie fanden damit aber nur mäßige Aufmerksamkeit. Daraufhin verfassten sie einen Artikel „Die Abspaltung von Phosphor in der Bessemerbirne". Den hatte man auch im Eisen- und Stahlkonzern Bolckow Vuaghan in Cleveland, im Nordosten Englands, zur Kenntnis genommen und fand das Thomas-Verfahren offenbar so vielversprechend, dass man es dort einführte. Und es zeigte sich, dass es auch für die Massenproduktion geeignet war.

Nachdem das Verfahren patentrechtlich abgesichert worden war, verbreitete es sich in den wichtigsten Industrieländern. Bereits 1882 wurde es in Stahlwerken in Belgien, Frankreich, Deutschland und Russland angewendet. Der aus Schottland stammende amerikanische Industrielle Andrew Carnegie, einer der reichsten Leute seiner Zeit, zahlte eine viertel Million Dollar, um das Verfahren in den USA einzuführen [35]. Dort war der Eisenbahnbau im vollen Gange, wofür man Unmengen Stahl benötigte. Am 10. Mai 1869 wurde die erste transkontinentale Verbindung zwischen der Ost- und der Westküste eröffnet. Die Streckenlänge von New York nach San Francisco betrug 5319 km.

Das Thomas-Verfahren hat ein Jahrhundert lang zur Stahlherstellung gedient. Es hatte allerdings den Nachteil, dass beim Durchblasen von Luft durch das Roheisen große Mengen Stickstoff im Stahl gelöst wurden. Und der ist dort absolut unerwünscht, denn er verringert die Zähigkeit des Stahls und im Laufe der Zeit wird er auch spröde. Werkstofffachleute nennen das Stickstoffversprödung des Stahls. Ursache dafür ist, dass der Stickstoff beim Abschrecken des Stahls zunächst im Eisen gelöst bleiben kann. Wenn man den dann einfach sich selbst überlässt bilden sich Eisennitride, die sehr hart sind und den Stahl spröde machen. Man nennt das „Altern" des Stahls. Und das kann zu erheblichen Schäden führen.

Beispielsweise soll eine derartige Stahlversprödung eine wesentliche Ursache dafür gewesen sein, dass im Winter 2005 durch starken Schneefall und Sturm im Münsterland 82 Hochspannungsmasten unter der Eislast abgeknickt sind, die aus Thomas-Stahl bestanden. Er wird er zwar bereits seit Ende der 1960er Jahre nicht mehr für den Bau von Hochspannungsmasten verwendet, aber noch immer sind deutlich ältere Masten im Einsatz [36]. In den meisten Ländern ist die Produktion von Thomas-Stahl vor etwa drei Jahrzehnten eingestellt und durch das Linz-Donawitz-Verfahren ersetzt worden.

Dass es Bessemer nicht gelungen war, mit seinem Verfahren Phosphor aus dem Roheisen zu entfernen, war zwar das Hauptproblem, aber nicht das einzige. Wie er selbst festgestellt hatte, wurde die Qualität des von ihm erzeugten Stahls auch dadurch beeinträchtigt, dass hin und wieder Sauerstoffblasen in ihm entstanden. Außerdem gelang es ihm nicht, dessen Kohlenstoffgehalt zuverlässig einzustellen, mal war er zu hoch, mal zu niedrig. Und dann war da ja auch noch der unerwünschte Schwefel.

Diese Probleme hat Robert Forester Mushet (1811–1891), ein anderer britischer Metallurge, gelöst. Und zwar auf sehr elegante Weise. Er hat das Roheisen so lange gefrischt, bis alle Verunreinigungen und der gesamte Kohlenstoff verbrannt waren. Dann hat er genau dosiert sogenanntes Spiegeleisen dazu gegeben, ein Konglomerat aus Eisen, Mangan und Kohlenstoff. Das Mangan reagierte mit dem überschüssigen Sauerstoff und dem schädlichen Schwefel. Die Reaktionsprodukte konnte man mit der Schlacke abschöpfen. Und der Kohlenstoff wurde dem Roheisen gewissermaßen zurückgegeben, und zwar genau in der Menge, die der Stahl enthalten sollte.

Mushet hat dafür mehrere Patente angemeldet, die Bessemer aber jahrelang angefochten hat. Im Jahre 1866 erkrankte Mushet und war ziemlich mittellos und notleidend, sodass er nicht in der Lage war, um seine Rechte zu kämpfen. Seine 16-jährige Tochter fuhr zu Bessemer, um ihm nochmals zu sagen, dass sein Erfolg auch auf den Ergebnissen ihres Vaters basiert. Bessemer, der inzwischen reich geworden war, erklärte sich bereit, Mushet zwanzig Jahre lang eine Rente in Höhe von jährlich 300 Pfund zu zahlen. Als Gegenleistung musste er auf jeglichen Rechtsanspruch an seiner Leistung verzichten [37].

Die Erfindung des Windfrischens setzte jedoch dem Frischen in offenen Öfen, in Herden wie beim Puddeln, kein Ende. Bessemer hatte das Problem, höhere Temperaturen zu erreichen, dadurch gelöst, dass er Luft in einem Konverter durch das Roheisen geblasen hat. Andere, die dem Herdfrischen treu blieben, lösten es auf andere Weise.

Friedrich Siemens, einer der drei Siemens-Brüder (der berühmteste ist zweifellos Werner Siemens, der Begründer der Elektrotechnik) erfand den Regenerativofen, in dem Temperaturen von 1800 °C erreicht wurden (übrigens ganz in der Nähe von Bessemer in London). Sie wurde dadurch erzielt, dass die Luft in Regenerationskammern durch die Abgase aus dem Ofen vorgewärmt wird. Sein Bruder Wilhelm, dessen Gehilfe er wurde, hatte schon mehrere Jahre versucht, eine Regenerativdampfmaschine zu bauen, was ihm schließlich auch gelang. Er stellte sie 1855 auf der Weltausstellung in Paris aus. Friedrich Siemens übertrug das Prinzip auf die Befeuerung von Öfen und erhielt dafür 1856 in England ein Patent. Er benutzte seine Erfindung zur Glasherstellung und wurde damit der größte Glashersteller in Europa. Der Versuch, auf diese Weise auch flüssigen Stahl herzustellen, ist ihm jedoch gründlich misslungen. Bei ersten Versuchen in einem Gussstahlwerk in Sheffield schmolz der Stahl zwar, aber nicht nur der, sondern auch der Tiegel und die Ofenwände.

In Frankreich waren aber der Fabrikant und Verhüttungsfachmann Emil Martin und sein Sohn Pierre auf den Siemens'schen Regenerativofen aufmerksam geworden. Sie erwarben die Siemens'schen Zeichnungen und bauten mit temperaturbeständigeren Steinen einen Ofen, mit dem sie 1864 in dem französischen Ort Sireuil den ersten Herdstahl erschmolzen. Sie ließen sich das Verfahren, mit dem man Stahl aus Schrott und Roheisen, Schrott und Kohle oder auch Roheisen und Erz gewinnen konnte, in Frankreich und England patentieren. Besonders die Möglichkeit des Schrotteinsatzes begründete die wirtschaftliche Bedeutung des Siemens-Martin-Verfahrens [38]. Es blieb über 100 Jahre eine der bedeutendsten Technologien für die Stahlherstellung.

In Deutschland wurde der erste Siemens-Martin-Ofen 1869 in Essen von Alfred Krupp in Betrieb genommen, etwa zur gleichen Zeit wie in England, Schweden, Italien und Nordamerika. Der letzte in Westeuropa nahm am 12. Oktober 1967 im VEB Stahl- und Walzwerk Brandenburg den Betrieb auf. Im Herbst 1990 wurde mit seinem Rückbau begonnen. Mit dem letzten Abstich am 13. Dezember 1993 wurde das Werk stillgelegt. Den letzten Siemens-Martin-Ofen kann man heute im Industriemuseum in Brandenburg an der Havel besichtigen.

Kaum war der Siemens-Martin-Ofen in die Stahlherstellung eingeführt worden, begann man, dafür auch die aufkommende Elektrotechnik zu nutzen. Es wird Sie nicht verwundern, dass die Bestrebungen dazu von Werner Siemens ausgegangen sind, der dieses Gebiet begründet hatte. Auf seine Anregung hin hat sein Bruder Carl Wilhelm (1823–1883), der 1859 britischer Staatsbürger wurde und sich in England Charles William Siemens nannte, dort schon im Jahre 1870 mehrere elektrische Schmelzofen entwickelt und patentiert. Der Grundgedanke war, mit Elektroden einen Lichtbogen zu erzeugen und darin den Stahl zu schmelzen. Trotz vieler Bemühungen, entstand dabei aber nur minderwertiger Stahl und außerdem waren die Anlagen sehr teuer und damit für die Industrie uninteressant. Deshalb wurde die Idee zunächst aufgegeben.

Erst Jahrzehnte später wurde jedoch der Grundgedanke wieder aufgegriffen, Stahl in einem elektrischen Ofen zu erzeugen. Dabei wurden zwei Prinzipien verfolgt: Die Induktions- und die Lichtbogenheizung. Am Ende machte der Lichtbogenofen das Rennen. Ausschlaggebend dafür waren seine schnelle Betriebsbereitschaft und die Unabhängigkeit von der Beschaffenheit des Einsatzgutes. Außerdem war er haltbarer und auftretende Schäden waren schneller auszubessern. Von den zahlreichen Bauarten von Lichtbogenöfen, die man erprobte, hat sich der von dem Franzosen Pierre Heroult gebaute Lichtbogenofen durchgesetzt, den er sich im Jahre 1900 patentieren ließ. In Deutschland wurde der erste Heroult-Ofen von den Richard Lindenberg Stahlwerken in Remscheid, der heutigen ThyssenKrupp GmbH, in Betrieb genommen. Die Glocke im Logo des ThyssenKrupp-Konzerns stammt aus dem Firmenzeichen der Lindenberg-Stahlwerke. Elektroöfen arbeiten heute mit

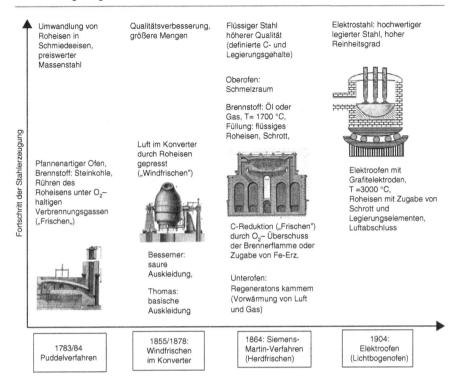

Abb. 2.12 Frischverfahren

Temperaturen bis zu 3000 °C. In ihnen werden hochwertige legierte Stähle mit hohem Reinheitsgrad erzeugt [39]. Der Elektroofen dominiert neben dem Konverter bis heute den Wettbewerb in der Stahlerzeugung (Abb. 2.12).

Wie die Erfindung des Bessemer-Prozesses wurde auch das Siemens-Martin-Verfahren zu einem Geburtshelfer der Stahlindustrie. Die industrielle Herstellung von Stahl, die fortwährende Verbesserung seiner Qualität und die Entwicklung der maschinellen Fertigungstechnik bereiteten auch den Weg für die schmerzerlösende Revolution der Rasiertechnik.

Über 100 Jahre, nachdem Perret sein Rasiermesser aus Damaszenerstahl erfunden hatte, ermöglichte die Realisierung einer genialen Idee, den Männern ein Instrument in die Hand zu geben, mit dem sie sich jeden Tag gefahrlos und wesentlich komfortabler rasieren konnten. Die Idee dazu stammt von einem König, der 1855, in jenem Jahr, in dem Bessemer das Windfrischen erfand, in Fond du Lac im US-Bundesstaat Wisconsin geboren wurde und in Chicago aufgewachsen ist. Seinen Namen kennen Sie ganz gewiss, zumindest seinen Familiennamen: King Camp Gillette. Der Vorname, dem seine Eltern ihrem jüngsten Sohn gaben, sollte zu einem guten Omen für ihn werden.

King war offenbar tief überzeugt von seinen Fähigkeiten, denn er beschloss schon in jungen Jahren, einmal Erfinder zu werden. Dieses Ziel gab er nie auf, auch nicht, als er mit 17 Jahren anfangen musste, seinen Lebensunterhalt als Handlungsreisender für Eisenwaren zu verdienen, weil seine Familie bankrott ging. Einen entscheidenden Tipp, nach welcher Art von Erfindung er Ausschau halten sollte, erhielt er von einem Berufskollegen. Einem Mann, der wusste wovon er sprach, William Painter. Er hatte selbst eine Erfindung gemacht, die wir heute noch nutzen: den Kronenkorken. Painter empfahl ihm, sich auf einen Gegenstand zu konzentrieren, den man täglich benötigt und nach Gebrauch wegwirft.

Die entscheidende Idee soll Gillette gekommen sein, als er sich eines Morgens im Sommer 1895 rasieren wollte, sein Rasiermesser aber so stumpf war, dass er es weder gebrauchen noch selbst wieder schärfen konnte: Ein Rasierapparat mit austauschbaren, zweiseitig verwendbaren Stahlklingen. Um diese Idee zu verwirklichen, musste er zunächst einen Stahl und ein Verfahren finden, mit denen sich Klingen herstellen ließen, die einerseits dünn genug, andererseits aber auch hart und lange haltbar waren. Er fand einen Mechaniker, Wilhelm Nickerson, der ihm half, die praktischen Herstellungsprobleme zu lösen. Er konstruierte die notwendigen, völlig neuen Maschinen und fertigte den von Gillette entworfenen Rasierapparat. Bis dieser reif war für die Serienproduktion, vergingen allerdings noch sieben Jahre. Bis Ende des Jahres 1903 setzte Gillette gerade mal 51 Rasiersets und 168 Klingen ab.

Ein Jahr später waren es bereits 90.000 Rasierapparate und eine Million Klingen. Der entscheidende Durchbruch gelang aber erst 1917 als die US-Armee in den I. Weltkrieg eintrat und für die Ausrüstung ihrer Soldaten 3,5 Mio. Apparate und 36 Mio. Klingen bestellte [40]. Aus Gillettes Erfindung mit der US-Patentnummer 775 134 ist ein Unternehmen gewachsen, das heute fast 30.000 Beschäftigte in 15 Ländern der Welt in Lohn und Brot hält. Die Gillette Company, die seit 2005 zum Procter&Gamble-Konzern gehört, dominiert bislang die Nassrasur-Industrie. Sie beschäftigt weltweit fast 30.000 Mitarbeiter [41] und hat einen Anteil von 60–70% am Gesamtvolumen von \$15 Mrd. des Marktes für Nassrasierer [42].

Was Sie aus der Bessemer- und der Gillette-Story auch lernen sollten, ist: Diese Männer hatten einen Blick für praktische Bedürfnisse, Erfindergeist und sie haben ihre Ziele beharrlich verfolgt. Und nicht zu vergessen: Sie haben sich ihre Erfindungen patentieren lassen, um ihr geistiges Eigentum vor Diebstahl zu schützen.

Dass es heute in Deutschland und in vielen anderen Ländern ein Patentgesetz gibt, auf dessen Grundlage eventuelle Streitigkeiten um das Eigentumsrecht an einer Erfindung entschieden werden, betrachten wir als Selbstverständlichkeit. Mehr noch, wir drängen zu Recht darauf, dass sich auch andere Staaten, in denen das durchaus noch nicht Gang und Gebe ist, an die patentrechtlichen Spielregeln halten.

Dabei sollten wir aber nicht vergessen, wie lange es in Deutschland gedauert hat und welche Widerstände zu überwinden waren, bevor von der Regierung ein Patentgesetz beschlossen worden ist. Und dass auch Preußen im 19. Jahrhundert hemmungslos technische Erzeugnisse im Ausland abgekupfert und zuhause nachgebaut hat. Selbst Christian Peter Wilhelm Friedrich Beuth (1781–1853), der „Vater der preußischen Gewerbeförderung", war da wohl sehr aktiv:

Er warb ausländische Experten an und er finanzierte die Informationsreisen eigener Ingenieure und Techniker, die im Ausland modernste Maschinen und die Organisation der erfolgreichen Betriebe studierten. Manche dieser Aktivitäten gerieten zumindest in die Nähe dessen, was man heute Industriespionage nennt. ... Beuth kaufte auf und schickte in die Heimat, was ihm für die Entwicklung Preußens nützlich erschien – Maschinen oder Konstruktionszeichnungen, Saatgut und neue Nutztierzüchtungen. Ausfuhrverbote für bestimmte Maschinen wurden dadurch umgangen, dass man sie über Zwischenadressen nach Berlin dirigierte, wo sie dann zerlegt, nachgebaut und womöglich verbessert wurden. Wenn man das Gewünschte nicht kaufen konnte, versuchten Schinkel und Beuth technische Details wenigstens nachzuzeichnen. [43]

Das Zustandekommen eines Patentgesetzes in Deutschland war übrigens maßgeblich das Verdienst von Werner Siemens. Er schreibt dazu in seiner Autobiografie:

Ueber die Werthlosigkeit der alten preußischen Patente bestand kein Zweifel; sie wurden in der Regel auch nur nachgesucht, um ein Zeugniß für die gemachte Erfindung zu erhalten. Dazu kam, daß die damals herrschende absolute Freihandelspartei die Erfindungspatente als ein Ueberbleibsel der alten Monopolpatente und als unvereinbar mit dem Freihandelsprincip betrachtete. In diesem Sinne erging im Sommer 1863 ein Rundschreiben des preußischen Handelsministers an sämmtliche Handelskammern des Staates, in welchem die Nutzlosigkeit, ja sogar Schädlichkeit des Patentwesens auseinandergesetzt und schließlich die Frage gestellt wurde, ob es nicht an der Zeit wäre, dasselbe ganz zu beseitigen. Ich wurde hierdurch veranlaßt, an die Berliner Handelskammer, das Aeltestencollegium der Berliner Kaufmannschaft, ein Promemoria zu richten, welches den diametral entgegengesetzten Standpunkt einnahm, die Nothwendigkeit und Nützlichkeit eines Patentgesetzes zur Hebung der Industrie des Landes auseinandersetzte und die Grundzüge eines rationellen Patentgesetzes angab.
Meine Auseinandersetzung fand den Beifall des Collegiums, obschon dieses aus lauter entschiedenen Freihändlern bestand; sie wurde einstimmig als Gutachten der Handelskammer angenommen und gleich zeitig den übrigen Handelskammern des Staates mitgetheilt. Von diesen schlossen sich diejenigen, welche ein zustimmendes Gutachten zur Abschaffung der Patente noch nicht eingereicht hatten, dem Berliner Gutachten an, und in Folge dessen wurde von der Abschaffung Abstand genommen. ...
Dieser günstige Erfolg ermuthigte mich später zur Einleitung einer ernsten Agitation zur Einführung eines Patentgesetzes für das deutsche Reich auf der von mir aufgestellten Grundlage. Ich sandte ein Cirkular an eine größere Zahl von Männern, bei denen ich ein besonderes Interesse für die Sache voraussetzen konnte, und forderte auf, einen „Patentschutzverein" zu bilden, mit der Aufgabe, ein rationelles deutsches Patentgesetz zu erstreben. Der Aufruf fand allgemeinen Anklang, und kurze Zeit darauf trat der Verein unter meinem Vorsitze ins Leben. ... Das Endresultat der Debatten war ein Patentgesetzentwurf, der im wesentlichen auf der in meinem Gutachten von 1863 aufgestellten Grundlage ruhte. ...
Im Jahre 1876 wurde eine Versammlung von Industriellen sowie von Verwaltungsbeamten und Richtern aus ganz Deutschland zusammenberufen, welche ihren Berathungen den Gesetzentwurf des Patentschutzvereins zu Grunde legte und ihn auch im wesentlichen als Grundlage beibehielt. Der aus diesen Berathungen hervorgegangene Gesetzentwurf wurde vom Reichstage mit einigen Modifikationen angenommen und hat in der Folgezeit außerordentlich viel dazu beigetragen, die deutsche Industrie zu kräftigen und ihren Leistungen Achtung im eigenen Lande wie im Auslande zu verschaffen. Unsere Industrie ist seitdem auf dem besten Wege, die Charakteristik „billig und schlecht", die Professor Reuleaux den Leistungen derselben auf der Ausstellung in Philadelphia 1876 noch mit Recht zusprach, fast in allen ihren Zweigen abzustreifen. [44]

Der Siegeszug des Eisens bestimmt Ihr tägliches Leben unmittelbar mit. Nicht nur, weil Sie sich bequem nassrasieren können, wenn Sie es mögen. Sondern auch, weil er politische Folgen hatte, die bis in die Gegenwart reichen. Er hatte Stahl nicht nur zu einem mächtigen Wirtschaftsfaktor, sondern auch zu einem kriegswichtigen Werkstoff gemacht.

Nach dem Ende des II. Weltkrieges, hielten europäische Politiker Stahl und die zu seiner Herstellung benötigte Kohle sogar für so wichtige Kriegsgüter, dass sie deren Produktion einer gegenseitigen Kontrolle unterwarfen. Auf Initiative des damaligen französischen Außenministers Robert Schuman gründeten sie die Europäische Gemeinschaft für Kohle und Stahl (EGKS). Hauptziel des 1951 von Belgien, der Bundesrepublik Deutschland, Frankreich, Italien, Luxemburg und den Niederlanden unterzeichneten EGKS-Vertrages war, so argumentierte Schuman angesichts der Erfahrungen aus dem II. Weltkrieg, die Sicherung des Friedens in Europa durch die „Vergemeinschaftung" von Kohle und Stahl. Dieser Vertrag galt für die Dauer von 50 Jahren. Er war einer der Wegbereiter der Europäischen Union, deren Vorteile Sie genießen und über deren Probleme seit geraumer Zeit heftig diskutiert wird.

2.5 Initialzündung für die Werkstoffwissenschaft

Die Herstellung von Werkstoffen beschränkte sich über Jahrtausende hinweg im Wesentlichen darauf, Rohstoffe aus der Natur zu gewinnen und zu verarbeiten. Fortschritte waren dabei vor allem der Entwicklung und Nutzung neuer Herstellungs- und Verarbeitungsverfahren zu verdanken, die wir unter dem Begriff Metallurgie oder Hüttenwesen zusammenfassen. Sie beruhte ausschließlich auf der Verwendung neuer Heizmaterialien und der Erfahrung der Hüttenleute. Was mit dem Material auf dem Weg vom Rohstoff zum Werkstoff passierte und wie dessen Eigenschaften zustande kamen, konnte man noch nicht verstehen.

Umso bemerkenswerter ist, dass unsere Altvorderen ihre Werkstoffe bereits in den gleichen Prozessschritten aus Rohstoffen erzeugt haben, wie es die heutigen Hüttenleute tun: Gewinnung und Aufbereitung von Erzen, zum Beispiel Sortieren, Brechen und Mahlen, Mischen und Legieren verschiedener Materialien sowie Verarbeitung zu Werkstoffen in Form von Vorprodukten (Halbzeugen), wie Bleche, Stangen oder Rohre, aus denen dann Endprodukte gefertigt werden. Das ist die technologische Seite der Herstellung von Werkstoffen aus Rohstoffen. Die naturwissenschaftlichen Vorgänge, die diesem technologischen Prozess zugrunde liegen, sind die mechanische, physikalische oder chemische Bildung und Zerstörung von Materialstrukturen, gemeinhin zusammengefasst im Begriff Struktur- oder Stoffwandlung: Atome lösen sich aus ihren Verbünden und gehen neue Bindungen ein, Gitterstrukturen formieren und wandeln sich, es bilden sich Kristalle, die sich zu Verbänden vereinigen und zu einem kompakten Festkörper wachsen, einer Form kondensierter Materie, wie Physiker sagen. Die Struktur des Festkörpers, des Werkstoffes, die er bei seiner Herstellung aus Rohstoffen und seiner Verarbeitung zu Halbzeugen erhält, ist die Ursache für seine Eigenschaften.

Es war der sächsische Gelehrte Georgius Agricola (1494–1555), der eigentlich Georg Bauer hieß, der die Verfahren zur Gewinnung und Verarbeitung von Metallen im Jahre 1556 in seinem Hauptwerk „De re metallica libri XII – Zwölf Bücher vom Berg- und Hüttenwesen" zum ersten Mal systematisch untersucht und beschrieben hat. Mit diesem Buch hat er sich in die Liste der großen Gelehrten dieser Welt eingetragen, wenngleich sein Name für viele Nichtfachleute leider nichtssagend ist. Es blieb bis zur Mitte des 18. Jahrhunderts das Standardwerk der Montanwissenschaften, der Lehre vom Bergbau, des Hüttenwesens und der Mineralogie, als deren Vater er gilt. Und das Interesse der Fachwelt daran ist bis heute nicht verloren gegangen. Im Jahre 2006 ist eine Neuauflage, die seinem Andenken gewidmet ist, im Marix Verlag, Wiesbaden, erschienen [45].

Das Berg- und Hüttenwesen ist die tiefste historische Wurzel der Werkstoffwissenschaft und noch heute einer ihrer Grundpfeiler in Forschung und Lehre. Vor allem an jenen Universitäten, die Mitte des 18. Jahrhunderts als Bergakademien gegründet worden sind: 1765 die TU Bergakademie Freiberg und nur zehn Jahre später die TU Clausthal. Die Initialzündung für die wissenschaftliche Untersuchung von Werkstoffen, den Beginn der Werkstoffforschung, wurde jedoch erst durch die industrielle Massenproduktion von Stahl ausgelöst. Handwerker, die bis dahin die Eisen- und Stahlherstellung dominierten und mit ihren Erfahrungen als unersetzbar galten, wurden zunehmend verdrängt von studierten Chemikern, wissenschaftlich orientierten Metallurgen und professionellen Ingenieuren.

„Stahl" wurde zu einer Qualitätsmarke, mit der die neuen Stahlunternehmen für ihr Produkt warben, um sich von den Produzenten abzusetzen, die Schmiedeeisen nach dem Puddelverfahren herstellten. Stahl war diesem allerdings in seiner Qualität noch nicht immer und überall so deutlich überlegen, wie sie den Anschein erwecken wollten. Und sie konnten oft keine gleichbleibende Qualität liefern. Angesichts solcher technischen und damit letztlich auch ökonomischen Unsicherheiten stellte sich die Frage nach den Ursachen für die variierende Qualität von Stahl. Und es entspann sich ein Disput darüber, was Stahl eigentlich ist und wodurch er sich von Schmiedeeisen unterscheidet. Zunächst unterschied man einfach nach verfahrenstechnischen Gesichtspunkten: Schmiedeeisen ist das, was als teigige Masse im Puddelofen entsteht; Stahl hingegen das, was flüssig aus der Bessemerbirne kommt. Andererseits hatte man den Unterschied zwischen Eisen und Stahl schon seit langem an einem chemischen Kriterium, dem Kohlenstoffgehalt, festgemacht.

Die Definition des Stahles nach dem Kohlenstoffgehalt hatte bald auch Eingang in Lehrbücher gefunden:

Das *reine* Eisen besitzt im Gegensatz zu den meisten andern Metallen keinen technischen Wert, da es weich, fast unschmelzbar und von geringer Festigkeit ist. Von höchstem Werte, ja geradezu unentbehrlich, sind aber die Verbindungen des Eisens mit wechselnden aber immer verhältnismäßig geringen Mengen von Kohlenstoff, die auch wohl noch Spuren von anderen Elementen enthalten. …
Nach der … gegebenen Charakteristik des Stahles versteht man darunter dasjenige Eisenhüttenprodukt, welches in seinen Eigenschaften zwischen Gußeisen und Schmiedeisen mitten inne steht; mit dem ersten teilt der Stahl die Schmelzbarkeit und unter Umständen die große Härte, mit dem zweiten die Schweiß- und Schmiedbarkeit und die Dehnbarkeit in der

Kälte. Die Vereinigung dieser Eigenschaften, welche den Stahl zu einem so hochgeschätzten Material machen, verdankt derselbe seinen zwischen dem des Guß- und Schmiedeisen in der Mitte stehenden Kohlenstoffgehalte von durchschnittlich 1 ½ Proz. [46]

Die Kontroverse über die Stahl-Definition erreichte seinerzeit auch Amerika, sodass europäische und amerikanische Metallurgen sich bemühten, eine einheitliche Nomenklatur zu entwickeln. Erschwert wurde das durch nationale Spezifika und Interessen sowie sprachliche Probleme. Es waren ja englische, deutsche und französische Begriffe auf einen Nenner zu bringen. Schließlich einigte man sich auf einen Kompromiss: Stahl ist die gießbare Flüssigkeit aus dem Bessemerprozess oder dem Herdschmelzofen, Schmiedeeisen das schwammige Produkt des Puddelverfahrens; beide sind Gegenstand für chemische Standards [47]. Ökonomische, technologische Faktoren und nationale Interessen haben also zu einer Formulierung geführt, aus dem jeder Beteiligte herauslesen konnte, was er wollte – eine Praxis, die sich in multinationalen Verhandlungen bis heute erhalten hat.

Der Ursachensuche für die unterschiedlichen Stahlqualitäten nahmen sich seinerzeit zunächst die Chemiker an. Sie entwickelten eine Methode für die Bestimmung des Kohlenstoffgehalts im Stahl. Sie verbrannten den gesamten Kohlenstoff einer Probe in einem Sauerstoffstrom zu Kohlendioxid und bestimmten das Volumen des entstandenen Gasgemisches aus Kohlendioxid und Sauerstoff. Dann fällten sie das Kohlendioxid mit Kalilauge aus und bestimmten abermals das Gasvolumen. Die Differenz beider Messungen ergab das Volumen des Kohlendioxids. An einer dafür geeichten Skala konnten sie nun den Kohlenstoffgehalt direkt ablesen. So habe ich die Kohlenstoffbestimmung im Stahl noch als Student gelernt.

Aber auch Physiker meldeten sich zu Wort. Viele nahmen an, dass die variierenden Stahleigenschaften auf einer unterschiedlichen Dichte des Werkstoffes beruhten, hervorgerufen durch Hohlräume oder Schlackeeinschlüsse. Bei ihren Versuchen konnten sie jedoch keine Dichteunterschiede feststellen. Mechanische und physikalische Tests erwiesen sich als ungeeignet, die Unterschiede in den Festigkeitseigenschaften von Stahl zu erklären [48].

Es war der Schwede Sven Rinman, seines Zeichens Königlich Schwedischer Bergrath, Director der Schwarzschmiede, Ritter des Königlichen Wasaordens und Mitglied der Königlich Schwedischen Akademie der Wissenschaften, der bereits 100 Jahre früher das spezifische Gewicht als Gütekriterium für Eisen und Stahl angesehen und in den wohl ersten Büchern über Werkstoffe beschrieben hatte:

Die Schwere eines jeden Metalls nach Verhältniß seines Umfanges, die eigenthümliche (gravitas specifica) nennet, ist einer ihrer sichersten Unterschiede, aus welcher man auch ihre höchste Reinigkeit erkennen kann. Man untersucht diese Schwere, wenn man das Metall in eine so regelmäßige Form bringt, daß man die Außenfläche sicher messen kann; da aber dieses Verfahren beschwerlich und oft unmöglich ist, so bedient man sich lieber der bekannten hydrostatischen Wage, um mittelst derselben durch den ungleichen Verlust in der Schwere beim Senken unter Wasser, dessen Schwere gegen das Wasser berechnen und dadurch das Verhältniß ihrer Schwere zu andern Körpern finden zu können. ...

Aus meinen Wiegungen glaube ich folgende Schlüsse ziehen zu können:
1. Obgleich einiges Eisen schwerer als Stahl gefunden wurde, so ist doch allgemein genommen der Stahl schwerer als Eisen. Das Mittel der Stahlschweren war 7,795 des Eisens 7,700. zu 1000. Der Stahl, welcher leichter als Eisen wog, war ungeschmiedet.

2. Man kann von der Schwere des Eisens auf seine Dichtigkeit und innere Eigenschaften schließen. ... In meinen Versuchen fand ich, daß das schwerste Eisen auch das beste, so wie das leichteste das schwächste war. ...

Die mehresten, und besonders Kenner wissen, was unter dichtem Eisen verstanden wird, nämlich es besitzt überall eine gleiche Härte und hat weder offne Ritzen noch das geringste Zeichen fremder Einmischung oder nicht reduzirter Eisenerde, die sich auf der Oberfläche mit schwarzen Punkten oder Strichen ... zeiget. Die Dichtigkeit scheint mit der Schwere so genau verbunden, daß wo man die eine hat, die andere nicht fehle. [49]

Der Stahl muß für den besten gehalten werden, welcher ... Die größte spezifische Schwere besitzt, und folglich in seinem Volumen die größte Menge von Materie oder Metall enthält. [50]

Vor allem der Eisenbahn- und der Brückenbau hatte das Bedürfnis der Industrie verstärkt, die Eigenschaften von Stahl wissenschaftlich zu untersuchen. Aus dem Geschichtsunterricht wissen Sie sicher noch, dass es der britische Ingenieur Richard Trevithick (1771–1833) war, der die erste funktionsfähige Dampflokomotive gebaut und 1804 als Transportmittel für ein Eisenwerk in Gang gesetzt hat. Und zwar auf gusseisernen Schienen, für die sie zu schwer war, weshalb ihr Betrieb schon nach kurzer Zeit wieder eingestellt wurde. Das Eisenbahnwesen, wie wir es heute kennen, wurde erst etwa 20 Jahre später von George Stephenson (1781–1848) begründet, der ebenfalls ein englischer Ingenieur war. Er war der geistige Kopf und Manager der 1825 auf der Strecke zwischen Stockton und Darlington eingeweihten ersten öffentlichen Eisenbahn der Welt.

Und gewiss wissen Sie sich auch noch, dass die erste deutsche mit Dampf betriebene Eisenbahn im Jahre 1835 von Nürnberg nach Fürth gefahren ist. Auf dieses historische Datum kann man in Bayern noch mit Stolz zurückblicken, wenn der FC Bayern München längst vergessen ist. Nach der Gründung des Deutschen Kaiserreiches im Jahre 1871 bauten die einzelnen deutschen Länder staatliche Eisenbahnen, sodass die Länge des Streckennetzes rasant zunahm. Seine Länge betrug um 1900 fast 50.000 km [51]. Was schätzen Sie: Welche Gesamtlänge haben die Gleise der Deutschen Bahn heute? Wahrscheinlich werden Sie sich wundern, denn viele Kilometer sind nicht hinzugekommen. Im Jahre 2010 waren es ca. 64.000 km [52].

Warum es gerade der Eisenbahn- und der Brückenbau war, der das Bedürfnis der Industrie verstärkt hatte, die Eigenschaften von Stahl wissenschaftlich zu untersuchen, können Sie sich vermutlich denken. Es häufte sich die Zahl der Unfälle und man wollte gern wissen, was die Ursachen dafür waren.

Der deutsche Ingenieur und Schriftsteller Max Eyth (1836–1906) hat eindrucksvoll geschildert, wie qualvoll es sein kann, sich mit solchen Unfällen auseinanderzusetzen. Er hat zum ersten Mal die Frage nach der Verantwortung von Ingenieuren aufgeworfen, die bis heute immer wieder zu stellen ist. Dabei geht er auch auf Werkstoffprobleme ein, die seinerzeit noch nicht verstanden wurden und dringend einer Lösung bedurften. Anlass dazu war für ihn der Bau der Firth-of-Tay-Brücke, eine drei Kilometer lange Eisenbahnbrücke, die von 1871 bis 1878 in Schottland an der Mündung des Tays in die Nordsee gebaut worden ist. Sie war damals die längste Brücke der Welt. Ihre Pfeiler bestanden aus Gusseisen, die Fahrbahn aus

Schmiedeeisen. Ein Jahr nach ihrer Eröffnung stürzte sie bei einem Unwetter ein. Dabei kamen bei einer Zugüberfahrt 75 Menschen ums Leben.

In seinem fiktiven Bericht über den Bau und Einsturz einer Brücke über die Ennobucht, dem dieses Ereignis als literarisches Vorbild diente, lässt Max Eyth seinen Erbauer dieser Brücke, den Ingenieur Harold Stoß, sagen:

> … ich habe ehrlich gerechnet und manche lange Nacht durchgesessen, um mir selber über die Sache völlig klar zu werden. Aber schließlich beruht doch alles Mögliche auf Annahmen, auf Theorien, die noch kein Mensch völlig durchschaut und die vielleicht in zehn Jahren wie ein Kartenhaus zusammenfallen. Ein Holzbalken mit seinen Fasern ist noch verhältnismäßig menschlich verstehbar. Aber weißt du, wie es einem Block Gußeisen zumute ist, ehe er bricht, wie und warum in seinem Innern Kristalle aneinanderhängen; ob ein hohles Rohr, das du biegst, auf der einen Seite zuerst reißt oder auf der anderen vorher zusammenknickt, ehe es in Stücken am Boden liegt? Wieviel ich über Kohäsion nachgedacht habe …, daß mir übel wurde von den ewig kreisenden Gedanken … In den letzten Tagen, in denen die Berechnungen zum Abschluss kamen, auf denen das ganze Brückenprojekt aufgebaut ist, hatte ich noch einen lebhaften Kampf mit mir selber. Welchem Sicherheitskoeffizienten darf ich trauen? [53]

Nach dem Unglück in seiner Ennobucht, bei dem auch der verantwortliche Ingenieur zu Tode gekommen war, lässt Max Eyth eine englische Zeitung darüber berichten. Ihre Schlussfolgerung gibt er folgendermaßen wieder:

> Das entsetzliche Unglück wiese erneut darauf hin, daß es Grenzen gebe, die der Mensch nicht ungestraft überschreite, daß aber der Ruf der englischen Technik von diesem tief bedauerlichen Vorfall nicht ernstlich berührt werde. Der schleunigste Wiederaufbau der Brücke sei eine selbstverständliche Sache. [54]

Die Firth-of-Tay-Brücke wurde von 1883 bis 1887 direkt neben den Überbleibseln der eingestürzten Brücke neu aufgebaut. Sie ist bis heute in Betrieb.

Die Ursachen für solche Unfälle konnten zunächst nicht aufgeklärt werden. Man benötigte dazu mehr Wissen über Stahl und seine Eigenschaften, an dem die Industrie auch ein wirtschaftliches Interesse hatte. Dazu mussten zunächst Verfahren entwickelt werden, mit denen man die Werkstoffeigenschaften möglichst exakt bestimmen konnte. Im Blick standen dabei zunächst die mechanischen Eigenschaften von Stahl, seine Festigkeit und Härte. Das war der Anstoß für eine, man könnte fast sagen explosionsartige, Entstehung und Entwicklung der modernen Werkstoffprüfung, heute ein relativ eigenständiges Arbeitsfeld der Werkstoffforschung (Abb. 2.13).

Ihre wissenschaftlichen Wurzeln reichen zurück in die Zeit, in der Georgius Agricola sein fundamentales Werk über die Metallurgie geschrieben hatte, ins 16. Jahrhundert. Ein Zeitalter, das wir unter verschiedenen Gesichtspunkten als Reformation oder Renaissance bezeichnen, und in dem sich in Europa gewaltige gesellschaftliche und geistige Umwälzungen vollzogen haben. Geistige Voraussetzungen dafür waren der Humanismus, eine seit dem 14. Jahrhundert von Italien ausgehende Bildungsbewegung, und die aufkommenden Naturwissenschaften, die im 17. Jahrhundert, dem Zeitalter der Aufklärung, zur Blüte gelangten, vor allem, weil man die Beobachtung und das Experiment zum Ausgangspunkt der Forschung machte. Denken Sie an die Begründung des heliozentrischen Weltbildes durch Nikolaus

Abb. 2.13 Entstehung der
modernen Werkstoffprüfung

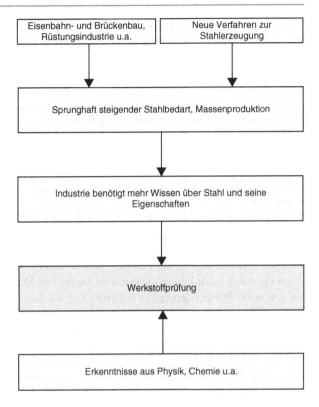

Kopernikus, die Bestimmung der elliptischen Umlaufbahnen der Erde und anderer
Planeten durch Johannes Kepler, das Gravitationsgesetz von Isaac Newton sowie
das Auffinden der Gesetze des freien Falls sowie die Himmelsbeobachtungen von
Galileo Galilei, die ihn unter anderem dazu brachten, Keplers Erkenntnis zu ver-
teidigen, dass sich die Erde um die Sonne dreht.

Die römische Inquisition hatte ihn gezwungen, das zu widerrufen, weil es dem
kirchlichen Dogma widersprach, nach dem die Erde der Himmelskörper war, der
im Mittelpunkt der Welt zu stehen hatte. Der große deutsche Dichter des 20. Jahrhunderts Bertolt Brecht hat diesen Versuch der Kirche, wissenschaftliche Erkenntnisse zu unterdrücken, in seinem „Leben des Galilei", das von Sinn und Zweck der
Wissenschaft und von der Verantwortung der Wissenschaftler handelt, literarisch
verarbeitet und auf die Theaterbühne gebracht.

Was ich Ihnen jetzt zeigen will, ist, wie die Werkstoffprüfung von dieser naturwissenschaftlichen Revolution profitiert hat und zu einem Eintrittstor in die Werkstoffforschung geworden ist. Galilei war es nämlich, der im 17. Jahrhundert auch
die ersten Überlegungen zur Biegebeanspruchung und zum elastischen Verhalten
von Materialien angestellt hat. Mit seinen Versuchen zur Biegung eines Balkens hat
er die Festigkeitslehre begründet. Das waren die ersten Versuche, die das Experiment und quantitative Messungen zum Ausgangspunkt der Forschung und damit
zur Grundlage der modernen Wissenschaft machten.

Später erhielt die Festigkeitslehre vor allem dadurch kräftige Impulse, dass man bestrebt war, reale technische Probleme zu lösen. So bemerkte der englische Universalgelehrte Robert Hooke 1635–1703), dass Pendeluhren auf schwankenden Schiffen nicht immer die richtige Zeit anzeigen. Er fragte sich, ob es nicht möglich wäre, einen Körper statt durch die Gravitationskraft mit Hilfe einer Feder in jeder Lage gleichmäßig hin und her schwingen zu lassen. Deshalb begann er 1658 mit Spiralfedern zu experimentieren und baute sie als Unruhe in eine Uhr ein. Dabei stellte er fest, dass sich die Spannung und die Dehnung der Feder proportional verhalten, wenn man sie belastet. Später fand er heraus, dass sich alle Gegenstände so verhalten, die aus elastischen Werkstoffen bestehen. Damit hatte er das allgemeine Elastizitätsgesetz entdeckt, das er 1678 in einer Vorlesung verkündete [55].

Für praktische Versuche zur Weiterentwicklung der Festigkeitslehre baute dann der niederländische Physiker und Mathematiker Pieter van Musschenbroek (1692–1761) gemeinsam mit seinem Bruder, dem Mechaniker Johann Musschenbroek, die ersten Prüfmaschinen zur Zerreiß-, Knick- und Druckprüfung von Werkstoffen. Seine Entwürfe dafür können Sie sich im Deutschen Museum in München ansehen. Sie waren im Prinzip den später entwickelten Werkstoffprüfmaschinen schon sehr ähnlich.

Als in Deutschland in der zweiten Hälfte des 19. Jahrhunderts die Möglichkeit der Massenproduktion von Stahl und die Forderungen der Industrie der modernen Werkstoffprüfung zum Durchbruch verhalfen, war es vor allem der Erfinder und Industrielle Alfred Krupp (1812–1887), der diese Entwicklung vorantrieb. Er hatte die von seinem Vater Friedrich Krupp (1787–1826) gegründete Krupp'sche Gussstahlfabrik übernommen, die unter seiner Führung zum damals größten europäischen Industrieunternehmen aufstieg.

Alfred Krupp richtete dort eine technische „Probieranstalt" ein, in der er 1862 eine Werkstoffprüfmaschine aufstellte. Er hatte sie in England gekauft, obwohl Ludwig Werder in der Nürnberger Maschinenfabrik von Theodor Cramer-Klett (1817–1884) bereits zehn Jahre zuvor, eine Universalprüfmaschine entwickelt und gebaut hatte. Ludwig Werner war ein ausgezeichneter Ingenieur und Eisenbahnexperte, den Cramer-Clett, der übrigens im Jahre 1880 einer der Mitbegründer der Münchener Rückversicherungs-Gesellschaft war, von der Konkurrenz abgeworben und als technischen Leiter seines Unternehmens eingesetzt hat. Seine Maschine gehörte bald zur Standardausrüstung der verbreitet entstehenden Materialprüflaboratorien. Sie hat die Richtung für den Prüfmaschinenbau in Deutschland vorgegeben [56].

Die ersten Werkstoffprüfmaschinen waren Zugprüfmaschinen. Man nannte sie auch Zerreißmaschinen, weil bei den durchgeführten Zugversuchen die Werkstoffprobe bis zum Zerreißen belastet wurde. Auf diese Weise ermittelte man die Zugfestigkeit von Werkstoffen.

Im Laufe der Zeit erkannte man jedoch, dass allein die Kenntnis und Berücksichtigung der Zugfestigkeit noch keine Sicherheit dafür bietet, dass Werkstoffe den Belastungen standhalten, denen sie in der Praxis ausgesetzt sind. Denn das Werkstoffverhalten hängt beispielsweise auch von der Art der Belastung (statisch oder dynamisch), von ihrer Dauer und von der Temperatur ab. Und schließlich

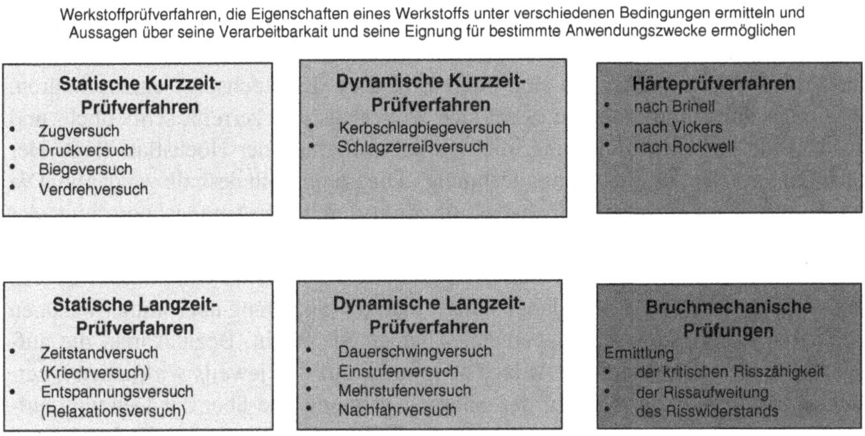

Werkstoffprüfverfahren, die Eigenschaften eines Werkstoffs unter verschiedenen Bedingungen ermitteln und
Aussagen über seine Verarbeitbarkeit und seine Eignung für bestimmte Anwendungszwecke ermöglichen

Statische Kurzzeit-Prüfverfahren	Dynamische Kurzzeit-Prüfverfahren	Härteprüfverfahren
• Zugversuch • Druckversuch • Biegeversuch • Verdrehversuch	• Kerbschlagbiegeversuch • Schlagzerreißversuch	• nach Brinell • nach Vickers • nach Rockwell

Statische Langzeit-Prüfverfahren	Dynamische Langzeit-Prüfverfahren	Bruchmechanische Prüfungen

• Zeitstandversuch
  (Kriechversuch)
• Entspannungsversuch
  (Relaxationsversuch)
	• Dauerschwingversuch
	• Einstufenversuch
	• Mehrstufenversuch
	• Nachfahrversuch
		Ermittlung
		• der kritischen Risszähigkeit
		• der Rissaufweitung
		• des Risswiderstands

Abb. 2.14 Mechanisch-technologische Prüfverfahren

ging es nicht nur um die Zugfestigkeit, sondern auch um die Härte und weitere Werkstoffeigenschaften. Das hat zur Entwicklung einer ganzen Palette von mechanisch-technologischen Prüfverfahren geführt (Abb. 2.14).

Heute wird im Zugversuch nicht allein die Zugfestigkeit eines Werkstoffes ermittelt, sondern man erstellt ein Spannungs-Dehnungs-Diagramm, aus dem man auch andere Festigkeits- und Verformungskenngrößen entnehmen kann, die als Grundlagen für Festigkeitsberechnungen dienen. Dazu wird eine genormte Werkstoffprobe in eine Zugprüfmaschine gespannt und bei konstanter Verformungsgeschwindigkeit in Achsrichtung gedehnt bis sie zerreißt. Die aufgebrachte Spannung, die jeweilige Zugkraft bezogen auf den Ausgangsquerschnitt der Probe, wird im Diagramm über der gemessenen Dehnung aufgetragen.

Wie verhält sich nun beispielsweise eine Stahlprobe, wenn sie im Zugversuch belastet wird? Sie dehnt sich zunächst elastisch aus, d. h. würde nach einer Entlastung wieder auf ihre Ausgangslänge zurückgehen. Spannung und Dehnung steigen dabei proportional an bis die Elastizitätsgrenze des Werkstoffes erreicht ist. Man erhält also im Spannungs-Dehnungs-Diagramm eine Gerade. Dieser Zusammenhang war es, den Robert Hooke als Erster erkannt hatte. Deshalb wird diese Gerade auch Hooke'sche Gerade genannt. Ihr Anstieg markiert einen wichtigen Werkstoffkennwert, den Elastizitätsmodul (nach dem englischen Physiker Thomas Young, auch Young-Modul). Er ist umso größer, je größer der Widerstand des Werkstoffes gegen seine elastische Verformung ist.

Bei weiterer Beanspruchung nimmt bei weichen Stählen die Dehnung stark zu, u. U. auch bei gleichbleibender oder sogar abnehmender Last. Der Werkstoff „fließt". Die Spannungswerte, die diesen Bereich im Spannungs-Dehnungs-Diagramm begrenzen bezeichnet man als obere bzw. untere Streckgrenze. Bei weiterer Belastung beginnt die Probe, sich gleichmäßig plastisch zu verformen. Deshalb genügt eine geringere Spannung, um sie weiter zu dehnen. Aber dabei verfestigt sich der Stahl und für seine weitere Verformung wird eine zunehmend höhere Last benötigt. Spannung und Dehnung steigen aber nicht mehr proportional an, wie bei der anfänglichen elastischen Verformung. Man erhält im Spannungs-Dehnungs-Diagramm deshalb keine Gerade, sondern eine ansteigende Kurve. Belastet man die Probe weiter, beginnt sie sich beim Erreichen der Höchstlast einzuschnüren, ihr Querschnitt nimmt ab, sie dehnt sich weiter aus und zerreißt schließlich, und zwar schon bei einer Belastung, die deutlich unterhalb der Höchstlast liegt. Der Spannungsverlauf im Spannungs-Dehnungs-Diagramm fällt deshalb wieder ab. Die im Zugversuch auftretende Höchstlast dividiert durch den Anfangsquerschnitt der Probe ist das, was wir als die Zugfestigkeit des Werkstoffes bezeichnen.

Falls Sie jetzt meinen, dass man bei diesem Versuch einen Fehler macht, da sich ja der Querschnitt der Probe dabei ändert, man die Spannung aber immer bezogen auf deren Anfangsquerschnitt berechnet, haben Sie Recht. Bezieht man die aufgebrachte Kraft nicht auf den Anfangs-, sondern auf den jeweils wirklichen Querschnitt, erhält man den Verlauf der wahren Spannung und über der Dehnung aufgetragen, das sogenannte wahre Spannungs-Dehnungs-Diagramm. Es hat jedoch keine praktische Bedeutung (Abb. 2.15).

Alle für die Dimensionierung von Bauteilen wichtigen Kenngrößen zur Belastbarkeit von Werkstoffen entnehmen Konstrukteure dem Diagramm, in dem die Spannung auf den Anfangsquerschnitt der Probe bezogen ist. Man nennt es deshalb

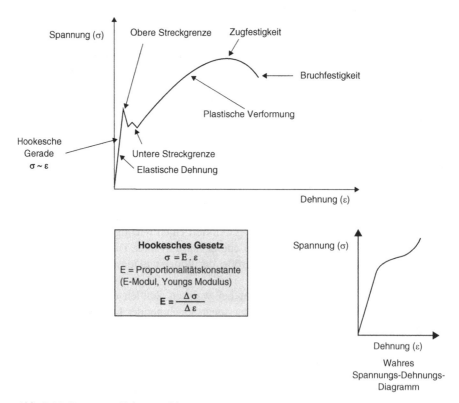

Abb. 2.15 Spannungs-Dehnungs-Diagramm

im Unterschied zum wahren, das technische Spannungs-Dehnungs-Diagramm. Da sich Bauteile während des Betriebes nicht plastisch verformen sollen, sind für ihre Konstruktion lediglich die Festigkeitswerte in dem Bereich von Interesse, in dem sich der Werkstoff linear elastisch verformt. Für Fertigungstechniker ist vor allem der Bereich des Spannungs-Dehnungs-Diagramms interessant, aus dem sie wichtige Informationen über das Verformungsverhalten von Werkstoffen erhalten. Also der Bereich, in dem sich der Werkstoff plastisch verformt.

Man hatte also mit dem Zugversuch zum ersten Mal die Möglichkeit sowohl Werkstoffkennwerte quantitativ zu bestimmen, mit denen man die Dimensionierung von Bauteilen berechnen konnte, als auch die Abhängigkeit der Zugfestigkeit des Stahls von seiner Zusammensetzung, zunächst vor allem von seinem Kohlenstoffgehalt, genau festzustellen. Und auch, die Festigkeitswerte und das Verformungsverhalten verschiedener Werkstoffe direkt miteinander zu vergleichen. Die Messung begann die Erfahrung zu ergänzen. Das war die Initialzündung für die Werkstoffforschung (Abb. 2.16).

Wir haben bereits im Zusammenhang mit Geräten der Bronzezeit von deren Festigkeit und Härte gesprochen. Wie viele Nichtfachleute nehmen Sie vielleicht an, dass beide unmittelbar zusammenhängen. Das ist jedoch in der Regel nicht der Fall. Festigkeit und Härte sind ganz unterschiedliche Werkstoffkennwerte. Man kann den einen in den anderen lediglich in bestimmten Fällen umrechnen. Die Festigkeit eines Werkstoffes ist seine Widerstandsfähigkeit gegen Verformung und Bruch, wenn er durch eine Zug- oder Druckkraft belastet wird. Die Härte ist der Widerstand, den ein Werkstoff dem mechanischen Eindringen eines anderen Körpers entgegensetzt, der auf seine Oberfläche gedrückt wird.

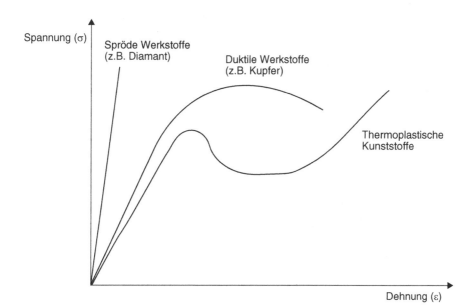

Abb. 2.16 Spannungs-Dehnungs-Diagramm für verschiedene Werkstoffe

Nachdem man gelernt hatte, die Zugfestigkeit von Werkstoffen zu bestimmen, dauerte es noch einige Jahrzehnte, bis man in der Lage war, auch ihre Härte zu ermitteln. Dazu wurden in den ersten Jahrzehnten des 20. Jahrhunderts verschiedene Härte-Prüfverfahren entwickelt. Sie verwenden unterschiedliche Eindringkörper und man misst entsprechend verschiedene Kenngrößen, aus denen dann die Härte des Werkstoffes berechnet oder direkt von einer geeichten Härteskala abgelesen werden kann.

Im Jahre 1900 präsentierte der schwedische Ingenieur Johan August Brinell (1849–1925), der seit Mitte der 1880er Jahre die Stahlindustrie durch grundlegende Arbeiten über die Eigenschaftsänderungen von Stahl in Abhängigkeit vom Kohlenstoffgehalt bereichert hatte, auf der Weltausstellung in Paris ein Verfahren, bei dem eine gehärtete Stahlkugel in die Werkstoffoberfläche gedrückt wird. Aus dem Durchmesser des entstehenden Eindrucks errechnet man dann die Härte des Werkstoffes. Eine Beschreibung über „Die Anwendbarkeit der Brinell'schen Kugelprobe bei Feststellung der Streckfestigkeit bei Eisen und Stahl" erschien 1902 in der Zeitschrift „Polytechnisches Journal". In dem Jahr, in dem Brinell zum Mitglied der Schwedischen Akademie der Wissenschaften berufen wurde [57].

Der amerikanische Metallurge und Prüfingenieur Stanley P. Rockwell (1886–1940) entwickelte und baute dann 1912 gemeinsam mit Hugh M. Rockwell (1890–1957), mit dem er aber nicht direkt verwandt war, ein weiteres Härteprüfverfahren. Dabei dient nicht der Durchmesser des Eindrucks, sondern die Eindringtiefe des Prüfkörpers, einer Stahlkugel oder eines Diamantkegels, als Kriterium für die Härte. Man kann sie bei diesem nach ihren Erfindern benannten Rockwell-Verfahren direkt an einer geeichten Härteskala ablesen. Dabei wird zunächst eine Vorkraft aufgebracht, die einen zuverlässigen Kontakt zwischen dem Prüfkörper und der Werkstoffoberfläche gewährleistet. Die anschließend aufgebrachte Prüfkraft erzeugt dann dessen bleibende Eindringtiefe. Beide Rockwells meldeten diese Erfindung 1914 zum Patent an. Die Idee zu diesem Verfahren hatte allerdings bereits im Jahre 1908 der in Tschechien geborene Ingenieur und spätere Professor an der Technischen Hochschule in Wien Paul Ludwik (1878–1934) in seinem Buch „Die Kegelprobe: Ein neues Verfahren zur Härtebestimmung von Materialien" beschrieben [58].

Und weitere zehn Jahre später, 1921, waren es Robert L. Smith und George E. Sandland, die bei der Firma Vickers eine Diamantpyramide in die Werkstoffoberfläche pressten und die Eindruckfläche als Maß für die Härte verwendeten. Erstaunlicherweise ist über die Erfinder und die Entstehung des Vickers-Verfahrens augenscheinlich wenig bekannt.

Diese Härteprüfverfahren sind seither aus der Werkstoffforschung nicht mehr wegzudenken. Jedes von ihnen hat sowohl Vor- als auch Nachteile und wird zur Prüfung verschiedener bzw. unterschiedlich behandelter Werkstoffe oder spezifischer Werkstoffbestandteile eingesetzt (Abb. 2.17).

Jedoch, auch wenn man die Zugfestigkeit und die Härte eines Werkstoffes ermittelt und die Dimensionierung von Bauteilen auf dieser Basis korrekt berechnet hat, ist das keine Garantie dafür, dass sie die Belastungen, denen sie während ihres Einsatzes ausgesetzt sind, auch tatsächlich standhalten. Der Grund dafür ist, dass

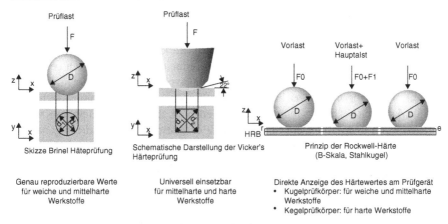

Abb. 2.17 Vergleich der verschiedenen Härteprüfverfahren

Bauteile in der Praxis ja nicht nur kurzzeitig statisch belastet werden, wie beim Zugversuch. Meist sind sie vielmehr einer lang andauernden statischen oder auch dynamischen Beanspruchung ausgesetzt. Außerdem müssen sie oft hohen Temperaturen standhalten. Und dabei können sie zu Bruch gehen, ohne dass ihre im Zugversuch ermittelte maximale Festigkeit im Betrieb überschritten wird.

Nehmen wir als Beispiel ein Erzeugnis, das vor etwa 100 Jahren auf die Welt kam und diese, um Energie zu sparen, seit einigen Jahren wieder verlassen hat, die Glühlampe. Die Glühlampenherstellung war vor dem I. Weltkrieg einer der am schnellsten wachsenden Bereiche der Elektroindustrie. Sie kennen gewiss den Markennamen OSRAM, der 1906 von der Deutschen Gasglühlicht-Anstalt für „Elektrische Glüh- und Bogenlichtlampen" beim damaligen Kaiserlichen Patentamt angemeldet wurde. Und gewiss auch die gleichnamige Firma, die neben den Konzernen Philips und General Electric einer der weltweit führenden Leuchtmittelhersteller ist. Was Sie vielleicht nicht wissen: Dieser weltweit bekannte Name ist zwei Werkstoffen zu verdanken. Er stammt von den beiden für die Glühfäden der Lampe verwendeten Metallen, Osmium und Wolfram. Beide haben einen Schmelzpunkt von über 3000 °C.

In der Glühlampe wird der Draht „nur" 2000 °C heiß und unterliegt keiner äußeren mechanischen Belastung. Er wird also nie bis zu seiner Streckgrenze oder gar bis zu seiner maximalen Festigkeit beansprucht. Dennoch hat er nur eine begrenzte Lebensdauer, wie wir alle aus Erfahrung wissen. Warum eigentlich? Die Glühlampe ist durchgebrannt, sagt man gemeinhin, wenn sie ihren Dienst versagt. Was dabei passiert, ist, dass sich die Glühwendel nach einer bestimmten Temperaturbelastung unter ihrem Eigengewicht langsam plastisch verformt – und irgendwann kaputt geht. Man bezeichnet diese plastische Verformung, die aufgrund der hohen Temperatur unterhalb der Streckgrenze des Werkstoffes einsetzt, als Kriechen. Im Unterschied zum Fließen, der plastischen Verformung, die bei zunehmender statischer Belastung an der Streckgrenze des Werkstoffes beginnt.

Wegen dieses Werkstoffverhaltens ermittelt man aus Sicherheitsgründen, beispielsweise bei thermisch hochbelasteten Rohren, während des Betriebes beginnen-
des Kriechen mit Hilfe von Dehnungssensoren. So kann man Werkstoffversagen
rechtzeitig erkennen und damit Schadensfälle vermeiden. Aber natürlich bestimmt
man das Kriechverhalten eines Werkstoffes nicht erst bei dessen Einsatz im fertigen
Bauteil. Vielmehr charakterisieren Werkstoffforscher das Verformungsverhalten
von Werkstoffen bei hohen Temperaturen bereits im Labor. Sie ermitteln im Kriech-
versuch, nach internationalem Standard heißt er Zeitstandversuch, die sogenannte
Zeitstandfestigkeit des Werkstoffes.

Dabei werden (meist) Zugproben in einem Ofen bei konstanter Temperatur und
Last beansprucht. Gemessen wird ihre Dehnung in Abhängigkeit von der Zeit. Man
erhält auf diese Weise Kriechkurven mit drei typischen Verformungsbereichen. Am
Anfang, im ersten Bereich, steigt die Kriechrate schnell an, verringert sich dann
aber wieder etwas, dann folgt ein Bereich, in dem sie etwa konstant bleibt, und
schließlich nimmt sie wieder zu. Wird der Versuch über diesen dritten Bereich hinaus weitergeführt, geht die Probe zu Bruch (Abb. 2.18).

Am 19. Oktober 1875 ereignete sich auf der Eisenbahnstrecke von Salzburg
nach Linz ein Unfall. Die Lokomotive entgleiste und kam anschließend aufrecht
zum Stehen. Ursache war ein gebrochener Radreifen [59].

Er hatte der über lange Zeit andauernden schwingenden Belastung nicht stand-
gehalten, obwohl er im Sinne der statischen Festigkeit, wie sie im Zugversuch
ermittelt wird, wahrscheinlich richtig ausgelegt war. Seine Konstrukteure hätten
allerdings wissen können, dass dynamisch belastete Werkstoffe eine geringere Belastbarkeit aushalten als statisch belastete, und dass deshalb die Zugfestigkeit nicht

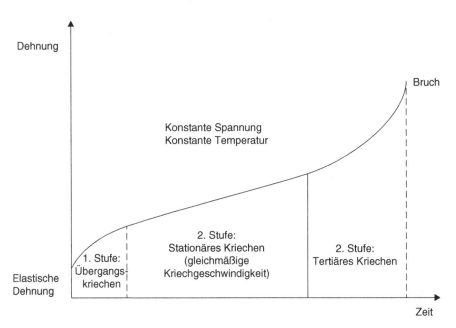

Abb. 2.18 Kriechkurven mit typischen Verformungsbereichen

der entscheidende Werkstoffkennwert für die Berechnung des Radreifens der Lokomotive ist.

Denn das hatte schon fast zehn Jahre zuvor der deutsche Ingenieur August Wöhler (1819–1914) erkannt – nicht zu verwechseln mit dem Chemiker Friedrich Wöhler (1800–1882), dem Pionier der organischen Chemie. August Wöhlers Schwing-
festigkeitsversuche eröffneten die Möglichkeit, im praktischen Betrieb entstandene
Schadensfälle an Bauteilen aufzuklären, die durch schwingende Belastung entstanden waren. Er hatte dafür 1866 als Obermaschinenmeister bei der Preußischen
Eisenbahn eine Prüfapparatur entwickelt, mit der Probestäbe einer dynamischen
Zugbeanspruchung ausgesetzt werden konnten. Heute benutzt man für den Wöhler-Versuch hochentwickelte servohydraulische Prüfmaschinen. Bei Bauteilen oder
Baugruppen, deren Versagen zu einem katastrophalen Unglück führen kann, ver-
lässt man sich aber nicht allein auf die Prüfung von Werkstoffproben, sondern man
prüft ihre Funktionsfähigkeit, indem man ihr Dauerfestigkeitsverhalten auf manchmal sogar riesigen Anlagen simuliert, wie beispielsweise bei Flugzeugen.

Beim Wöhler-Versuch werden mehrere Proben mit unterschiedlich hoher
schwingender Belastung untersucht und zwar bis sie zu Bruch gehen oder eine definierte Grenzlastspielzahl erreichen. Da die tatsächlich im praktischen Betrieb in
Abhängigkeit von der Zeit vorliegende Belastung nur schwer zu ermitteln und im
Labor zu simulieren ist, arbeitet man bei Werkstoff- und Bauteiluntersuchungen
vereinfacht mit einer periodischen, meist sinusförmigen Beanspruchung mit konstanter Amplitude und konstanter Frequenz. Für jede einzelne Probe wird die Lastspielzahl (Schwingungszahl) ermittelt, bei der sie bricht.

Die Belastungsgrenze, der ein dynamisch belasteter Werkstoff standhalten kann,
bezeichnet man als Dauerfestigkeit. Anders gesagt: Die Dauerfestigkeit eines Werkstoffes weist im Wöhler-Versuch diejenige Probe auf, welche erst bei der höchsten
Belastung bricht oder, falls keine kaputt geht, welche die definierte Grenzlastspielzahl erreicht. Die Festigkeit von Proben, die eher zu Bruch gehen, bezeichnet man
als Zeitfestigkeit oder, wenn sie der Belastung nur kurze Zeit standhalten, als Kurzzeitfestigkeit.

Erfahrungsgemäß brechen Proben, die mehr als zehn Millionen (bei Leichtmetallen 100 Mio.) Lastspiele ertragen haben, bei weiterer Belastung dann nicht
mehr. Das sind sogenannte Durchläufer. Sie sind zwar durchaus wünschenswert, für
den Experimentator aber unter Umständen grässlich, nämlich wenn er sich für den
Abend etwas vorgenommen hat, die Probe aber partout nicht kaputt gehen will, wie
es mir als Student ergangen ist. Trägt man die Belastung, welche bei den einzelnen
Proben zum Bruch geführt hat, über der erreichten Lastspielzahl in ein doppelt-
logarithmisches Diagramm ein, erhält man die typische Wöhler-Kurve. An ihrem
Verlauf sind die Bereiche der Kurzzeitfestigkeit, der Zeitfestigkeit und der Dauerfestigkeit deutlich unterscheidbar. Ihre Form hängt bei Metallen unter anderem von
deren Gitterstruktur ab (Abb. 2.19).

Eine dynamische Dauerbelastung, die über der Dauerfestigkeit des Werkstoffes liegt, führt zu einem sogenannten Dauerbruch. Er kann bei hohen Frequenzen
und Schwingungsamplituden aber auch schon viel früher eintreten. Dabei kann die
Belastung sogar unter der für statische Ansprüche ausreichenden Streckgrenze lie-

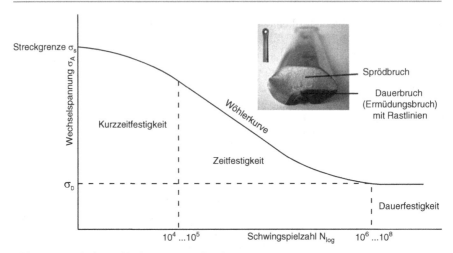

Abb. 2.19 Typische Wöhlerkurve – Dauerbruch

gen. Deshalb nehmen Konstrukteure nicht das Spannungs-Dehnungs-, sondern das Wöhler-Diagramm eines Werkstoffes zur Grundlage für die Berechnung von Bauteilen, die einer schwingenden Beanspruchung standhalten sollen.

Der Dauerbruch ist der in der Praxis am häufigsten auftretende Bruch. Das Gefährliche ist, dass er oft ohne vorherige äußere Verformung, d. h. ohne „Vorwarnung" auftritt. Seine Bruchfläche hat ein charakteristisches Aussehen, an dem man die Entstehung und das Fortschreiten der Schädigung des Werkstoffes deutlich erkennen kann. Die im Werkstoff ablaufenden Prozesse, die im Laufe der Zeit zum Funktionsversagen bis hin zum Totalausfall von Bauteilen führen, fasst man unter dem Begriff Werkstoffermüdung zusammen.

Noch schlimmer kann es kommen, wenn dynamisch belastete Bauteile nicht kontinuierlich, sondern schlagartig beansprucht werden. Wahrscheinlich haben Sie im Fernsehen schon mal einen Karatekämpfer gesehen, der mit bloßer Hand Holzplatten oder sogar Beton zerschlägt. Das ist kein Trick, sondern die können das wirklich. Wissenschaftler haben herausgefunden, dass ihre Hand dabei eine Geschwindigkeit von zehn bis 100 m/s erreicht und mit einer Kraft von über 3000 N auf das Material schlägt. Das entspricht einem Gewicht von über 300 kg. Und das kann die Hand tatsächlich überstehen, ohne Schaden zu nehmen [60].

Viele Werkstoffe reagieren sehr empfindlich auf eine schlagartige Beanspruchung, vor allem bei tiefen Temperaturen. Sie brechen dabei sehr rasch, weil sie nicht zäh genug sind. Damit das nicht passiert, ermitteln Werkstoffforscher nicht nur die Zugfestigkeit und die Dauerfestigkeit von Werkstoffen, sondern auch deren Widerstandsfähigkeit gegen eine schlagartige Beanspruchung. Das Maß dafür bezeichnen sie als Schlagzähigkeit. Physikalisch gesehen ist sie ein Maß für die Fähigkeit des Werkstoffes, Stoßenergie und Schlagenergie zu absorbieren, ohne zu brechen.

Wie bestimmt man die Schlagzähigkeit eines Werkstoffes, haben Sie eine Idee? Nun, man macht das Gleiche, wie der Karatekämpfer, man zerschlägt ihn. Natürlich

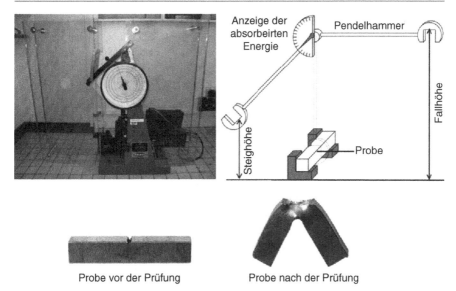

Probe vor der Prüfung   Probe nach der Prüfung

Abb. 2.20 Kerbschlagbiegeversuch – Maschine, Prinzip, Proben

nicht mit der Hand, sondern mit einem Pendelhammer. Und man nimmt dazu keine Platte, sondern eine Werkstoffprobe, die die Form eines Quaders hat, der auf einer Längsseite gekerbt ist. Den Pendelhammer lässt man auf die Seite fallen, die dem Kerb gegenüber liegt. Und zwar aus verschiedenen, aber bestimmten Höhen, sodass man weiß, wie groß die jeweilige kinetische Energie ist, mit der der Hammer auf die Probe auftrifft. Auf diese Weise kann man feststellen, wie viel Energie der Werkstoff aufnehmen kann, ohne zu Bruch zu gehen.

Diesen sogenannten Kerbschlagbiegeversuch hat 1905 Augustin Georges Albert Charpy (1865–1945), ein französischer Metallurge, in die Werkstoffprüfung eingeführt, nachdem Werkstofffachleute aus verschiedenen Ländern schon jahrelang über den Zusammenhang zwischen Resultaten statischer und dynamischer Belastungstests nachgedacht hatten. Charpy selbst hatte bereits 1901 eine bedeutsame Veröffentlichung „Testing of Metals by Impact Bending of Notched Bars" publiziert [61]. Die von ihm konstruierte Maschine ist den heute verwendeten schon sehr ähnlich. Etwa fünf Jahre später hat die Firma Mohr & Federhoff den ersten Pendelhammer in Deutschland für den Kerbschlagbiegeversuch gebaut (Abb. 2.20).

Die Kerbschlagzähigkeit, die man mit diesem Versuch ermittelt, berechnet man als das Verhältnis der Schlagarbeit zum Querschnitt der Probe und gibt sie in Kilojoule pro Quadratmeter an. Sie hängt unter anderem sehr stark von der Temperatur und natürlich von der Art des Werkstoffes ab. Kubisch-flächenzentrierte Werkstoffe beispielsweise sind auch bei tiefen Temperaturen zäh, während kubisch-raumzentrierte und hexagonale Werkstoffe nur bei höheren Temperaturen eine gute Zähigkeit aufweisen, bei tiefen Temperaturen aber spröde sind (Abb. 2.21).

Analysen haben ergeben, dass Sprödbruch die Ursache für den Untergang der Titanic war und dass auch der Verlust von 19 amerikanischen Schiffen im II. Weltkrieg

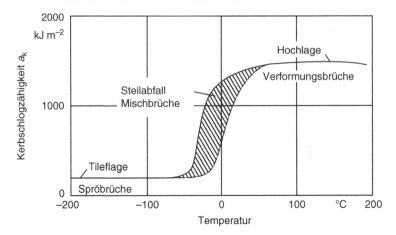

Abb. 2.21 Typisches Verhalten der Kerbschlagzähigkeit von ferritischen Stählen

nicht Angriffen deutscher U-Boote, sondern der Sprödigkeit des Stahles zuzuschreiben ist, aus dem sie gebaut waren [62]. Heute ist die Vermeidung von Sprödbruch in Kernkraftwerken von besonderer, man kann sagen überlebenswichtiger Bedeutung. Der Grund ist, dass Metalle durch Bestrahlung mit Neutronen verhärten, verbunden mit einem Verlust an Verformbarkeit und Zähigkeit.

Mechanische Prüfverfahren waren der Anfang der Werkstoffprüfung und eine Initialzündung für die Werkstofforschung. Heute nutzt sie nicht mehr allein die mechanische Kraft, sondern vielfältige „Sonden", die vor allem dem Fortschritt der Physik im 20. Jahrhundert zu verdanken sind, wie elektromagnetische und Schallwellen sowie Elementarteilchen. Auf dieser Basis ist eine breite Palette von Methoden und Verfahren entstanden, mit denen der Werkstoff nicht zerstört wird: Die zerstörungsfreie Werkstoffprüfung. So gelang es im Hahn-Meitner-Institut in Berlin (heute Teil des Helmholtz-Zentrums Berlin für Materialien und Energie GmbH) die Ursache des Zugunglücks bei Eschede am 3. Juni 1998 mit Hilfe von Neutronenstrahlen aufzuklären. Damit konnten sie Spannungen im Inneren des Werkstoffes sichtbar machen, die zum Bruch eines Radreifens geführt hatten. Wie bei der Entgleisung der Lokomotive auf der Fahrt von Salzburg nach Linz im Jahre 1875 [63].

Da wir uns bei unserer Exkursion durch die Werkstoffwissenschaft entlang des Weges der Entwicklung der Nassrasiertechnik vorantasten: Die Werkstoffprüfung und Entscheidungen über die Funktionsfähigkeit von Werkstoffen, die auf deren Resultaten beruhen, können, bildlich gesprochen, wie ein Ritt auf der Rasierklinge sein. Wenn ein Arzt sich irrt, kann ein Mensch sterben. Beim Unglück von Eschede starben 101 Menschen, 88 wurden teils schwer verletzt.

Der Entwicklungsboom der Werkstoffprüfung gab den Anstoß für die Bildung amtlicher Materialprüfanstalten und die Idee, ein Reichsamt für Materialprüfung einzurichten. Dazu hatte August Wöhler Vorschläge unterbreitet, die jahrelang zwischen Werkstofffachleuten, Industrieverbänden, Parlamentariern verschiedener Couleur und verschiedenen Regierungsstellen heftig und kontrovers diskutiert worden sind. Worum es dabei ging, könnte Ihnen bekannt vorkommen: Um Kosten und

Fördermittel und wo sie herkommen sollen, um das Verhältnis zwischen Reichsanstalt und den bereits existierenden Länderanstalten (das Deutsche Reich ist ja, wie Sie hoffentlich noch aus dem Geschichtsunterricht wissen, erst 1871 gegründet worden) und natürlich auch darum, wer denn über die vorgeschlagene Reichsanstalt das Sagen haben sollte. Wahrscheinlich aufgrund der Ablehnung einer Reichsanstalt durch die süddeutschen Staaten kam es schließlich zu einer „preußischen Lösung".

Am 1. April 1904 sind die Mechanisch-Technische Versuchsanstalt (die sich auf dem Grundstück der Technischen Hochschule in Charlottenburg, der jetzigen TU Berlin befand) und die Chemisch-Technische Versuchsanstalt unter der Bezeichnung „Königliches Materialprüfungsamt" vereinigt worden, aus dem letztendlich die heutige Bundesanstalt für Materialforschung- und Prüfung hervorgegangen ist. Sie ist eine wissenschaftlich-technische Bundesoberbehörde im Geschäftsbereich des Bundesministeriums für Wirtschaft und Technologie, und nicht etwa des Bundesministeriums für Bildung und Forschung, wie man aufgrund ihres Namens auch vermuten könnte [64].

Die zweite Hälfte des 19. Jahrhunderts war nicht nur eine Zeit, in der die Werkstoffforschung aufzukeimen begann. In dieser Zeit erkannte man auch deutlicher die Bedeutung des gesamten Ingenieurwesens für die Entwicklung der Wirtschaft und die Notwendigkeit seiner Förderung. So wurden an Technischen Hochschulen die ersten technischen Laboratorien eingerichtet, was vor allem vom Verein Deutscher Ingenieure gefordert worden war. Den entscheidenden Anstoß dazu hatte der im Elsass geborene Ingenieur Franz Reuleaux (1829–1905) gegeben, seit 1868 Direktor der Gewerbeakademie in Berlin und ab 1890 Rektor der Technischen Hochschule Charlottenburg. Reuleaux gehörte zu den Preisrichtern auf der Weltausstellung in Philadelphia im Jahre 1876. In seinen Briefen von dort kritisierte er die ausgestellten deutschen Waren als „billig und schlecht" [65]. In Großbritannien wurden deshalb Waren aus Deutschland mit der Herkunftsbezeichnung „Made in Germany" versehen, um sich vor ihrem Import zu schützen.

Im Jahre 1879 nahm Kaiser Wilhelm II. das 100-jährige Gründungsjubiläum der Königlichen Technische Hochschule zu Berlin, die als Bauakademie gegründet worden war, zum Anlass, den Technischen Hochschulen Preußens das Promotionsrecht zu verleihen. Damit erkannte er die Gleichrangigkeit der neu entstandenen Technischen Hochschulen mit den Universitäten an verschaffte dem Berufstand der Ingenieure das gebührende Ansehen.

Es ist belegt, dass das maßgeblich ein Verdienst von Adolf Slaby war. Slaby war ein Pionier der Funktechnik, der Hochschullehrer an der TH Berlin war und „einen guten Draht" zum Kaiser hatte. Nicht belegen kann ich eine Geschichte, die mir ein Historiker, mit dem ich befreundet war, über einen Trick Slabys erzählt hat, den er dabei angewendet haben soll. Leider kann ich ihn nicht mehr nach seiner Quelle fragen, da er inzwischen verstorben ist. Da ich ihn aber als gewissenhaften und zuverlässigen Wissenschaftler kannte, erzähle ich Ihnen die Geschichte dennoch weiter.

Bekanntlich ist Kaiser Wilhelm II. mit einer Behinderung zur Welt gekommen, durch die er später in seiner Entwicklung deutlich zurück blieb. Sein linker Arm war kürzer als der rechte und er konnte ihn sein Leben lang nur eingeschränkt bewegen. Als Kind hatte er einen Erzieher, den calvinistischen Lehrer Georg Ernst Hinzpeter, einen Philosophen und klassischen Philologen. Er erzog den kleinen Prinzen mit drastischen Methoden, bis hin zur Selbstkasteiung. Man kann sich vorstellen, dass der Kaiser ihm das nie vergessen hat.

Das nun soll sich, so die Geschichte, Slaby zunutze gemacht haben, um sein Ziel zu erreichen, den Kaiser zur Anerkennung der Gleichwertigkeit der Technischen Hochschulen mit den Universitäten zu bewegen. Er soll ihm nämlich gesagt haben, dass es vor allem die Philosophen und Philologen seien, die die Ingenieure gering schätzen und sich dagegen wehren, dass diese an einer Technischen Hochschule promovieren können.

In Erinnerung an seinen Lehrer soll der Kaiser die Gelegenheit ergriffen haben, gleich der ganzen Schar dieser altehrwürdigen Akademiker eins auszuwischen, indem er den Technischen Hochschulen seines Landes das Promotionsrecht verlieh. Haben Sie sich mal gefragt, warum ein promovierter Ingenieur keinen lateinischen Titel trägt, wie alle anderen Doktoren, sondern die deutsche Bezeichnung „Dr.-Ing."? Das soll das Zugeständnis an die Gegner des Promotionsrechts für Ingenieure gewesen sein – diesen sichtbaren Unterschied haben sie zumindest erstritten, falls die Geschichte denn wirklich stimmt. Aber wenn sie auch nicht hundertprozentig stimmen sollte, ist es doch eine schöne Story, die ich Ihnen nicht vorenthalten wollte.

Die in der zweiten Hälfte des 19. Jahrhunderts aufkommende Werkstoffprüfung hatte es zwar ermöglicht, Werkstoffkennwerte zu messen. Bis man aber die Fragen beantworten konnte, die den Ingenieur in Max Eyths Roman gequält haben, bis man verstehen konnte, was im Werkstoff passiert, wenn man ihn mechanisch belastet, wie seine Festigkeit und seine plastische Verformung zustande kommen, war es noch ein weiter Weg. Dazu musste man erst lernen, in das Innere eines Werkstoffs hineinzusehen, seine innere Struktur aufzuklären, und die Prozesse, die dort ablaufen, zu verfolgen.

2.6 Das A und O der Werkstoffwissenschaft

Nachdem King Camp Gillette die Männerwelt millionenfach mit seinen auswechselbaren Rasierklingen beglückt hatte, dehnte sich seine Firma weltweit aus. Ende der 1920er Jahre hat auch das Gillette-Werk in Berlin die Produktion aufgenommen. Heute werden dort pro Tag so viel Klingen hergestellt, dass sie aneinandergereiht von Berlin bis nach Magdeburg reichen würden, jährlich 54.000 km. Ihre Herstellung ist ein komplizierter Prozess und bei jedem Arbeitsgang können Risse, Kratzer oder Bruchstellen an den Klingen entstehen. Damit nur einwandfreie Klingen das Werk verlassen, fahnden Kontrolleure unter dem Mikroskop nach solchen Fehlern und sortieren alle beschädigten Klingen aus. Aber diese Kontrolle ist nur der letzte Schritt. Insgesamt werden im Gillette-Werk 120 Qualitätskriterien überwacht, beginnend beim angelieferten Klingenstahl [66].

So weit, so gut. Aber die Qualität des Stahls ist natürlich in erster Linie im Stahlwerk zu prüfen. Bereits bei seiner Herstellung, bei der Erstarrung der Metallschmelze, können sich Fehler unterschiedlicher Größenordnung in die Struktur des Werkstoffes einschleichen, die erkannt und gegebenenfalls vermieden werden müssen.

Zum Beispiel Hohlräume, sogenannte Lunker, oder nichtmetallische Einschlüsse, die aus dem Mauerwerk des Schmelzofens stammen. Aber die Werkstoffprüfung im Stahlwerk beschränkt sich nicht auf die Suche nach solchen Fehlern, die die Qualität des Stahls beeinträchtigen können. Um garantieren zu können, dass er die gewünschten Eigenschaften hat, muss die Gesamtstruktur untersucht werden, die bei seiner Erzeugung und Weiterverarbeitung entsteht.

Diese Gesamtstruktur bezeichnet man als Gefüge. Das Gefüge eines Werkstoffes ist das „A" und „O" der Werkstoffwissenschaft, denn von seiner Struktur hängt es ab, welche Eigenschaften ein Werkstoff hat. Deshalb ist es nicht nur wichtig, diese Struktur im Nachhinein zu untersuchen, um die Qualität eines Werkstoffes zu beurteilen. Sondern man muss vor allem auch wissen, wie das Gefüge entsteht, um Werkstoffe mit bestimmten Eigenschaften herstellen zu können. Denn hierbei macht der Werkstofffachmann nichts anderes, als ein bestimmtes Gefüge zu erzeugen. Die einzelnen Bestandteile des Gefüges sind gewissermaßen die „Stellschrauben", an denen der Werkstofffachmann „dreht", damit der Werkstoff die Eigenschaften erhält, die er für einen bestimmten Zweck haben soll. So einfach ist das! Jedenfalls im Prinzip.

In Wirklichkeit ist es ziemlich kompliziert. Ich werde es Ihnen möglichst einfach und skizzenhaft schildern. Dennoch mag es Ihnen auf den ersten Blick schwierig erscheinen. Aber wenn Sie verstehen möchten, was Werkstoffwissenschaft ist, dürfen Sie an dieser Stelle nicht schlapp machen. Ich will Sie nicht erschrecken, aber Werkstoffwissenschaft studieren, heißt am Anfang erst mal Fakten pauken und sich durch ihr Fundament durchbeißen. Ich weiß, dass das kein reines Vergnügen ist. Aber ich sage Ihnen: Wenn man es hinter sich hat, macht die Werkstoffwissenschaft richtig Spaß! Ein Medizinstudent muss ja auch zunächst lernen, wie all die Knochen, Muskeln und Nerven heißen, die in einem Menschen stecken, und wo er sie findet.

Fragen wir uns also, wie das Gefüge eines Werkstoffes entsteht und welches die „Stellschrauben" sind, mit denen der Werkstofffachmann dessen Struktur und damit die Eigenschaften eines Werkstoffes „regulieren" kann. Bleiben wir bei Stahl. Wie Sie gelernt haben, wird er, wie viele Werkstoffe, aus einer Schmelze erzeugt. Sehen wir uns deshalb an, was eigentlich passiert, wenn aus einer Schmelze ein kompaktes Metall entsteht. Wenn man eine Metallschmelze abkühlt, auch das wissen Sie schon, bilden sich Kristalle mit einer bestimmten Gitterstruktur. Aber wie entstehen aus Atomen, die in der Schmelze wild umherirren, Kristalle?

Für die Bildung von Kristallen sind zwei Teilprozesse maßgebend: Die Keimbildung und das Kristallwachstum. Während des Abkühlens der Schmelze unter die Erstarrungstemperatur entstehen zunächst Kristallkeime, indem sich spontan, über die gesamte Schmelze verteilt, jeweils einige Atome zu einem Kristallgitter miteinander verbinden, und zwar umso mehr, je stärker die Schmelze unterkühlt, d. h. je weiter die Erstarrungstemperatur unterschritten wird. Beim weiteren Abkühlen wird die Keimbildung dann verzögert, weil dann die Atome aufgrund ihrer geringeren kinetischen Energie nicht mehr so beweglich sind. Stattdessen lagern sich an die vorhandenen Keime immer mehr Atome an. Die Keime wachsen zu Kristallen. Werkstofffachleute bezeichnen sie auch als Körner. Ihre Größe hängt vom Verhältnis zwischen der Anzahl der Keime und Wachstumsgeschwindigkeit der Kristalle ab.

Das Ganze ist ein komplizierter Prozess, zu dessen Verständnis vor allem die im 19. Jahrhundert aufkommenden Naturwissenschaften, insbesondere die Thermodynamik beigetragen haben. Sie waren neben der Werkstoffprüfung, die vor allem durch Bedürfnisse der Industrie initiiert worden war, eine weitere Quelle für das Entstehen der wissenschaftlichen Metallkunde. Vereinfacht kann man sagen: Kühlt man die Schmelze langsam ab, bilden sich wenig Keime, die aber zu großen Kristallen wachsen. Es entsteht ein grobkristallines, grobkörniges Metall. Bei schneller Abkühlung entstehen viele Keime, die aber nicht genügend Zeit haben, zu großen Kristallen zu wachsen. Es entsteht ein feinkristallines, feinkörniges Metall. Die Kristalle wachsen in der erstarrenden Schmelze so lange, bis sie an benachbarte Kristalle stoßen, die ihr weiteres Wachstum verhindern. Die Berührungsflächen zwischen den Kristallen, die die einzelnen Körner begrenzen, heißen dementsprechend Korngrenzen.

Die meisten Werkstoffe bestehen aus mehreren Kristallarten. Also Kristallen, die aus Atomen verschiedener Elemente aufgebaut sind und/oder eine unterschiedliche Gitterstruktur haben. Bei der Erstarrung der Schmelze lagern sich dann gleichartige Kristalle, also solche mit derselben chemischen Zusammensetzung und der gleicher Gitterstruktur, zu Bereichen zusammen, die in sich jeweils homogen sind und die gleichen Eigenschaften haben. Man nennt solche in sich homogenen Bereiche „Phasen" und die Grenzen zwischen ihnen Phasengrenzen.

Über die Gitterstruktur von Metallen haben wir schon im Zusammenhang mit Bronze und Eisen gesprochen. Nun muss ich gestehen: Kristalle sind nicht ganz so perfekt strukturiert, wie ich es Ihnen dort geschildert hatte. Die tatsächliche Gitterstruktur eines Kristalls, seine Realstruktur, ist nicht völlig identisch mit jener, mit der wir seinen Aufbau modellhaft beschreiben, seiner Idealstruktur. So, wie ein Stein für Stein gebautes Haus auch nicht gänzlich dem virtuellen Modell entspricht, mit dem der Architekt arbeitet. Atome ordnen sich nicht exakt in Reih und Glied, Gitterplätze bleiben frei oder sind mit „fremden" Atomen besetzt, Gitterbereiche sind gegeneinander verdreht oder einzelne Gitterebenen sind nicht exakt übereinander gestapelt.

Das Gefüge eines Metalls, ist also ein Gemenge aus Körnern und Phasen, Korn- und Phasengrenzen, Gitterstrukturen und Strukturfehlern. Es ist nach seiner Erzeugung aus der Schmelze nicht ein für alle Mal festgelegt. Bei seiner Weiterverarbeitung, beim Umformen, beim Erwärmen oder Abkühlen, kann sich fast alles ändern: Die Form und Größe seiner Körner, ihre Phasenzusammensetzung und die Gitterstruktur der Kristalle. Das sind die „Stellschrauben", an denen der Werkstofffachmann „dreht", damit der Werkstoff die Eigenschaften erhält, die er für einen bestimmten Zweck haben soll.

Um Gefüge zu verstehen, gezielt zu erzeugen und zu verändern, muss man sie erst mal sehen können. Dass wir das heute können, ist wesentlich Adolf Martens (1850–1914) zu verdanken. Sein Name ist untrennbar mit der Entstehung sowohl der mechanischen Werkstoffprüfung als auch der Untersuchung des Gefüges von Werkstoffen mit Hilfe des Lichtmikroskops verbunden. Martens hatte Maschinenbau studiert, sich aber schon als einer der Ersten intensiv der Werkstoffprüfung zugewandt. Er ging 1868 an die Königliche Gewerbeakademie nach Berlin und wurde 1879 als Professor an die Technische Hochschule Berlin berufen. Dort war er Direktor der Mechanisch-Technischen Versuchsanstalt und ab 1884 Direktor des Materialprüfamtes in Berlin-Dahlem. Auf Martens Betreiben wurde 1904 das Königliche Materialprüfungsamt gegründet, aus dem die heutige Bundesanstalt für Materialforschung und –prüfung hervorgegangen ist.

Adolf Martens war es, der dem Mikroskop den Weg als Instrument zur Analyse von Metallgefügen gebahnt hat. Er entwickelte und baute dafür ein neues Mikroskop, bei dem die Metallprobe schräg beleuchtet und das 200fach vergrößerte Gefüge direkt auf einer Fotoplatte abgebildet werden konnte [67]. Wenn Sie sich vor Augen halten, dass das Gefüge das A und O der Werkstoffwissenschaft ist, können Sie erahnen, welch eine immense Bedeutung diese Erfindung für deren Entwicklung hatte. Die Untersuchung des Gefüges von Metallen mit Hilfe des Lichtmikroskops, die Metallografie, ist seither eines der wichtigsten Gebiete der Werkstoffprüfung. In jüngerer Zeit spricht man auch von Materialografie, um deutlich zu machen, dass die Gefügemikroskopie nicht auf die Untersuchung von Metallen beschränkt ist. Zu Ehren von Adolf Martens wird das Gefüge, das beim Härten von Stahl entsteht, Martensit genannt.

Adolf Martens musste bei der Entwicklung der Gefügemikroskopie in Deutschland nicht am Nullpunkt beginnen. Er konnte sich dabei auf die Entwicklung von Mikroskopen stützen, die über 250 Jahre zuvor begonnen hatte. Als Erfinder des Mikroskops gelten weithin noch immer der niederländische Brillenmacher Hans Janssen und sein Sohn Zacharias, obwohl diese Legende bereits 1967 von der Historikerin Maria Rooseboom, Kuratorin am Nationalmuseum für Geschichte der Wissenschaften in Leiden, widerlegt worden ist. Stattdessen vermutet man, dass das Mikroskop um 1610 von einem oder mehreren, uns allerdings unbekannten Praktikern erfunden worden ist. Den Begriff „Microscopio" verwendeten erstmals 1625 die Italiener Francesco Stelluti (1577–1653) und Frederico Cesi (1585–1630) in ihrer Schrift „Apiarium ex frontispiciis naturalis…" [68].

Wenngleich die Erfindung des Mikroskops im Dunkeln liegen mag, und sich dann Andere, wie beispielsweise auch Galilei, an seiner Weiterentwicklung versucht haben, die Pioniere der modernen Mikroskopie waren Antoni van Leeuwenhoek und Robert Hooke. Antoni van Leeuwenhoek (1632–1723), ein Holländer, baute Mikroskope mit einer kleinen, annähernd kugelförmigen Linse. Er nutzte dabei den Effekt, dass eine Linse umso stärker vergrößert, je mehr sie gewölbt ist. Seine Mikroskope hatten eine bis zu 270fache Vergrößerung. Außerdem rüstete er seine Mikroskope mit einer Feinmechanik aus, die das Scharfstellen auf die Probe und ihre richtige Positionierung ermöglichte [69]. Der Erste, der ein Mikroskop konstruierte und baute, das aus zwei Linsen bestand und bei dem das Untersuchungsobjekt von oben beleuchtet wurde, war Robert Hooke, den wir schon im Zusammenhang mit dem Zugversuch (Hooke'sche Gerade im Spannungs-Dehnungs-Diagramm) kennengelernt haben. Bei der Untersuchung von Kork, erst mit Linsen, dann unter dem Mikroskop, sah er dessen Wabenstruktur und nannte diese Waben „Zellen" – eine Bezeichnung, die sich dann in der Biologie etabliert hat [70] [71].

20 Jahre nach Hooke, im Jahre 1863, begründete sein Landsmann Henry Clifton Sorby (1826–1908) die mikroskopische Metallurgie. Sorby war eigentlich Geologe und auch auf diesem Gebiet ein Pionier. Er hatte dünne Scheiben von Gesteinen mikroskopiert und bereits damit ein neues Forschungsgebiet ins Leben gerufen, die mikroskopische Petrografie. Diese Arbeiten führten ihn zur Untersuchung von Meteoriten und Meteoreisen und schließlich industriell hergestelltem Stahl – in Sheffield, wo Bessemer an der Verbesserung der Qualität des von ihm erzeugten Stahls arbeitete. Und wie es nicht selten in der Wissenschaft war und ist, erlebte auch Sorby, dass grundsätzliche Neuerungen mit äußerster Skepsis aufgenommen werden. In seiner Biografie sagt er dazu:

> In those early days, if railway accident had occurred and I had suggested that the company should take up a rail and have it examined with the microscope, I should have been looked upon as a fit man to send to an asylum. But that is what is now being done… [72]

Die von Martens in Deutschland begründete Methode zur Gefügeuntersuchung von Metallen, die maßgeblich von dem Eisenhütteningenieur Friedrich Emil Heyn (1867–1922) weitergeführt wurde, verbreitete sich rasch und führte bald zu neuen, für die Praxis der Stahlherstellung bedeutsamen Erkenntnissen (Abb. 2.22).

So entdeckte zum Beispiel Adolf Ledebur (1837–1906), der erste Professor für Eisenhüttenkunde und ab 1899 Rektor der Bergakademie Freiberg, und ein weiterer Gigant der damaligen Eisen- und Stahlforschung, bei seinen metallografischen Untersuchungen an Roheisen einen Gefügebestandteil, der ihm zu Ehren Ledeburit

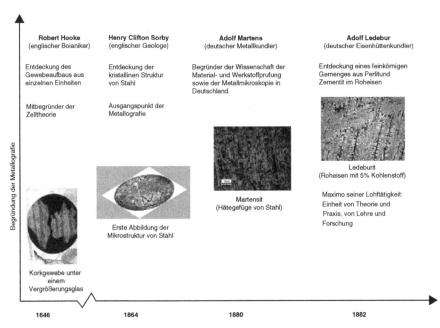

Abb. 2.22 Beginnende Entwicklung der Metallografie

genannt wird. Ledebur war sowohl ein Mann der Theorie als auch der Praxis, ein Verfechter der Einheit von Lehre und Forschung, der seine Schüler nachhaltig beeindruckt hat und wie ihn sich viele wohl auch heute als Hochschullehrer wünschen [73].

Falls Sie Lust und Gelegenheit dazu haben, betrachten Sie doch mal eine Rasierklinge oder eine andere blanke Metalloberfläche unter dem Mikroskop. Erkennen Sie da deren Gefüge? Sicher nicht. Vielleicht ein paar Kratzer, Poren und Verunreinigungen, aber keine Kristalle. Der Grund dafür ist, dass eine glatte Oberfläche das Licht gleichmäßig reflektiert. Man muss sie erst präparieren, damit verschiedene ihrer Bestandteile das Licht unterschiedlich spiegeln, sodass sie miteinander kontrastieren. Man muss sie schleifen, polieren und schließlich mit chemischen oder physikalischen Methoden ätzen. Beim Ätzen werden die einzelnen Gefügebestandteile, je nach ihrer Zusammensetzung und ihrer räumlichen Orientierung im Werkstoff, unterschiedlich stark angegriffen und abgetragen. Auf diese Weise wird das Gefüge „entwickelt". Es entsteht ein Relief der Probenoberfläche, wodurch die einzelnen Kristalle und Korngrenzen unter dem Mikroskop gut erkennbar sind, sodass man ihre Bestandteile gut unterscheiden kann (Abb. 2.23).

Diese Gefüge kann man nun qualitativ und auch quantitativ analysieren. Beispielsweise kann man solche Gefügemerkmale, wie die Korngrößenverteilung oder die Volumenanteile der einzelnen Phasen mit verschiedenen Methoden ermitteln. Noch vor wenigen Jahrzehnten war dazu ein enormer Aufwand erforderlich, denn man musste die einzelnen Merkmale per Hand markieren und auszählen. Heute

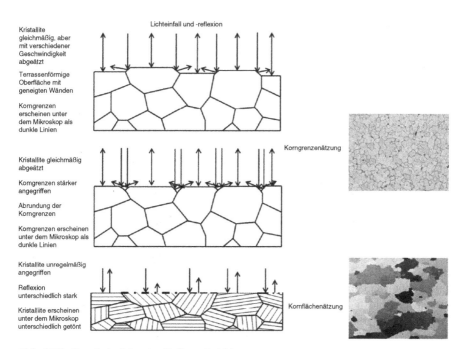

Abb. 2.23 Grundprinzipien der Gefügeentwicklung

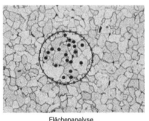
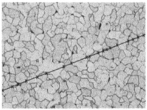
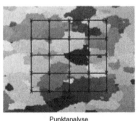

Flächenanalyse	Linearanalyse	Punktanalyse
Prinzip: Zählung der Kornschnittflächen auf dem Rand und innerhalb der Messfläche, Berechnung der mittleren Korngröße	Prinzip: Zählung der Schnittpunkte der Messlinie und der Sehnen in den Körnern, Klassierung nach Größengruppen und Berechnung der mittleren Korngröße	Prinzip: Zählung der Punkte in den verschiedenen Phasen, Berechnung des Volumenanteils der einzelnen Phasen (vor allem bei Gefügen mit mehr als zwei Phasen und bei fein verteilten Gefügebestandteilen)

Abb. 2.24 Methoden der quantitativen Gefügeanalyse

steht dazu ein ganzer Gerätepark zur Verfügung, der eine automatisierte Gefügeanalyse ermöglicht (Abb. 2.24).

Der mittlere Korndurchmesser von Metallen reicht gewöhnlich von wenigen Nanometern bis zu mehreren Millimetern. Auf manchen beschichteten Oberflächen
sogar bis zu Zentimetern. Solche Kristalle kann man mühelos mit bloßem Auge
erkennen. Sie können das bei verzinkten Blechen oder Stahlbauten sehen, wie zum
Beispiel bei Balkongittern und Garagentoren. Die Zinkkristalle sind dort auf der
Stahloberfläche gewachsen wie im Winter Eisblumen auf einem Fenster, nur nicht
in so bizarrer Form. Achten Sie mal darauf!

Vermutlich werden Sie sich fragen, wie hoch man das Gefüge mit einem Lichtmikroskop eigentlich vergrößert, um winzige Gefügedetails zu erkennen und wie
hoch man sie mit einem Lichtmikroskope überhaupt vergrößern kann. In der Regel
arbeiten Werkstoffforscher mit einer fünfzig- bis hundertfachen Vergrößerung. Gute
Lichtmikroskope erreichen sogar eine bis zu etwa 2000fache Vergrößerung. Nur zur
Erinnerung: Sie haben sicher im Physikunterricht einmal gelernt, wie man die Vergrößerung berechnet. Sie ist das Produkt aus der Vergrößerung des Objektivs, also
des Linsensystems des Mikroskops, multipliziert mit der Vergrößerung des Okulars,
dem Teil des Mikroskops, in das sie hineinblicken. Die mit dem Mikroskop erreichbare Vergrößerung ist aber gar nicht die entscheidende Frage für die Gefügeanalyse
von Werkstoffen. Viel wichtiger ist, dass man zwei nebeneinanderliegende Gefügebestandteile auch als voneinander getrennte Objekte erkennt. Das Kriterium dafür
ist das Auflösungsvermögen des Mikroskops.

Eigentlich galt es bis vor wenigen Jahren als eine Tatsache, an der es nichts zu
rütteln gab: Objekte, die enger als 200 nm – das sind etwa 1000 Atomabstände – beieinander liegen, können mit einem Lichtmikroskop nicht voneinander unterschieden werden. Sie erscheinen im Bild als ein einziger verwaschener Fleck. So hatte es
Ernst Abbe 1873 erkannt und als Gesetz formuliert. Der kleinste Abstand, mit dem
man zwei Objekte wahrnehmen kann wird von der Beugung des Lichts, also der
Ablenkung der Lichtwellen an einem Hindernis, auf etwa dessen halbe Wellenlänge
begrenzt. Und die mittlere Wellenlänge des Lichts beträgt etwa 400 nm. Also liegt
die Auflösungsgrenze eines Lichtmikroskops bei etwa 200 nm. Mehr als 120 Jahre

lang hat niemand an der Gültigkeit dieses Gesetzes gezweifelt. Abbe hat ja auch
nach wie vor Recht, aber man kann ihn überlisten.

Seit den 80er Jahren des vorigen Jahrhunderts haben pfiffige Physiker Methoden
entwickelt, die eine optische Auflösung auch jenseits der von Abbe erkannten Grenze ermöglichen. Sie beruhen darauf, dass Abbes Theorie zwar die Größe eines mit
Linsen fokussierbaren Lichtflecks begrenzt, nicht aber die „Antwort", die man von
einem Objekt darauf erhält. Diese „Antwort" kann man manipulieren.

Zum Beispiel mit Hilfe der STED-Mikroskopie (STED = Stimulated Emission
Depletion), für deren Entwicklung Prof. Stefan W. Hell vom Max-Planck-Institut
für Biophysikalische Chemie in Göttingen im Jahre 2014 den Nobelpreis für Chemie erhalten hat. Der Trick besteht darin, dass zwar die „Kleinheit" des Lichtflecks,
der auf der zu untersuchenden Oberfläche ankommt, entsprechend Abbes Gesetz
begrenzt ist, man ihn aber dann so manipuliert, dass nur noch ein winziger Punkt im
Zentrum dieses Spots leuchtet. Sein Durchmesser beträgt nur etwa ein Zwanzigstel
der Wellenlänge des verwendeten Lichts. Alles andere ringsherum wird ausgelöscht,
bleibt im Dunkeln. Die „Antwort", die man von der Probenoberfläche erhält stammt
also von einem Lichtfleck, der viel kleiner ist als Abbes Gesetz es zulässt. Damit hat
man bereits eine Auflösung von weniger als zehn Nanometern erreicht [74].

Eine andere Methode, ist die „Nahfeldoptische Mikroskopie" (SNOM-Mikro-
skopie, SNOM = Scanning Near-Field Optical Microscopy). Sie überlistet Abbe,
indem sie die Auflösungsgrenze einfach umgeht. Und zwar dadurch, dass das Mikroskop nur Licht auswertet, das zwischen einer sehr kleinen Sonde und der Probe
ausgetauscht wird. Dazu rastert ein Scanner in einem konstanten Abstand, der deutlich kleiner ist als die Wellenlänge des sichtbaren Lichts, über die Oberfläche. Dabei kommt es zu einer Wechselwirkung zwischen dem Scanner und einem lokalen
Oberflächenfeld, dem sogenannten Nahfeld, in dem sich das Licht anders verhält,
als man es normalerweise wahrnimmt. Dieses von der Probe gestreute Licht wird
detektiert. Auf diese Weise kann man Strukturen in einer Größe von etwa 30 nm
abbilden. Erfunden hat dieses Verfahren im Jahre 1981 der Physiker Dieter W. Pohl
am IBM Zurich Research Laboratory in Rüschlikon [75].

Die immense Bedeutung der Metallografie liegt nicht allein darin, dass sie dem
Werkstofffachmann die Struktur des Gefüges sichtbar macht, aus der er auf eine
Reihe von Werkstoffeigenschaften schließen kann. Sie erzählt ihm auch etwas über
die „Lebensgeschichte" des Werkstoffes. Gerade so, als würde man aus dem Bild
eines mikroskopisch kleinen Hautfetzens eines Menschen etwas über dessen Le-
benslauf erfahren. Martens hat diesen für die Werkstoffforschung wichtigen Zusammenhang zwischen der Herstellung und der Struktur eines Werkstoffes in einen
Lehrsatz gegossen, den Sie sich fest einprägen sollten.

> Im Kleingefüge eines Metalls oder einer Legierung ist eine Art Urkunde niedergelegt, in
> welcher die Entwicklungsgeschichte des Materials bis zu einem gewissen Grad aufgezeich-
> net ist. [76]

Mein Lehrer, Professor Werner Schatt, seinerzeit Nachfolger von Professor Eisenkolb an der TU Dresden, hat uns Studierenden diesen Lehrsatz in die Maxime über-
setzt, einen Werkstoff wie einen lebenden Organismus zu verstehen und zu behan-

deln. Tatsächlich ist es mit der „Entwicklungsgeschichte" eines Materials wie im „richtigen Leben". Er hat „angeborene" Eigenschaften und solche, die er im Laufe seines „Lebens" erwirbt, die ihm beigebracht werden. Seine „angeborenen" Eigenschaften sind durch die Art der Atome bedingt, aus denen er besteht. Die Struktur der Atome bestimmt, auf welche Weise sie sich miteinander verbinden und ob daraus beispielsweise ein harter oder ein gut verformbarer Werkstoff entsteht. Erinnern Sie sich daran, was wir am Anfang darüber gesagt haben, wie die Atome in Keramiken und in Metallen chemisch gebunden sind und was das für ihre Eigenschaften bedeutet!

Wir haben gesehen, dass bei der Herstellung eines Metalls aus seiner Schmelze ganz unterschiedliche Gefüge entstehen können, je nachdem wie der Abkühlungsprozess verläuft, zum Beispiel grobkörnige bei langsamer oder feinkörnige bei schneller Abkühlung. Aus der Korngröße, die man im metallografischen Gefügebild sieht, kann man also die erste Etappe der „Entwicklungsgeschichte" eines Werkstoffes, seinen Geburtsvorgang, ablesen. Die durch den Abkühlungsverlauf der Schmelze bedingten Eigenschaften des Werkstoffes sind nicht naturgegebene, „angeborene" sondern die ersten „erworbenen" Eigenschaften. Weitere, erwünschte oder unerwünschte, Eigenschaften „erwirbt" der Werkstoff, wenn die gesamte Schmelze erstarrt ist, also im festen Zustand, durch Gefügeänderungen, die vom Werkstofffachmann entweder gezielt herbeigeführt werden oder die bei seiner Anwendung entstehen. Dabei können auch primäre, bei der Abkühlung der Schmelze entstandene Gefügestrukturen und dadurch „erworbene" Eigenschaften modifiziert werden.

Woher wissen Werkstofffachleute aber, was im Werkstoff passiert, nachdem die Schmelze erstarrt ist? Woher wissen sie, welche Gefügeänderungen im festen Zustand stattfinden und wie sie diese beeinflussen können? Woher wissen sie, wie beispielsweise Stahl chemisch zusammengesetzt sein muss, damit ein bestimmtes Gefüge entsteht? Da nehmen sie sogenannte Zustandsdiagramme zu Hilfe. Das sind Diagramme, aus denen man ablesen kann, aus welchen Phasen das Gefüge eines Werkstoffes besteht (man nennt sie deshalb oft auch Phasendiagramme), und zwar in Abhängigkeit von seiner Zusammensetzung und von der Temperatur. Zustandsdiagramme sind also Temperatur-Zusammensetzungs-Diagramme. Aber wie kommt man zu solchen Diagrammen?

Entscheidende Grundlagen dafür hat Gustav Tammann (1861–1938) geschaffen, der 1903 als Professor für anorganische Chemie an die Universität Göttingen berufen wurde. Er entwickelte und baute Apparate und Geräte, mit denen man die Abkühlung von reinen Metallen und von Legierungen in Abhängigkeit von der Zeit verfolgen konnte: Den Tammann-Ofen und das Tammann-Thermoelement.

Dazu kühlt man die Schmelze langsam ab und misst dabei ständig die Temperatur. Die Messergebnisse trägt man in ein Temperatur-Zeit-Diagramm ein. Dann verbindet man die Messpunkte miteinander und erhält so die Abkühlungskurve. Bei einem reinen Metall fällt die Temperatur zunächst stetig ab, da die Schmelze Wärme an die Umgebung abgibt. Sobald sich die ersten Kristalle bilden bleibt sie jedoch so lange konstant, wird gehalten, bis die Schmelze völlig erstarrt ist. Bei dieser Temperatur, der Erstarrungstemperatur, tritt in der Abkühlungskurve ein so-

genannter Haltepunkt auf. Ist die gesamte Schmelze erstarrt, fällt die Temperatur
schließlich weiter ab, und dementsprechend auch die Abkühlungskurve. Auch Gefügeumwandlungen, die dann im Festköper passieren, machen sich durch Halte-
punkte bemerkbar.

Legierungen, die hauptsächlich aus zwei Metallen bestehen, erstarren nicht bei
einer konstanten Temperatur, sondern über einen bestimmten Bereich hinweg, in
dem die Temperatur langsamer sinkt. Dieser Erstarrungsbereich ist durch die Er-
starrungstemperaturen der Metalle begrenzt, aus denen die Legierung besteht. Man
erhält dort in der Abkühlungskurve keine Halte-, sondern lediglich Knickpunkte.

Diese Methode, die Abkühlungskurven von reinen Metallen und Legierungen
zu ermitteln, nennt man „thermische Analyse“. Sie ist, wie die Metallografie, eine
grundlegende Methode der Werkstoffwissenschaft. Was haben Abkühlungskurven
mit Zustandsdiagrammen von Legierungen zu tun? Nun, mit ihrer Hilfe kann man
Zustandsdiagramme von Legierungen experimentell ermitteln. Wie kommt man
von den einen zu den anderen?

Um ein Zustandsdiagramm aufzustellen, stellt man Proben einer Legierung mit
unterschiedlichen Anteilen, also verschiedenen Konzentrationsgehalten, ihrer Komponenten, sagen wir A und B, her und misst deren Abkühlungskurven. Dann trägt
man die Temperaturen der „Halte- und Knickpunkte“ der Abkühlungskurven in
einem Diagramm über der Konzentration der beiden Komponenten der jeweiligen
Probe auf. An dem einen Ende der Abszisse beginnend mit 100 % der Komponente
A, am anderen mit 100 % der Komponente B. Und schon hat man das Zustandsdiagramm der aus den Komponenten A + B bestehenden Legierung (Abb. 2.25).

In Zustandsdiagrammen treten zwei charakteristische Linien auf, die Liquiduslinie, die die Schmelze und die Soliduslinie, die den festen Bereich (Kristalle A
und B) abgrenzt. Dazwischen existieren die flüssige und die feste Phase nebeneinander. Bei einem bestimmten Mischungsverhältnis kann die Schmelze direkt in
zwei feste Phasen übergehen. Bei diesem besonderen Mischungsverhältnis erstarrt

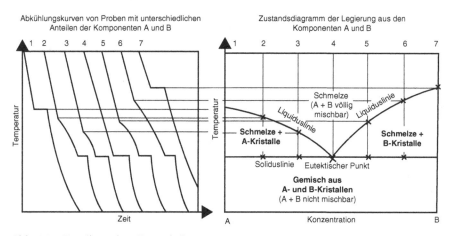

Abb. 2.25 Erstellung eines Zustandsdiagramms

die Schmelze bei einer besonders niedrigen Temperatur, dem sogenannten eutektischen Punkt, der weit unter der Schmelztemperatur der reinen Komponenten liegt. Eine Legierung mit einer solchen Zusammensetzung heißt eutektische Legierung, ihr Gefüge eutektisches Gefüge.

Man erhält für Zweistofflegierungen unterschiedliche typische Zustandsschaubilder, je nachdem, ob ihre beiden Komponenten im festen Zustand ineinander völlig unlöslich, nur begrenzt oder vollständig löslich sind. Haben beispielsweise beide Komponenten die gleiche Gitterstruktur, sind sie vollständig ineinander löslich. Im Zustandsschaubild erhält man dann drei Bereiche: Oberhalb der Liquiduslinie den der Schmelze, dann jenen, in dem sowohl Schmelze als auch Mischkristalle vorliegen und schließlich unterhalb der Soliduslinie das Gebiet, in dem ausschließlich Mischkristalle existieren. Liquidus- und Soliduslinie sind charakteristische Linien, die in jedem Zustandsdiagramm die Schmelze bzw. den vollkommen festen Zustand begrenzen.

Bei vielen Legierungen sind ihre beiden Komponenten im festen Zustand nur begrenzt ineinander löslich. Dann sieht das Zustandsdiagramm etwas komplizierter aus. Denn bei solchen Legierungen entstehen in Abhängigkeit von ihrer Zusammensetzung und der Temperatur mehrere Phasen, die aus unterschiedlichen Mischkristallen oder Kristallgemischen bestehen. Und es gibt noch viel komplexere und kompliziertere Zustandsdiagramme. Bitte wundern Sie sich nicht, dass ich einmal von Mischkristallen spreche und ein anderes Mal von Kristallgemischen. Das ist kein Versehen. Mischkristalle sind Kristalle, deren Raumgitter zwei verschiedene Atomsorten enthält. Kristallgemische sind ein Gemenge unterschiedlicher Kristallarten. Bitte verwechseln Sie diese Begriffe nicht!

Um über Zustandsdiagramme nicht nur allgemein zu sprechen, wollen wir uns das wohl wichtigste Zustandsdiagramm ansehen, das Eisen-Kohlenstoff-Diagramm (Abb. 2.26).

Wundern Sie sich bitte nicht, dass es nur bis zu einem Kohlenstoffgehalt von etwa sieben Prozent reicht, aber Eisen-Kohlenstoff-Legierungen mit einem höheren Kohlenstoffgehalt sind technisch uninteressant. Das erste Eisen-Kohlenstoff-Diagramm hat der britische Metallurge William Chandler Roberts-Austen (1843–1902) im Jahre 1899 aufgestellt. Der niederländische Chemiker Hendrik Willem Bakhuis Roozeboom hat es ein Jahr später entsprechend dem damaligen Wissensstand vervollständigt. Sein Eisen-Kohlenstoff-Diagramm sieht dem, das wir heute kennen, schon ziemlich ähnlich (Abb. 2.27).

Damit Sie verstehen, was man aus dem Eisen-Kohlenstoff-Diagramm ablesen kann, verfolgen wir, was bei der Abkühlung eines Stahls mit einem Kohlenstoffgehalt von 0,8 % passiert. Zunächst bilden sich in der Schmelze bei knapp unter 1500 °C die ersten kubisch-flächenzentrierten Gamma-Mischkristalle. Bei etwas unter 1400 °C ist dann die gesamte Schmelze zu Gamma-Mischkristallen erstarrt. Diese feste Phase bezeichnet William Chandler Roberts-Austen als Austenit. Sinkt die Temperatur weiter, wird Austenit bei 723 °C in einen Mischkristall umgewandelt, in dem kubisch-raumzentriertes Eisen (Ferrit) und Kohlenstoff lamellenartig geschichtet sind, ähnlich wie Perlmutt. Man nennt dieses Gefüge deshalb auch Perlit. Die Perlit-Kristalle sind vollkommen mit Kohlenstoff gesättigt. Bei einer Legie-

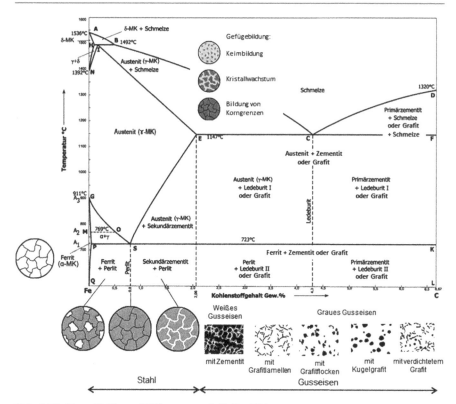

Abb. 2.26 Eisen-Kohlenstoff-Diagramm mit Gefügebildern

rung mit einem höheren Kohlenstoffgehalt als 0,8 % wird der „überschüssige" Kohlenstoff deshalb an den Korngrenzen in Form von Zementit (Fe_3C) ausgeschieden. Das Gefüge besteht dann also aus Perlit und (Korngrenzen-)Zementit. Bei einem geringeren Kohlenstoffgehalt aus Ferrit- und Perlitkörnern.

Das Fe-C-Diagramm gehört praktisch zum Allgemeinwissen des Werkstofffachmannes, denn es ist die Grundlage für die Herstellung und die gegebenenfalls nachfolgende Wärmebehandlung von Stahl. Er sollte es quasi im Schlafe kennen, denn die Wärmebehandlung ist eine der wichtigsten Technologien, um Stähle mit Eigenschaften herzustellen, die für seine Weiterverarbeitung oder Verwendung ausschlaggebend sind. Wärmebehandlungsverfahren sind verschiedene Glühverfahren, das Härten und das Vergüten von Stahl. Dabei wird der Werkstoff eine gewisse Zeit, je nach dem Ziel der Behandlung auf unterschiedliche Temperaturen erhitzt und anschließend wieder abgekühlt. Dadurch können bei der Herstellung von Werkstücken entstandene (unerwünschte) Gefüge- und damit auch Eigenschaftsänderungen rückgängig gemacht werden, und zwar ohne dass sich seine chemische Zusammensetzung ändert. Zum Beispiel werden so die Umformbarkeit, die zerspanende Bearbeitbarkeit, das Fräsen, Drehen und Bohren von Werkstücken verbessert sowie innere Spannungen abgebaut (Abb. 2.28).

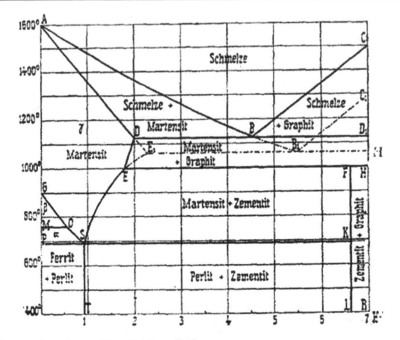

Abb. 2.27 Roozebooms_Eisen-Kohlenstoff-Diagramm

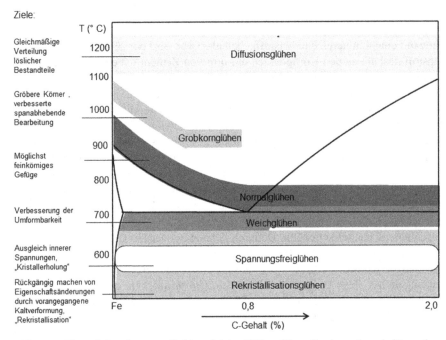

Abb. 2.28 Wärmebehandlung von Stahl – wichtige Glühverfahren (in einem Ausschnitt aus dem Fe-C-Diagramm)

Das älteste Wärmebehandlungsverfahren ist das Härten von Stahl. Die Härte der Schwerter der Hethiter, hatten wir gesagt, beruht darauf, dass Kohlenstoffatome das kubisch-raumzentrierte Eisengitter verspannen. Die Kristalle, die aus einem solchen Kristallgitter bestehen, heißen, wie schon gesagt, Martensit. Man erkennt sie im Gefügebild an ihrer nadelartigen Form. Wenn Sie sich das Eisen-Kohlenstoff-Diagramm vor Augen halten, sehen Sie, dass dieses Kristallgefüge dort gar nicht vorkommt. Haben Sie eine Idee, warum das so ist? Der Grund dafür ist, dass Zustandsdiagramme, die Phasenumwandlungen und die entstehenden Gefüge nur für den Fall beschreiben, dass die Legierung langsam abgekühlt wird. Martensit entsteht aber eben nicht bei langsamer, sondern bei schneller Abkühlung, beim Abschrecken des Stahls aus dem Gamma-Gebiet.

Um solche Gefügeumwandlungen zu verfolgen, bei denen die Abkühlgeschwindigkeit eine entscheidende Rolle spielt, sind Zustandsdiagramme nicht geeignet. Dazu benutzt man Zeit-Temperatur-Umwandlungs-Schaubilder (ZTU-Schaubilder). In ihnen wird, wie der Name sagt, die Umwandlung des Gefüges in Abhängigkeit von der Temperatur und der Zeit dargestellt. Man ermittelt sie, indem man Proben eines Werkstoffes auf eine bestimmte Temperatur erhitzt und mit unterschiedlichen Geschwindigkeiten abkühlt. Dabei verfolgt man, wann Gefügeumwandlungen stattfinden. Das kann man zum Beispiel feststellen, indem man kontinuierlich die Länge der Probe mit einem sogenannten Dilatometer misst, da Gefügeumwandlungen mit Längenänderungen der Probe verbunden sind. Analysiert man dazu die entstehenden Gefüge, erhält man ein Bild, aus dem man die Gefügeentwicklung bei unterschiedlichen Temperatur-Zeitverläufen ablesen kann. Das Härten von Stahl ist einer der häufigsten Fälle, in denen ZTU-Diagramme genutzt werden (Abb. 2.29).

Gehärtete Stähle sind leider nicht nur hart, sondern auch spröde. Sie sind kaum plastisch verformbar und können plötzlich brechen, wenn eine Belastungsspitze

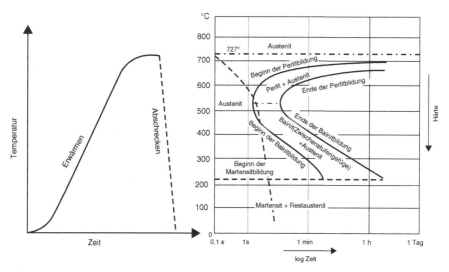

Abb. 2.29 Härten von Stahl – Temperaturverlauf und ZTU-Diagramm

auftritt, sodass sie für technische Anwendungen oft nicht geeignet sind. Weniger harte, dafür aber zähe Werkstoffe ertragen solche Belastungsspitzen besser. Der Preis dafür ist, dass sie sich schneller abnutzen. Härte und Zähigkeit müssen deshalb in ein sinnvolles Verhältnis zueinander gebracht werden.

Deshalb verzichtet man oft auf eine maximale Härte, indem man einen Teil der inneren Verspannungen wieder abbaut, also einen Teil des Martensits „zurückumwandelt". Man gibt dem Kohlenstoff Gelegenheit, aus dem tetragonal verspannten Gitter doch noch herauszuwandern, indem man den gehärteten Stahl noch mal, je nach seiner Zusammensetzung, auf 150 bis 700 °C erwärmt. Das kann einige Minuten, aber auch Stunden dauern. Diese nochmalige Erwärmung nennt man „Anlassen" oder auch „Tempern". Dadurch wird die Härte des Stahls vermindert, seine Zugfestigkeit und Zähigkeit erhöht. Je höher die Anlasstemperatur, desto geringer wird die Härte und umso höher werden die Zugfestigkeit und die Zähigkeit. Dieses Wärmebehandlungsverfahren, also die Kombination von Härten und Anlassen, nennt man Vergüten.

Es gibt Stähle, bei denen das Ende der Martensitumwandlung bei Raumtemperatur noch nicht erreicht ist. Es existiert immer noch ein Rest Austenit. Längeres Verweilen des Stahls nach Erreichen der Raumtemperatur führt sogar zu Stabilisierung des Restaustenits. Soll der Austenit vollständig umgewandelt werden, unterkühlt man den Werkstoff bis zur sogenannten Martensit-Endtemperatur in Tiefkühltruhen mit Luft, in speziellen Kältemischungen, oder in flüssigem Stickstoff. Diese Stahlbehandlung heißt „Eishärten".

Kennen Sie ein Beispiel, wo man das macht? Natürlich, bei Rasierklingen!

2.7 Ein Maurer veredelt den Stahl

Um die Wende zum 20. Jahrhundert hatte der Schleifer Ernst Grohmann in Frankfurt ebenfalls eine zweischneidige dünne und flexible Rasierklinge erfunden. Der Solinger Fabrikant Robert Middeldorf begann 1902 diese Klingen und entsprechende Rasierapparate herzustellen. Schon wenige Jahre später machten sich weitere Hersteller auf diesen Weg, von denen manche versuchten, Gillettes Erfindung zu verbessern oder seine Patente zu umgehen. Das Angebot von Rasierklingen und -apparaten aus einheimischer Produktion und auch die Werbung dafür wurden nahezu unüberschaubar.

Die deutschen Konkurrenten konnten Gillette jedoch nicht Paroli bieten. Die Gründe waren mangelhafte Qualität und ein zu hoher Preis. Sie fertigten die Klingen aus Gussstahl mit einem geringen Kohlenstoffgehalt vorwiegend in Handarbeit. Gillette stellte hochwertige Klingen in Massenfertigung aus billigem Walzstahl her. Der Einfluss seiner Erfindung auf das Wachstum der Stahlproduktion war beträchtlich. Wurden vorher etwa 350 Mio. t Stahl für die Herstellung von Rasierklingen verbraucht, verzehnfachte sich diese Menge bis zu Beginn der 1930er Jahre.

Die Massenfertigung von Rasierklingen veränderte die Rasierkultur und führte zum Ausbau eines neuen Geschäftsbereiches im Friseurhandwerk, von dem wir uns heute kaum vorstellen können, dass es ihn nicht gibt: Die Damensalons. Wie es dazu kam, ist leicht nachvollziehbar. Bevor Rasierapparate mit Wegwerfklingen zu einem erschwinglichen Preis massenhaft angeboten wurden, ging die Männerwelt zum Friseur, um sich rasieren zu lassen. Man schätzt, dass dies dem Friseurgewerbe jährlich etwa 150 Mio. Reichsmark einbrachte.

Nun gingen die Männer dazu über, sich selbst zu rasieren. Was machten die Friseure, die um ihre Einnahmen bangten? Sie versuchten zunächst, diese Entwicklung aufzuhalten, indem sie eine Besteuerung von Rasierapparaten und -klingen forderten und Druck auf ortsansässige Stahlwarenhändler ausübten, um deren Verkauf zu behindern. Gegen die sich ändernden Gewohnheiten der Verbraucher konnten sie jedoch kaum etwas ausrichten. Also waren sie gezwungen, sich selbst umzustellen und ein neues Geschäftsfeld zu suchen und zu etablieren, auf dem sie ihre Verluste ausgleichen konnten. Und das war das Damenfrisieren. So entstanden zunehmend gemischte und reine Damensalons [77].

Der enorme Fortschritt auf dem Gebiet der Rasiertechnik und -kultur, der sich vor 100 Jahren vollzog, war maßgeblich durch neue Werkstoffe und deren zunehmend wissenschaftlich begründete Herstellung und -behandlung möglich geworden. Bis zu den Rasierklingen, die wir heute benutzen, war es jedoch noch ein weiter Weg. Und auch der war wesentlich durch Ergebnisse der Werkstoffforschung geprägt.

Ein damals noch nicht gelöstes Problem war, dass die verfügbaren Rasierklingen rosteten. Man musste sie deshalb nach jedem Gebrauch sorgfältig abtrocknen.

Das Rosten von metallischen Gegenständen haben die Menschen schon im Altertum beobachtet. Bereits der griechische Philosoph Plato (427–347 v. Chr.) hat es beschrieben, und zwar als das Erdige, das sich aus Metall ausscheidet. Im 18. Jahrhundert begann man zu verstehen, dass Korrosion ein chemischer Prozess ist [78].

Rost ist ein spezifisches, aber das wohl bekannteste Produkt von Korrosionsprozessen. Der Begriff „Korrosion" ist vom lateinischen „corrodere" abgeleitet, das zerfressen oder zernagen bedeutet. Rost entsteht, wenn Eisen oder Stahl in Gegenwart von Wasser oxidieren. Er besteht aus Eisen(II)-oxid, Eisen(III)-oxid und Kristallwasser. Allgemein versteht man unter Korrosion die Reaktion eines metallischen Werkstoffes mit seiner Umgebung, die zu einer Veränderung des Werkstoffes führt, durch die das Funktionieren des daraus hergestellten Bauteils beeinträchtigt werden kann [79].

Jeder kennt Beispiele für Korrosion aus dem täglichen Leben: Rostende Autokarosserien und Fahrradteile, Rost am Gartenzaun und an Brücken. Haben Sie sich aber mal Gedanken darüber, was solche Schäden für die Wirtschaft bedeuten? Korrosion verursacht weltweit jährlich Schäden in Milliardenhöhe. Jede Minute rostet auf der Welt eine Tonne Eisen mit einem Materialwert von 0,5 Mrd. €. Der Wert der Bauteile und technischen Systeme, die dadurch verloren gehen, beträgt allein in Deutschland jährlich ca. 110 Mrd. € [80].

Deshalb ist die Korrosionsforschung ein wichtiges Gebiet der Werkstoffwissenschaft. Wir wissen heute, dass bei der Korrosion zwischen dem Werkstoff und den auf ihn einwirkenden Flüssigkeiten, Gasen oder Feststoffen elektrochemische Prozesse ablaufen. In den meisten Fällen sind das elektrochemische, manchmal aber auch rein chemische oder metallphysikalische Reaktionen.

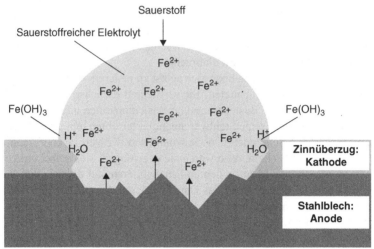

Anode: Fe $\longrightarrow$ Fe^{2+} + 2 e$^-$

Folgereaktion: 4 Fe^{2+} + 18 H$_2$O + O$_2$ $\longrightarrow$ 4 Fe (OH)$_3$ + 8 H3O$^+$

Katode: 2 H$_3$O$^+$ + 2 e$^-$ $\longrightarrow$ 2 H$_2$O + H$_2$

Abb. 2.30 Korrosionsvorgänge an verzinntem Stahlblech (Weißblech)

Sehen wir uns dazu ein Stahlblech an, das verzinnt ist, wie Sie es von Getränke- und Konservendosen kennen. Die aufgebrachte Zinnschicht schützt das Blech vor Korrosion. Wenn sie aber verletzt wird und an dieser Stelle eine leitende Flüssigkeit eindringt, bilden Stahl und Zinn mit der Flüssigkeit ein galvanisches Element, eine Kombination aus zwei verschiedenen Elektroden und einem Elektrolyten. Da die Schädigung der Zinnoberfläche lokal begrenzt ist, bezeichnet man dieses galvanische Element als Lokalelement, mit Eisen als Anode und Zinn als Katode. Das Blech löst sich auf, es korrodiert, weil das elektrochemische Potential des Eisens niedriger, ist als das von Zinn. Man sagt auch, es ist elektrochemisch unedler als Zinn (Abb. 2.30).

Dass sich das unedlere Material eines galvanischen Elements auflöst, hat aber auch eine positive Seite. Es kann nämlich nicht nur zu Schäden führen. Im Gegenteil, man macht sich dieses Prinzip sogar zunutze, um das Korrodieren von Bauteilen zu verhindern, beispielsweise bei Schiffskörpern. Man bringt einfach ein Stück Material am Schiffskörper an, das elektrochemisch unedler ist als Stahl, und verbindet beide leitend miteinander. Auf diese Weise entsteht ein elektrochemisches Element mit dem Stahl als Katode, dem Wasser als Elektrolyt und dem unedleren Metall als Anode, die sich auflöst. Da die Anode bewusst geopfert wird, um den Stahlkörper zu schützen, nennt man sie Opferanode. Um diesen Schutz dauerhaft zu erhalten muss die Opferanode natürlich ersetzt werden, wenn sie verbraucht ist.

Oft wird der Korrosionsprozess durch äußere oder im Werkstoff vorhandene innere Spannungen begünstigt. Er kann nicht nur an der Werkstoffoberfläche, sondern auch im Werkstoffgefüge voranschreiten, und zwar entlang der Korngrenzen

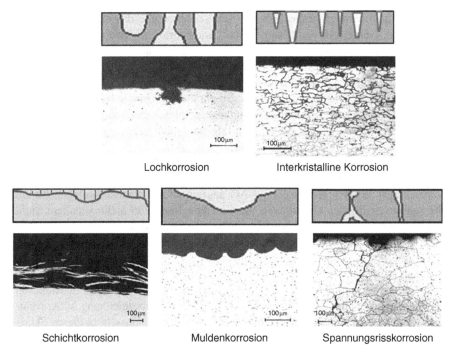

Lochkorrosion   Interkristalline Korrosion

Schichtkorrosion   Muldenkorrosion   Spannungsrisskorrosion

Abb. 2.31 Erscheinungsformen der Korrosion

(interkristalline Korrosion) oder quer durch die Kristalle (transkristalline Korrosion). Seine Ergebnisse sind zum Beispiel als Riss-, Loch-, Mulden- und Flächenkorrosion, die man im metallografischen Schliffbild gut erkennen kann (Abb. 2.31).

Wegen der enormen wirtschaftlichen Schäden, die Korrosionsprozesse anrichten, versucht man Stahlkonstruktionen auf vielfältige Weise vor dem Rosten zu schützen, jedenfalls so gut es geht. Dazu ergreift man entweder aktive Schutzmaßnahmen, wie die Reduzierung korrosiver Umweltbelastungen, oder passive, wie die Beschichtung von Werkstoffoberflächen, oder man kombiniert aktiven und passiven Korrosionsschutz [81].

Oder man verwendet nichtrostende Stähle, die Ingenieuren heute in großer Zahl zur Verfügung stehen, aber relativ teuer sind. Die hätten sich Rasierklingenhersteller am Anfang des 20. Jahrhunderts auch gewünscht. Nur gab es damals noch keinen rostfreien Stahl und es war eine große Herausforderung für die damaligen Werkstoffforscher, einen solchen Stahl zu entwickeln. Nicht nur und nicht vordergründig für die Herstellung von Rasierklingen. Sondern vor allem für die Anwendung auf Gebieten, auf denen man mit aggressiven Medien arbeitete. In erster Linie in der chemischen Industrie konnte man vom Einsatz nichtrostenden Stahls enorme wirtschaftliche Vorteile erwarten.

Und so kam es dann auch. Das erste Unternehmen, in dem Apparate und Anlagen aus rostbeständigem Stahlgebaut wurden, war die Badische Anilin- und Soda-Fabrik (BASF). Bis dahin eine Farbenfabrik, nahm man dort im Jahre 1913 die erste Anlage der Welt zur Herstellung von Ammoniak in Betrieb. (Sie kennen sicher aus dem Chemieunterricht das Haber-Bosch-Verfahren, das damals dort entwickelt worden ist). Hergestellt wurde dieser Stahl in der Friedrich Krupp AG, der heutigen ThyssenKrupp Nirosta GmbH, die zusammen mit anderen Unternehmen, die mit ihr verbunden sind, einer der weltweit führenden Produzenten von korrisions-, säure- und hitzebeständigen Edelstahl-Flacherzeugnissen ist [82]. Edelstähle sind besonders reine Stähle, die beispielsweise nicht mehr als einige Hundertstelprozent Schwefel und Phosphor enthalten. Umgangssprachlich bezeichnet man rostfreie Stähle häufig als Edelstähle, obwohl ein Edelstahl nicht unbedingt rostfrei und ein rostfreier Stahl nicht immer ein Edelstahl sein muss.

Es war ein Maurer, der als Erster den Stahl „veredelt", rostbeständigen Stahl entwickelt hat. Der Eisenhüttenmann Eduard Maurer (1886–1969), der in der Versuchsanstalt der Friedrich Krupp AG zusammen mit seinem Kollegen Strauß die wissenschaftlichen Grundlagen für die Herstellung von nichtrostendem Stahl geschaffen hat. Der große Wurf gelang Maurer und Strauß, indem sie dem Stahl Chrom und Nickel hinzufügten. Sie schufen damit die Grundlage für eine Innovation, die wie Gillettes Rasierklingen, um die Welt ging: Edelstahl Rostfrei. Am 17. Oktober 1912 meldete die Krupp AG das Patent für die „Herstellung von Gegenständen, die hohe Widerstandskraft gegen Korrosion erfordern, nebst thermischen Behandlungsverfahren" an. Der Stahl erhielt die Markenbezeichnung V2A, Maurers Kürzel für Versuchsschmelze 2 Austenit. Der Korrosionsschutz dieses Stahls beruht darauf, dass sich auf seiner Oberfläche eine nur wenige Atomlagen dicke Schicht von Chromoxiden bildet, die so dicht ist, dass sie den Grundwerkstoff vor dem Angriff durch Umwelteinflüsse schützt. Durch das Zulegieren von Nickel wird der Stahl zusätzlich hart und zäh.

Rasierklingen aus rostfreiem Cr-Ni-Stahl stellte zum ersten Mal die Firma Wilkinson Sword her. Bis dahin dauerte es aber noch über 50 Jahre und hatte eine lange Vorgeschichte. Die wechselvolle Geschichte dieses Unternehmens begann etwa 130 Jahre bevor King Gillette seine großartige Erfindung machte. Damals, im Jahre 1772, gründete ein Mann namens Henry Nock in der Londoner Ludgate Street eine Firma, in der er Gewehre und Bajonette herstellte. Er wurde bald zum führenden Produzenten dieser Waffen in England, sodass König Georg III. ihn zum Ersten Königlichen Gewehrhersteller ernannte. Einer seiner Lehrlinge, James Wilkinson verliebte sich in Nocks Tochter, heiratete sie und wurde Nocks Partner. Nach dem Tod seines Schwiegervaters im Jahre 1805 erbte James die Firma und nahm seinen Sohn Henry ins Geschäft.

Henry Wilkinson erweiterte die Produktion und begann, auch Schwerter herzustellen. Daher stammt das heute weltweit bekannte Firmenzeichen, die gekreuzten Schwerter. Er verlegte die Firma in die Londoner Buckingham Palace Street, die sogenannte Pall Mall. Aber im Jahre 1877 war die Produktionsstätte auch dort zu klein geworden. Die Firma zog noch mal um, in größere Gebäude nach Chelsea. Dort gründete Henry Wilkinson zwei Jahre später die Wilkinson Sword Co. Ltd. In den Folgejahren verbreitete er das Produktsortiment immer weiter und begann Ende des 19. Jahrhunderts, etwa zu jener Zeit als King Gillette die Idee zu seiner Erfindung hatte, auch Rasierapparate herzustellen. In den beiden Weltkriegen verdiente das Unternehmen sein Geld vor allem mit der Herstellung von Waffen und Ausrüstungsgegenständen für das Militär. Dazu gehörten auch Rasierapparate, deren Herstellung nach dem II. Weltkrieg zunächst unter der herrschenden Materialknappheit litt, bald aber wieder auf Touren gebracht wurde.

Das technische know how und die Einrichtungen für die Produktion rostfreier Rasierklingen erwarb die spätere Wilkinson Sword-Eigentümerfamilie Randolph 1954 von Heinz Osberghaus in Solingen, dem Sohn des Schneidwarenhändlers Rudolf Osberghaus, der 1925 die Osberghaus KG gegründet und mit der Herstellung von Rasierklingen begonnen hatte. Weil das Klingenmaterial schon im Fertigungsprozess häufig korrodierte, dachte er über eine Klinge aus rostfreiem Stahl nach, mit der man sich länger rasieren konnte. Gemeinsam mit der schwedischen Firma Udenholm führte er dieses Vorhaben, im Gegensatz zu anderen, die Gillettes Erfindung ebenfalls kopierten und versuchten, rostfreie Klingen herzustellen, zum Erfolg. Nachdem Rasierklingen ein halbes Jahrhundert lang aus einfachem Kohlenstoffstahl hergestellt worden waren, brachte Wilkinson Sword Mitte der 1950er Jahre die erste doppelschneidige Klinge aus rostfreiem Stahl auf den Markt. Die Firma verdiente damit so viel Geld, dass sie 1961 die Osberghaus KG zu zwei Dritteln übernehmen konnte. Seither gibt es – nach dem der Porzellanmanufaktur in Meißen – ein zweites weltbekanntes Firmenlogo mit gekreuzten Schwertern in Deutschland: Das auf den Wilkinson Sword-Klingen aus Solingen. Heute ist das Solinger Unternehmen mit über 900 Mitarbeitern eine der größten Produktionsstätten in der Branche und der schärfste Konkurrent der Gillette Company [83].

Die Erfindung praktisch anwendbaren rostfreien Stahls durch Eduard Maurer, der die entscheidenden Arbeiten dafür durchgeführt hatte, ist eine der großen Erfolgsgeschichten der Werkstoffwissenschaft. Für ihn, den später hochgeehrten Wissenschaftler, nach dem das von ihm 1924 entwickelte Diagramm benannt ist, in dem die Gefügebildung von Gusseisen in Abhängigkeit vom Kohlenstoff- und Siliciumgehalt dargestellt ist, endete sie finanziell mit einer Enttäuschung. Die Unternehmensleitung der Friedrich Krupp AG, die zunächst gegen Maurers Versuche war, weil sie ihr zu teuer erschienen, speiste ihn mit 5000 Reichsmark ab, obwohl sie mit V2A-Stahl schon bald millionenschwere Geschäfte machte, nachdem ihre Eignung in der BASF für Anlagen zur Ammoniaksynthese erwiesen worden war. Maurer war darüber so sauer, dass er abends in die Bar ging und, vermutlich nach einem kräftigen Besäufnis, das ganze Geld der Bardame schenkte.

Ein Kuriosum ist, dass weder der Name von Maurer, noch der seines Kollegen Strauß auf der Krupp'schen Patentschrift erscheinen. Statt des Erfindernamens wurde dort der Name Clemens Pasel eingesetzt. Und der hatte mit der Erfindung nun wirklich nichts zu tun, außer dass er als Angestellter des Krupp'schen Patentbüros die Anmeldeunterlagen geschrieben und beim Patentamt eingereicht hat. Die Story ist auch unter Werkstoffforschern im Detail weitgehend unbekannt. Sie ist von einem Freizeit-Historiker, dem Hennigsdorfer Ortschronisten Peter Richter, recherchiert und veröffentlicht worden [84].

Wieso interessiert man sich in Hennigsdorf für Eduard Maurer? Nun, Maurer hat 1950 die Leitung des Eisenforschungsinstituts in Hennigsdorf angenommen und ist ein Jahr später auf den Lehrstuhl für Eisenhüttenkunde an der Humboldt Universität zu Berlin und zum Mitglied der Deutschen Akademie der Wissenschaften berufen worden. Zweimal, 1950 und 1954, wurde er mit dem Nationalpreis der DDR geehrt.

Vor seinem Ruf an die Humboldt Universität hatte er mehrere Arbeitsangebote von Firmen aus dem Ruhrgebiet ausgeschlagen. Ob das mit seiner Erinnerung an den Grund seines Barbesuches vor fast 40 Jahren zusammenhing, wer weiß es?

Und wie es oft so ist, der Misserfolg ist meist Vollwaise, aber der Erfolg hat viele Väter. An Maurers Erfindung meldeten auch andere bald die Vaterschaft an. Nahezu gleichzeitig mit Maurer war es Max Mauermann, der das Forschungslaboratorium der Phönix-Stahlwerke in Österreich leitete, gelungen, korrosionsbeständigen Stahl herzustellen. Er präsentierte auf der Adria-Ausstellung in Wien 1913 Gegenstände, die mit dem Vermerk „rostfrei" gekennzeichnet waren. In einem jahrelangen Patentprozess wurde ihm am 4. Juli 1929, vier Tage nach seinem Tod, die Priorität seiner Erfindung bestätigt [85].

Und im angelsächsischen Raum gilt bis heute Harry Brearley (1871–1948), ein englischer Stahlfachmann, als Erfinder des rostfreien Stahls. Er meldete 1913 ein Patent darauf an. Der Grund dafür mag sein, dass Maurers Patent lange geheim gehalten wurde. Erst nach 1920 durften Maurer und Strauß in den Krupp'schen Monatsheften einen Bericht über rostfreien Stahl veröffentlichen [86]. Aber wie man so sagt, die Zeit war aufgrund der Fortschritte der Metallforschung einfach reif für diese Erfindung.

Abgesehen von diesen Patentstreitigkeiten kamen Maurer offenbar Vorarbeiten seines Kollegen Strauß zugute, der dazu wiederum durch eine Veröffentlichung in einem Fachjournal angeregt worden war. Maurer hatte zwar den Hauptanteil an der Entwicklung von V2A-Stahl, aber Strauß hatte schon vor ihm Versuche mit Cr-Ni-Stählen angestellt, diese aber zunächst abgebrochen und die Proben liegen lassen, weil sie schlecht bearbeitbar waren. Forschungsergebnisse anderer Stahlfachleute und eine Beobachtung, die er an den Strauß'schen Proben gemacht hatte, regten Maurer an, die Versuche mit Cr-Ni-Stählen wieder aufzunehmen. In einem Bewerbungsschreiben aus dem Jahre 1918 schreibt er dazu selbst:

> Durch eine Arbeit von Friend, Bentley & West im J. Iron and Steel Institute 1912, wo über einen 5,3 Prozent-Chromstahl berichtet wurde, den diese Forscher als erhöht rostsicher fanden, aufmerksam geworden, erinnerte ich mich an ein Stabstück 20-Prozent-Chromstahls, das schon monatelang der säurehaltigen Laboratoriumsluft ausgesetzt und völlig blank geblieben war. Dieser Stahl gehörte zu einer Reihe chrom- und chromnickelhaltiger Stähle, welche von dem Vorstand des Instituts für einen anderen Zweck vorgesehen, jedoch als unbearbeitbar und spröde zurückgestellt worden waren. [87]

Der große Wurf von Maurer und Strauß beruhte also nicht allein darauf, dass sie dem Stahl Chrom und Nickel hinzufügten. Sondern vielmehr darauf, dass sie den Kohlenstoffgehalt ihres Cr-Ni-Stahls auf unter ein Prozent absenkten und Wärmebehandlungsverfahren entwickelten, die solche Legierungen kaltverformbar und damit praktisch anwendbar machten. Anders haben sie es in ihrem Patent auch nicht behauptet: „Herstellung von Gegenständen, die hohe Widerstandskraft gegen Korrosion erfordern, nebst thermischen Behandlungsverfahren".

Maurers V2A-Stahl war ein austenitischer Stahl, der bis zu 18 % Chrom acht bis 18 % Nickel, aber nur 0,1 % Kohlenstoff enthielt. Wenn Sie an das Eisen-Kohlenstoff-Diagramm denken, werden Sie sich fragen, wieso Stahl bei Raumtemperatur ein solches Gefüge haben kann. Die Antwort ist: Das Fe-C-Diagramm gilt nur für unlegierte Kohlenstoffstähle. Durch das dem Stahl zulegierte Chrom und Nickel

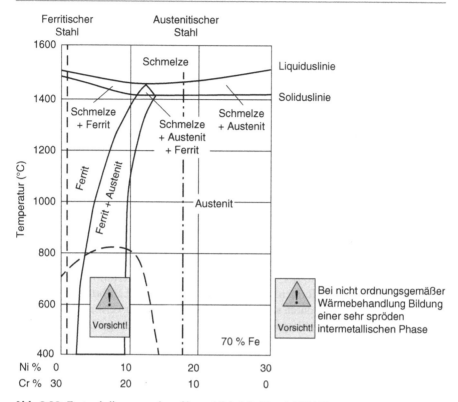

Abb. 2.32 Zustandsdiagramm eines Chrom-Nickel-Stahls mit 70 % Eisen

verändern sich beim Abkühlen aus der Schmelze die Phasenverhältnisse vollkommen. Das Zustandsdiagramm für hochlegierte Stähle sieht deshalb völlig anders aus, als das Fe-C-Diagramm. Hochlegierte Stähle sind solche, bei denen der Masseanteil mindestens eines Legierungselementes höher ist als fünf Prozent (Abb. 2.32).

Welches Gefüge bei nichtrostenden Stählen entsteht, hängt vor allem davon ab, wie viel Chrom und Nickel sie enthalten. Legiert man einem Stahl, der 18 % Chrom enthält, zehn Nickel zu, bleibt das austenitische Gefüge, anders als bei unlegiertem Stahl, bis zur Raumtemperatur erhalten. Heute gibt es über 120 verschiedene nichtrostende Stähle. Und zwar nicht nur mit austenitischem, sondern auch mit ferritischem, mit austenitisch-ferritischem und mit martensitischem Gefüge.

Ferritisches Gefüge entsteht bei höheren Chromgehalten. Es hat die gleiche Gitterstruktur wie das Alpha-Eisen bei unlegiertem Stahl. Um beide zu unterscheiden, wird es als Delta-Eisen bezeichnet. Das entsteht zwar bei unlegiertem Stahl auch, aber nur, wenn er höchstens ein Zehntelprozent Kohlenstoff enthält. Und es existiert nur bei einer Temperatur zwischen 1535 und 1400 °C, sodass es für Kohlenstoffstähle praktisch nicht von Bedeutung ist. Deshalb haben wir es vernachlässigt, als wir über das Eisen-Kohlenstoff-Diagramm gesprochen haben.

Zwischen dem ferritischen und dem austenitischen liegt bei rostfreiem Stahl ein Gebiet, in dem die Legierung nach der Erstarrung aus einem Gemisch beider Mischkristallarten besteht. Martensitische nichtrostende Stähle sind Eisen-Chrom-

Legierungen mit zwölf bis etwa 17% Chrom, die aber relativ viel Kohlenstoff enthalten (bis etwa 0,4%), sodass sie gehärtet werden können – deshalb ihre Bezeichnung [88].

2.8 Ein entscheidender Fehler

Gehärtete und nichtrostende Rasierklingen, mehr noch, die ganze nachsteinzeitliche Nassrasier-Story könnten wir glatt vergessen, wenn Metalle nicht plastisch formbar wären. Denn dann hätte man niemals Bronzemesser hämmern, keine Eisenklingen schmieden und keine Stahlbänder walzen können, aus denen seit Gillettes Erfindung Rasierklingen hergestellt werden. Auch zahllose andere Erzeugnisse, wie Bierdosen, Münzen, Autokarosserien wären ein Wunschtraum geblieben, wenn man die Werkstoffe aus denen sie bestehen, nicht plastisch formen könnte.

Aber man darf ihre Verformung auch nicht übertreiben. Man muss sie genau dosieren. Denn Sie wissen, je stärker man ein Metall plastisch verformt, umso höher wird auch seine Festigkeit, der Widerstand, den es seiner Verformung entgegensetzt. Um es weiter zu verformen, muss man immer mehr Kraft aufbringen. Schließlich wird der Werkstoff dadurch so fest, dass er sich nicht mehr verformen kann und zu Bruch geht. Das haben Sie gelernt, als wir über das Spannungs-Dehnungs-Diagramm gesprochen haben.

Und auch die Härte eines Werkstoffes, der Widerstand, den er dem mechanischen Eindringen eines anderen Körpers in seine Oberfläche entgegensetzt, hängt mit seiner plastischen Verformbarkeit zusammen. Darauf beruhen ja die Härteprüfverfahren, die ich Ihnen beschrieben habe. Denn wie sollte ein Prüfkörper in der Oberfläche eines Werkstoffes einen bleibenden Eindruck hinterlassen, aus dem man seine Härte ermittelt, wenn er sich dort nur elastisch, aber nicht plastisch verformen würde? Verformbarkeit einerseits sowie Festigkeit und Härte eines Werkstoffes andererseits, sind deshalb zwei Seiten ein und derselben Medaille.

Um diesen Zusammenhang und seine praktische Bedeutung zu verstehen, muss man sich zunächst mal klar machen, warum ein Werkstoff überhaupt plastisch formbar ist. Bleiben wir bei Metallen. Ihre elastische Verformung, kann man sich leicht vorstellen. Die Abstände der Atome in ihrem Kristallgitter vergrößern sich unter der Einwirkung einer äußeren Kraft und gehen nach der Entlastung in ihre Ausgangslage zurück. Was aber geschieht im Kristallgitter bei der plastischen Verformung, wenn also die Belastung über die Elastizitätsgrenze hinaus – denken Sie an das Spannungs-Dehnungs-Diagramm! – erhöht wird?

Um diese Frage zu beantworten, sehen wir uns noch mal die Kristallstruktur von Metallen an. Und zwar ihre Realstruktur. Über den Unterschied zwischen der Real- und der Idealstruktur von Metallen haben wir ja schon gesprochen. Sie erinnern sich, die reale Gitterstruktur von Metallen ist „fehlerhaft" aufgebaut: Atome ordnen sich nicht exakt in Reih und Glied, Gitterplätze bleiben frei oder sind mit „fremden" Atomen besetzt, Gitterbereiche sind gegeneinander verdreht oder einzelne Gitterebenen sind nicht exakt übereinander gestapelt.

Zum Glück ist das so, denn wären Metalle so perfekt aufgebaut, wie wir uns das idealerweise vorstellen, ließen sie sich überhaupt nicht plastisch verformen.

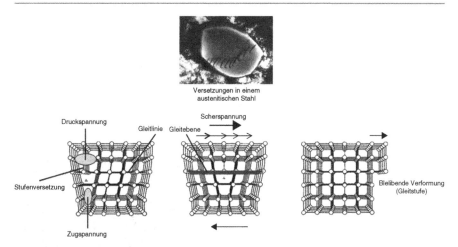

Versetzungen in einem
austenitischen Stahl

Abb. 2.33 Plastische Verformung durch schrittweise Bewegung einer Stufenversetzung

Es ist mit Werkstoffen wie im richtigen Leben, das Perfekte ist nicht unbedingt am brauchbarsten. Die entscheidenden Gitterbaufehler, denen es zu verdanken ist, dass man Metalle plastisch verformen kann, sind sogenannte Versetzungen.

Die einfachste Art von Versetzungen, sind sogenannte Stufenversetzungen (Abb. 2.33). Eine Stufenversetzung ist ein Baufehler, den man sich als eine halbe Atomebene vorstellen kann, die in das ideale Gitter eingeschoben ist. Wird der Kristall nun mit einer Zugkraft belastet, entstehen in seinem Inneren Spannungen, die die Versetzungen durch sein Gitter schieben. Sie beginnen zu wandern, sobald diese Schubspannung einen bestimmten kritischen Wert erreicht hat. Diese als „Gleiten" bezeichnete Bewegung von Versetzungen bewirkt die plastische Verformung des Metalls (Abb. 2.34). Versetzungen gleiten bevorzugt auf den Ebenen im Kristallgitter, die am dichtesten mit Atomen bepackt sind, den sogenannten Gleitebenen. Die Richtung, in die die Versetzung wandert, nennt man dementsprechend die Gleitrichtung. Gleitebene und Gleitrichtung bilden zusammen das sogenannte Gleitsystem. Sie kennen diese Begriffe bereits. Wir haben darüber im Zusammenhang mit der Gitterstruktur von Metallen und der Verformbarkeit von Bronze und Eisen gesprochen. Wie bei einem Teppich, durch den man eine Falte hindurchschiebt, statt ihn insgesamt zu ziehen, wenn man ihn ein Stück rücken will, ist es auch bei einem Metall leichter, einzelne Versetzungen durch das Gitter zu bewegen, als alle Atomreihen gleichzeitig. Auf diese Weise gleiten Teile eines Kristalls aufeinander ab, sodass an der Oberfläche Stufen entstehen, die man als sogenannte Gleitlinien erkennen kann.

Ich spreche hier von einem Kristall. Nun werden Sie wahrscheinlich einwenden, dass ein Werkstoff doch aus vielen Kristallen besteht, und fragen, wie der sich insgesamt verformt. Das ist eine gute Frage, zumal er ja dabei nicht in einzelne Körner zerfallen darf. Im Grunde genommen passiert bei der Verformung solcher Vielkristalle oder Polykristalle dasselbe wie in Einkristallen. Nur nicht in allen Kristallen auf einmal, sondern schrittweise. Und außerdem beeinflussen sich die einzelnen Körner bei der Verformung gegenseitig.

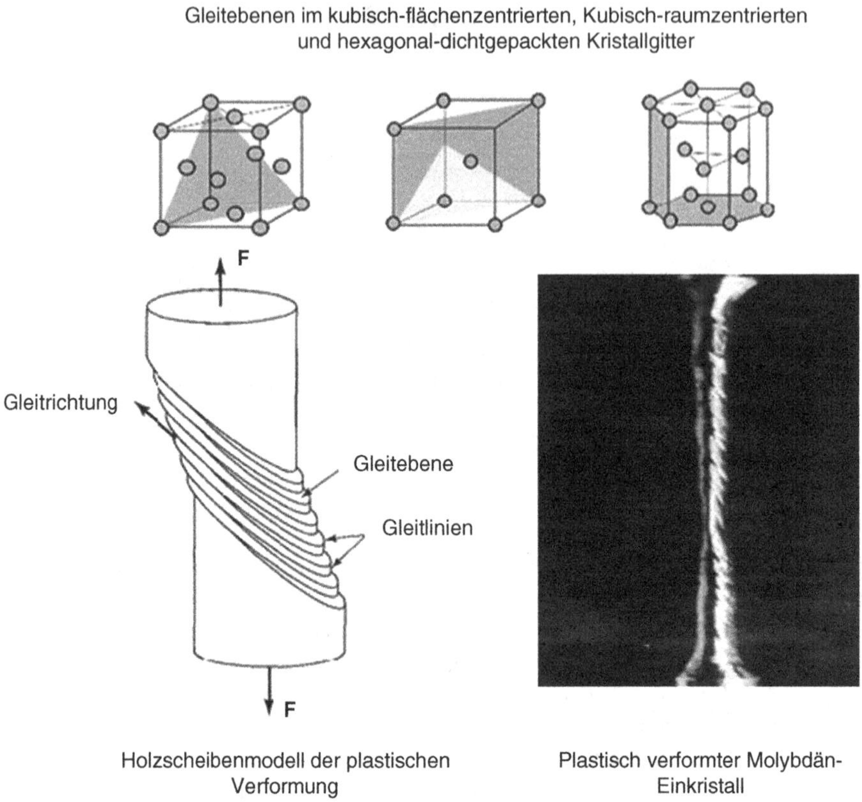

Gleitebenen im kubisch-flächenzentrierten, Kubisch-raumzentrierten
und hexagonal-dichtgepackten Kristallgitter

F

Gleitrichtung

Gleitebene

Gleitlinien

F

Holzscheibenmodell der plastischen
Verformung

Plastisch verformter Molybdän-
Einkristall

Abb. 2.34 Plastische Verformung eines Einkristalls durch Gleiten von Versetzungen

Zunächst gleiten die Versetzungen in den Kristallen, in denen aufgrund ihrer Lage, ihrer Orientierung im Gefüge, bei äußerer Belastung die kritische Schubspannung zuerst erreicht wird. Sie verformen sich, während benachbarte Kristalle, die weniger günstig orientiert sind, noch ihre Form behalten. Dadurch entstehen lokal begrenzte elastische Spannungen. Und die führen dazu, dass die kritische Schubspannung auch in den Nachbarkristallen erreicht wird und diese sich plastisch verformen. Wenn schließlich alle Körner ihre Form ändern, ist der Werkstoff an seine Streckgrenze gelangt. Es beginnt seine makroskopische plastische Verformung, die man mit bloßem Auge sehen kann [89].

Wenn Kristalle plastisch verformt werden, gleiten die Versetzungen nicht nur durch sein Gitter, sondern sie vermehren sich auch. So sehr, dass sie sich in ihrer Bewegung gegenseitig behindern. Wenn sich Versetzungen aber nicht mehr ungehindert durch den Werkstoff bewegen können, ist er schwerer verformbar, sein Widerstand gegen eine plastische Verformung nimmt zu. Das heißt, seine Festigkeit erhöht sich. Damit die Versetzungen weiter gleiten, muss man eine höhere Kraft aufwenden. Deshalb steigt die Verformungskurve im Spannungs-Dehnungs-Diagramm mit fortschreitender plastischer Verformung an.

Diesen Verfestigungseffekt, den man Kalt- oder auch Verformungsverfestigung nennt, kennen Sie ganz gewiss. Er tritt auf, wenn man einen Draht hin und her biegt. Dabei entstehen massenhaft immer neue Versetzungen, die sich gegenseitig am Gleiten hindern. Dadurch verfestigt sich der Draht, wird immer weniger verformbar und bricht schließlich. Das ist auch der Grund, warum man eine Büroklammer nicht wieder gerade biegen kann. Dort, wo sie gebogen ist, haben sich viele Versetzungen gebildet und gewissermaßen ineinander verhakt. An diesen Stellen lässt sich die Klammer deshalb nicht mehr „zurückverformen".

Bei Büroklammern ist das nicht schlimm. Aber auf diese Weise können beispielsweise auch Bleche beim Tiefziehen reißen oder Bauteile geschädigt werden, bis hin zum Bruch. Aber nichts ist bekanntlich nur schlecht. Man kann das Gleiten von Versetzungen ja auch gezielt unterbinden oder zumindest erschweren. Warum man das tun sollte? Nun, nichts anderes machen Werkstofffachleute, um Werkstoffe fester und härter zu machen. Sie stellen den Versetzungen einfach Hindernisse in den Weg.

Beispielsweise, indem sie dafür sorgen, dass bei der Kristallisation des Metalls aus der Schmelze möglichst kleine Kristalle, das heißt möglichst viele Korngrenzen entstehen, die die Bewegung der Versetzungen stoppen. Diese Methode heißt Feinkornverfestigung. Oder indem sie gezielt Fremdatome in das Kristallgitter des Grundmetalls einbringen, also Austausch- oder Einlagerungsmischkristalle erzeugen. Ich hatte Ihnen im Abschnitt über die „biblischen Werkstoffe" schon gesagt, dass dadurch das Wirtsgitter verspannt wird. Und das hat zur Folge, dass die Versetzungsbewegung eingeschränkt wird. Man nennt das Mischkristallverfestigung. Sie ist neben der Martensithärtung von Stahl die in der Praxis am häufigsten angewandte Methode, um die Härte und Festigkeit von Metallen zu erhöhen.

Eine weitere Methode, die man häufig anwendet, ist das sogenannte Ausscheidungshärten. Dabei werden durch eine Wärmebehandlung bestimmte Phasen, die nicht sehr stabil sind, in fein verteilter Form im Kristall ausgeschieden, um die Versetzungsbewegung zu behindern. Eine spezielle Form der Ausscheidungshärtung ist die „Dispersionshärtung", bei der sich die Ausscheidungen flächenförmig um die Korngrenze verteilen.

Als Gillette vor 100 Jahren den Markt mit Rasierklingen überschwemmte und Maurer korrosionsbeständigen Stahl erfand und damit die Voraussetzung für die Herstellung rostfreier Klingen schuf, wusste man kaum etwas über die Kristallstruktur von Metallen, geschweige denn kannte man Versetzungen. Das Versetzungskonzept wurde erst 1934 unabhängig voneinander von den gebürtigen Ungarn Egon Orowan (1902–1989) und Michael Polanyi (1891–1976) sowie dem Briten Geoffrey Ingram Taylor (1886–1975) vorgeschlagen.

Also hatte man auch keine Ahnung vom Mechanismus der Mischkristallverfestigung und der Ausscheidungshärtung. Aber man wusste, wie man Stahl härten kann. Und dieses Wissen führte zu einer Erfindung, die auf einer falschen Annahme beruhte, zufällig zustande kam, umstritten war und den Werkstoffforschern für lange Zeit rätselhaft blieb.

2.9   Ein folgenreicher Irrtum

Gegen Ende des 19. Jahrhunderts begann ein Metall Karriere zu machen, das einmal zum ernsten Konkurrenten von Stahl als Konstruktionswerkstoff werden sollte: Aluminium. Der Erste, dem es gelang Aluminium herzustellen, war der dänische Physiker und Chemiker Hans Christian Ørsted (1777–1851). Er gewann im Jahre 1825 einige Gramm Aluminium, indem er Aluminiumchlorid mit Kaliumamalgam reduzierte, wobei das Kalium als Reduktionsmittel diente. Sie kennen Ørsted aus dem Physikunterricht wahrscheinlich eher als den Mann, der bereits fünf Jahre zuvor die magnetische Wirkung des elektrischen Stromes entdeckt hatte und der damit als Mitbegründer der Elektrizitätslehre und der Elektrotechnik gilt. Zwei Jahre später stellte der deutsche Chemiker Friedrich Wöhler (1800–1882) Aluminium her, das reiner war als das von Ørsted. Er verwendete aber nicht Kaliumamalgam, sondern metallisches Kalium als Reduktionsmittel. Aluminium war damals noch ebenso teuer wie Gold, denn es konnte nur in kleinen Mengen im Labor hergestellt werden. Erst der französische Chemiker Henri Etienne Sainte-Claire Deville (1818–1881) hat um 1850 das Verfahren durch Reduktion des Aluminiumchlorids mit dem billigeren Natrium zur Industriereife gebracht, wodurch der Aluminiumpreis innerhalb von zehn Jahren um 90 % fiel. Der Durchbruch der Aluminiumherstellung kam aber erst 1886 mit einer Erfindung, der ein völlig anderer Ansatz zugrunde liegt. Dabei wird Aluminiumoxid in Kryolith ($Na_3[AlF_6]$) gelöst und dann das reine Aluminium durch eine Schmelzflusselektrolyse gewonnen (Abb. 2.35).

Dieses Verfahren haben der amerikanische Ingenieur und Unternehmer Charles Martin Hall (1863–1914) und der französische Chemiker Paul Héroult (1863–1914) etwa gleichzeitig und unabhängig voneinander erfunden. Auf diese Weise wird

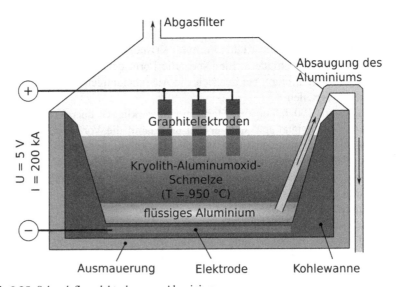

Abb. 2.35 Schmelzflusselektrolyse von Aluminium

bis heute Aluminium hergestellt. Der österreichische Chemiker Carl Josef Bayer (1847–1904) ergänzte die Schmelzflusselektrolyse durch ein Verfahren zur Gewinnung von reinem Aluminiumoxid aus dem Aluminiumerz Bauxit mit Hilfe von Natronlauge, aus dem dann im Hall-Heroult-Prozess Aluminium gewonnen wird [90].

Aber wie sicher können wir eigentlich sein, dass Aluminium zum ersten Mal im 19. Jahrhundert hergestellt worden ist? Der Chemiker Professor Antonietti, Direktor am Max-Planck-Institut für Kolloid- und Grenzflächenforschung, hat mich darauf aufmerksam gemacht, dass es Erzeugnisse aus Aluminium vielleicht schon im Altertum gegeben haben könnte. Anlass für diese Vermutung ist ein Bericht von Plinius dem Älteren, einem Vertrauten der Kaiser Vespanian und Titus. Er hat in den 70er Jahren unserer Zeitrechnung in seinem Werk Naturalis historia (Naturgeschichte) das naturkundliche Wissen seiner Zeit zusammengefasst. Darin hat er nicht nur den bis heute bei bestimmten Gelegenheiten gern gebrauchten Satz „Im Wein liegt Wahrheit" geprägt. Vielmehr glaubt man, dass einer seiner Berichte, auf das schwer herstellbare Aluminium hinweisen könnte:

Ein römischer Handwerker erschien vor dem Kaiser Tiberius und behauptete, aus Ton ein Metall freigemacht zu haben, das im Aussehen dem Silber ähnlich sei. Er hatte daraus einen Becher gefertigt und zeigte diesen dem Kaiser vor. Um auf den Kaiser einen noch besseren Eindruck zu machen und seine Behauptung zu unterstützen, ließ er den Becher fallen, wobei dieser eine kleine Beule erhielt, die aber mit leichten Hammerschlägen wieder entfernt werden konnte. Das Metall sah also nicht nur wie Silber aus, sondern war auch duktil wie dieses. Tiberius fragte den Handwerker: Wer kennt das Geheimnis des Gewinnungsverfahrens? – Ich allein und Jupiter, antwortete der Erfinder. Darauf ließ Tiberius ihn umbringen und seine Werkstatt zerstören, weil er fürchtete, daß Gold und Silber durch das neue Metall entwertet werden könnten. [91]

Ob es wirklich Aluminium war, aus dem der Becher bestand? Bis jetzt ist es nicht mehr als eine unbewiesene Spekulation. Im Jahre 1957 erhielt die Spekulation über die Existenz von Aluminium im Altertum allerdings neue Nahrung, als nämlich der chinesische Archäologe Yan Hang einen Aufsehen erregenden Bericht über den Fund gut erhaltener Metallstücke einer Gürtelschnalle aus der Chin-Zeit (250–313 unserer Zeitrechnung) publizierte. Eines der Stücke bestand aus 85 % Aluminium, zehn Prozent Kupfer und fünf Prozent Mangan. Metallurgen und Chemiker hielten diese Nachricht für unglaubwürdig. Sie hatten berechtigte Zweifel, denn wie sollten die alten Chinesen vor 1700 Jahren Temperaturen von 1800 °C erzeugt haben, die für die Herstellung von Aluminium notwendig sind? Die Spektralanalyse soll allerdings keinen Zweifel an diesem Befund gelassen haben. Benutzten sie ein uns unbekanntes Verfahren zur Aluminiumherstellung? Oder waren die Aluminium-Teile gar nicht so alt?

Inzwischen haben sich Kapazitäten mit dem Rätsel der altchinesischen Aluminiumlegierung befaßt. In der Tat ist es außerordentlich schwierig, Aluminiumoxid, wie es in China für die Porzellanherstellung benutzt wird, selbst bei sehr hohen Temperaturen mit Kohle zu Aluminium zu reduzieren. Jedoch weist Yan-Hang darauf hin, daß es möglich ist, bei 1600° aus einer innigen Mischung von Aluminiumoxid und Kupfer in Gegenwart von Borax als Flußmittel und von feinverteilter Kohle als reduzierendem Anteil eine Kupfer-Aluminium-Legierung mit etwa a 30 % Aluminium zu erhalten. Die Chinesen besaßen gewiß die technischen Voraussetzungen, derartige Reaktionen durchzuführen. Hohe Temperaturen erreichten sie in den Verfahren zur Herstellung von Protoporzellan und Gußeisen. Sachkenner halten es sogar für möglich, daß man in der Chin-Zeit (Temperaturen, K.U.) bis 1800° erhalten konnte. Rätselhaft erscheint einigen Metallurgen der Umstand, daß diese kupferarme Aluminiumlegierung während so langer Zeit erhalten blieb, da Legierungen ähnlicher Zusammensetzung im allgemeinen leicht korrodieren. Doch möglicherweise könnte der Anteil von 5% Mangan einen stabilisierenden Einfluß haben. Wenn auch die Herstellung der beschriebenen (Legierung, K.U.) gewiß ein Zufallstreffer war, so ist sie doch ein Zeugnis vom hohen Stand altchinesischer Metallurgie. [92]

Konnten sie's oder konnten sie's nicht, die alten Chinesen, denen wir so viele Innovationen verdanken, die später noch einmal erfunden worden sind? Bei allen Zweifeln, die man daran ebenso hegen kann wie an der Fähigkeit der alten Römer, Aluminium herzustellen, gelten die Aluminiumteile der Gürtelschnalle aus dem alten China für manche unserer Zeitgenossen noch immer als die ältesten Gegenstände aus Aluminium, die wir kennen [93] [94].

Ob Materialforscher der endgültigen Klärung des Geheimnisses der Gürtelschnalle allein mit Plinius' „Im Wein liegt Wahrheit" näher kommen, darf man bezweifeln. Jedenfalls in unserer Weltgegend war Aluminium bis Anfang des 20. Jahrhunderts nicht als Konstruktionswerkstoff geeignet. Reines Aluminium ist zu weich und auch die damals bekannten Aluminiumlegierungen waren nicht hart und fest genug, um daraus belastbare und zugleich hinreichend dehnbare Bauteile herstellen zu können. Sein Elastizitätsmodul ist nur ein Drittel so hoch wie der von Stahl. Sie erinnern sich, wir haben über die Bedeutung dieses Kennwertes im Spannungs-Dehnungs-Diagramm im Zusammenhang mit dem Zugversuch in der Werkstoffprüfung gesprochen. Jeder hat wahrscheinlich den Unterschied schon mal beim Biegen von gleichdicken Stahl- und Aluminiumdrähten gespürt.

Aber bald schon stieg ein Zeppelin in die Luft auf und 1919 absolvierte die Junkers F 13 ihren Jungfernflug. Beide waren aus einer Aluminiumlegierung gebaut. Ermöglicht hatte das eine Erfindung von Alfred Wilm (1869–1937). Allerdings ging es ihm gar nicht darum, einen Werkstoff für den Flugzeugbau zu entwickeln. Die Geschichte dieser Erfindung erzählt uns manches darüber, wie Werkstoffforschung und Forschung überhaupt funktionieren. Über die Mühen und Enttäuschungen, Irrungen und Wirrungen, Fehlschläge und Zufälle, mit denen der Weg zum Erfolg gepflastert ist. Eine Geschichte, die nicht zuletzt das Schicksal des Erfinders zu einer filmreifen Story macht.

Wer war der Mann, mit dessen Erfindung der metallische Leichtbau in die Welt kam? In den einschlägigen Lehrbüchern und auch in Nachschlagewerken finden Sie unterschiedliche Aussagen über Alfred Wilm, vor allem über seine Ausbildung und seinen beruflichen Werdegang. Ich habe deshalb selbst ein bisschen recherchiert und festgestellt, dass Sie letztlich auf Wilms eigene Angaben zurückgehen und kritiklos übernommen worden sind. Nicht alle sind zweifelsfrei nachvollziehbar [95]. Dass er ein promovierter Chemiker sei, wie man in der Literatur auch lesen kann, hat nicht einmal Wilm selbst behauptet. Und auch die verbreitete Story, wie die Erfindung zustande gekommen ist, folgt dem, was Wilm darüber gesagt hat, obwohl es eine Gegendarstellung seines Laboranten dazu gibt. Wie es wirklich gewesen ist, wird wohl für immer im Dunkeln bleiben.

Fest steht, dass Wilm im Frühjahr 1901 eine Tätigkeit in der Centralstelle für wissenschaftlich-technische Untersuchungen in Neubabelsberg (das heute zu Potsdam gehört) aufgenommen hat. Diese Einrichtung war 1898 von Waffen- und Munitionsfabriken, Pulver- und Sprengstoffunternehmen als gemeinsames Forschungsinstitut gegründet worden. Wilm erhielt hier den Auftrag, eine Leichtlegierung für die Herstellung von Infanteriepatronenhülsen zu entwickeln, die in ihren Festigkeitseigenschaften dem Messing als Werkstoff für Patronenhülsen gleichkommen sollte.

Wilm untersuchte systematisch Aluminiumlegierungen mit verschiedenen Zusätzen von Kupfer, Mangan und Magnesium. Eine dieser Legierung erreichte zwar annähernd die notwendige Festigkeit, nicht jedoch die notwendige Härte. Diese versuchte er nun auf eine Weise zu erhöhen, wie er es vom Stahl her kannte. Er erhitzte die Legierung und schreckte sie in Wasser ab. Er hatte sich jedoch geirrt. Sie wurde auf diese Weise nicht hart. Hier nun kam ihm ein glücklicher Zufall zugute. 30 Jahre später berichtet Wilm darüber, wie er seinem Assistenten, dem Ingenieur Jablonski, ein so behandeltes Blech zur Feststellung der Härte übergab, und zwar an einem Sonnabend im September des Jahres 1906 gegen Ein Uhr mittags:

Jablonski wollte aber gegen 1 Uhr die Zentralstelle verlassen, da er eine Verabredung getroffen hatte. Ich überredete ihn aber schnell eine Druckprobe auszuführen, die Kontrollprobe käme dann am Montag zurecht. Die Härtezunahme durch das 1/2 % Magnesium war wohl erkennbar, aber nicht besonders groß. Am Montag erfolgte die Kontrollprobe in meiner Gegenwart, und wir waren beide erstaunt, als die Kugeldruckprobe ein sehr viel höheres Resultat ergab. Ich ließ neben der Druckstelle vom Sonnabend einen weiteren Kugeldruck ansetzen mit dem gleich hohen Ergebnis des Montags. Nun ließ ich mir den Laboranten Musehold … kommen und fragte ihn, wer nach uns am Sonnabend die Doppsche Waage benutzt hätte, worauf er mit antwortete: Niemand, die Gewichte ständen noch so auf der Waage, wie wir sie am Sonnabend hingestellt hätten. Auf diese Auskunft sahen Jablonski und ich uns nicht gerade sehr geistreich an und ich entschloss mich sofort, alle Handgriffe des Sonnabends an demselben Plättchen zu wiederholen, d. h. dasselbe bei 520 °C zu glühen, abzuschrecken und sofort der Druckprobe zu unterziehen. Resultat wie am Sonnabend; das Material hatte sich also von Sonnabend bis Montag verändert.
Nun machte ich alle Stunden auf demselben Plättchen eine Druckprobe. Ziemlich 2 h sah ich keine Veränderung, aber nach dieser Zeit fing die Härte an zu steigen, die ich von morgens bis abends verfolgte. Am nächsten Morgen machte ich Fortsetzung und konnte feststellen, dass nach etwa 4 Tagen das Material zur Ruhe gekommen war. Wie verhielten sich aber bei diesem Vorgang die anderen Festigkeitseigenschaften des Materials, die Festigkeit und Dehnung? Traten hier dieselben Erscheinungen ein wie beim Härten des Kohlenstoffstahls, stieg die Härte auf Kosten der Dehnung? Um dieses festzustellen, ließ ich die ganze Walzplatte zu Zerreißstäben umwandeln und ließ durch Jablonski alle 4 Stunden Stäbe zerreißen. Das Ergebnis war, dass alle Festigkeitseigenschaften – also auch die Dehnung – stiegen.
Der Laborant Musehold trat erst in Erscheinung, als ich auf Metallschliffen hoffte, die Veränderungen des Materials mit dem Mikroskop feststellen zu können, was aber negativ verlief und bis heute ein Geheimnis ist. [96]

Die Bemerkung zur Rolle seines Laboranten ist eine Entgegnung auf einen Artikel Museholds, der am 13.05.1936 in der Zeitung „Die Woche" erschienen war, und den mir Ulrich Knebel, ein Urenkel Alfred Wilms, zur Verfügung gestellt hat. Er behauptet darin, dass es 14 Tage gedauert habe, bis Wilm stutzig geworden sei und nicht mehr davon überzeugt zu sein schien, dass es sich um einen Messfehler handele. Bis dahin habe er ihm unsorgfältige Arbeit vorgeworfen und ihn dafür zur Rechenschaft gezogen. Er, Musehold, habe daraufhin alle Apparate überprüft und weiter untersucht. „Daß das Duralumin gefunden war, und zwar durch meine Hartnäckigkeit und weil ich mich unschuldig gefühlt hatte, wurde uns längere Zeit verheimlicht", schreibt Musehold. In seiner ersten und einzigen Veröffentlichung „Physikalisch-metallurgische Untersuchungen über magnesiumhaltige Aluminiumlegierungen" in der Zeitschrift „Metallurgie" vom 22. April 1911 hatte sich Wilm in einer Fußnote bei seinen Mitarbeitern, dem Ingenieur Fritz Jablonski und dem Schmelzmeister Heinrich Rochlitz, nicht aber bei seinem Laboranten bedankt.

Eine weitere Version der Geschichte der Erfindung hat mir der Großneffe von Alfred Wilm (Sohn von Alfred Wilms Bruder Bernhard) erzählt: Alfred Wilm habe für seine Erfindung sieben Jahre Versuche gemacht. Es gebe die Legende, dass er vier oder fünf Wochen in Urlaub gefahren sei. Sein Assistent habe in dieser Zeit nicht weiter an der Legierung gearbeitet. Als Wilm zurückgekommen sei, wäre die Legierung hart gewesen. Wie auch immer, jedenfalls war mit der Anmeldung der Legierung $Al + 3.5–5.5\%Cu$-Mg-Mn zum Patent, die bis heute fast unverändert gebraucht wird, das Aushärten von Aluminiumlegierungen erfunden. Gegenstand des Wilm'schen Patentes war nämlich nicht vordergründig die von ihm erzeugte Legierung. Vielmehr stellte das Patent ein Verfahren unter Schutz, mit dem die Festigkeitseigenschaften von Aluminium deutlich verbessert werden konnten: Eben das Aushärten von Al-Legierungen [97]. Mit der Erfindung dieses Verfahrens hat Wilm die Entwicklung der Werkstofftechnik im 20. Jahrhundert nachhaltig beeinflusst, indem er Aluminium zu einem Konstruktionswerkstoff gemacht hat. Das war die Geburtsstunde des Metallleichtbaus, und zwar weltweit.

Was Wilm dann erlebte, dürfte Erfindern in Deutschland seither in ähnlicher Weise des Öfteren widerfahren sein: Die Bedeutung dieser großartigen Erfindung wurde von ihrem Eigentümer – damals hatte der Staat zunächst die Optionsrechte – nicht erkannt. Das Deutsche Reich gab die Verfügung über die Wilm'sche Erfindung bedingungslos frei. Die Zentralstelle für wissenschaftlich-technische Untersuchungen wollte die Verwaltung der Patentrechte los sein. Mit der Erteilung des Patents an Alfred Wilm begann für ihn ein Kampf um die Anerkennung seiner Leistung. Alfred Wilm sagt dazu:

> Wieviel Zeitaufwand, Geldopfer und welcher juristische Apparat wurde später, als das Patent erschien, in Tätigkeit gesetzt, um es gegen alle Angriffe zu verteidigen. Wie eine Meute stürzte man sich auf die Patente. (Wilm hatte sein Patent auch in anderen Ländern angemeldet – KU) Es hagelte Nichtigkeitsklagen und Mitbenutzungsrechte nach der Klafter, erster Akt auf dem Patentamt, zweiter Akt auf dem Reichsgericht in Leipzig. Da der Angriff scheiterte, wiederholte sich das Drama unter anderen Gesichtspunkten und durchlief ein zweites Mal die drei Instanzen. [98]

Wilms Glück war, dass sich der damalige technische Direktor der Dürener Metallwerke, Dr. Rasmus Beck, für sein Forschungsergebnis interessierte, das der Anwendung von Aluminium als Konstruktionsmaterial den Weg bereitet hat. Wilm kaufte schließlich der Zentralstelle seine Erfindung ab und die Dürener Metallwerke wurden als Lizenznehmer Alleinhersteller von aushärtbaren Aluminiumlegierungen. Sie sind unter dem Namen Duralumin weltweit bekannt geworden: Dürener Aluminium. Weil man auch damals schon den Weltmarkt im Blick hatte, wurde das

„ü" im Handelsnamen durch ein „u" ersetzt. Oft liest man aber, der Name stamme aus dem Lateinischen („durus"=hart). Die Analogie zu „Duroplasten", den nicht plastisch verformbaren „harten" Kunststoffen, liegt nahe.

Vor einigen Jahren wurde übrigens versucht nachzuweisen, dass die Aushärtung von Al-Legierungen im Ausland in der Luftfahrt bereits praktisch genutzt worden sei, bevor Wilm den Aushärtungsprozess „entdeckt" hat:

> The recent laboratory examination of the Wright Flyer crankcase showed it was strengthened by nanometer scale copper „„precipitates'" which formed during the casting process. Remarkably, this precipitation hardening in the Wright Flyer occurred in 1903 – six years before the process was "'discovered'" in Germany during experiments by Alfred Wilm in 1909. [99]

Ich kenne jedoch keinen Werkstoffwissenschaftler, der daran zweifelt, dass es Alfred Wilm war, der mit seinen aushärtbaren Aluminiumlegierungen eine entscheidende Grundlage für die Entwicklung der Luftfahrt gelegt hat. Sie haben bis heute nichts an Bedeutung für den Flugzeugbau und für andere Anwendungen verloren, bei denen es auf ein möglichst geringes Gewicht der Bauteile ankommt. Inzwischen haben Materialforscher herausgefunden, was Wilm Zeit seines Lebens rätselhaft blieb: Die Ursache für die Härte und Festigkeit von Duralumin. Niemand hatte seinerzeit eine Erklärung dafür, warum eine Aluminium-Kupfer-Legierung, die erhitzt und abgeschreckt worden war, härter wird, indem man sie einfach liegen lässt.

Was passiert dabei? Al- und Cu-Kristalle, haben beide ein kfz-Gitterstruktur. Sie bilden miteinander sogenannte Mischkristalle. Das dem Grundmetall beigefügte Legierungselement ist in diesem gelöst, wie Zucker im Tee. Die Löslichkeit des Cu in Al-Cu-Mischkristallen ist im festen Zustand beschränkt. Bei einer Temperatur von 547 °C sind darin 5,7 % Cu löslich. Mit sinkender Temperatur nimmt die Löslichkeit stark ab (so wie in kaltem Tee weniger Zucker löslich ist als in heißem). Bei Raumtemperatur ist Cu im Al praktisch unlöslich (Abb. 2.36).

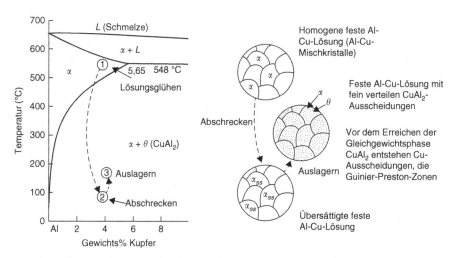

Abb. 2.36 Zustandsdiagramm Aluminium – Kupfer, Aushärten von Al-Cu-Legierungen

Beim raschen Abkühlen bleibt das Cu im Mischkristall zunächst gelöst. Die mit Cu übersättigten Mischkristalle werden erst nach und nach (beim „Auslagern") zerlegt. Dabei nimmt ihre Härte und Festigkeit erheblich zu („Aushärtung"). Das ist es, was Wilm beobachtet hat. Eine theoretische Erklärung dafür fanden unabhängig voneinander erst A. Guinier und G.D. Preston im Jahre 1938 auf der Grundlage röntgenografischer Untersuchungen, also 30 Jahre nach Wilms Bahn brechender Erfindung:

Beim Zerfall der übersättigten Mischkristalle bei Raumtemperatur („Kaltaushärten") sammeln sich Cu-Atome auf bestimmten Ebenen im Kristall. Sie sind nur wenige Nanometer dick und kohärent, d. h. passfähig mit dem Al-Gitter. Sie führen zu einer Verspannung des Gitters und sind die Ursache für die höhere Härte und Festigkeit des Duralumins. Man bezeichnet diese Anreicherung der Cu-Atome nach ihren Entdeckern Guinier-Preston-Zone I. Ihre Bildung wird durch die Zugabe einer geringen Menge Magnesium, wie Wilm es getan hatte, begünstigt, weil die größeren Magnesiumatome das Aluminiumgitter aufweiten, wodurch die Beweglichkeit der Kupferatome erhöht wird (Abb. 2.37).

Lagert man das Material bei höheren Temperaturen aus („Warmaushärtung") wachsen die Guinier-Preston-Zonen I nicht einfach weiter. Zwar häufen sich auch dabei Cu-Atome im Mischkristall an. Allerdings nicht in einatomaren Ebenen, sondern in Schichten, die mehrere Atomlagen dick sind. Diese bezeichnet man als Guinier-Preston-Zonen II.

Dauert die Warmauslagerung lange genug an, können sich Al_2Cu -Teilchen bilden. Diese sind metastabil (nicht im thermodynamischen Gleichgewicht) und haben eine andere Gitterstruktur. Sie sind nur noch teilweise kohärent mit dem Al-Gitter. Sie tragen zwar immer noch zu einer Festigkeitssteigerung bei. Jedoch ist bereits eine Abnahme der Dehnung und Korrosionsbeständigkeit feststellbar. Sobald die Teilchen eine gewisse Größe überschritten haben, fallen auch Festigkeit und Härte.

Bis Guinier und Preston unabhängig voneinander eine Erklärung für das Aushärten von Aluminium-Kupfer-Legierungen finden konnten, bedurfte es jahrzehntelan-

Abb. 2.37 Guinier-Preston-Zonen

ger mühevoller Arbeit von Forschern mehrerer Länder auf verschiedenen Gebieten. Denn als Wilm das Aushärten von Duraluminium erfand, hatte man vor allem dank der Arbeiten von Martens und Heyn schon Kristalle gesehen, aber man wusste noch nichts über deren Struktur. Alles, was ich Ihnen über Gitterstrukturen erzählt habe, war für die damaligen Materialforscher noch ein Buch mit sieben Siegeln. Und das es Gitterfehler sind, die Versetzungen, deren Beweglichkeit für die plastische Verformung von Werkstoffen sowie für ihre Festigkeit und Härte, verantwortlich sind, weiß man auch erst seit den 1930er Jahren, wie ich Ihnen schon gesagt habe.

Zwar stellte man sich, fußend auf Arbeiten des deutschen Physikers Leonhard Sohnckes (1842–1897), Anfang des 20. Jahrhunderts schon vor, dass die Atome in einem Kristall in einem dreidimensionalen Gitter angeordnet sind. Das war damals aber damals noch nicht bewiesen, sondern lediglich eine Hypothese. Ich erzähle Ihnen die Geschichte, wie sie bewiesen wurde. Nicht nur, weil gesichertes Wissen über Kristallstrukturen eine wichtige Voraussetzung war, um verstehen zu können, warum Wilms Duraluminium hart geworden ist, nachdem die Werkstoffproben nach dem Erhitzen und Abschrecken einige Tage liegen geblieben waren. Sondern vor allem auch, weil sie den langen und mühevollen Weg beschreibt, auf dem Methoden erdacht und erprobt worden sind, die, im wahrsten Sinne des Wortes, zu fundamentalen Einsichten in die Struktur der Werkstoffe geführt haben.

Im Jahre 1912 nun arbeitete der Student Paul Peter Ewald (1888–1985) an der Münchner Universität an einer Dissertation bei dem Physiker Arnold Sommerfeld (1868–1951), der wie Albert Einstein (1879–1955), Max Planck (1858–1947) und Niels Bohr (1885–1962) das Fundament der Physik veränderte, indem er das Bohr'sche Atommodell mit Hilfe der Quantenphysik begründete, in dem sich die Elektronen eines Atoms nur auf bestimmten Bahnen bewegen können. Er wird wohl nicht mal im Traum daran gedacht haben, dass er schon bald theoretische Grundlagen und heute unentbehrliche Methoden für die Strukturuntersuchung von Kristalle schaffen und dass sein Name einmal in einem Atemzug mit dem seines Lehrers und anderer Physiker genannt werden wird.

Sommerfeld interessierte sich damals für die Theorie der Strahlen, die etwa anderthalb Jahrzehnte vorher mehr oder weniger zufällig von Wilhelm Conrad Röntgen (1845–1923) entdeckt worden waren. Er ging davon aus, dass es sich bei den Röntgenstrahlen um eine Wellenstrahlung handelt. Uns erscheint das heute selbstverständlich. Zu jener Zeit war auch das jedoch keineswegs gewiss. Andere Physiker, wie William Henry Bragg in England, auf den wir gleich noch zu sprechen kommen, waren völlig anderer Meinung. Sie vertraten die Auffassung, dass die Röntgenstrahlung eine Teilchenstrahlung ist.

Ewald sollte bei Sommerfeld den Durchgang von Lichtwellen durch Kristalle untersuchen. Der nahm an, dass die Atome Hindernisse darstellen, an denen das Licht beim Durchgang durch den Kristall gebeugt wird, wenn es stimmt, dass sie in einem dreidimensionalen Gitter angeordnet sind und wenn Röntgenstrahlen eine Wellenstrahlung ist.

Der damals 24-jährige Student, kam mit dieser Aufgabe zunächst überhaupt nicht zu Recht. Kein Wunder, denn die Wellenlänge des sichtbaren Lichts ist zu groß, um an einem Kristallgitter gebeugt zu werden, wie wir heute wissen. Kurz entschlossen ging er im Februar 1912 zu Max von Laue (1879–1960), der damals Privatdozent an Sommerfelds Institut war, um sich Rat zu holen. Ob das ein Student oder junger Doktorand an einer deutschen Universität auch so ohne weiteres machen würde oder könnte? Laue jedenfalls nahm Ewalds Problem ernst und das hatte ungeahnte Folgen. Das Gespräch mit ihm brachte Laue nämlich auf die Idee, dass mit kürzeren Wellen, nämlich Röntgenstrahlen, am Kristallgitter Beugungsphänomene auftreten müssten. Das war die Geburtsstunde der Entdeckung der Röntgenstrahlinterferenzen – jedenfalls der gedankliche Ansatz dafür! Eine Entdeckung, die der Materialforschung – und vielen anderen Forschungsgebieten – völlig neue Möglichkeiten eröffnet hat.

Laue hat seine Idee mit Sommerfeld und mit jungen Physikern diskutiert. Er konnte sie jedoch nicht davon überzeugen, dass dieser Ansatz zum Erfolg führen könnte. Sie meinten, dass die Temperaturbewegung der Atome die Interferenzen zerstören würde, mit denen Laue rechnete. Selbst Wilhelm Wien (1864–1928), der 1911 den Nobelpreis für Physik für die Erforschung der Gesetzmäßigkeiten der Wärmestrahlung erhielt und nach dem heute ein Laboratorium der Physikalisch-Technischen Bundesanstalt in Berlin-Adlershof benannt ist, sowie Gustav Mie (1868–1957), der seinerzeit eine Theorie für die Streuung einer ebenen elektromagnetischen Welle an einem sphärischen Objekt entwickelte und der Namensgeber für einen Einschlagkrater auf dem Mars wurde, hielten nichts von der Idee.

Jedoch, in der Forschung gilt nicht das Mehrheitsprinzip, und so hielt Laue an seiner Idee fest. Und ein Assistent Sommerfelds, Walther Friedrich (1883–1968), ein Schüler Röntgens, war bereit, Laues Vermutung nachzugehen und zu versuchen, die Interferenz von Röntgenstrahlen an Kristallen experimentell nachzuweisen. Sommerfeld stimmte dem jedoch nicht zu. Er hielt dies, wie übrigens auch Röntgen, für unmöglich. Paul Knipping (1883–1935), der ebenfalls Doktorand bei Röntgen war, bot Friedrich an, das Experiment heimlich mit ihm zu wagen. Sie bauten eine Versuchsanordnung auf, bei der Elektronen von einer Glühwendel (Kathode) aus beschleunigt werden und dann auf eine Anode treffen, die sie stark abbremst. Dabei wird Röntgenstrahlung erzeugt. Diese haben sie dann durch mehrere Blenden geleitet und so zu einem schmalen Strahlenbündel geformt. Diesen Strahl haben sie auf einen Kupfervitriol ($CuSO_4$)-Kristall gelenkt, den sie in einer Vorrichtung zum Justieren und Drehen des Kristalls, einem sogenannten Goniometer, fixiert haben.

Friedrichs und Knippings Hoffnung war, dass die (primäre) Röntgenstrahlung an den Gitteratomen des Kupfervitriols gebeugt, d. h. von ihnen abgelenkt wird, und die Wellen der entstehenden Röntgenstrahlen miteinander interferieren, sich ihre Amplituden addieren. Diese Interferenzen, also die durch die Wechselwirkung der eingebrachten primären Röntgenstrahlung mit den Gitteratomen hervorgerufene Sekundärstrahlung, wollten sie auf einer Fotoplatte abbilden. Friedrich und Knipping nahmen an, dass sie dort regelmäßig angeordnete schwarze Punkte erzeugen würde, die die Symmetrie des Kristallgitters widerspiegeln.

Der Versuch war allerdings ein Flop. Auf der Fotoplatte waren nur diffuse Schwärzungen zu sehen. Es schien so, als würde die Fraktion der Zweifler Recht behalten. Knipping jedoch war nach wie vor davon überzeugt, dass Laues Idee richtig ist, und wollte nicht so schnell aufgeben. Er überzeugte Friedrich davon,

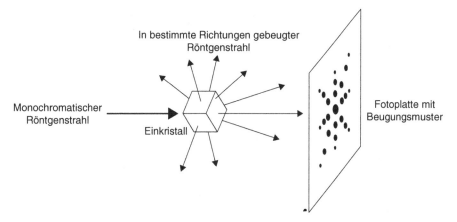

Abb. 2.38 Funktionsprinzip des Laue-Verfahrens zur Beugung von Röntgenstrahlen an Einkristallen

die Versuchsanordnung zu verändern und das Experiment mit einem anderen Kristall zu wiederholen. Sie stellten mehrere Fotoplatten in verschiedenen Richtungen und Abständen um die Versuchsapparatur herum auf und siehe da, die parallel angeordneten Platten zeigten zwar nur eine diffuse Schwärzung, aber die senkrecht angebrachten Platten wiesen außer der Abbildung des Primärstrahls punktförmige symmetrische Schwärzungen auf (Abb. 2.38).

In ihrem Bericht an Laue schrieben Friedrich und Knipping:

> Die Tatsache, dass eine völlige Vierzähligkeit auf der Platte vorhanden ist, ist wohl einer der schönsten Beweise für den gitterartigen Aufbau der Kristalle, und ein Beweis dafür, dass keine andere Eigenschaft als allein das Raumgitter hier in Betracht kommt. [100]

Und Laue schlussfolgerte daraus, dass die Schärfe der Intensitätsmaxima ein Beweis dafür sind, dass die aus der Versuchsapparatur austretende Strahlung Wellencharakter hat und dass dies für die Wellennatur der Röntgenstrahlen spricht. Dieser Erfolg des Laue-Verfahrens überzeugte auch Sommerfeld. Er unterstützte von nun an weitere Experimente, für die auch andere Kristalle verwendet wurden. Er teilte die Resultate am 8. Juni 1912 der Bayerischen Akademie der Wissenschaften mit. Am 14. Juni referierte Laue auf der Sitzung der Physikalischen Gesellschaft in Berlin über diese Ergebnisse. Max Planck berichtete darüber 25 Jahre später:

> Als Herr v. Laue nach der theoretischen Einleitung die erste Aufnahme zeigte, die den Durchgang eines Strahlenbündels durch ein ziemlich willkürlich orientiertes Stück von triklinem Kupfervitriol darstellte – man sah auf der photographischen Platte neben der zentralen Durchstoßungsstelle der Primärstrahlen ein paar kleine sonderbare Flecken -, da schauten die Zuhörer gespannt und erwartungsvoll, aber doch wohl nicht ganz überzeugt auf das Lichtbild an der Tafel. Aber als nun jene Figur 5 sichtbar wurde, das erste typische Lauediagramm, welches die Strahlung durch einen genau zur Richtung der Primärstrahlung orientierten Kristall regulärer Zinkblende wiedergab mit ihren regelmäßig und sauber in verschiedenen Abständen vom Zentrum angeordneten Interferenzpunkten, da ging ein allgemeines „ah" durch die Versammlung. Ein jeder von uns fühlte, daß hier eine große Tat vollbracht war.

Bereits zwei Jahre nach dieser grandiosen und folgenreichen Entdeckung, mit der sowohl der Wellencharakter der Röntgenstrahlung als auch die Gitterstruktur von Kristallen nachgewiesen worden war, erhielt Laue, der dafür auch eine theoretische Erklärung fand, den Nobelpreis für Physik. In seiner Nobel-Rede würdigte er ausdrücklich den Anteil, den Friedrich und Knipping daran hatten:

> Diesen Schritt, der im Wesentlichen auf die Durchforschung einzelner Kristallstrukturen hinauslief, hätte ich kaum tun können. Mich interessieren auf allen Gebieten der Physik vor allem die großen, allgemeinen Prinzipien deshalb hatten mich auch PLANCKs Vorlesungen, welche gerade diese betonten, so sehr angesprochen, und die prinzipiellen Fragen nach der Natur der Röntgenstrahlen einerseits, der Kristalle andererseits, waren durch die Versuche von FRIEDRICH und KNIPPING wohl entschieden.

Anschaulicher kann man kaum beschreiben, wie aufregend Forschung sein kann. Deshalb habe ich diese Schilderung, einschließlich der darin enthaltenen Zitate, von Friedrich Beck übernommen [101]. Sie stützt sich auf einen Bericht von Paul Peter Ewald, der bereits als Student an dieser wissenschaftlichen Großtat beteiligt war [102]. Er hat eine heute als Ewald-Kugel bekannte Methode entwickelt, mit deren Hilfe man das Auftreten von Interferenzmaxima bei der Beugung von Röntgenstrahlen anschaulich verstehen kann.

Die Nachricht von Laues, Friedrichs und Knippings fundamentaler Entdeckung verbreitete sich in Windeseile und regte zu weiteren Forschungen an. Laue hatte kein Interesse, sich daran weiter zu beteiligen. Ihm genügte es, dass sich seine physikalische Idee als richtig erwiesen hatte. Bereits 1913 begründeten die englischen Physiker William Henry Bragg (1862–1942) und sein Sohn William Lawrence (1890–1971) in London die Kristallstrukturanalyse als neues Forschungsgebiet. Dabei war es eigentlich gar nicht das vordergründige Ziel der Braggs, Kristallstrukturen zu analysieren. Während Laue und seine Mitarbeiter Kristalle als Mittel zum Zweck, nämlich als Beugungsgitter benutzten, um den Charakter der Röntgenstrahlung aufzuklären, wollten die Braggs auf der Grundlage von Laues Entdeckung die Ursachen der Beugung der Röntgenstrahlen im Kristallgitter herausfinden [103].

Im Sommer 1912, unmittelbar nach Laues Bericht, diskutierten sie zunächst darüber, ob Laues Bilder nicht auch anders als mit der Beugung von Röntgenstrahlen zu erklären wären. Vater Bragg war noch immer der Meinung, dass Röntgenstrahlung eher Eigenschaften von Teilchen als von Wellen hätten. Und sein Sohn war natürlich ein Verfechter der Ansichten seines Vaters. Er hielt es aber nach ersten Versuchen, die den Wellencharakter der Röntgenstrahlen bestätigten, für möglich, beide Auffassungen unter einen Hut zu bringen und Röntgenstrahlen als Korpuskeln in Verbindung mit Wellen zu verstehen. Dieser Doppelcharakter von elektromagnetischen Strahlen, der erst Jahre später durch die Quantentheorie erklärt wurde und uns heute völlig vertraut ist, erschien damals noch paradox.

Der schottische Physiker Charles Thomson Rees Wilson (1869–1959), der die nach ihm benannte Nebelkammer zum Nachweis von Elementarteilchen erfunden und 1927 zusammen mit dem Amerikaner Arthur Holly Compton (1892–1962) den Nobelpreis für Physik erhalten hat, regte Bragg jun. dazu an, die Reflexion von Röntgenstrahlen an der Spaltfläche eines Kristalls zu untersuchen, weil diese parallel zu den Atomebenen im Kristall verläuft. Sie stellten sich vor, dass man in einem

Kristall, in dem die Atome regelmäßig und in gleichen Abständen angeordnet sind, parallel zur Oberfläche unendlich viele mit Atomen besetzte Ebenen, sogenannte Netzebenen, finden müsste, an denen Röntgenstrahlen wie an Spiegeln reflektiert werden.

Um diese Hypothese zu verifizieren führte der junge Bragg das Experiment mit einem Glimmer-Kristall und einem Versuchsaufbau durch, wie ihn auch Friedrich und Knipping verwendet hatten. Mit dem Ergebnis, dass sich auf der Fotoplatte deutliche Spiegelreflexionen abbildeten. Sein Vater wies schließlich nach, dass die gebeugten Wellen tatsächlich die Eigenschaften von Röntgenstrahlen aufwiesen.

Um das reflektierte Röntgenstrahlenbündel gründlicher zu untersuchen, baute Bragg sen. ein Instrument, in dem sich die Stirnfläche eines Kristalls so anbringen ließ, dass dessen Oberfläche und die parallel darunter liegenden Atomschichten die Röntgenstrahlen bei jedem Einfallswinkel reflektierten, den er durch Drehen des Kristalls variierte. Statt diese Reflexe mit einer Fotoplatte aufzufangen, verwendete er als Detektor eine Ionisationskammer. Das ist eine Kammer, in der durch die reflektierten Röntgenstrahlen ein Gas ionisiert wird. Das heißt die Röntgenstrahlen spalten von den Gasatomen oder -Molekülen Elektronen ab, die dann an einer Anode als Stromimpulse gemessen werden, die der Intensität der Röntgenstrahlen entsprechen.

Mit diesem Instrument, dem sogenannten Bragg-Spektrometer entdeckte er, dass jedes Metall, das man in einer Röntgenröhre als Antikathode verwendet (häufig ist das Wolfram), eine für dieses Metall charakteristische, nahezu monochromatische Röntgenstrahlung abgibt. Also nicht ein breites Spektrum, sondern eine Röntgenstrahlung mit einer ganz bestimmten Wellenlänge, die man aus der Untergrundstrahlung, der sogenannten Bremsstrahlung (weil sie beim Abbremsen von Elektronen und anderen geladenen Teilchen entsteht) herausfiltern kann (Abb. 2.39).

Das Bragg-Spektrometer erschloss der Forschung eine neue Welt, die der Kristalle. Es wurde nicht nur für die Erforschung von Materialien und die Entwicklung neuer Werkstoffe entscheidend wichtig. Auch der Biologie und der Chemie haben die auf diesem Gebiet gewonnenen Erkenntnisse grundlegende Fortschritte ermöglicht. Ohne sie hätte beispielsweise auch die Struktur von Proteinen und der Erb-

Abb. 2.39 Funktionsprinzip des Bragg-Spektrometers

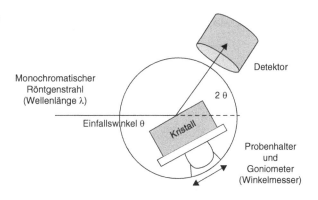

substanz, der Desoxynukleinsäure (DNS) nicht aufgeklärt werden können. So greift in der Forschung eins ins andere.

Um das zu verstehen, müssen Sie sich klar machen, was bei der Kristallanalyse mit dem Bragg-Spektrometer passiert: Ein Röntgenstrahl trifft unter einem bestimmten Winkel auf die Netzebenen und wird unter dem gleichen Winkel reflektiert. Die reflektierten Strahlen werden in einem Detektor auffangen oder auf einem Film abgebildet. Dabei haben die von der oberen Netzebene reflektierten Strahlen einen kürzeren Weg zurückzulegen als jene, die von einer tiefer gelegenen reflektiert werden. Die Wegdifferenz hängt vom Einfallswinkel der Röntgenstrahlen und vom Abstand der Netzebenen ab.

Ist diese Wegdifferenz gleich oder ein ganzzahliges Vielfaches der Wellenlänge der einfallenden Röntgenstrahlen, dann verstärken sich die Strahlen nach ihrer Reflexion an den Netzebenen. Beträgt er nur eine halbe Wellenlänge, so löschen sie sich durch Interferenz aus. Benutzt man also Röntgenstrahlen mit einer bestimmten Wellenlänge und verändert den Neigungswinkel der Strahlen zur Kristalloberfläche, kann man feststellen, bei welchen Winkeln die Reflexe auf einem Film (oder im Detektor) verstärkt oder ausgelöscht sind. Die Braggs haben bei ihren Versuchen auch den mathematischen Zusammenhang zwischen der Wellenlänge, dem Abstand der Netzebenen und dem Reflexionswinkel entdeckt.

Nach der berühmt und für die Strukturforschung unentbehrlich gewordenen Bragg'schen Gleichung kann man den Abstand der Netzebenen in einem Kristallgitter bestimmen, weil Wellenlänge und Reflexionswinkel (auch Glanzwinkel genannt) bekannt sind. Der Experimentator legt sie ja selbst fest, indem er eine Röntgenstrahlung bestimmter Wellenlänge verwendet und deren Einfallswinkel mit Hilfe des Goniometers genau einstellt (Abb. 2.40).

Wenn man den Einfallswinkel der Röntgenstrahlen durch Drehen des Kristalls um eine Achse senkrecht zur einfallenden Strahlung ändert, kann man die Intensität für jede Wellenlänge der reflektierten Strahlung messen, die die durch die Bragg'sche Gleichung beschriebene Reflexionsbedingung erfüllt. So wie beim

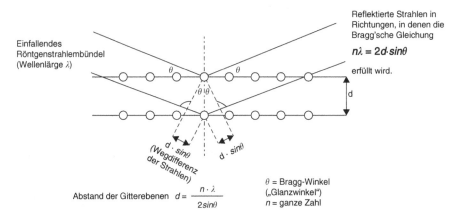

Abb. 2.40 Bragg'sche Gleichung – Berechnung des Abstandes der Gitterebenen

Durchgang von sichtbarem Licht durch ein Prisma dessen einzelnen Wellenlängen unterschiedlich stark gebeugt werden, sodass man das jedem bekannte Farbspektrum des Lichts sehen kann, erhält man mit dieser sogenannten Drehkristallmethode ein für jeden Stoff charakteristisches Röntgenspektrum. Das heißt, die Braggs haben uns nicht nur dazu verholfen, die Struktur von Kristallen aufzuklären, sondern auch deren Zusammensetzung zu analysieren.

Warum kann man eigentlich die Feinstruktur der Kristalle mit Röntgenstrahlen abbilden, aber nicht mit sichtbarem Licht? Ich gebe zu, das ist eine Fangfrage. Sie können sie natürlich mühelos beantworten, denn Sie erinnern sich daran, was ich Ihnen zum Auflösungsvermögen von Lichtmikroskopen gesagt habe: Der kleinste Abstand, mit dem man zwei Objekte getrennt voneinander wahrnehmen kann, wird von der Beugung des Lichts, also der Ablenkung der Lichtwellen an einem Hindernis, auf etwa dessen halbe Wellenlänge begrenzt. Die mittlere Wellenlänge des Lichts beträgt etwa 400 nm. Also liegt die Auflösungsgrenze eines Lichtmikroskops bei etwa 200 nm.

Der Atomabstand in einem Kristall beträgt etwa 0,1 bis 0,5 nm. 1000 Größenordnungen unter dieser Grenze! Die Wellen von Röntgenstrahlen hingegen haben nur eine Länge zwischen 0,1 und zehn Nanometern, je nach der Beschleunigungsenergie der Elektronen, mit denen sie an einer Kathode erzeugt werden. Sie liegen also im Bereich des Atomabstandes in einem Kristall. Deshalb können Röntgenstrahlen, im Gegensatz zu sichtbarem Licht, am Kristallgitter gebeugt werden und die Feinstruktur von Kristallen abbilden. Man spricht deshalb bei der Strukturanalyse von Kristallen auch von Röntgenfeinstruktur-Untersuchungen. Damit will man sie unterscheiden von der Abbildung größerer Baufehler im Werkstoffgefüge, wie Hohlräume oder Schlackeneinschlüsse, die der Werkstofffachmann ebenfalls mit Röntgenstrahlen sichtbar machen kann. Er spricht dann von Röntgengrobstruktur-Untersuchungen.

Aufbauend auf den Erkenntnissen und der Methode der Braggs haben der niederländische Physiker Peter Debye (1884–1966) und sein schweizer Kollege Paul Scherrer (1890–1969) eine weitere Methode zur Analyse der Kristallstruktur von Metallen entwickelt, die seither als Debye-Scherrer-Verfahren zum Grundbestand der Analytik in der Werkstoffforschung gehört. Sie verwendeten jedoch kein kompaktes Metall, sondern kristallines Metallpulver (daher der Name Pulvermethode). Um die Probe herum stellten sie einen fotografischen Film auf, und zwar in einem fast vollständigen Kreis. Durch die verbleibende Lücke beschossen sie die Probe mit einem Bündel monochromatischer Röntgenstrahlen.

Trafen die Röntgenstrahlen ein kristallines Teilchen der Probe gerade so, dass die Bragg-Gleichung erfüllt war, wurden sie optimal gebeugt. Das heißt sie verstärkten sich durch Interferenz gegenseitig, und erzeugten mit den an einer Gitterebene eines anderen Pulverteilchens optimal gebeugten Strahlen einen Strahlenkegel. Das Abbild dieses Kegels war auf dem Film als kreisförmiges Muster zu sehen. Durch eine regelmäßige Rotation haben sie für die Kegelabbilder alle Gitterebenen aufnehmen können. Als Radius der Filmkammer wählten 57,3 mm, sodass ihr Umfang genau 360 mm beträgt. Auf dem ausgerollten Film entsprach einem Millimeter also einem Winkel von genau einem Grad, sodass sie den Reflexionswinkel für jeden der abge-

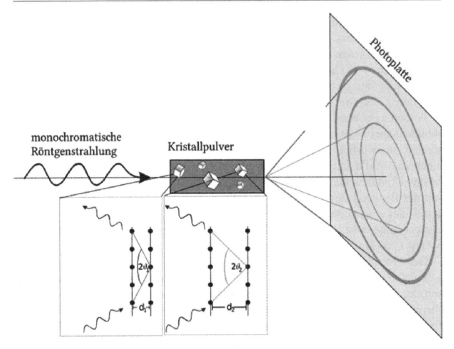

Abb. 2.41 Funktionsprinzip des Debye-Scherrer-Verfahrens mit Planfilm

bildeten Reflexe bestimmen und mit Hilfe der Bragg'schen Gleichung die Abstände der Netzebenen des untersuchten Materials berechnen konnten. Statt einen Film um die Probe herum anzubringen, kann man die Beugungskegel auch auf einem Planfilm abbilden (Abb. 2.41).

Heute verfügen Werkstofffachleute über eine breite Palette von Methoden zur Strukturbestimmung von Werkstoffen und zur Analyse ihrer Zusammensetzung, für die Laue, Knipping, Friedrich und die Braggs das Fundament gelegt haben. Die Experimente, die sie vor 100 Jahren durchgeführt haben, sind seit Jahrzehnten beliebte (?) Praktikumsversuche in der Ausbildung von Werkstofffachleuten.

Was für uns heute so einfach und selbstverständlich aussieht, lässt kaum ahnen, wie steinig und aufreibend, aber auch faszinierend der Weg dorthin war:

Die Strukturanalyse ist ... eine mühevolle Aufgabe. Diejenigen von uns, die gleich damals in der ersten Zeit mit ihr begannen und mitwuchsen, erlangten erst nach und nach ihr Geschick und ihre Geduld. Mit einem einzigen ... mutmaßlichen Gefügebild in unserem Hirn lebten wir bisweilen ein ganzes Jahr, mit verführerischen Vorstellungen davon vor unseren Augen, morgens beim Rasieren, während der Mahlzeiten, nachts im Traum, bis schließlich irgendetwas schnappte und die Antwort da war. ... Ich bin nicht sicher, ob die jüngere Generation über die gleiche Geduld verfügt; sie will den Erfolg schneller. Ist die Lösung erst einmal bekannt, erscheint sie ihr so selbstverständlich, dass sie sich die Gemütsverfassung derjenigen kaum vorstellen kann, der gewillt ist, ein Jahr Forschungsarbeit darauf zu verwenden, um diese Lösung zu finden. All diese geduldige Forschungsarbeit war jedoch der Mühe wert, sie lieferte den Schlüssel, der die Tür zu einer neuen Welt öffnete. [104]

Wenn Sie glauben, dass man nun das von Wilm erfundene Aushärten von Duralumin verstehen konnte, so irren Sie sich. Die Arbeiten Laues, Friedrichs, Knippings und der Braggs hatten zwar den Weg für die Erklärung der Härte und Festigkeit von ausgehärtetem Duralumin geebnet. Gefunden war sie jedoch noch immer nicht. Denn man konnte zwar nun die Gitterebenen der Kristalle erkennen, aber nicht das, was dazwischen liegt: Die Kupferausscheidungen, die Guinier-Preston-Zonen, die, wie schon gesagt, die Ursache für die Eigenschaften des Duralumins sind. Wie sie entdeckt wurden, ist eine weitere erzählenswerte Geschichte, in der auch der Zufall eine Rolle spielt, wie schon bei Wilms Erfindung.

In jenen Jahren, in denen Wilm in Neubabelsberg das Duralumin erfindet, Laue in München und die Braggs in London die Grundlagen für die Strukturanalyse mit Röntgenstrahlen schaffen, bekam der Direktor der Forstschule im französischen Nancy, Herr Guinier, Familiennachwuchs: Im Jahre 1911 wurde sein Sohn André geboren [105]. Niemand konnte ahnen, dass er der Mann werden wird, der einmal die Möglichkeiten Röntgenstrukturanalyse so verfeinert, dass er die Kupferausscheidungen im Duralumin sichtbar machen und dadurch mehr als 25 Jahre später die Ursachen für das Aushärten dieser (und nicht nur dieser) Legierung erklären kann. Diese Entdeckung, die ihn weltberühmt gemacht hat, verdankt er eher glücklichen Umständen, denn eigentlich verfolgte er ein anderes Ziel. Mit Aluminium-Kupfer-Legierungen hatte er sich bis dahin nicht befasst.

André Guinier war ein glänzender Schüler. Mit 19 Jahren beginnt er Physik zu studieren und findet Gefallen an der Kristallographie. Im Jahre 1934 macht er sein Diplom und erhält eine Anstellung an der Sorbonne. Er fragt den Mineralogen Professor Charles Mauguin um Rat, welches Thema er bearbeiten sollte. Wie er später in seinen Erinnerungen einräumen wird, kann er nur schwer sagen, was ihn zu Maguin gezogen hat. Guinier arbeitete nicht in dessen Laboratorium für Kristallographie und Mineralogie und hatte nie Lehrveranstaltungen in Mineralogie belegt. Außerdem war Maguin Chemiker, nicht Physiker, wie er selbst. Es hatte sich aber herumgesprochen, dass Maguin auch ein guter Betreuer für Physiker war. Nicht zuletzt, weil er die Bedeutung von Röntgenstrahlen für die Strukturanalyse von Kristallen erkannt hatte. Er war der Erste, der sich in Frankreich mehr für die Analyse individueller Kristalle als für generelle physikalische Probleme interessierte, die mit dem kristallinen Zustand zusammenhängen.

Ein Schüler Maguins, Jean Laval, arbeitete zu jener Zeit bereits seit etwa zwei Jahren daran, die Intensität von gestreuten Röntgenstrahlen zu messen, die zwischen den Richtungen der Bragg-Reflexe liegen. Maguin wollte dieses von Laval entdeckte Phänomen mit verschiedenen Methoden untersuchen. Deshalb bat er Guinier, ein Gerät zu entwickeln, das diese sogenannte Kleinwinkel-Streuung fotografisch abbilden könnte. Und das gelang ihm 1937 auch, mit der nach ihm benannten und seitdem weltweit genutzten Guinier-Kamera.

Das Verfahren, nachdem diese Kamera funktioniert, ähnelt dem von Debye und Scherrer. Aber die Probe wird in der Kammer nicht in der Mitte, sondern wie der Film an der Kammerwand angebracht. Und der Röntgenstrahl lässt sich stärker fokussieren. Außerdem ist der Durchmesser der Kammer doppelt so groß, sodass im Beugungsmuster ein Millimeter auf dem Film 0,5 Grad entspricht. Mit dieser

Methode erhält man schärfer abgebildete Beugungsringe als beim Debye-Scherrer Verfahren [106].

Und wie es der Zufall manchmal so will, baten ihn die Metallurgen Calvet und Jaquet mit seiner neuen Kamera Aluminium-Kupfer-Legierungen zu untersuchen, an denen sie das von Wilm entdeckte Aushärten studierten. Sie gaben ihm zwei ausgehärtete Proben, an denen sie jedoch unter dem Mikroskop keinerlei Ausscheidungen sehen konnten. Mit seiner Kamera entdeckte er zwischen den Reflexen, die von der Kristallstruktur des Aluminiums stammten, eine Serie sehr feiner unerwarteter Punkte auf der fotografischen Abbildung. Sie stammten von den Kupferatomen, die beim Auslagern der Legierung zwischen bestimmte Ebenen des Aluminium-Kristallgitters ausgeschieden worden waren. Weitere detaillierte Untersuchungen erbrachten den Beweis, dass diese Ausscheidungszonen die Ursache für die Zunahme der Härte und Festigkeit von Duralumin sind.

Dieselbe Entdeckung machte zur gleichen Zeit und unabhängig von Guinier auch der Metallurge George Dawson Preston am National Physical Laboratory in Teddington in der Nähe von London, der schon seit 1921 die Struktur von Legierungen untersucht hatte. Daher der Name „Guinier-Preston-Zonen" [107].

Ein theoretisches Konzept über das Aushärten von Metallen hatte der amerikanische Wissenschaftler Paul Dyer Merica bereits 1932 ausgearbeitet.

The four principal features of the original Duralumin theory were these: 1) age-hardening is possible because of the solubility-temperature relation of the hardening constituent in aluminum, 2) the hardening constituent is $CuAl_2$, 3) hardening is caused by precipitation of the constituent in some form other than that of atomic dispersion, and probably in fine molecular, colloidal or crystalline form, and 4) the hardening effect of $CuAl_2$ in aluminum was deemed to be related to its particle size. [108]

Nun war es experimentell bewiesen und für das Phänomen des Aushärtens von Aluminium-Kupfer-Legierungen, das Wilm entdeckt hatte, nach 30 Jahren eine wissenschaftliche Erklärung gefunden, die deutlich macht, dass es sich dabei um einen komplexen Prozess handelt, der in mehreren Stufen abläuft.

Zu den Akten legen können Materialforscher das Thema Aluminiumlegierungen aber noch immer nicht. Und zwar nicht allein deshalb, weil sie ständig weiter danach trachten, immer neue Aluminium-Werkstoffe mit Eigenschaften zu entwickeln, die für verschiedene Zwecke optimiert sind. Vielmehr verstehen Werkstoffforscher auch 100 Jahre nach Alfred Wilm die Aushärtung von Al-Legierungen noch immer nicht vollständig [109].

Fest steht aber: Wilm sollte für seine Auftraggeber ein leichtes Material für Patronenhülsen entwickeln. Diesen Auftrag hat er nicht erfüllt. Stattdessen hat seine Forschung eine Innovation ermöglicht, die sich so damals kaum einer vorstellen konnte, den Flugzeugbau. Warum seine Erfindung funktioniert hat, hat er nicht mehr erfahren können, denn er ist 1937 gestorben.

Wilm hat sich nach Ende des I. Weltkrieges in seine alte Heimat nach Saalberg im Riesengebirge auf seinen Berghof zurückgezogen. Jakob Wilm, sein Neffe meint, er sei wahrscheinlich aus Verbitterung wegen der Streitigkeiten um seine Erfindung und wegen des Mangels an Anerkennung aus der Wissenschaft dort hingegangen. Die hat er erst wenige Jahre vor seinem Tode erfahren und das hat er auch an seinem Haus in Saalberg demonstriert, wie auf einem Bild zu sehen ist, das mir sein Urenkel Ulrich Knebel freundlicherweise zur Veröffentlichung überlassen hat. Bis in die jüngste Vergangenheit war allerdings unklar, wann und von wem ihm diese wissenschaftliche Ehrung zuteil geworden war [110]. Erst im Jahre 2009 hat sein Enkel Dietrich Wilm im Anschluss an meine eigenen Recherchen im Personalverzeichnis der Technischen Hochschule Berlin, der jetzigen TU Berlin, Alfred Wilms Namen auf der Liste der Personen gefunden, denen 1933–1934 die Ehrendoktorwürde verliehen worden ist.

Seine Erfindung und die Erklärung der Mechanismen des Aushärtens von Al-Legierungen haben den Grundstein für den wissenschaftlich begründeten Leichtbau gelegt, der uns heute in vielen Anwendungen, nicht nur im Flugzeugbau, sondern beispielsweise auch in der Autoindustrie und in leichten Gehäusen von Digitalkameras und Laptops begegnet.

2.10 Auf Messers Schneide

Mit Wilms Erfindung wurde Aluminium zum ersten Konkurrenten von Stahl als Konstruktionswerkstoff. Die Weiterentwicklung der Nassrasiertechnik ist jedoch eine Domäne des rostfreien Stahls geblieben. Seitdem rostfreie Klingen den Markt erobert hatten, ist er speziell auch dafür jahrzehntelang regelrecht hochgezüchtet worden. Wohl kaum jemand macht sich Gedanken darüber, welcher Forschungs- und Entwicklungsaufwand dazu notwendig ist, wenn er zum Nassrasierapparat greift, um sich seinen Bart zu entfernen. Ich will Ihnen das am Beispiel eines Patents demonstrieren, das im Jahre 1990 gemeinsam von der Wilkinson Sword GmbH und Hitachi Metals Ltd. eingereicht worden ist. Sein Titel: „Korrosionsbeständiger Stahl für Rasierklingen, Rasierklingen und Herstellungsverfahren" [111].

Es soll Ihnen auch zeigen, was für ein komplexes Unterfangen es ist, einen im Grunde bekannten Werkstoff weiterzuentwickeln und herzustellen, welche unterschiedlichen Einflüsse dabei gegeneinander abzuwägen und in Einklang zu bringen sind. Der von den genannten Firmen erfundene Stahl enthält neben Eisen und unvermeidbaren Verunreinigungen zwischen 0,45 und 0,55 % Kohlenstoff, 0,4 bis 1,0 % Silicium, 0,5 bis 1,0 % Mangan, zwölf bis 14 % Chrom und 1,0 bis 1,6 % Molybdän. Vermutlich haben Sie keine Vorstellung davon, was alles zu bedenken war, um allein schon den optimalen Gehalt dieser Legierungselemente herauszufinden. Die Erfinder dieses Stahls haben das in ihrer Patentschrift ausführlich dargelegt.

So ist Silicium einerseits das wirksamste Element, um zu vermeiden, dass der Stahl bei der Wärmebehandlung zu weich wird. Er soll deshalb mindestens 0,4 % Silicium enthalten, damit die notwendige Härte nicht unterschritten wird. Andererseits entstehen durch Silicium nichtmetallische Einschlüsse, die die Ausbildung einer geeigneten Schneidkante erschweren oder zum Ausbrechen der Schneidkante führen. Deshalb ist ein Si-Gehalt von mehr als ein Prozent unerwünscht. Auch bei diesem Si-Gehalt entstehen aber harte Si-Einschlüsse. Sie können jedoch durch Zugabe von Mangan entfernt werden. Dazu ist ein Mn-Gehalt von mindestens 0,5 % notwendig. Dabei entstehen zwar Einschlüsse aus Mangansilicat, die aber ausreichend weich sind, sodass sie nicht nachteilig für den Herstellungsprozess und die Eigenschaften einer Rasierklinge sind. Mangan verringert aber die Warmverformbarkeit von Stahl. Darum soll auch der Mn-Gehalt nicht höher sein als ein Prozent. Außerdem wird dem Stahl Molybdän zulegiert, weil es wirksam das Auftreten von Lochfraß vermeidet. Sie erinnern sich, dass das eine Form von Korrosion ist. Experimentell haben die Erfinder ermittelt, dass dazu der Mo-Gehalt wenigstens ein Prozent betragen muss, um einen merklichen Effekt zu erzielen. Ein weiterer Vorteil ist, dass Mo-haltiger Stahl bei einer höheren Temperatur gehärtet, das heißt vor dem Abschrecken stärker erhitzt werden kann, um eine maximale Härte zu erzielen. Ist der Mo-G̱ehalt allerdings zu hoch, führt das zu einer Verhärtung von Karbiden und damit zu einer Verringerung der Warmverformbarkeit des Stahls. Als bestmögliche Obergrenze für den Mo-Gehalt wurde ein Wert von 1,6 % ermittelt.

Wenn man die optimale chemische Zusammensetzung gefunden hat, ist das jedoch erst die „halbe Miete", um die Eigenschaften zu erzeugen, die eine Rasierklinge am Ende aufweisen soll. Sie wissen das, denn Sie haben inzwischen gelernt, dass die Eigenschaften eines Werkstoffes wesentlich von dessen Mikrostruktur abhängen. Also von seinem Gefüge. Und das entsteht, wie Sie ebenfalls bereits wissen, durch eine ausgeklügelte Wärmebehandlung des Stahls. Deshalb schildern die Erfinder in ihrer Patentschrift auch detailliert, wie sie den Stahl wärmebehandelt haben und welche Gefügebestandteile dabei entstanden sind. Sie haben den Stahl bei einer Temperatur zwischen 1075 und 1120 °C austenitisiert, also ein austenitisches Gefüge erzeugt, dann sofort schnell an Luft abgekühlt und anschließend bei einer Temperatur zwischen −60 und −80 °C tiefgekühlt, um den noch vorhandenen Restaustenit in Martensit umzuwandeln. Diesen Vorgang haben Sie als „Eishärten" kennengelernt, als wir über ZTU-Diagramme gesprochen haben. Je nach den verschiedenen Ansprüchen, die die Entwickler definiert hatten, enthielt die Rasierklinge am Ende an der Oberfläche noch einen Restaustenitgehalt von 24 bis 32 % und in einem Abstand von 50 µm unterhalb der Oberfläche zwischen sechs und 14 %. Außerdem enthielt sie Karbidpartikel. Aber nur mit einer so geringen Dichte, wie man sie sich kaum vorstellen kann, nämlich zehn und 45 Teilchen pro 100 µm².

Mit dem „Hochzüchten" von rostfreiem Stahl war die Entwicklung der Nassrasiertechnik jedoch bei weitem noch nicht an ihr Ende gelangt, wie wir alle aus Erfahrung wissen. Es war aber einen qualitativ völlig anderer Weg, ein neues strategisches Konzept, das die Entwicklung der Nassrasiertechnik in den vergangenen zwei Jahrzehnten in eine völlig andere Richtung gelenkt hat. Und wieder war es maßgeblich die Werkstoffforschung, die dessen Realisierung ermöglicht hat. Man trachtete nicht mehr vordergründig danach, die gesamte Rasierklinge, so wie Gillette sie erfunden hatte, weiter zu verbessern. Stattdessen rückte man deren für das Rasieren maßgeblichen Teil ins Zentrum der Entwicklung, die Schneidkante. Die Rasierklinge im üblichen Sinn wurde gewissermaßen ersetzt durch ein Rasiersystem, das nur noch aus sehr schmalen Klingen, im Grunde genommen nur noch aus Schneiden besteht, und zwar aus mehreren.

Und diese Schneiden bestehen nicht mehr aus einem einzelnen Werkstoff, dem hochveredelten Stahl, sondern aus einem mehrschichtigen Werkstoffsystem. Der Kern dieser Werkstoffsysteme, das Substrat, auf das die Schichten aufgebracht wer-

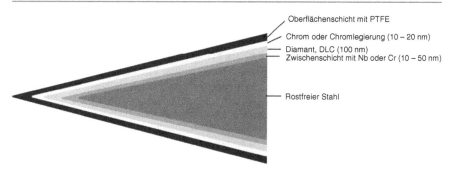

Oberflächenschicht mit PTFE
Chrom oder Chromlegierung (10 – 20 nm)
Diamant, DLC (100 nm)
Zwischenschicht mit Nb oder Cr (10 – 50 nm)

Rostfreier Stahl

Abb. 2.42 Beschichtete Schneide einer Rasierklinge (Querschnitt)

den, besteht nach wie vor aus rostfreiem Stahl. Zunächst wird darauf eine Zwischenschicht aufgebracht, die Niob, Chrom oder auch Platin enthält. Sie soll die darauf folgende harte, korrosionsbeständige Schicht, die nicht aus Metall, sondern Kohlenstoffwerkstoffen wie Diamant oder Diamant-ähnlichem Kohlenstoff besteht, gut haftend mit dem Grundwerkstoff verbinden. Schließlich wird das Ganze noch mit Chrom oder einer Chromlegierung sowie mit einer Deckschicht aus Teflon überzogen, die für eine sanfte Rasur sorgt, wie es die Werbung verspricht, und das Ausbrechen der Schneidkante minimiert. Die Dicke der einzelnen Schichten beträgt nur zehn bis 100 Nanometer (1 nm = 10^{-9} m). Solche Schichten fester Stoffe, die nur einige Mikro- oder Nanometer dick sind, bezeichnet man als „dünne Schichten". Sie haben oft andere Eigenschaften als kompakte Körper aus demselben Material (Abb. 2.42).

Die Schutzschicht aus Diamant oder Diamant-ähnlichem Kohlenstoff, die zusätzlich Keramikteilchen enthält, soll das Korrodieren der Schneide verhindern, das man bei rostfreiem Stahl zwar weitgehend, aber nicht völlig ausschließen kann. Außerdem wird sie dadurch härter, ihre Schneidfähigkeit wird verbessert. Diamanten besitzen Sie vermutlich nicht, aber gesehen haben Sie sie ganz sicher schon. Wahrscheinlich wissen Sie auch, dass sie aus Kohlenstoff bestehen. Aber wissen Sie auch, wie ihre Struktur aussieht? Und was ist Diamant-ähnlicher Kohlenstoff?

Der französische Chemiker Antoine Lavoisier (1743–1794) erkannte 1787, dass Kohlenstoff ein chemisches Element ist. Zwanzig Jahre später (1807) bewiesen die englischen Chemiker William Allen (1770–1843) und William Haseldine Pepys (1775–1856), dass sowohl Graphit als auch Diamant aus reinem Kohlenstoff aufgebaut sind. Graphit besteht aus übereinander gestapelten, wabenförmigen ebenen Kohlenstoffschichten. Da die Bindungen zwischen den einzelnen Schichten schwach sind, lassen sie sich relativ leicht gegeneinander verschieben, was den Graphit so weich macht. Im Diamant ist jedes C-Atom von vier anderen umgeben. Sie bilden also keine Schichtstruktur, sondern ein Kristallgitter. Je nach Gitterstruktur unterscheidet man kubischen und hexagonalen Diamant. Diamant kann man unter hohem Druck und bei hoher Temperatur aus Graphit herstellen.

Der Erste, dem das gelang, war im Jahre 1953 Erik Lundblad, ein schwedischer Physiker. Schon zwei Jahre später begann man künstliche Diamanten industriell zu produzieren. Dazu wird Graphit in einer hydraulischen Presse mit einem Druck von sechs Gigapascal (60.000 bar) zusammengepresst, wodurch er sich in Diamant umwandelt, was allerdings einige Wochen dauern kann [112]. Sie werden als Schneidwerkstoffe oder, zu Pulver gemahlen, als Schleif- und Poliermittel verwendet. So makaber es klingt, aber es ist wahr: Heute bieten einige Firmen sogar an, Diamanten aus der Asche von Verstorbenen als Erinnerungsstücke herzustellen:

> The patented LifeGem® diamond creation process uses an exact carbon source, either from a lock of hair, or the ashes of your loved one, to create a beautiful and meaningful diamond for you and your family. [113]

Beim Versuch, Diamantschichten herzustellen, wurde in den frühen 1970er Jahren Diamant-ähnlicher Kohlenstoff entdeckt (DLC, engl. Abkürzung für Diamond Like Carbon). Weil die Atome des Diamant-ähnlichen Kohlenstoffs über eine längere Distanz gesehen ungeordnet vernetzt sind, spricht man auch von amorphem Kohlenstoff. Seine Eigenschaften nähern sich, je nach Herstellungsverfahren, denen von Graphit oder Diamant an. Er ist außerordentlich hart und damit verschleißarm, hat ausgezeichnete Gleiteigenschaften und ist zudem chemisch sehr beständig und biologisch verträglich. Kein Wunder also, dass sich Rasierklingenhersteller darauf gestürzt und ihre Mini-Messer, die Klingen, damit beschichtet haben.

Der folgende Fall zeigt, wie sie dabei einen Kampf nicht nur um, sondern auch auf Messers Schneide geführt haben, um Vorteile auf dem Markt, zu erlangen. Am 10. August 1999 hat die Gillette Company beim Harmonisierungsamt für den europäischen Binnenmarkt (HABM) in Alicante die Eintragung der drei Buchstaben „DLC" als Gemeinschaftsmarke beantragt. Eine solche Marke ist ein wichtiges Instrument eines Unternehmens für die Kommunikation mit der Öffentlichkeit. Sie weist nicht nur auf die Herkunft einer Ware hin, sondern soll auch ein Vertrauensverhältnis mit dem Verbraucher schaffen und für den guten Ruf des Unternehmens bürgen, indem sie die Gewähr für gleich bleibende gute Qualität seiner Produkte bieten soll. Zugleich ist eine eingetragene Marke bares Kapital für ein Unternehmen. Es kann beispielsweise mit dem Verkauf einer Lizenz für ihre Verwendung ein gutes Geschäft machen.

Die von Gillette zur Eintragung beantragte Marke „DLC" sollte unter anderem für Rasierapparate und Rasierklingen sowie Kassetten für die Klingen gelten. Das Unternehmen Werner-Lambert & Company, zu dem damals in Deutschland auch die bei diesen Erzeugnissen mit Gillette konkurrierende Wilkinson Sword Gruppe gehörte, hat darauf unverzüglich reagiert und am 24. Januar 2000 beim HABM beantragt, die Eintragung der Marke „DLC" für nichtig zu erklären. Diesem Antrag wurde am 11. Dezember 2001 stattgegeben [114].

Dünne Schichten sorgen nicht nur für eine komfortable Nassrasur. Sie begegnen uns jeden Tag und überall. Hartstoffschichten, wie Siliciumcarbid und Bornitrid, schützen z. B. Werkzeuge und Bauteile vor Verschleiß (die jährlichen volkswirtschaftlichen Schäden durch Reibung und Verschleiß gehen in die Milliarden). Sie ermöglichen die Funktionsfähigkeit von CDs und DVDs, von Flachbildschirmen und Computer-Festplatten. Sie entspiegeln Gläser und sorgen für die gute Gleitfähigkeit moderner Bügeleisen. Bioaktive Beschichtungen, beispielsweise auf Hüft-

und Kniegelenkprothesen, fördern den Gewebeaufbau und beschleunigen den Heilungsprozess nach einer Implantation.

Bereits im Mittelalter wurden dünne Schichten zur Veredlung von Keramiken verwendet. Die Anregung dazu stammt aus der islamischen Kultur. Man überzog den porösen gebrannten Ton, den sogenannten Scherben, zunächst mit einer Gussschicht aus Tonerde. Sie bildete die Grundlage für aufgemalte oder eingekratzte Verzierungen. Vor dem Brennen überzog man sie mit einer dünnen durchsichtigen Schicht. Das war meist eine leicht schmelzende, farblose, glänzende Bleiglasur, die wasserundurchlässig war [115]. Vom Prinzip her wird auf diese Weise bis heute beispielsweise Porzellan glasiert. Man taucht die Keramik nach dem ersten Brand in eine Suspension, deren Bestandteile dann beim sogenannten Glattbrand eine harte geschlossene Oberflächenschicht bilden sowie verschiedene Farben erzeugen können. Die Bestandteile der Glasur bilden untereinander und mit dem Grundstoff eine Glas-Schicht, die aus einer Mischung verschiedener Oxide besteht [116].

Eine Methode, mit der man metallische Überzüge auf Werkstoffen aufbringt, ist Ihnen gewiss geläufig, jedenfalls vom Begriff her, das Galvanisieren. Dabei werden das aufzubringende Metall und das Werkstück in eine elektrisch leitende Flüssigkeit, einen Elektrolyten, gehangen. Dann werden beide an eine Stromquelle angeschlossen, und zwar das Beschichtungsmaterial am Pluspol als Anode, und das Werkstück am Minuspol als Kathode. Der elektrische Strom löst nun Ionen vom Beschichtungsmaterial ab und die lagern sich auf der Oberfläche des Werkstückes an. Die metallische Schicht wird also elektrochemisch auf der Werkstoffoberfläche abgeschieden. So verzinkt man auf diese Weise Schrauben, um sie vor Korrosion zu schützen, oder man versilbert oder vergoldet elektrische Kontakte, um ihre Leitfähigkeit zu erhöhen. Auch das Werkzeug, das man zur Vervielfältigung von CDs oder DVDs benötigt, der sogenannte Stamper, wird in mehreren Schritten durch Galvanisieren hergestellt. Oft dienen die aufgebrachten Schichten auch der Verschönerung von Gegenständen, wie beim Vergolden von Schmuckstücken. Man spricht dann entweder von funktionalem oder dekorativem Galvanisieren [117].

Das Prinzip dieser nach ihm benannten Technik entdeckte 1780 Luigi Galvani (1737–1798), ein italienischer Arzt. Er experimentierte mit Froschschenkeln. Dabei bemerkte er, dass einer dieser toten Körperteile zusammenzuckte, wenn er einen Nerv mit dem Seziermesser berührte. Und zwar in dem Moment als sein Gehilfe an einer Elektrisiermaschine, einem Generator, mit dem durch Reibung eine elektrische Spannung erzeugt wird, einen Funken erzeugte. Diese Zuckungen mussten, wie er in weiteren Versuchen feststellte, mit der erzeugten Elektrizität zu tun haben. Deshalb führte er seine Experimente während eines Gewitters durch. Und tatsächlich machten die Froschschenkel auch bei Blitzentladungen wilde Verrenkungen. Zufällig stellte Galvani jedoch fest, dass sie auch zusammenzuckten, wenn gar keine Elektrizität in ihrer Umgebung vorhanden war. Nämlich, als er einen Froschschenkel mit einem Messinghaken an einem Eisengitter aufhängte. Als er dieses Phänomen untersuchte, entdeckte er, dass der Froschschenkel immer dann zusammenzuckte, wenn er ihn mit dem Messinghaken auf eine Metallplatte, nicht aber, wenn er ihn auf eine Glas- oder Steinplatte legte. Er konnte sich das nicht erklären, vermutete aber, dass es eine tierische Elektrizität geben müsse, die vielleicht in den Muskeln gespeichert sei.

Was Galvani nicht ahnte war, dass er einen Stromkreis hergestellt hatte, der aus zwei verschiedenen Metallen mit unterschiedlichem elektrochemischem Potential, Messing und Eisen, sowie einem Elektrolyten, der Flüssigkeit in den Froschschenkeln, bestand. Zu Ehren Galvanis nennen wir die Kombination aus zwei Elektroden und einem Elektrolyten als galvanisches Element. Kommt Ihnen das bekannt vor? Natürlich, denn Sie haben galvanische Elemente kennengelernt, als wir über Korrosion gesprochen haben. Galvanis Landsmann, der Physiker Alessandro Volta (1745–1827), untersuchte das von Galvani entdeckte Phänomen weiter und baute auf der Grundlage der dabei gewonnenen Erkenntnisse die erste elektrische Batterie. Nach Alessandro Volta heißt die Maßeinheit der elektrischen Spannung Volt [118].

Von Galvanis Experimenten mit Froschschenkeln haben jedoch nicht nur die Elektrotechnik und auch die Werkstoffentwicklung profitiert. Sie hatten auch „Nebenwirkungen" in einer ganz anderen Richtung. Seine Idee der „tierischen Elektrizität" hat eine Reihe von Wissenschaftlern dazu angeregt, in den ersten Jahrzehnten des 19. Jahrhunderts das Phänomen der bioelektrischen Ströme genauer zu untersuchen. So gelang es Carlo Matteucci (1811–1868), einem italienischen Physiker und Neurophysiologen, als Erstem, elektrischen Strom in Muskeln und Nervenbahnen direkt zu messen. Die Interpretation seiner Forschungsergebnisse und die Konstruktion genauerer Messinstrumente durch Emil du Bois-Reymond (1818–1896), einem deutschen Physiologen und Mediziner, eröffneten dann den Weg zu einer Diagnosemethode, die heute zum medizinischen Alltag gehört: Die Messung von Herz- und Hirnströmen, die Aufzeichnung von Elektrokardiogrammen und Elektroenzephalogrammen [119].

Von galvanischen Elementen und elektrischen Strömen in Muskeln und Nervenbahnen hatte Agnes Pockels (1862–1935) sicher noch nie etwas gehört, als sie erste wissenschaftliche Grundlagen für die Erzeugung dünner Schichten auf Werkstoffen geschaffen hat. Sie war eine Hausfrau und Autodidaktin, die selbst unter Werkstofffachleuten weitgehend unbekannt ist. Vergessen ist sie dennoch nicht. Seit 1993 verleiht die TU Braunschweig die Agnes-Pockels-Medaille an Persönlichkeiten, die sich insbesondere um die Förderung von Frauen in Lehre und Forschung verdient gemacht haben. Bereits 1931 hatte sie dort sogar die Ehrendoktorwürde verliehen bekommen.

Es war ein alltäglicher Vorgang, der Agnes Pockels zu wissenschaftlichen Versuchen anregte. Es nervte sie, dass beim Abwaschen fettiges Abwaschwasser auf dem Geschirr haften blieb, das sie dann nachträglich abspülen musste. Sie wollte die Ursachen dafür herausfinden und befasste sich deshalb mit Benetzungserscheinungen und Problemen der Oberflächenspannung. Sie entwickelte eine Apparatur, die sogenannte Schieberinne, mit der sie diese messen konnte. Über zehn Jahre nahm sie damit gewissenhaft Messreihen auf. Als sie ihre Ergebnisse bekanntgeben wollte, erlebte sie zunächst eine Enttäuschung. Sie wurden von deutschen Zeitschriften nicht zur Veröffentlichung angenommen. Wie sie selbst vermutete, hatte das zwei Gründe: Weil sie eine Frau war und weil sie einschlägige Arbeiten von anderen Autoren nicht genau genug kannte. Was würde heute wohl mit einer Arbeit geschehen, die eine in der Wissenschaft namenlose Hausfrau zur Veröffentlichung bei einer Fachzeitschrift einreicht? Ich befürchte, dass es ihr ähnlich ergehen würde.

Dennoch rate ich Ihnen, sollten Sie einmal eine pfiffige Idee haben, die von gestandenen Fachleuten ignoriert wird, bleiben Sie hartnäckig, wenn Sie von der Sache überzeugt sind. Wie das Beispiel von Agnes Pockels zeigt, kann es dann nämlich auch ganz anders laufen. Nachdem sie in Deutschland abgeblitzt war, fiel ihr ein Artikel des britischen Physikers John William Strutt in die Hand, der sich ebenfalls mit Oberflächenphänomenen beschäftigte. Sie kennen ihn sicher unter dem Namen Lord (1842–1919), der die Streuung des Lichts an kleinen Partikeln untersucht und damit die blaue Farbe des Himmels erklärt hat (Rayleigh-Streuung). Er erhielt 1904 den Nobelpreis für Physik für die Bestimmung der Dichte von Gasen und die Entdeckung des Argons. Ihm teilte Frau Pockels im Jahre 1890 in einem Brief ihre Ergebnisse mit. Er erkannte sofort deren Bedeutung und sorgte dafür, dass sie in der Zeitschrift „Nature" veröffentlicht wurden.

Das ermutigte Frau Pockels weitere Experimente zu Oberflächenkräften monomolekularer Filme, zur Adhäsion von Flüssigkeiten an Glas und zur Grenzflächenspannung von Emulsionen und Lösungen durchzuführen. Sie hatte dann kein Problem mehr damit, sie nicht nur in „Nature", sondern auch in anderen Fachzeitschriften zu veröffentlichen, und wurde auch von deutschen Physikern anerkannt. Im Jahre 1917 entwickelte der amerikanische Physiker und Chemiker Irving Langmuir (1881–1957) die Schieberinne von Frau Pockels weiter zur nach ihm benannten Langmuirschen Waage, die nach wie vor zur quantitativen Untersuchung von Oberflächenfilmen benutzt wird [120]. Sie wird auch als Filmwaage bezeichnet. Ein Messfühler misst die Änderung der Oberflächenspannung als Funktion der Dichte des Oberflächenfilms nach Zugabe einer oberflächenaktiven Substanz. Die Dichteänderung erfolgt mit Hilfe der beweglichen Barriere, mit der der aufgebrachte Film komprimiert wird (Abb. 2.43).

Langmuir war einer der ersten Wissenschaftler, die mit ionisierten Gasen arbeiteten. Er war derjenige, der sie als „Plasma" bezeichnete. Gemeinsam mit seiner Assistentin Katherine Blodgett (1898–1979) untersuchte er in der General Electric Company dünne Filme und den Vorgang der Oberflächenadsorption. Im Jahre 1932 erhielt er für seine Entdeckungen und Untersuchungen zur Oberflächenchemie den Nobelpreis für Chemie. Er entwickelte eine Theorie zu monomolekularen Beschichtungen. Katharine Blodgett, die als erste Frau einen Doktortitel in Physik an der Universität Cambridge erwarb, gelang es, seine Theorie praktisch umzusetzen. Sie entwickelte eine Methode, Mehrlagenschichten durch das Aufbringen mehrerer Monoschichten herzustellen [121]. Wenn wir heute ganz selbstverständlich Erzeugnisse wie optische Linsen und Fernsehbildschirme aus entspiegeltem Glas verwenden, so haben wir das dieser Frau zu verdanken. Sie hat ein Verfahren zur Herstellung von blendfreiem, nichtreflektierendem Glas erfunden, das sie 1938 als „Unsichtbares Glas" patentierte [122].

Von entscheidender Bedeutung dabei sind Langmuir-Blodgett-Filme. So bezeichnet man heute Schichten, die aus einer oder mehreren Schritt für Schritt aufgebrachten Monolagen organischer Moleküle bestehen, die durch Eintauchen

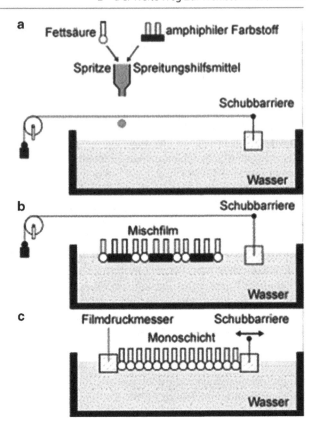

Abb. 2.43 Prinzipieller Aufbau und Funktion der Filmwaage

und Herausziehen aus einer Flüssigkeit auf einem festen Substrat entstanden sind. Ihre Anwendung ist längst nicht mehr auf die Herstellung entspiegelter Gläser beschränkt. Sie werden beispielsweise zum Aufbau von Modellsystemen zur Untersuchung der Funktionsweise von Zellmembranen und zur detaillierten Aufklärung der Umwandlung von Sonnenenergie in elektrische Energie in der Photovoltaik benutzt und dienen zur Herstellung von Bauelementen, wie Sensoren, Detektoren und elektronische Komponenten. Dabei hilft Langmuirs Filmwaage, den Oberflächendruck in der Schicht konstant zu halten, um eine gut geordnete und geschlossene Schicht zu erzeugen. Grundlegende Vorarbeiten für all das erbrachte die Hausfrau Agnes Pockels [123].

Heute stellt man dünne Schichten her, die nur einige Nanometer bis wenige Mikrometer dick sind, manche bestehen nur aus wenigen Atomlagen. Damit Sie sich das vorstellen können:

Ein menschliches Haar hat einen Durchmesser von etwa 0,05 mm. Das entspricht 50 relativ dicken Dünnschichten. Dabei handelt es sich meist um Mehrlagen-Systeme, die häufig aus einer Kombination verschiedener Materialien bestehen (Metalle: z. B. Ti, Al, Cu, Au, Ag), Halbleiter (z. B. Si) und Isolatoren (Oxide, Nitride), mit einen Reinheitsgrad von teilweise bis zu 99,999 %. Oder eben Diamant-ähnlichen

Kohlenstoff, wie wir es bei Rasierklingen gesehen haben. Für die Erzeugung solcher Schichten kommt die Langmuir-Blodgett-Methode nicht in Frage, da diese nur zur Herstellung organischer Schichten geeignet ist.

Für die Erzeugung dünner anorganischer Beschichtungen auf Werkstoffoberflächen hat man einen ganz anderen Weg gefunden. Ein Stichwort für den dafür notwendigen neuen methodischen Ansatz ist schon im Zusammenhang mit den Arbeiten von Langmuir gefallen. Erinnern Sie sich, er war einer der ersten Wissenschaftler, die mit ionisierten Gasen arbeiteten, die er als „Plasma" bezeichnete. Und genau das ist der Punkt: Denn hochreine dünne anorganische Schichten erzeugt man üblicherweise durch die Abscheidung von Stoffen aus der Gasphase. Und dabei spielt die Plasmatechnik eine wichtige Rolle. Eine entscheidende technische Voraussetzung für solche Beschichtungsverfahren war die Perfektionierung der Vakuumtechnik, zu deren Entwicklung Langmuir ebenfalls beigetragen hatte.

Wir unterscheiden grundsätzlich zwei Verfahren zur Abscheidung von Stoffen aus der Gasphase, die „Chemical Vapour Deposition" (CVD) und die „Physical Vapour Deposition" (PVD; s. Abb. 2.44. Ihr Prinzip kann man sich etwa so vorstellen, wie das Beschlagen einer Glasfläche mit Wasserdampf. Nur, dass die abgeschiedenen Stoffe Gase sind, die auf der „bedampften" Oberfläche durch die Wirkung chemischer oder physikalischer Kräfte fest haften bleiben. Die beiden Verfahren unterscheiden sich prinzipiell in der Art und Weise des Erzeugens der gasförmigen Phase, im Transport der Teilchen auf die Substratoberfläche und dem Schichtbildungsmechanismus auf dem Substrat.

Das Grundprinzip der physikalischen Gasphasenabscheidung besteht darin, dass ein festes Ausgangsmaterial (Target), mittels physikalischer Prozesse abgetragen und auf dem in einiger Entfernung befindlichen Substrat abgeschieden wird. Je nach der Art des physikalischen Prozesses zur Übertragung des Ausgangsmaterials in die Gasphase (Verdampfen bzw. Zerstäuben) und der Art der Plasmaquelle unterscheidet man dabei drei Verfahrensvarianten: Das Aufdampfen, das Sputtern und die Ionenimplantation.

Der Vorteil der PVD ist, dass dafür nur relativ niedrige Temperaturen ($< 500\,°C$) erforderlich sind und man dadurch eine große Auswahl an Materialien für die Be-

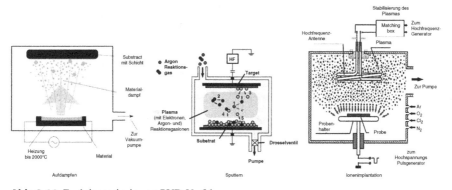

Abb. 2.44 Funktionsprinzip von PVD-Verfahren

schichtung hat. Ihr Nachteil ist, dass es schwierig ist, komplex geformte Bauteile zu beschichten, da diese dazu gedreht werden müssen (3D-Beschichtung).

Für die Erzeugung von Mehrlagenschichten ist die Molekularstrahl-Epitaxie entwickelt worden. Epitaxie ist eine Form des Kristallwachstums beim Aufwachsen von Kristallen auf kristallinen Substraten, bei der die entstehenden Schichten die Struktur des Substrats übernehmen. Bei der Molekularstrahlepitaxie werden die verschiedenen Stoffe, aus denen eine Schichtstruktur bestehen soll (z.B. Gallium, Arsen und Aluminium) in sogenannten Effusionszellen im Hochvakuum verdampft und als gerichtete Molekülstrahlen auf dem Substrat abgeschieden (PVD-Aufdampfungsprozess). Durch das Öffnen einer oder mehrerer Blenden, die sich an der Zelle befinden, kann man das Substrat in einer bestimmten Folge mit verschiedenen Stoffen bedampfen. Der große Vorteil dieses Verfahrens ist, dass man damit fast beliebige kristalline Strukturen schichtweise und mit kontrollierbarer atomarer Präzision herstellen kann. Dabei wachsen auch Schichten aus unterschiedlichen Atomen aufeinander, die dies unter natürlichen Bedingungen nicht tun würden, weil die Größen der beteiligten Atome zu verschieden voneinander sind (z. B. Silicium, Germanium und Kohlenstoff). Das heißt, es können Atome miteinander verbunden werden, die sich in einem Kristall normalerweise nicht verbinden. Außerdem übernehmen die Schichten dabei die Struktur des Substrats (Abb. 2.45).

Das Grundprinzip der chemischen Gasphasenabscheidung besteht darin, dass das Schichtausgangsmaterial in Form einer leicht flüchtigen Verbindung, evtl. gemeinsam mit weiteren Reaktionspartnern, als Gasgemisch „verdampft" wird. Die Atome oder Moleküle des „verdampften" Gasgemischs schlagen sich durch eine thermisch angeregte chemische Reaktion auf der Oberfläche des Substrats, d. h. auf der Oberfläche des Werkstoffes nieder, der beschichtet werden soll. Der Vorteil der CVD ist, dass damit 3D-Beschichtungen möglich und die Schichten relativ dicht sind. Ihr Nachteil ist, dass die Beschichtungstemperaturen in der Regel hoch sein müssen (ca. 1000 °C). Dadurch ist die Auswahl der Schicht- und Substratmate-

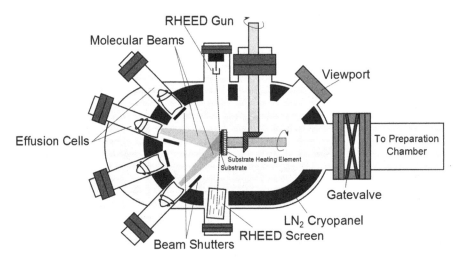

Abb. 2.45 Funktionsprinzip der Molekularstrahlepitaxie

Abb. 2.46 Schematische Darstellung eines CVD-Systems

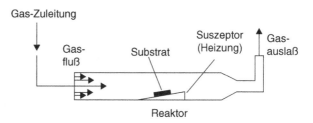

rialien beschränkt. Diesen Nachteil kann man aber dadurch ausgleichen, dass man die chemische Reaktion durch ein Plasma anregt, das sich direkt beim zu beschichtenden Substrat oder in einer getrennten Kammer befinden kann. Während bei der „normalen" CVD die chemische Reaktion durch externe Energiezufuhr sowie durch die Wärme geschieht, die bei der chemischen Reaktion frei wird, wird die Energie hier von den beschleunigten Elektronen des Plasmas geliefert. Das ist eine spezifische Form der CVD, die man plasmagestütztes CVD-Verfahren nennt (PECVD – Plasma Enhanced Chemical Vapour Deposition, s. Abb. 2.46). Ihr Vorzug ist, dass man niedrigere Abscheidetemperaturen (>400 °C) benötigt. Dadurch können auch Substrate beschichtet werden, die hohen Temperaturen nicht standhalten (z. B. Kunststoffe).

Eine völlig neue, vielversprechende Entwicklung bei der Herstellung dünner Schichten ist im Jahre 2004 eingeleitet worden. Andre Geim und Konstantin Novoselov, zwei gebürtigen Russen, ist es gelungen, ein völlig neues Material herzustellen, das nur eine Atomlage dick ist: Graphen (Abb. 2.47). Sie haben im Jahre 2010 dafür den Nobelpreis für Physik erhalten. Das Material besteht aus einem zweidimensionalen Gitter aus Kohlenstoffatomen, die in regelmäßigen Sechsecken angeordnet sind.

Kommt Ihnen diese Struktur bekannt vor? Richtig, sie sieht aus, wie eine Gitterschicht im Graphit. Und sie sieht nicht nur so aus, sondern sie ist es auch. Graphen ist auf eine frappierend einfache Weise aus Graphit hergestellt worden. Geimund Novoselov haben Tesafilm auf ein glattes Stück Graphit geklebt und es wieder abgezogen. Das haben sie mehrfach wiederholt und nach und nach wurde die Kohlenstoffschicht auf dem Klebeband immer dünner, bis sie schließlich nur noch eine Atomlage dick war, die sie dann in mehreren Schritten ablösen konnten. Man wusste aufgrund theoretischer Überlegungen zwar schon, dass ein solches Gitter prinzipiell existieren kann, aber kaum jemand hat geglaubt, dass man es tatsächlich herstellen kann. Graphen ist durchsichtig, sehr leicht, gut leitfähig und extrem stabil. Deshalb verspricht man sich von ihm vielfältige Anwendungsmöglichkeiten, beispielsweise in der Raumfahrt und in der Elektronik. Manche glauben sogar, dass es irgendwann Silicium als Basis der Halbleiterherstellung ersetzen kann. Wer weiß, vielleicht wird man eines Tages auch Rasierklingen mit Graphen beschichten [124].

Greifen wir nun wieder zu unserem Rasierapparat und fragen wir uns, wie dort die einzelnen Schichten auf „des Messers Schneide" kommen. Diese modernen Schichtsysteme bestehen ja sowohl aus anorganischen als auch organischen Materialien. Eine solche Kombination erfordert auch eine Kombination verschiedener Beschichtungsverfahren. Die auf den nichtrostenden Stahl aufgebrachten anorganischen Schichten, wie Diamant-ähnlichen Kohlenstoff- und Chrom/Platin-Schichten

Abb. 2.47 Graphen. *oben*: Graphit, Klebeband und Graphentransistor (erste Probe von Graphen in einer elektronischen Komponente, Geschenk von Gleim und Novoselov an das Nobel-Museum), *unten links*: Modell der idealen kristallinen Struktur von Graphen, *unten rechts*: elektronenmikroskopische Aufnahme

werden physikalisch aus der Gasphase durch Sputtern oder Ionenimplantation abgeschieden [125]. Um die Deckschicht aus PTFE oder einem anderen auf der Schneide schmelzenden polymeren Material aufzubringen, haben pfiffige Ingenieure eine verblüffende Methode ersonnen. Sie ist einfacher als die chemische Abscheidung aus der Gasphase, was ja auch denkbar wäre und was Sie wahrscheinlich vermuten, aber durchaus nicht simpel. Das Polymer wird im Allgemeinen in einem Lösungsmittel dispergiert und auf die gereinigte und getrocknete Klinge aufgesprayt. Dann wird die Klinge in einer nichtoxidierenden Umgebung auf Temperaturen zwischen 200 und 400 °C erwärmt, wodurch das Polymer schmilzt und sich auf der Klingenoberfläche ausbreitet. Anschließend wird die Klinge abgekühlt, wodurch sich der Überzug verfestigt und auf der Oberfläche haften bleibt. Als Wärmequellen dienen Infrarotstrahlung, Induktions- oder Widerstandsheizung oder auch hochfrequenter Strom, wie wir es aus dem heimischen Mikrowellenherd kennen [126].

Nach dem Beschichten der Klingen folgte als nächster Entwicklungssprung in der Nassrasiertechnik die Herstellung von Rasiersystemen mit mehreren Klingen. Im Jahr 1998 brachte die Gillette Company den Mach3 mit drei Klingen auf den Markt. Wilkinson Sword folgte 2004 mit dem Vierklingen-„Quattro" und einige Jahre später toppte Gillette dieses Rasiersystem mit dem „Fusion", der fünf Klingen hat. Die Klingen eines solchen Rasierapparates sind schärfer als das Skalpell eines Chirurgen. Um sie herzustellen, werden die Metallstreifen mit einer Toleranz in der Größenordnung von nur plus/minus 1,5 bis 5 μm geschnitten [127]. Das ist eine Genauigkeit, die größer ist als sie in der Uhrenindustrie benötigt wird. Und die muss man dann noch auf die kleinen Klingenhalter schweißen, ohne dass sie dabei Schaden nehmen.

Was haben sich die Konstrukteure dabei gedacht? Was nutzen eigentlich mehrere Klingen? Wie funktionieren sie als System? Nun, die erste Klinge glättet das Haar, schneidet hinein und zieht es ein Stück aus der Haut heraus. Die zweite Klinge trifft auf dieses gestreckte Haar, schneidet wieder hinein und zieht es noch weiter heraus. Die nachfolgenden Klingen schneiden es dann ab, allerdings jedes Mal ein Stück weniger. Deshalb würden weitere Klingen zwar das Barthaar immer kürzer schneiden, aber mit immer geringerem „Ertrag".

Eine glatte und sanfte Rasur ist aber nicht nur von der Anzahl der Klingen abhängig. Mindestens ebenso wichtig ist auch der richtige Abstand zwischen ihnen – eine Herausforderung für die Fertigungsingenieure. Liegen sie zu dicht beieinander, kann es passieren, dass ein Haar gleichzeitig von zwei Klingen erfasst wird, was schmerzhaft wäre, weil es dann zu kräftig aus der Haut gezogen würde. Ist der Abstand zu groß, könnte sich das Haar schon wieder in die Haut zurückziehen, bevor es von der zweiten Klinge erfasst wird. Außerdem könnte die Haut sich auch falten und zwischen die Klingen geraten, was zu Verletzungen führen würde. Und schließlich ist die Schneidfläche umso größer, je mehr Klingen das System hat. Das aber bedeutet, dass auch der Widerstand bei der Rasur größer ist, was ebenfalls unangenehm wäre. Deshalb haben sowohl die Gillette Company als auch die Wilkinson Sword GmbH bislang darauf verzichtet, ein Sechsklingen-System herzustellen. Stattdessen haben sie auf der Rückseite der Klingenkassette eine einzelne Klinge als „Präzisionstrimmer" angebracht, mit der man Barthaare an Stellen abrasieren kann, die sonst schwer erreichbar wären.

Aber wie stellt man nun eigentlich fest, ob sich der Aufwand gelohnt hat? Letztlich, aus ökonomischer Sicht, natürlich daran, was er am Markt einbringt. Aber zunächst, aus technischer Sicht, daran, ob der Rasierapparat überhaupt funktioniert, wie er soll. Man muss also erst mal testen, ob er die Anforderungen erfüllt, die man sich als Entwicklungsziel gestellt hatte. Es liegt auf der Hand, dass es dazu nicht hinreichend ist, die Werkstoffeigenschaften der Klingen, ihre Härte, Festigkeit, Schweißbarkeit und Korrosionsbeständigkeit, zu prüfen. Es geht in dieser Entwicklungsphase nicht mehr um die Prüfung einzelner oder mehrerer Werkstoffeigenschaften, sondern man muss die Funktionsfähigkeit des gesamten Rasiersystems prüfen. Die Werkstoffprüfung geht über in eine Funktionsprüfung. Sie wird gewissermaßen in die Funktionsprüfung integriert. Erfüllt das System die projektierten Funktionen, hat der auch Werkstoff die Eigenschaften, die man von ihm erwartet.

Und wie kann man die Funktionsfähigkeit von Rasierapparaten prüfen? Natürlich, indem man sich mit ihnen rasiert. Den Prototyp des Fünfklingen-Rasierers hat Gillette beispielsweise von sage und schreibe Tausenden von Männern testen lassen. Fünfmal wöchentlich, 50 Wochen im Jahr rasieren sich Testpersonen jeden Morgen im Technologiezentrum der Gillette Company. Und zwar aus hygienischen Gründen jeder mit seinem Rasierapparat. Anschließend beurteilen sie die Qualität und den Komfort des Rasierens in Fragebögen.

Aber man will nicht nur subjektive Eindrücke der Testpersonen erfassen, sondern möglichst objektive Messergebnisse haben. Deshalb wird der Rasiervorgang mit Hochgeschwindigkeitskameras gefilmt, die 2000 Bilder pro Sekunde aufnehmen, um die Spannung und die Verformung der Haut beim Rasieren zu ermitteln. Außerdem werden die individuellen Armbewegungen beim Rasieren mit Hilfe von Markern, die infrarotes Licht reflektieren, von Infrarotkameras aufgenommen und anschließend im Computer dreidimensional rekonstruiert. Eine Technik, die ganz ähnlich auch in der Auto- und Luftfahrtindustrie angewendet wird. Die Gillette Company hat sie für ihre Rasierforschung patentiert. Was ich Ihnen hier über die Entwicklung, Herstellung und Prüfung moderner Rasiersysteme erzählt habe, hat Thomas Jones ausführlicher in einem lesenswerten Bericht über seinen Besuch bei der Gillette Company im „The Guardian" beschrieben [128].

Rasierklingen aus neuen Werkstoffen sorgen im doppelten Sinne für einen guten Schnitt: Mechanisch, indem die Klinge gut schneidet und finanziell, indem es in der Kasse der Hersteller klingelt. Das ist nicht nur bei Rasierklingen so, sondern auch bei jeder zerspanenden Formgebung in der Industrie, wie Drehen, Fräsen und Bohren. Fertigungstechniker kennen den Spruch: „Das Geld wird an der Schneide verdient". Deshalb ist die immer weitere Verbesserung von Schneidstoffen ein wichtiges und breites Feld der Werkstofforschung. Das sind die Werkstoffe, aus denen die Schneide von Zerspanungswerkzeugen besteht, die eine bestimmte geometrische Form haben, wie bei Drehmeißeln, des Fräsern und Bohrern. Im Gegensatz beispielsweise zum Schleifen, bei dem die Werkstückoberfläche durch Schleifkörner abgetragen wird, die keine bestimmte geometrische Form haben.

Schneidstoffe für Zerspanungswerkzeuge müssen hart und verschleißfest, aber auch zäh und biegefest sein, auch bei den bei der zerspanenden Formgebung entstehenden höheren Temperaturen. Um die entstehende Wärme gut abzuführen, müssen sie wärmeleitfähig und natürlich auch korrosionsbeständig sein. Die Auswahl eines für einen bestimmten Zweck geeigneten Schneidstoffes ist immer ein Kompromiss, da diese Anforderungen von einem Werkstoff nicht immer gleichzeitig erfüllt werden können. Im Grunde gibt es für jede Anwendung einen Schneidstoff, der dafür optimal geeignet ist.

Bis zum Ende des 19. Jahrhunderts verwendete man fast ausschließlich Kohlenstoffstahl als Schneidstoff. Damit waren Schnittgeschwindigkeiten von lediglich fünf Meter pro Minute zu erreichen. Seither ging es zunächst darum, die erreichbaren Schnittgeschwindigkeiten zu erhöhen. Anfang des 20. Jahrhunderts entwickelte man Schnellarbeitsstähle, mit denen man mit Schnittgeschwindigkeiten bis zu 40 m pro Minute arbeiten konnte. Einen großen Sprung der Schnittgeschwindigkeit auf 200 m/min ermöglichte Anfang der 30er Jahre des vorigen Jahrhunderts die Entwicklung von Hartmetallen, die mit Wolframcarbid gesintert wurden. Etwa weitere 20 Jahre später erreichte man mit Titancarbid-Hartmetallen 400 m/min und kurze Zeit später mit Keramiken und synthetischen Diamanten sogar 500 m/min.

Später rückte die Verbesserung weiterer Eigenschaften der Schneidstoffe stärker ins Zentrum der Entwicklung. So wurden superharte Schneidstoffe auf der Basis von Bornitrid entwickelt, mit denen man sogar gehärteten Stahl zerspanen kann. Außerdem wurden die Standzeit der Werkzeuge zum Beispiel durch die Verwendung von Titancarbid beträchtlich erhöht und Schneidstoffe mit geringerer

Sprödigkeit entwickelt. Hartmetalle und Schnellarbeitsstähle werden heute oft auch mit Keramiken beschichtet, um höhere Standzeiten zu erreichen. Eine gravierende Verbesserung wurde in den letzten Jahrzehnten mit der Entwicklung von Feinst-kornhartmetallen erreicht, die sowohl hart als auch zäh sind [129].

Natürlich kann man die Schneiden von Bohr-, Fräs- und Drehwerkzeugen auf-grund der bei ihrer Anwendung auftretenden Belastung und den unterschiedlichen Einsatzbedingungen nicht ohne weiteres mit den Schneiden von Rasierklingen ver-gleichen. Es ist schon ein gravierender Unterschied, ob man Barthaare von der Haut abscheren oder einen Span von einem Bauteil aus Metall abheben will, das womög-lich sogar gehärtet worden ist. Ganz abgesehen davon, dass beim Fräsen, Drehen oder Bohren das zu bearbeitende Werkstück nicht unbedingt sanft behandelt werden soll, geschützt allerdings schon. Dazu werden Kühl- und Schmiermittel verwendet, um die Reibung zwischen dem Werkzeug und dem Werkstück zu verringern, die entstehende Wärme abzuführen sowie das Werkstück vor Korrosion zu schützen und Gefügeänderungen an den Oberflächen von Werkzeug und Werkstück zu ver-hindern. Sie bestehen im Wesentlichen aus Wasser und Ölen.

2.11 Verdächtige Superstars

Die Schutzfunktion der Schneide, die bei zerspanenden Werkzeugen den Kühl- und Schmiermitteln zukommt, übernimmt bei Rasierklingen die Deckschicht aus Tef-lon, die darüber hinaus für eine sanfte Rasur sorgen soll, wie Sie schon wissen. Sie kennen Teflon wahrscheinlich von Bratpfannen, die damit beschichtet sind. Wissen Sie aber auch, was das für ein Material ist, woraus es besteht?

Teflon ist ein Markenname, nämlich für Polytetrafluorethylen (PTFE). Das ist der bekannteste unter den Fluor-Kunststoffen. Das sind Thermoplaste, die seit 1950 industriell hergestellt werden und dank ganz besonderer Eigenschaften sehr erfolg-reich sind. Polytetrafluorethylen ist halbkristallin, fast undurchsichtig und weiß. Seine Beständigkeit gegenüber chemischen Substanzen ist hervorragend. Es gibt kaum Chemikalien, die Polytetrafluorethylen angreifen, es ist nicht entflammbar und antiadhäsiv. Deshalb beschichtet man damit natürlich nicht allein Rasierklin-gen, sondern auch eine Vielzahl anderer Erzeugnisse, beispielsweise in der Papier- und Textilindustrie, in der Raumfahrt und im Flugzeugbau sowie im chemischen Apparatebau.

Oft wurde verbreitet, PTFE sei ein Produkt, das aus der Raumfahrt stammt. Stimmt aber nicht. Vielmehr suchte der Chemiker Roy Plunkett in den 30er Jahren des vorigen Jahrhunderts für die Firma DuPont ein neues Kältemittel für Kühl-schränke. Er ließ eine Flasche Tetrafluorethylen aus Versehen bei Zimmertempe-ratur stehen – und der Inhalt wurde zur festen Masse. Dass diese chemisch mit nahezu keiner Substanz reagierte, fanden die Chemiker der Firma zwar interessant, sie wussten aber weiter nichts damit anzufangen. Erst als die Entwickler der Atom-bombe 1943 nach einem korrosionsbeständigen Stoff für Behälter und Rohrleitun-gen suchten, erinnerte man sich bei DuPont an die Entdeckung. Fünf Jahre danach startete die Firma die kommerzielle Produktion von Teflon für Beschichtungen, Dichtungen und Isoliermaterial. Später beschichtete der Pariser Chemiker Marc

Gregoire seine Angelschnüre mit Teflon, damit sie sich leichter entwirren ließen. Seine Frau soll die Idee gehabt haben, Pfannen damit zu beschichten. Unter dem Namen Tefal verkaufte Grégoire Millionen von Pfannen und Töpfen. Die NASA bediente sich des Stoffes für ihre Weltraumprojekte, und 1969 entwickelte Bob Gore (geb. 1937) gemeinsam mit seinem Vater Gore (1912–1986), beide amerikanische Chemieingenieure und Geschäftsleute, die Teflonmembran. Sie ist für Wasserdampf durchlässig, nicht aber für Wasser und wurde unter dem Namen Gore-Tex ein Verkaufsschlager [130].

Rasierklingen, die mit Teflon beschichtet waren, brachte zuerst Wilkinson Sword auf den Markt. Das war im Jahre 1961. Und es wird Sie kaum noch wundern, wenn ich Ihnen sage, dass es auch darum zunächst einen heftigen Patentstreit zwischen Gillette und Wilkinson Sword sowie anderen Rasierklingenherstellern gab. Die Gillette Company behauptete nämlich, bereits Ende 1960 ein patentwürdiges Verfahren zur Kunststoffbeschichtung von Rasierklingen entwickelt zu haben. Sie stellte deshalb beim Deutschen Patentamt den Antrag, dass es nur ihr erlaubt werden soll, Rasierklingen mit Teflon zu beschichten. Allerdings ohne den erhofften Erfolg [131].

Bereits seit über 20 Jahren platziert man parallel zu den Klingen zusätzlich Gleitstreifen, die Hautirritationen vermeiden sollen. Ihre perforierte Oberflächenschicht soll möglichst dünn sein, im Allgemeinen ist sie 0,01 bis 0.02 mm dick. Sie enthält einen geschmeidigen Kunststoff, wie einen Polyester, Polyurethan oder Polyethylen. Dieser Polymerfilm der Gleitstreifen absorbiert Wasser und wird dadurch beim Rasieren glatt und schlüpfrig, wodurch die Rasierklinge über die Haut gleiten kann, ohne sie zu verletzen. Die Matrix ist etwa ein bis zwei Millimeter dick und enthält einen offenporigen Schaum aus Polyurethan, Polyvinylchlorid oder anderen Kunststoffen. Das saure Gleitmittel enthält alkalische Metallsalze und ungesättigte Fettsäuren mit mindestens 16 Kohlenstoffatomen [132].

Der Gleistreifen ist in den nachfolgenden Jahren immer weiter optimiert worden, indem die Zusammensetzung des Gleitmittels verändert wurde. So wurden ihm unter anderem Polyacrylamide, Silikonöl und natürliche Polysaccharide sowie Pflegemittel, wie Vitamin E, Aloe Vera, Panthenol und natürliche Öle, wie Menthol, beigefügt. Das Gleitmittel hinterlässt einen Rückstand auf der Haut, der dazu beitragen soll, die Haut normal zu durchlüften und eine Entzündung der Hautfollikel zu vermeiden. Das soll dadurch passieren, dass das Gleitmittel in Kügelchen mit einem Durchmesser in der Größenordnung von Mikrometern verkapselt worden ist, die während des Rasierens kleiner werden und dadurch aus dem Gleitmittel auf die Haut diffundieren können. Ein zusätzlicher Effekt ist, dass der Gleitstreifen dadurch selbst immer rauer wird und den Rasiervorgang hemmt. Ein Zeichen dafür ist, dass sich der farbige Gleitstreifen allmählich weiß färbt. Ein deutlicher Hinweis, dass die Rasierleistung der Klingen nicht mehr optimal ist und der Rasierkopf gewechselt werden muss. Dieser Vorgang war zunächst problematisch, weil die Lebensdauer der Gleitstreifen am Anfang kürzer war, als die Dauer der Schneidfähigkeit der Klingen. Inzwischen hat man Beides in Einklang gebracht.

Außer mit Gleitstreifen hat man an den Rasierkopf auch noch etwas hervorstehende Schutzstreifen angebracht, und zwar vor den Klingen. Sie sollen die Haut strecken, bevor der Bart abgeschnitten wird, die Versorgung der Haut mit dem

Gleitmittel verbessern und sie damit noch geschmeidiger machen. Dadurch soll die Gefahr des Schneidens in die Haut weiter reduziert und das Rasieren noch komfortabler gemacht werden. Diese Schutzstreifen bestehen aus natürlichem oder synthetischem Gummi oder auch thermoplastischen Elastomeren, wie Polyester, Polyamid oder Polyurethan [133].

Mit der Teflon-Beschichtung von Rasierklingen sowie den Gleit- und Schutzstreifen an den Rasiergeräten sind wir auf unserem Streifzug durch die Werkstoffforschung bei einer Gruppe von Werkstoffen angelangt, der der deutsche Chemiker Ernst Richard Escales (1863–1924) im Jahre 1910 den Namen „Kunststoffe" gegeben hat [134]. Kunststoffe sind wie Metalle und Keramiken feste Stoffe, allerdings mit einer völlig anderen Struktur und Zusammensetzung. Sie sind synthetisch oder halbsynthetisch aus einzelnen organischen Molekülen (Monomeren) aufgebaut. Das wichtigste Element, die Basis organischer Moleküle, ist Kohlenstoff. Außerdem enthalten sie oft Wasserstoff, Stickstoff oder Halogene. Wie das Monomer des Teflons, Tetraflourethylen, bei dem an den Kohlenstoff Fluoratome angelagert sind. Die Monomeren lagern sich zu linearen, verzweigten oder vernetzten Ketten zusammen oder bilden auch kristallin geordnete Bereiche, in denen lange Monomerketten teilweise parallel ausgerichtet sind. Diesen Prozess der Zusammenlagerung von Monomeren zu Polymeren nennt man Polymerisation. Die Bindungskräfte zwischen den Polymerketten beruhen auf elektrostatischen Kräften. Man nennt diese Art der chemischen Bindung „van der Waals'schen Bindung", benannt nach dem niederländischen Physiker Johannes Diderik van der Waals (1837–1923), der 1910 den Nobelpreis für Physik für seine Arbeiten über die Zustandsgleichung der Gase und Flüssigkeiten erhielt [135].

Die van der Waals'schen Bindungskräfte zwischen den Polymerketten sind, anders als bei den chemischen Bindungsarten, über die wir gesprochen haben, keine festen chemischen Bindungen, sondern relativ schwache physikalische Anziehungskräfte. Anders sieht es bei den einzelnen Molekülen entlang der Ketten aus. Sie sind überwiegend durch starke Atombindungen verbunden (Abb. 2.48).

Verhalten	Allgemeine Struktur	Darstellung
Thermoplast	Flexible lineare Ketten	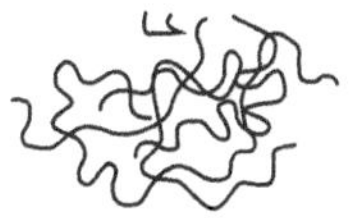
Duroplast	Starres dreidimensionales Netzwerk	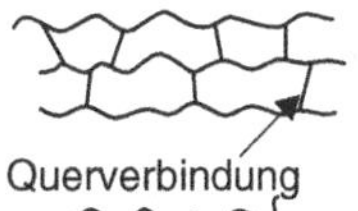 Querverbindung
Elastomer	Lineare Ketten mit Querverbindungen	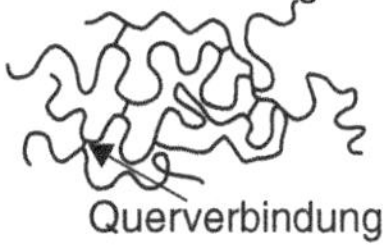 Querverbindung

Abb. 2.48 Struktur und Einteilung von Kunststoffen

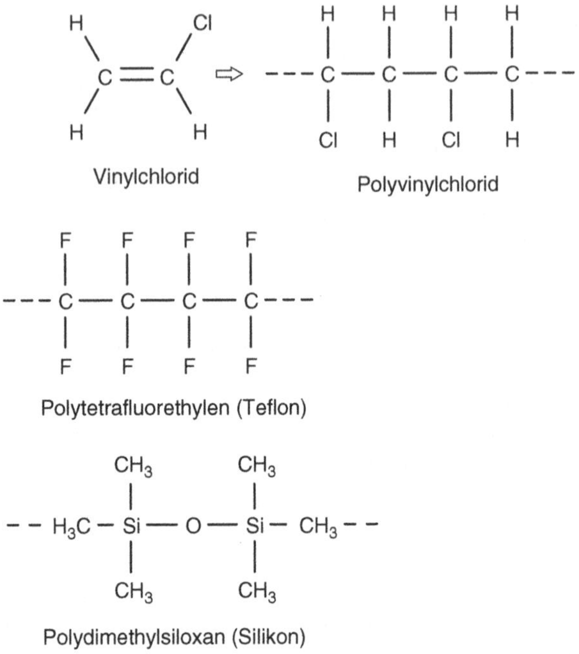

Abb. 2.49 Strukturen ausgewählter Kunststoffe

$$H_2C=CHCl \Rightarrow ---CH_2-CHCl-CH_2-CHCl---$$

Vinylchlorid   Polyvinylchlorid

$$---CF_2-CF_2-CF_2-CF_2---$$

Polytetrafluorethylen (Teflon)

$$--H_3C-Si(CH_3)_2-O-Si(CH_3)_2-CH_3--$$

Polydimethylsiloxan (Silikon)

Aus diesen Strukturen erklären sich die Eigenschaften der Kunststoffe. Thermoplaste sind nicht über Nebenketten vernetzt und deshalb gut plastisch formbar, während die Härte von Duroplasten auf der Vernetzung der Polymerketten beruht. Bei elastisch verformbaren Kunststoffen, den Elastomeren, sind die Molekülketten gewissermaßen verknäult. Bei Zugbelastung ordnen sie sich in Zugrichtung und gehen nach Entlastung in den ungeordneten Zustand zurück, der energetisch günstiger ist.

Übrigens gibt es auch anorganische Polymere. Beispielsweise Silikone, chemisch genauer Poly(organo)siloxane. Ihre Ketten sind aus Siloxan-Einheiten (Si-O) aufgebaut, an die organische Gruppen, wie Methylgruppe (CH_3-) angelagert sind (Abb. 2.49).

Sie haben von Silikonen sicher schon im Zusammenhang mit kosmetischen Operationen gehört. Ich sage Ihnen das nur am Rande, damit Sie verstehen, dass Silikone etwas völlig anderes sind als Silicate, aus denen eine Gruppe von Keramiken aufgebaut ist. Bitte verwechseln Sie das nie! „Silikone" erhielten ihren Namen Anfang des 20. Jahrhunderts von dem englischen Chemiker Frederic Stanley Kipping (1863–1949) [136].

Das Konzept der aus Monomeren aufgebauten Polymerketten begründete der deutsche Chemiker Hermann Staudinger (1881–1965) und schaffte damit die entscheidende wissenschaftliche Grundlage für die Kunststoffherstellung. Er prägte im Jahre 1920 den Begriff des Makromoleküls und erhielt für seine fundamentale wissenschaftliche Leistung 1953 den Nobelpreis für Chemie. Seine Erkenntnisse waren so einschneidend, dass sie von vielen Chemikern nicht akzeptiert wurden.

Selbst Heinrich Wieland (1877–1957), der 1927 den Nobelpreis für Chemie erhielt, wandte sich mit den Worten an Staudinger:

> Lieber Herr Kollege, lassen Sie doch die Vorstellung mit den großen Molekülen, organische Moleküle mit einem Molekulargewicht über 5000 gibt es nicht. Reinigen Sie Ihre Produkte, wie z. B. den Kautschuk, dann werden diese kristallisieren und sich als niedermolekulare Stoffe erweisen! [137]

Kunststoffe sind eine Werkstoffklasse, die viel jünger ist, als Metalle und Keramiken. Ihre Geschichte begann erst Mitte des 19. Jahrhunderts mit der Herstellung von Celluloid aus Nitrocellulose, die aus Baumwolle gewonnen wurde, und aus Campher aus dem Harz des Campherbaums. Sein Erfinder war der Engländer Alexander Parkes (1813–1890), der eigentlich Metallurge war. Celluloid war der erste thermoplastische Kunststoff. Cellulose hatte der französische Chemiker Anselme Payen (1795–1871) entdeckt, als er Holz mit Salpetersäure und einer Natriumhydroxidlösung behandelte und dabei eine Substanz zurückblieb, die er auch in Baumwolle fand, und die er „les cellules", Cellulose, nannte. Im Jahre 1846 machte der deutsch-schweizerische Chemiker Friedrich Schönbein zufällig eine Entdeckung, die ihn ziemlich erschreckt haben dürfte. Er mischte Schwefelsäure mit Salpetersäure in einer Flasche, die ihm zu Boden fiel und zerbrach. Er wischte die Flüssigkeit mit einer Baumwollschürze seiner Frau auf, wusch sie mit Wasser aus und hängte sie zum Trocknen an den Ofen. Aber offenbar hatte er sie nicht gründlich genug ausgewaschen, denn sie explodierte und verbrannte. Aus der Cellulose der Schürze und der Salpetersäure hatte sich Nitrocellulose (chemisch Zellulosenitrat) gebildet, und die ist hochexplosiv. Sie wird deshalb auch Schießbaumwolle genannt und ist unter anderem Hauptbestandteil von Schießpulver.

Der Amerikaner John Wesley Hyatt (1837–1920) verbesserte das Herstellungsverfahren von Celluloid und erhielt dafür 1869 ein Patent. Er verarbeitete Celluloid zu harten Gegenständen mit einer glatten Oberfläche und stellte daraus Billardkugeln her, die bis dahin aus Elfenbein bestanden. Diese Kugeln lösten beim Zusammenstoß eine leichte Explosion aus. Deshalb soll der Besitzer eines Saloons in Colorado ihm geschrieben haben: „Mir macht es nichts aus, aber jedes Mal, wenn die Kugeln zusammenstoßen, ziehen alle Männer im Raum den Revolver." Seine Karriere machte Celluloid vor allem als Werkstoff zur Bildspeicherung in der Filmindustrie. Celluloidfilme werden zwar bis heute noch verwendet, aber seit etwa zwei Jahrzehnten sind sie in rasantem Tempo weitgehend von elektronischen Speichermedien abgelöst worden [138].

Den ersten duroplastischen Kunststoff erfand der belgisch-amerikanische Chemiker Leo Baekeland (1863–1944). Nach seinem Erfinder wurde er Bakelit genannt. Dessen Herstellung war ein Meilenstein in der Kunststoffherstellung, denn Bakelit war der erste Kunststoff, der vollsynthetisch hergestellt wurde, und zwar aus Phenol und Formaldehyd. Bakelit ersetzte nicht nur das Celluloid bei der Herstellung von Billardkugeln, sondern fand auch breite Anwendung für die Produktion vieler verschiedener Alltagsgegenstände, wie beispielsweise Kämme, Radiogehäuse und nicht zuletzt Isolatoren für die aufkeimende Elektroindustrie. Baekeland erhielt für seine Erfindung im Jahre 1907 ein Patent, eben zu jener Zeit, als auch

Alfred Wilm das Duraluminium erfunden hatte. Und auch räumlich nicht weit von ihm entfernt, nämlich in den Rütgers-Werken in Erkner bei Berlin. Sie erwarben 1909 eine Lizenz und begannen mit der Massenproduktion von Bakelit. Später wurde dort im VEB Plasta Erkner das Bindemittel für die Faserverbund-Karosserie des bekannten „Trabbi" produziert. Heute werden vom Nachfolger dieses Betriebes, der Dynea GmbH, Bindemittel beispielsweise für Faserplatten, Dämmstoffe und Computerplatinen hergestellt. Bakelit ist Geschichte, es wurde inzwischen durch andere Werkstoffe ersetzt – falls Sie sie sich genauer ansehen wollen, gehen Sie ins Chemie-Museum nach Erkner [139].

Seither hat sich die Kunststoffentwicklung und -herstellung rasant und differenziert entwickelt. Dazu hat nach dem II. Weltkrieg vor allem die Erfindung der heterogenen Katalysesysteme durch Natta und Ziegler beigetragen. Sie ermöglichte Mitte der 1950er Jahre die Produktion von Polyethylenen und Polypropylenen bei relativ niedrigen Drücken und Temperaturen. Was bei katalytischen Reaktionen an der Grenze zwischen der Oberfläche von Werkstoffen und Gasen genau passiert, hat erst Gerhart Ertl vom Fritz Haber-Institut der Max-Planck-Gesellschaft in Berlin in jahrzehntelanger Forschungsarbeit aufgeklärt und dafür den Nobelpreises für Chemie im Jahre 2007 erhalten.

In den 1980er Jahren wurden große Anstrengungen in Wissenschaft und Industrie unternommen, die Eigenschaften von polymeren organischen Werkstoffen zu verbessern und sie als Hochleistungs-Konstruktionswerkstoffe zu nutzen. So entstanden beispielsweise Hochleistungsfasern und Leichtbau-Polymerverbundwerkstoffe. Schließlich wurden polymere Funktionswerkstoffe entwickelt und hergestellt, beispielsweise aus mehreren Schichten aufgebaute elektrisch leitende und lichtemitierende Polymere, sogenannte OLED's (engl. Organic Light Emitting Diode). Sie kennen OLEDs, denn sie werden hauptsächlich für die Herstellung von Bildschirmen und Displays verwendet, aber auch für die großflächige Raumbeleuchtung. Selbst für die Produktion von biegsamen Bildschirmen und von elektronischem Papier kommen sie in Frage. Jüngste Entwicklungen zielen darauf ab, polymere organische Werkstoffe Baustein für Baustein aus einem molekularen Baukasten zusammenzusetzen, also gewissermaßen eine molekulare Lego-Welt zu schaffen. Dabei könnten sich kleine Kunststoffmoleküle wie in der Natur sogar „von selbst" zu großen Strukturen zusammenschließen.

In den 150 Jahren seit ihrer Erfindung, insbesondere seit den 1960er Jahren, sind Kunststoffe in die Superstar-Klasse der Werkstoffe aufgestiegen. Mehr als 260 Mio. Tonnen werden jedes Jahr weltweit produziert und jährlich wächst ihre Produktion um fünf Prozent. Wie wäre unser Leben ohne sie? Gewiss viel weniger komfortabel, nicht nur beim Rasieren. Aber wie ist unser Leben mit ihnen? Gefährlich! Zumindest gibt es ernstzunehmende Belege, die diesen Verdacht nähren. Kunststoffe landen im Wasser, werden vergraben oder verbrannt. Sie schädigen nicht nur unsere Umwelt und gefährden Tiere. Sie vergiften auch uns und unsere Nachkommen. Hier nur einige Befunde: Der Meeresschutzorganisation Oceana zufolge werden jede Stunde etwa 675 Mio. t Müll ins Meer entsorgt. Die Hälfte davon sind Kunststoffe. Ein Müllstrudel, der als „Great Pacific Garbage Patch" bekannt geworden ist, war Anfang 2008 so groß wie Mitteleuropa. Aber, was an Kunststoffabfällen auf der

Meeresoberfläche schwimmt, ist nur die Spitze eines riesigen Müllgebirges. Allein auf dem Nordseeboden liegt, wie holländische Wissenschaftler berechnet haben, ein Belag aus etwa 600.000 t Kunststoff. Auf einem Atoll im nördlichen Pazifik, den Midwayinseln, sterben jedes Jahr etwa 700.000 Jungvögel von Albatrossen, weil sie von ihren Eltern mit Plastikabfällen gefüttert werden, da sie diese nicht von richtiger Nahrung unterscheiden können.

Der für mich bedenklichste Befund ist, dass in verschiedenen Kunststoffen chemische Substanzen nachgewiesen worden sind, die das Hormonsystem von Menschen und Tieren beeinflussen. Sie sollen unter anderem zu Fehlbildungen der männlichen Geschlechtsorgane, einer drastischen Verringerung der Anzahl der Spermien und des Volumens des Ejakulats führen. Der österreichische Umweltmediziner Klaus Rhomberg geht davon aus, dass weltweit 100.000 dieser sogenannten xenobiotischen Substanzen produziert werden, und wir mit ihnen in Berührung kommen. Jede davon kann weit unter den gesetzlichen Grenzwerten liegen, für sich genommen ungefährlich sein. Aber sie verbinden sich wie in einem Cocktail und können sich in ihrer Wirkung verstärken, meint sein Kollege Hans-Peter Hutter. Das Fazit von Niels Skakkebaek, einem dänischen Endokrinologen, lautet: „Nicht der Mensch ist in Gefahr – aber der Hoden des Mannes". Aber auch Frauen sind betroffen. Denn schon minimale Veränderungen in ihrem Hormonsystem können Rhomberg zufolge die Entwicklung ihres Kindes bereits im Mutterleib stören.

Lange Zeit hatte man geglaubt, dass problematische Stoffe, die in Kunststoffen enthalten sind, nicht in natürliche Stoffkreisläufe, die Nahrungskette oder in den menschlichen Organismus gelangen können, da sie in den Werkstoffen chemisch gebunden sind. Aber auch diese beruhigende Annahme gilt wohl nicht mehr: Aus Kunststoffen sollen Moleküle entweichen, auch wenn sie nicht zerkratzt oder chemisch angegriffen werden. Selbst aus Kunststoffflaschen und -boxen, die wir im Haushalt verwenden. Ob die Teflonschicht auf Rasierklingen da eine Ausnahme macht, vermag ich nicht zu beurteilen. Bekannt ist aber, dass es seinerzeit wegen vermuteter gesundheitlicher Risiken starken Widerstand gegen die Markteinführung teflonbeschichteter Erzeugnisse gegeben hatte, bis hin zu dem Gerücht, das Material könnte das Potential zu einer „biochemischen Waffe" haben. Die Firma Du Pont konnte aber in einer groß angelegten Aktion die Gemüter beruhigen und inzwischen nutzen die meisten hemmungslos solche Produkte. Diese dunkle Seite der Kunststoffe ist vor einigen Jahren erschreckend eindrucksvoll dokumentiert worden [140].

Alarmierend behaupten die einen, Panikmache andere. Nach und nach werden die Bedenken jedoch ernster genommen, von Anwendern, in der Politik und selbst in der Industrie, die ihr Geld mit der Herstellung und dem Einsatz von Kunststoffen verdient. Und es wird nach Lösungen für das Problem gesucht. Denken Sie darüber nach. Zumal, wenn Sie Werkstoffwissenschaft studieren wollen. Denn dann können Sie sich daran beteiligen und mit dafür sorgen können, dass man Erzeugnisse aus Kunststoffen bedenkenlos verwenden kann. Ich war als Student selbst einer, der Kunststoffe für Werkstoffe der Zukunft gehalten hat. Stimmt ja auch, wenn man ihre „Nebenwirkungen" in den Griff bekommt. Mein Fehler war, dass ich nicht über mögliche Folgen ihrer Herstellung und Anwendung nachgedacht habe. Aber wer hat das damals schon?

Übrigens spielen organische Hochpolymere auch bei alltäglichen Tätigkeiten eine Rolle, die mit Hochtechnologie nichts, vielleicht aber in gewissem Sinn mit menschlicher Hochleistung zu tun haben. Beispielsweise bei der Zubereitung eines Steaks als Energielieferant für Leistungssportler. Fleisch besteht ja bekanntlich vor allem aus Wasser und Eiweiß (Proteinmolekülen). Lässt man es lange liegen, wird es zäh, weil sich die Proteinketten vernetzen. Was können Sie tun, um dennoch ein zartes Steak zu bekommen? Nun, indem Sie die Vernetzungsstellen wieder aufbrechen? Und wie macht man das? Man legt einfach frische Ananas oder frische Papayafrüchte auf das Fleisch. Die Enzyme Bromelain aus der Ananas und Papain aus den Papayafrüchten bringen dann beim Braten eine chemische Reaktion in Gang, die zum Aufbrechen der Vernetzungsstellen führt [141].

Nun werden Sie vielleicht fragen, was das alles mit Werkstoffwissenschaft zu tun hat. Ist das nicht alles schlicht und einfach Chemie? Ja, alles, was ich Ihnen über organische Hochpolymere erzählt habe, ist Chemie. Aber Kunststoffe sind zweifellos Werkstoffe, auf chemischem Wege hergestellte Werkstoffe. Und ihre Entwicklung, Herstellung, Prüfung und Anwendung damit natürlich auch ein Teilgebiet der Werkstoffwissenschaft. Und was das Beispiel mit dem Steak betrifft: Es gibt heute sogar eine „Materials Science of Food".

2.12   Auf Sand gebaut

Moderne Nassrasiersysteme unterstützen die Rasur dadurch, dass der Scherkopf während des Rasierens vibriert, angetrieben von einem Motor, der im Griff des Rasierers untergebracht ist und von einer Batterie gespeist wird. Die vibrierende Bewegung des Scherkopfes soll dafür sorgen, dass die Klingen mit dem richtigen Druck über die Haut geführt werden und damit ein optimaler Kontakt zwischen beiden entsteht. Ein zu geringer Druck führt zu einer unsauberen Rasur und ein zu starker zur Verletzung der Haut. Bei früheren Rasierern hatte allein der Benutzer die Kontrolle darüber, mit welcher Kraft der Apparat auf die Haut gedrückt wird. Die Erfindung des „Vibration Razors" nimmt sie ihm im wahrsten Sinne des Wortes aus der Hand und überträgt sie auf das Rasiersystem [142].

Beim den „Fusion Power"-Modellen von Gillette ist in den Griff ein Mikrochip eingebaut, der die Entladung der Batterie kontrolliert und die Vibration, das heißt auch, die Rasierleistung, über die gesamte Lebensdauer der Batterie konstant hält. Eine Batteriekontrollleuchte am Griff zeigt rechtzeitig an, wann die Batterie gewechselt werden muss [143]. Das Prinzip, auf dem der „Fusion Power" beruht ist nicht so neu, wie man vermuten könnte. Bereits in den 20er Jahren des vorigen Jahrhunderts haben die Elektrotechnik und die schwingende Klinge in die Rasiertechnik Einzug gehalten. Zunächst in den USA und wenige Jahre später auch in Deutschland. Im Jahre 1932 hat der Siemens-Konzern die Siemens-Rasiermaschine „Sirama" auf den Markt gebracht, ein Gerät zum Nassrasieren bei der die Rasierklinge durch einen batteriegetriebenen Elektromotor über einen Exzenter zum Schwingen gebracht wurde. Sie war allerdings zu teuer, um einen massenhaften Absatz zu finden.

Den ersten brauchbaren elektrischen Rasierapparat hatte im Jahre 1923 ein Mann erfunden, dem das Rasieren trotz King Camp Gillettes Erfindung zu quälend und das Nassrasieren überhaupt zu aufwändig war, der amerikanische Berufsoffizier Jacob Schick (1887–1937). Das war die Wiedergeburt der Trockenrasur, wie sie unsere Altvordern in der Steinzeit praktizierten. In den 50er und 60er Jahren des 20. Jahrhunderts galten von verschiedenen Firmen in unterschiedlichen Varianten hergestellte elektrische Trockenrasierer als ein Symbol des Fortschritts. Seit man eisgehärtete, rostfreie und mit Teflon beschichtete Rasierklingen herstellen kann, hat der Nassrasierer jedoch wieder aufgeholt und sich am Markt durchgesetzt [144].

Schick hatte mit seinem elektrischen Trockenrasierer viel Geld verdient. Einen Großteil seines Vermögens legte er auf den Bahamas an. Deshalb drohte ihm eine Untersuchung durch das Steuerflucht-Komitee des US-Kongresses. Der entging er dadurch, dass er 1935 nach Kanada zog und die kanadische Staatsbürgerschaft annahm [145]. Kommt Ihnen dieses Verhalten nicht auch irgendwie bekannt vor?

Mit dem „Fusion Power" hat Gillette die Nassrasiertechnik wieder mit der Elektrotechnik kombiniert. Mehr noch: Mit der Mikroelektronik, wenn Sie an den in den Griff des Rasierapparates eingebauten Chip denken. Und die verdankt ihr „Leben" einerseits der Entdeckung des Transistoreffekts und andererseits der Nutzung von Silicium als Werkstoff. Sie sind gewissermaßen Mutter und Vater der Mikroelektronik und anderer in der zweiten Hälfte des 20. Jahrhunderts entstandener, wegen ihrer immensen Bedeutung sogenannter Schlüsseltechnologien. Und das überzeugendste Beispiel dafür, wie aus Ergebnissen der physikalischen Grundlagenforschung durch die Herstellung und Anwendung eines neuen Werkstoffes Industrien entstanden sind, die das Leben der Menschen und die Gesellschaft durchgreifend verändern.

Silicium ist zum wichtigsten Werkstoff der modernen Halbleitertechnik und der Mikroelektronik geworden und hat sowohl die modernen Informations- und Kommunikationstechnologien hervorgebracht als auch die Umwandlung von Sonnenlicht in elektrische Energie als alternative Energiequelle ermöglicht. Darüber hinaus ist die Siliciumtechnologie der Vorreiter aller Mikrotechnologien, die auch die Entwicklung und –herstellung anderer Werkstoffe umfassend beeinflusst haben. Manchmal wird deshalb die gegenwärtige Epoche als Siliciumzeitalter bezeichnet. Vor allem der Siliciumtechnologie ist es wohl auch zu danken, dass die Werkstoffforschung und –entwicklung als ein Gebiet erkannt und anerkannt worden ist, das für die Entwicklung moderner Gesellschaften große strategische Bedeutung hat.

Ausschlaggebend für die Erfolgsgeschichte des Siliciums waren zwei sowohl zeitlich und räumlich als auch inhaltlich weit auseinander liegende Ereignisse: Die Herstellung hochreiner und strukturell perfekter Silicium-Einkristalle und die Erfindung des Transistors. Die Technologie zur Herstellung von Silicium-Einkristallen war bereits 1913 von Johan Czochralski (1885–1953), einem polnischstämmigen Autodidakten und späteren Leiter des 1918 gegründeten Metall-Laboratoriums der Metallgesellschaft AG, entwickelt worden. Er hatte sich vor allem mit Metallografie beschäftigt und ein Verfahren zur Messung der Kristallisationsgeschwindigkeit von Metallen entwickelt, mit dem man kontinuierlich einen dünnen Kristallfaden aus einer Schmelze ziehen konnte, ohne dass er abreißt. Czochralski konnte nachweisen, dass die gezogenen Drähte einkristallin waren, also aus einem einzigen

Kristall bestanden. Die Idee dazu soll ihm gekommen sein, als er einen Federhalter aus Versehen in ein Fässchen mit Zinn, statt in ein Tintenfass gesteckt hatte. Dieses nach ihm benannte Verfahren ist weiterentwickelt worden. Heute zieht man damit höchstreine Silicium-Einkristalle mit einem Durchmesser von 30 Zentimetern und einer Länge von über zwei Metern [146] [147].

Den Transistoreffekt haben die amerikanischen Physiker John Bardeen (1908–1991), Walter H. Brattain (1902–1987) und William B. Shockley (1910–1989) 1947 entdeckt und auf dieser Grundlage in den amerikanischen Bell-Laboratorien den ersten Halbleitertransistor gebaut. Er bestand damals noch nicht aus Silicium, sondern aus Germanium. Sie erhielten für diese Entdeckung 1956 den Nobelpreis für Physik. In ihren Veröffentlichungen haben sie jedoch verschwiegen, dass der in den Bell-Laboratorien gebaute Transistor auf grundlegenden Patenten beruhte, die Julius Edgar Lilienfeld (1882–1963), ein Physiker österreichisch-ungarischer Abstammung, und Oskar Ernst Heil (1908–1994), ein deutscher Physiker, bereits 1925 bzw. 1934 angemeldet hatten. Ein Transistor ist, wie Sie sicher aus dem Physikunterricht wissen, ein elektronisches Bauelement, mit dem elektrische Signale verstärkt und geschaltet werden. Sie werden heute in fast allen elektronischen Schaltungen verwendet. Ihr Hauptanwendungsgebiet sind integrierte Schaltkreise, also auf einem einzelnen Chip untergebrachte elektronische Schaltungen, die aus verschiedenen miteinander verdrahteten Bauelementen bestehen [148]. Ohne sie gäbe es keine Mikroelektronik und damit auch nicht all jene Geräte der Informations- und Kommunikationstechnik, die wir jeden Tag nahezu ohne Unterlass nutzen.

Was ist das für ein Werkstoff, mit dem das alles seinen Anfang genommen hat? Silicium ist ein Halbleiter mit einer Kristallstruktur, die gleich der von Diamant ist. Halbleiter können elektrischen Strom leiten, aber aufgrund ihrer elektronischen Struktur nicht so gut, wie Metalle. Die Erklärung dafür liefert das sogenannte Bändermodell: In Festkörpern besteht zwischen ihren Atomen eine Wechselwirkung über eine Entfernung von mehreren Atomabständen hinweg. Dadurch werden die im einzelnen Atom möglichen Energiewerte, auf denen sich Elektronen befinden können, und die Sie als die Elektronenschalen im Bohr'schen Atommodell kennen, zu sogenannten Energiebändern ausgeweitet. Je nach der Größe dieser Ausweitung, die von der Art der Atome abhängt, können sie sich überlappen oder durch eine Energielücke (Bandlücke), getrennt sein.

Das am höchsten liegende Energieband, das am absoluten Temperatur-Nullpunkt (T = 0 Kelvin) mit Elektronen besetzt ist, ist das sogenannte Valenzband. Die Elektronen des Valenzbandes sind jene, die im Bohr'schen Atommodell auf der äußeren Schale sitzen und, wie Sie sich hoffentlich erinnern, die Art der chemischen Bindung zwischen Elementen bestimmen. Über dem Valenzband liegt aber noch ein Energieband, das Leitungsband. So genannt, weil seine Elektronen für die elektrische Leitfähigkeit des Materials zuständig sind. Bei Halbleitern, wie Silicium, sind beide durch eine Bandlücke voneinander getrennt und das Leitungsband enthält keine Elektronen. Die sind fest in den Gitteratomen gebunden. Das Material ist also nicht leitfähig. Damit es das wird, müssen Elektronen aus dem Valenzband in das Leitungsband springen. Dazu muss man Energie aufwenden, beispielsweise indem man es erhitzt. Deshalb steigt die Leitfähigkeit von Halbleitern mit steigender Tem-

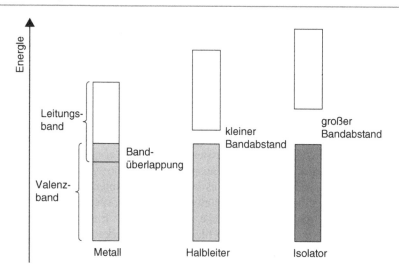

Abb. 2.50 Einteilung der Werkstoffe mit Hilfe des Bändermodells

peratur. Bei Metallen überlappen sich Valenz- und Leitungsband. Das ist der Grund für ihre hohe Leitfähigkeit. Man muss nicht erst Energie aufbringen, um Elektronen in das Leitungsband zu befördern. Im Gegenteil, Energiezufuhr führt hier zu Schwingungen im Kristallgitter, wodurch die Elektronen mit den Atomrümpfen des Gitters kollidieren. Dadurch nimmt die Leitfähigkeit von Metallen bei einer Temperaturerhöhung sogar ab. Bei nichtleitenden Materialien ist die Bandlücke andererseits so groß, dass man Elektronen auch mit hohem Energieaufwand nicht aus dem Valenz- in das Leitungsband heben kann. Das Leitungsband bleibt leer, sodass im Kristallgitter kein Strom fließen kann. Mit Hilfe dieses Bändermodells kann man also eine der üblichen Einteilungen von Werkstoffen, nämlich in Metalle, Halbleiter und Nichtleiter, erklären und anschaulich machen (Abb. 2.50).

Wahrscheinlich werden Sie jetzt fragen, warum nun gerade Halbleiter die Basiswerkstoffe für elektronische Bauelemente sind. Lassen Sie uns diese Frage am Beispiel von Halbleiter-Dioden beantworten, weil sie sehr einfach aufgebaut sind. Sie bestehen nämlich nur aus zwei Schichten, die sich berühren. Legt man daran eine Spannungsquelle an, lassen sie den elektrischen Strom entweder fließen oder sie verhindern den Stromfluss, je nachdem, wie man die Spannungsquelle polt. Und Dioden leiten den Strom nur in eine Richtung. Wie funktioniert das? Der Trick besteht darin, dass man in den Grundwerkstoff winzige Mengen von Fremdatomen einbringt. Beispielsweise, indem man ihn damit im Vakuum mit hoher Energie beschießt. Winzige Mengen heißt, auf eine Million Atome des Grundwerkstoffes kommen höchstens 100 Fremdatome. Aber die reichen aus, um die elektrische Leitfähigkeit des Halbleitermaterials zu verändern.

Halbleiter bestehen nämlich aus vierwertigen Atomen, das heißt, ihre äußere Elektronenschale ist mit vier Elektronen besetzt. Sie verbinden sich miteinander, indem sich dazu jeweils ein Elektron des Nachbaratoms gesellt. Im Kristallgitter ist also jedes Siliciumatom durch vier Elektronenpaare an seine Nachbaratome gebunden. So erreicht jedes von ihnen die stabile Edelgaskonfiguration mit acht Elektronen auf der Außenschale, wonach alle Elemente bei der chemischen Bindung trachten, wie Sie schon gelernt haben. Es sind deshalb keine freien Elektronen im Gitter vorhanden, wie das bei Metallen der Fall ist, sodass kein Strom fließen kann, wenn man eine elektrische Spannung anlegt.

Um den Halbleiter leitfähig zu machen, fügt man ihm gezielt Fremdatome bei. Aber nur eine winzige Menge, auf eine Million oder gar eine Milliarde Siliciumatome nur ein einziges. Diesen Vorgang nennt man „Dotieren". Dafür verwendet man fünf- oder dreiwertige Atome. Was passiert dadurch im Kristallgitter? Dotiert man mit einem fünfwertigen Atom, zum Beispiel mit Phosphor, Arsen oder Antimon, werden vier Elektronen benötigt, um es stabil in das Halbleitergitter einzubinden. Das fünfte Elektron bleibt übrig. Ein fünfwertiges Atom „spendet" dem Halbleiter also ein freies Elektron. Man nennt solche „Spenderatome" Elektronen-Donator (lateinisch „donare" = geben). Das freie Elektron ist nur locker im Kristallgitter des Halbleiters gebunden. Es liegt kurz unterhalb des Leitungsbandes, kann mit geringem Energieaufwand in dieses gehoben werden. Dort ist es beweglich, sodass beim Anlegen einer elektrischen Spannung ein Strom fließen kann. Die Stromleitung in einem mit fünfwertigen Atomen dotierten Halbleiterwerkstoff beruht also auf dem Fluss negativ geladener Elektronen. Man nennt diese Art der Dotierung deshalb n-Dotierung.

Dotiert man den Halbleiter mit einem dreiwertigen Atom, zum Beispiel mit Bor, Indium, Aluminium oder Gallium, fehlt ein Elektron, um die für seine stabile Einbindung in das Kristallgitter notwendige Edelgaskonfiguration zu erreichen. Denn da es nur drei Elektronen auf seiner äußeren Schale hat, kann es ja auch nur mit drei benachbarten Halbleiteratomen Elektronenpaare bilden. Es bleibt also eine Elektronenfehlstelle, ein Loch, im Valenzband des Kristallgitters. Mit geringer Energie kann jedoch ein Elektron aus der Nachbarschaft aus seiner Bindung im Halbleitergitter gerissen werden, dort hinwandern und das Loch auffüllen. Es hinterlässt aber wiederum dort eine Elektronenfehlstelle, wo es herausgerissen worden ist. Und in die kann dann wieder ein Elektron aus der Umgebung springen. Das heißt, das Loch bewegt sich scheinbar durch das Valenzband des Halbleitergitters. Da es, relativ zu den negativ geladenen Elektronen, positiv geladen ist, fließt deshalb ein Strom positiver Ladungen in einem mit dreiwertigen Atomen dotierten Halbleiterwerkstoff, wenn man eine elektrische Spannung anlegt, und zwar entgegengesetzt zu der Richtung, in die sich die Elektronen bewegen. Wegen dieser positiven Ladungen nennt man diese Art der Dotierung p-Dotierung (Abb. 2.51). Dreiwertige Atome, die Elektronenfehlstellen in einem Halbleiter erzeugen, die dann andere Elektronen aufnehmen, werden als Elektronenakzeptoren bezeichnet (lateinisch „accipere" = annehmen).

Kommen wir nun auf das Beispiel Halbleiterdioden zurück. Sie lassen den Strom entweder fließen oder sie verhindern den Stromfluss, je nachdem, wie man die Spannungsquelle polt, hatten wir gesagt. Und sie lassen den Strom nur in eine Richtung fließen. Nachdem Sie nun über die Struktur von Halbleitern und darüber Bescheid wissen, wie man deren elektrische Leitfähigkeit durch Dotieren beeinflussen kann, werden Sie verstehen können, warum das so ist. Halbleiterdioden bestehen,

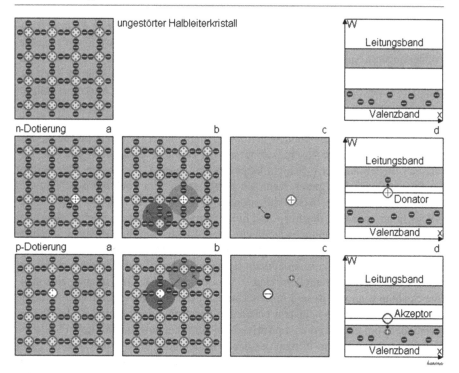

Abb. 2.51 Dotieren von Halbleitern

wie gesagt, aus zwei Schichten, die sich berühren. Wir können jetzt ergänzen: Die eine ist p-, die andere n-dotiert. An ihrer Berührungsfläche entsteht also ein p-n-Übergang. Solange man keine elektrische Spannung an die Halbleiterdiode anlegt, geschieht dort gar nichts.

Legt man aber an die n-dotierte Schicht den positiven und an die p-dotierte den negativen Pol einer Spannungsquelle an, verhindert die Halbleiterdiode das Fließen eines Stromes. Die Ursache dafür ist, dass die in der n-Schicht vorhandenen freien Elektronen, die ja negativ geladen sind, vom positiven Pol angezogen werden und dort hinwandern. Die positiv geladenen Löcher der p-Schicht hingegen bewegen sich zum negativen Pol hin. So entsteht um den p-n-Übergang herum eine Schicht, in der weder Elektronen noch Löcher, also überhaupt keine elektrischen Ladungsträger mehr vorhanden sind. Ohne die kann aber kein Strom fließen. Die Halbleiterdiode sperrt auf diese Weise den Stromfluss. Deshalb nennt man die entstandene ladungsträgerfreie Schicht auch Sperrschicht.

Was passiert aber, wenn man die Stromrichtung umkehrt, wenn man also den negativen Pol der Spannungsquelle an die n-Schicht und den positiven an die p-Schicht legt? Nun, dann werden die freien Elektronen der n-Schicht vom negativen und die Löcher vom positiven Pol abgestoßen. Das heißt, beide werden in Richtung des p-n-Übergangs aufeinander zu getrieben. Sie nähern sich dort so weit an, dass ein freies Elektron auf die Stelle eines Loches springen kann, das ja nichts anderes als ein fehlendes Elektron ist, wodurch das Loch verschwindet. Das heißt, der p-n-

Übergang wird stromleitend und die Halbleiterdiode lässt den Strom in diese Richtung fließen. Ein Stromfluss findet also immer nur dann statt, wenn der negative Pol der äußeren Spannungsquelle an der n- und der positive an der p-Schicht liegt.

Aber was heißt, die Halbleiterdiode lässt den Strom fließen? Klar ist: Vom negativen Pol der Spannungsquelle fließen Elektronen über einen Anschlussdraht in die n-Schicht hinein. Und was fließt auf der anderen Seite aus der p-Schicht zum positiven Pol hinaus? Die Ladungsträger in dieser Schicht sind doch Löcher, Elektronenfehlstellen. Und die können sich zwar innerhalb der p-Schicht bewegen, aber wohl kaum durch einen Anschlussdraht aus der Halbleiterdiode hinausfließen. Tatsächlich fließen aus der p-Schicht keine Löcher, sondern Elektronen zum Pluspol der Spannungsquelle. Immer, wenn am p-n-Übergang ein Loch der p-Schicht von einem Elektron aus der n-Schicht „aufgefüllt" wird, macht sich ein Elektron der p-Schicht auf den Weg dorthin – und hinterlässt ein neues Loch. Gleichzeitig wird vom Minuspol der Spannungsquelle ein neues Elektron in die n-Schicht „nachgeliefert". Es ersetzt dort das freie Elektron, das in ein Loch der n-Schicht gesprungen ist. Die Anzahl der Elektronen in der n-dotierten und der Löcher in der p-dotiertem Schicht bleibt also unverändert. Und so geht das immer weiter, solange eine positive Spannung an der p- und eine negative an der n-Schicht der Halbleiterdiode anliegt. Auf diese Weise entsteht ein Elektronenstrom, ein „normaler" elektrischer Strom, der vom negativen zum positiven Pol der Spannungsquelle fließt [149].

Damit kennen Sie im Prinzip das ganze Geheimnis der Mikroelektronik. Denn die verschiedensten mikroelektronischen Bauelemente bestehen aus unterschiedlichen komplexen Anordnungen mehrerer p-n-Übergänge. Wie zum Beispiel der von Bardeen, Brittain und Shockley gebaute Transistor. Transistoren werden als Schalter oder Verstärker verwendet. Bei ihnen liegen drei Schichten übereinander, entweder in der Folge npn oder pnp. Sie sind also im Grunde zwei übereinanderliegende Dioden.

Die mittlere Schicht, die sogenannte Basis, ist im Vergleich zu den beiden anderen, dem Emitter und dem Kollektor, nur sehr dünn. Alle drei haben einen elektrischen Anschluss nach außen. Je nachdem, wie der Transistor geschaltet und wie hoch die Spannung zwischen Basis und Emitter ist, kann die Basisschicht den Stromfluss entweder unterbinden oder ihn sowohl zwischen Basis und Emitter als auch zwischen Kollektor und Emitter fließen lassen. Man kann so durch einen Stromfluss von der Basis zum Emitter den Stromfluss vom Kollektor zum Emitter steuern. Deshalb nennt man die Basis auch Steuerelektrode. Diese Schalterfunktion des Transistors ist, um sie anschaulich zu machen, vergleichbar mit einem Überdruckventil in einer Rohrleitung: Ist der Dampfdruck darin niedrig bleibt es geschlossen, ist er hoch genug, öffnet es sich. Beim Transistor beruht das Ganze darauf, dass eine Widerstandsänderung in einer Halbleiterschicht auch den Widerstand der anderen Schichten verändert. Diesem Funktionsprinzip verdankt er seinen Namen. Er ist eine Kurzform von „Transfer Resistor". Die viel kompliziertere Verstärkerfunktion zu erklären, ersparen wir uns.

Falls Sie sagen, das sei doch alles reine Physik, haben Sie natürlich Recht. Aber als künftiger Werkstofffachmann sollten Sie diese physikalischen Grundlagen kennen, auf denen die Funktion mikroelektronischer Bauelemente beruht. Denn sie sind, im wahrsten Sinne des Wortes, maßgebend für die Herstellung von

Halbleiterwerkstoffen. Es wird Ihnen leicht einleuchten, dass diese superrein und perfekt strukturiert sein müssen, da jeder Fehler in ihrem Kristallgitter die elektronischen Prozesse empfindlich stören würde, die in den daraus gefertigten Bauelemente ablaufen. Der wichtigste Halbleiterwerkstoff ist, wie gesagt, Silicium. Wissen Sie eigentlich, woraus und wie man für die Halbleitertechnik geeignetes Silicium erzeugt und wie daraus Mikrochips hergestellt werden, die das Herzstück aller elektronischen Geräte sind?

Im Grunde ist die Mikroelektronik eine Industrie, die auf Sand gebaut ist. Denn elementares Silicium wird industriell gewonnen, indem man Siliciumdioxid, also Sand, im Lichtbogenofen bei Temperaturen von etwa 2000 °C mit Kohlenstoff reduziert. Dazu braucht man eine Menge elektrische Energie, 14 kWh/kg Silicium. Dieses Rohsilicium enthält noch etwa ein Prozent Verunreinigungen. Viel zu viel, um daraus Chips für die Mikroelektronik herzustellen. Deshalb wir es anschließend chemisch gereinigt. Das Rohsilicium wird mit Salzsäure in flüssiges Trichlorsilan umgewandelt, das wird destilliert und mit Hilfe von Wasserstoff wieder in festes Silicium zurückverwandelt. Das Ergebnis ist polykristallines Silicium, das nur noch ein Fremdatom auf eine Milliarde Siliciumatome enthält. Damit Sie eine Vorstellung davon haben, was das bedeutet: Für die Länge des Äquators entspräche das einer Toleranz von vier Zentimetern.

Aus diesem polykristallinen Silicium werden dann im Czochralski- (oder auch anderen) Verfahren Einkristalle gezogen. Dazu schmilzt man es, taucht in die Schmelze einen Stab mit einem Siliciumeinkristall ein, einem sogenannten Impfkristall, und zieht ihn langsam rotierend aus der Schmelze nach oben. Dabei wächst der Impfkristall nach und nach, indem sich Siliciumatome an ihn anlagern und die Schmelze an der sich bildenden Grenzfläche erstarrt. Das Kristallwachstum orientiert sich nach dem Kristallgitter des Impfkristalls. Das heißt, der gezogene Einkristall mit einer Länge von über zwei Metern und einem Durchmesser von 30 cm hat die gleiche Struktur wie der Impfkristall. Und die ist nahezu perfekt. Sie enthält so gut wie keine nachweisbaren Gitterfehler, wie Versetzungen oder Leerstellen.

Diesen Einkristall schleift man exakt zylindrisch und zersägt ihn in nur etwa 0,8 mm dünne Scheiben, sogenannte Wafer. Weil dadurch an ihrer Oberfläche bis in eine Tiefe von einigen Mikrometern Gitterdefekte entstehen, ätzt man sie anschließend, um diese fehlerbehaftete Schicht abzutragen. Außerdem poliert man sie chemisch, um auch kleinste Verunreinigungen zu beseitigen. Denn schon Partikel mit einer Größe von nur 0,1 µm würden den nachfolgenden Prozess empfindlich stören, in dem die Struktur der Chips, der integrierten elektronischen Schaltkreise, auf die Wafer aufgebracht wird.

Dazu bringt man auf den Wafer eine hauchdünne Oxidschicht auf, die man anschließend mit einem lichtempfindlichen Lack überzieht. Diesen Lacküberzug belichtet man durch eine Maske hindurch, die das Muster einer Struktur des späteren Chips enthält, und die man sich wie ein Dia vorstellen kann. Dann entfernt man mit einem Lösungsmittel die belichteten Stellen. Die dadurch dort freigelegte Oxidschicht ätzt man ab und entfernt auch die Lackschicht. Dort, wo man die Oxidschicht entfernt hat, liegt nun die Oberfläche des Silicium-Wafers offen. Die kann man nun weiter abätzen oder auch weitere Schichten aufdampfen und dotieren, indem man in einem Ofen Fremdatome in den Wafer eindiffundieren lässt. Diesen sogenannten Fotolithografie-Prozess wiederholt man mit Masken der verschiedenen Chipstrukturen solange, bis alle Schichten übereinanderliegen, die notwendig sind, damit das elektronische Bauelement funktioniert. Dafür kann ein Satz von bis zu 20 Masken notwendig sein, der über 10.000 € kostet [150]. Auf einem Wafer werden so hunderte elektronischer Bauelemente hergestellt, die wie in einem schachbrettartigen Muster angeordnet sind. Letztendlich zersägt man die Wafer zu Einzelchips.

Und das alles, die gesamte mikroelektronische Industrie, ist auf Sand gebaut. Wissenschaftler der Universität Bremen haben vorgerechnet, dass man aus dem Sand, den ein Spielzeugeimer mit einer Höhe von 30 cm und einem Durchmesser von 20 cm fasst, theoretisch ca. 125.430 Mikrochips herstellen kann [151]. Sie landen schließlich in Handys, Computern und unzähligen anderen elektronischen Geräten (Abb. 2.52, 2.53).

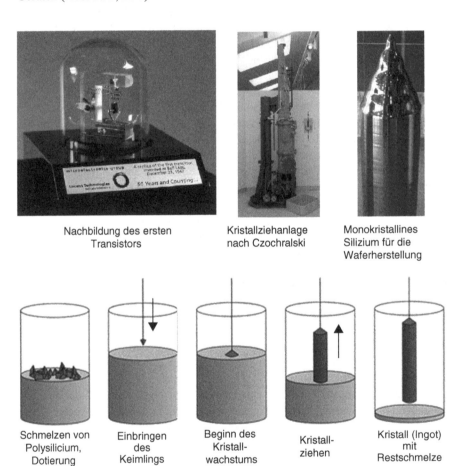

Nachbildung des ersten Transistors

Kristallziehanlage nach Czochralski

Monokristallines Silizium für die Waferherstellung

Schmelzen von Polysilicium, Dotierung

Einbringen des Keimlings

Beginn des Kristallwachstums

Kristallziehen

Kristall (Ingot) mit Restschmelze

Funktionsprinzip des Czochralski-Verfahrens

Abb. 2.52 Aus physikalischer Grundlagenforschung, neuen Werkstoffen und einer neuen Technologie entsteht eine neue Industrie

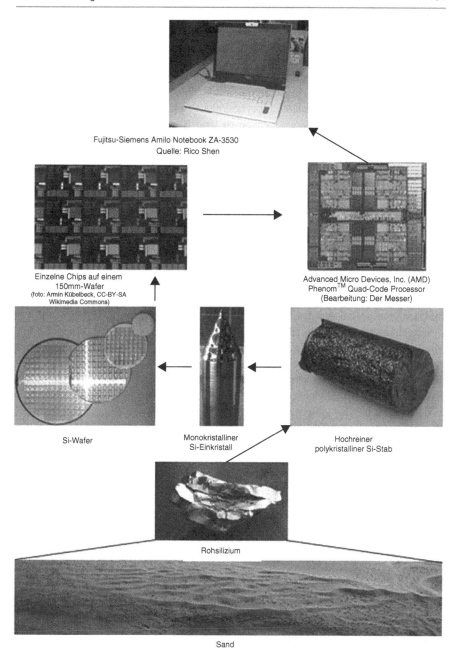

Fujitsu-Siemens Amilo Notebook ZA-3530
Quelle: Rico Shen

Einzelne Chips auf einem
150mm-Wafer
(foto: Armin Kübelbeck, CC-BY-SA
Wikimedia Commons)

Advanced Micro Devices, Inc. (AMD)
Phenom™ Quad-Code Processor
(Bearbeitung: Der Messer)

Si-Wafer

Monokristalliner
Si-Einkristall

Hochreiner
polykristalliner Si-Stab

Rohsilizium

Sand

Abb. 2.53 Auf Sand gebaut – vom Sand zum Produkt

Allerdings geht beim Zuschneiden der Wafer 50 % des Siliciums als Abfall ver-
loren. Der wird dann zur Herstellung von Solarzellen verwendet. Aber schon bei der
Herstellung von einem Kilogramm Rohsilicium fallen 19 Kilogramm Abfall und
Nebenstoffe an, wie tonnenweise giftiges Kohlenmonoxid und das Treibhausgas
Kohlendioxid. Und bei dessen Reinigung mit Trichlorsilan entstehen große Mengen
giftiger und umweltschädlicher Chlorverbindungen [152–155].

Auch in modernen Nassrasiersystemen sind Siliciumchips angekommen, wie
wir gesehen haben. Und wie geht es weiter mit der Entwicklung der Nassrasiertechnik, die uns auf unserer Expedition durch die Welt der Werkstoffe in eine Epoche
geführt hat, die manche als „Siliciumzeitalter" bezeichnen? Wird es Rasiersysteme
mit noch mehr Klingen geben? Thomas Jones hat Forscher der beiden großen Hersteller gefragt. Ihre Antworten sind, wenn man sie auf einen Nenner bringt, einerseits nichts-, andererseits aber auch vielsagend:

> Wir prüfen alle Möglichkeiten, die uns neue Technologien bieten. Es geht darum, die
> Wünsche der Kunden nach einer besseren Rasur zu erfüllen. Aber, wer beispielsweise den
> „Fusion Power" nicht kennt, wird ihn auch nicht vermissen.

Also geht es auch darum, mit neuen Entwicklungen neue Wünsche zu wecken. So
funktioniert Kapitalismus, resümiert Thomas Jones [156].

Entscheidend ist für die Hersteller am Ende, dass sich neue Rasiergeräte am
Markt mit Gewinn verkaufen lassen, auch wenn man dafür erst neue Wünsche bei
potentiellen Kunden wecken muss. Und dafür wird viel Geld in die Hand genommen. So hat die Gillette Company im Jahre 1998 das bis dahin größte Marketing-
programm ihrer Geschichte gestartet, um den „Mach3" auf den Markt zu bringen.
US$300 Mio. hat das Unternehmen dafür aufgewendet. Das ist immerhin fast halb
so viel, wie die gesamten Forschungs-, Entwicklungs- und Herstellungskosten, die
für den „Mach3" ausgegeben worden sind. Sie betrugen US$750 Mio. [157]. Einer
seiner Vizepräsidenten hat im Klartext gesagt, warum dieser Werbeaufwand betrieben worden ist:

> „1998 is a historic year for Gillette's blade and razor business," said John Darman, vice
> president, business management, male shaving, The Gillette Company. „It marks the end
> of an era of extraordinary success and the beginning of a period of even greater promise.
> With Gillette MACH3, we are armed with all of the tools to have tremendous impact in the
> marketplace", added Darman.

Und er hat auch gesagt, was dieser Aufwand bringen soll:

> With Gillette Sensor(R), we generated more than $6 billion in total cumulative worldwide
> brand sales, selling nearly 400 million razors and more than eight billion blades. Gillette
> MACH3 will do even better, said Darman. [158]

Damit Sie ein Gefühl dafür bekommen, was diese Summen bedeuten: Für die Pro-
jektförderung im Rahmen der Hightech-Strategie der Bundesregierung wurden
2014 rund 2,1 Mrd. € aufgewandt [159]. Für die Förderung von Werkstoff- und Nanotechnologien hat die Bundesregierung im Haushaltsjahr 2012/2013 258,4 Mio. €
ausgegeben [160]. Also nicht viel mehr als ein Drittel der Summe, die Gillette in
Forschung, Entwicklung und Herstellung des „Mach3" investiert hatte.

Was Gillette Vizepräsident Darman sagt, heißt nichts anderes als, dass es mit den Investitionen in die Rasiertechnik darum geht, für den Wettbewerb am Markt gerüstet zu sein. Ich hatte Ihnen am Beispiel des Patentstreits um das DLC-Patent gezeigt, mit welcher Härte der Wettbewerb zwischen Gillette und Wilkinson Sword geführt wird. Bildlich gesprochen ist es ein Kampf auf Messers Schneide, der mit der Klinge eines Königs, King Camp Gillette, und gekreuzten Schwertern, das Logo von Wilkinson Sword, um die Gunst sich nassrasierender Männer und Frauen in der ganzen Welt ausgefochten wird. Mal punktet der eine, mal der andere. Insgesamt hat Gillette die Nase vorn, mit einem Weltmarktanteil von etwa 70 % bei Rasierapparaten und Klingen.

Wie die erbitterten Rivalen sich für diesen Kampf rüsten, ist nur schwer zu erfahren. Diese Erfahrung haben Journalisten der „Süddeutschen Zeitung" gemacht. Die Kommunikationsabteilung von Wilkinson Sword schweigt, und auch bei Gillette ist man zugeknöpft: „Wir investieren viel Geld in die Forschung und müssen verhindern, dass die Konkurrenz herausfindet, woran wir arbeiten", sagt ihnen der langjährige Leiter des Gillette-Labors in Reading, Kevin Powell. Selbst die Anzahl der Wissenschaftler, die dort und im Gillette-Forschungszentrum in Boston arbeiten, beziffert er lediglich schwammig auf mehrere Hundert.

In den Labors der Rasierfirmen arbeiten Physiker, Chemiker, Biologen und Hautärzte sowie Ingenieure, Materialwissenschaftler, Bioniker und Industriedesigner, die über ein Geheimwissen über den Rasiervorgang verfügen, mit dem unabhängige Forschungseinrichtungen, wie etwa Universitäten, schon lange nicht mehr konkurrieren können [161]. Diese „rasiertechnische Hochrüstung" lohnt sich offenbar. Im Bilanzjahr 2006 soll Gillette im Rasiergeschäft einen Umsatz von US$5,2 Mrd. gemacht haben, bei einem Gewinn vor Steuern von US$1,7 Mrd. Und auch der Umsatz von Wilkinson Sword soll nahe der Milliardengrenze liegen.

Gönnen wir uns hier mal eine kurze Verschnaufpause und lassen wir Revue passieren, was wir auf dem letzten Wegstück durch die Entwicklung der Nassrasiertechnik gelernt haben. Rasierapparate und die dazugehörigen austauschbaren Klingen bestanden, wie wir gesehen haben, ursprünglich vollständig aus Stahl, dessen Eigenschaftsspektrum im Laufe der Zeit immer mehr verbreitert wurde. In modernen Rasiersystemen sind uns eine Reihe weiterer Werkstoffe begegnet: Kunststoffe, Diamant-, diamantartige und keramische Beschichtungen sowie Silicium. Diese Entwicklung ist ein charakteristisches Abbild für den Fortschritt der Werkstoffforschung seit etwa Mitte des vorigen Jahrhunderts.

Ausgehend von Metallen nahmen Werkstoffforscher zunehmend auch auf andere Werkstoffklassen ins Visier, die bis dahin relativ unabhängig voneinander entwickelt, hergestellt und vor allem angewendet worden waren oder überhaupt erst völlig neu ins Rennen gekommen sind. Auf diese Weise wandelte sich die Metallkunde zunehmend zur Werkstoffkunde, die allerdings noch immer überwiegend empirisch fundiert war. Dabei wurden rasche Fortschritte vor allem durch die Anwendung metallkundlicher Methoden und Theorien erreicht, wie die Gefügeuntersuchung und die Versetzungstheorie.

Vor allem durch die Entwicklung neuer Prüf-, Analyse- und Charakterisierungsmethoden und –verfahren, die oft direkt aus naturwissenschaftlichen Erkenntnissen und Methoden entstanden sind, haben Werkstoffforscher die gemeinsamen wissenschaftlichen Fundamente erkannt, die den Prozessen der Strukturbildung und -zer-störung in allen Werkstoffklassen zugrunde liegen. Darüber hinaus wurden Prozess-technologien entwickelt, die mehr oder weniger für die Herstellung und Bearbeitung verschiedenartiger Werkstoffe anwendbar sind, wie die Oberflächentechnologien, die Sie im Zusammenhang mit der Beschichtung von Rasierklingen kennengelernt haben. Auf dieser Basis hat die Werkstoffforschung zur Entstehung der Material-wissenschaft und Werkstofftechnik als eine selbständige Disziplin geführt, die auf einem breiten theoretischen Fundament ruht und deren strategische Bedeutung für Industrie und Gesellschaft immer deutlicher zutage getreten ist.

Literatur

1. Für mehr Küsse: Der neue Gillette MACH3 Sensitive und Fusion ProGlide Silvertouch, Busi-ness Wire, January 08, 2013, http://www.businesswire.com/news/home/20130108005928/de/#.UuqBVfurDZ4
2. Drösser, C.: Schaltkreis in der Milchtüte, Die Zeit, 18.09.2003, S. 35
3. Gnegel, F.: Bart ab – Zur Geschichte der Selbstrasur, DuMont Buchverlag, Köln, 1995
4. MacGregor, N.: Eine Geschichte der Welt in 100 Objekten, Verlag C.H. Beck München oHG, 201, S. 39 ff.
5. a. a. O./2/, S. 90 f./
6. Venus von Dolní Věstonice, http://de.wikipedia.org/wiki/Venus_von_Doln%C3%AD_V%C4%9Bstonice, 04.04.2013
7. Bertrand, A.: Archèologie Celtique et Gauloise, Paris, 1889, in: Schnurbein, S. v. (HG): Atlas zur Vorgeschichte, Konrad Theiss Verlag GmbH, Stuttgart, 2009

Zwei biblische Werkstoffe

8. Philister, http://de.wikipedia.org/wiki/Philister, 15.12.2013
9. Banská Štiavnica, http://de.wikipedia.org/wiki/Bansk%C3%A1_%C5%A0tiavnica, 26.01.2014
10. Kaufmann, St.: Archäometrie – Untersuchung kulturhistorischer Objekte mit aktuellen Me-thoden, TUC Contact, Nr. 7, November 2000, S. 51–55
11. BRONZE – unverzichtbarer Werkstoff der Moderne, Deutsches Kupferinstitut, 2003
12. Der erste Krieg der Menschheit, Der Spiegel, 17.01.2007, http://www.spiegel.de/wissen-schaft/mensch/0,1518,460283,00.html
13. Artifacts from Hamoukar, The University of Chicago, News Office, Dec. 16, 2005, http://www-news.uchicago.edu/releases/05/051216.hamoukar-photos.shtml#b
14. Kampf um Rohstoffe, Spiegel special, 18.07.2006
15. Machtfaktor Erde, ZDF-Dokumentation, 14.11.2011, nachzulesen in: Kleber, C. und Paskal, C: Spielball Erde – Machtkämpfe im Klimawandel, btb Verlag, München, 2014, S. 63 ff.
16. Probst, E.: Steinzeitmenschen waren eitel, http://archaeologie-news.blog.de/2005/06/06/stein-zeitmenschen_waren_eitel/
17. Bischoff, J., M. Steinmetz: Sensationsfund in der Königstadt, Geo-Magazin, Nr. 11/2009, S. 118 ff.
18. Königsstadt Wiederentdeckt, www.spektrum.de/artikel/82620&_z=798888
19. Die Stadt Qatna im Lauf der Zeit, www.zum.de/Faecher/G/B/W/Landeskunde/schwaben/mu-seum/landesmuseum_wttg/ausst/syrien/qatna.htm
20. http://de.wikipedia.org/wiki/Eisen, 28.01.14

21. Scheck, F.R., J. Odenthal: Syrien – Hochkulturen zwischen Mittelmeer und arabischer Wüste, DuMont Reiseverlag, 1998
22. Die Bibel – Gesamtausgabe: 1 Sam 13,19–22, Katholische Bibelanstalt GmbH, Stuttgart, 1980
23. Knauth, P.: Die Entdeckung des Metalls, Time-Life International (Nederland) B.V., Third German Printing 1978

Siegeszug des Eisens

24. From Perret to Kampfe: Origins of the Safety Razor, http://www.shaveworld.org/home/images/PerrettKampfe-rev2.html
25. Damaszener Stahl, http://de.wikipedia.org/wiki/Damaszener_Stahl, 26.01.2014
26. Aus der Frühzeit der Eisen- und Stahlherstellung, www.ruhrgebiet-regionalkunde.de
27. Geschichte des Stahls, http://www.tf.uni-kiel.de/matwis/amat/mw1_ge/kap_4/advanced/t4_1_1.html
28. Hochofen, http://de.wikipedia.org/wiki/Hochofen, 01.02.2014
29. Beneke, S., H. Ottomeyer (Hrsg.): Die zweite Schöpfung – Bilder der industriellen Welt, Deutsches Historisches Museum, Berlin, 2002, S. 48 f.
30. Matschoß, C.: Ferdinand von Miller, der Eisengießer, Sonderabdruck aus: Beiträge zur Geschichte der Technik und Industrie. Jahrbuch des Vereins Deutscher Ingenieure, 1913, 5. Band, S. 180 f.
31. Werkstoffkunde Metall/Eisen und Stahl/ Metallurgie, http://de.wikibooks.org/wiki/Werkstoffkunde_Metall/_Eisen_und_Stahl/_Metallurgie, 30. 06. 2013
32. Ziegler, D.: Das britische Vorbild und die deutsche Industrialisierung, in: Industrieentwicklung: Ein deutsch – britischer Dialog, K. G. Saur Verlag, München 2009
33. Hütten/Hämmer, http://www.ahlering.de/Hutten_Hammer/hutten_hammer.html
34. Hutton, Eric. "Sir Henry Bessemer, F.R.S: An Autobiography. Rochester History Resources. Oct. 1996. 19 Apr. 2009, http://www.history.rochester.edu/ehp-book/shb/hb20.htm#page305.
35. European Route of Industrial Heritage: Sidney Gilchrist Thomas (1850–85), http://www.erih.net/index.php?id=217&no_cache=1&L=1&user_biographie_pi1[pointer]=0&user_biographie_pi1[mode]=1&user_biographie_pi1[showUid]=6177&user_biographie_pi1[letter]=T
36. RWE: Tausende Strommasten aus der Vorkriegszeit, http://www.spiegel.de/wirtschaft/rwe-tausende-strommasten-aus-der-vorkriegszeit-a-390262.html
37. a. a. O. [34]
38. Johannsen, O.: Geschichte des Eisens, 2. Auflage, Verlag Stahleisen mbH, Düsseldorf 1925, Digitale Texte der Bibliothek des Seminars für Wirtschafts- und Sozialgeschichte, http://www.digitalis.uni-koeln.de/Johannsen/johannsen_index.html
39. Kneip, R.: Es begann vor 100 Jahren – Das Elektrostahlverfahren, http://kneip.luxhiking.net/elektroofen.html
40. Aeschbacher, J.: Dauerbrenner: Von Dingen, die perfekt auf die Welt kamen, Verlag Ullstein, 1994
41. The Gillette Company, http://de.wikipedia.org/wiki/The_Gillette_Company, 04.02. 2014
42. Rasurexperte, http://www.rasur-experte.de/gillette-rasierklingen-eine-erfolgsgeschichte/, 12.11.2010
43. Christian Peter Wilhelm Beuth, http://de.wikipedia.org/wiki/Christian_Peter_Wilhelm_Beuth, 03. 11. 2013
44. Siemens, Werner von: Lebenserinnerungen. Berlin 1892, S. 191 ff. http://www.zeno.org/Naturwissenschaften/M/Siemens,+Werner+von/Lebenserinnerungen

Initialzündung für die Werkstoffforschung

45. Agricola, G.: De Re Metallica Libri XII – Zwölf Bücher vom Berg- und Hüttenwesen, Marix Verlag GmbH, Wiesbaden 2006
46. Seubert, K., M.: Handbuch der Allgemeinen Warenkunde, Erster Band: Unorganische Warenkunde, Berlin, Verlag für Sprach- und Handelswissenschaft (Dr. P. Langenscheidt), 1882
47. Misa, Thomas J.: A Nation of Steel: The Making of Modern America, 1865–1925, Johns Hopkins University Press, 1995, http://www.tc.umn.edu/~tmisa/NOS/1.4_knowledge.html
48. a. a. O. [46]
49. Rinman, S.: Versuch einer Geschichte des Eisens: mit einer Anwendung für Gewerbe und Handwerker, Bd. 1, Berlin, bei Haude und Spener 1785, S. 62 ff., Bayrische Staatsbibliothek, http://reader.digitale-sammlungen.de/de/fs1/object/display/bsb10706133_00186.html
50. Rinman, S.: Anleitung zur Kenntniß der gröberen Eisen und Stahlveredlung und deren Verbesserung. Wien, verlegt Christian Friedrich Wappler, 1790, S. 254–256, Bayrische Staatsbibliothek München, http://reader.digitale-sammlungen.de/de/fs1/object/display/bsb10706132_00278.html
51. Bundesanstalt für Materialforschung und –prüfung (Herausgeber): BAM – die Chronik, S. 31, Wirtschaftsverlag NW, Verlag für neue Wissenschaft GmbH, 1996
52. Deutsche Bahn AG, Daten und Fakten Report 2010, http://www.dbnetze.com/site/dbnetze/de/ueber__dbnetze/daten__fakten/daten__fakten.html
53. Eyth, M.: Berufstragik – Aus dem Taschenbuch eines Ingenieurs, Verlag von Philipp Reclam jun., Leipzig 1944, S. 125 f.
54. Ebenda, S. 156
55. O'Connor, J.J. and E. F. Robertson: Robert Hooke, http://www-history.mcs.st-andrews.ac.uk/Mathematicians/Hooke.html, August 2002
56. a. a. O. [51], S. 48 ff.
57. Johann Gottfried Dingler (Hrsg.): Polytechnisches Journal. 317, Cotta'sche Verlagsbuchhandlung, 1902, S. 419–420, http://dingler.culture.huberlin.de/article/pj317/mi317mi26_1
58. Paul Ludwik, http://de.wikipedia.org/wiki/Paul_Ludwik, 17. 02. 2014
59. August Wöhler, http://de.wikipedia.org/wiki/August_Wöhler, 10.12.13
60. Feld, M.S.u. a.: Die Physik des Karateschlages, Spektrum der Wissenschaft 6/79, von Ralf Pfeifer mit Genehmigung der Redaktion wiedergegeben auf: http://www.arsmartialis.com/spektrum/karate.html, 13.11.2010
61. Tóth, L., H.-P. Rossmanith, T.A. Siewert: Historical Background and Development of the Charpy Test, http://www.boulder.nist.gov/div853/Publication%20files/NIST_CharpyHistory.pdf
62. Raabe, D.: Morde, Macht, Moneten – Metalle zwischen Mythos und High-Tech, WILEY-VCH Verlag GmbH, 2001, S. 175 ff.
63. Grosse, M. et.al.: Neutrons see (tensile) stress inside bulky metal parts that caused wheel failure, Journal of Neutron Research 9, 489–493 (2001)
64. a. a. O. [51], S. 45 ff.
65. Franz Reulaux, http://de.wikipedia.org/wiki/Franz_Reuleaux, 01. 02. 2014

Das A und O der Werkstoffwissenschaft

66. Hammerschmidt, R.: Die Scharfmacher, Berliner Zeitung, 20.11.2009, http://www.berliner-zeitung.de/archiv/rasierklingen-sind-hightech-produkte--das-berliner-werk-des-marktfuehrers-gillette-steht-nicht-nur-im-wettbewerb-mit-der-internationalen-konkurrenz---sondern-auch-mit-den-standorten-im-eigenen-konzern-die-scharfmacher,10810590,10680996.html

67. Portella, P.D.: Adolf Martens and his contributions to materials engineering, ESOMAT 2006, Bochum, 06-09-11, http://www.matwerk.de/Portals/17/Lebensl%C3%A4ufe/Adolf%20Martens%20-%20materials%20engineering.pdf
68. Steiner, E., P. Schulz: Kurzer Überblick über die Geschichte des Mikroskops, http://www.mgw.or.at/private/arbeitsgebiete/techniken/geschichtedesmikroskops.htm
69. Wer hat das Mikroskop erfunden? Die Geschichte des Mikroskops, http://www.history-of-the-microscope.org/de/die-geschichte-des-mikroskops.php
70. a. a. O. [68]
71. Die Geschichte des Mikroskops – Robert Hooke (1635–1703), http://www.history-of-the-microscope.org/de/robert-hooke-geschichte-des-mikroskops-micrographia.php
72. Clinging, V.: Henry Clifton Sorby Sheffield's Greatest Scientist, The Sorby Natural History Society, Sheffield, 2005, http://www.sorby.org.uk/hcsorby.shtml
73. Leber, L.: Adolf Ledebur der Eisenhüttenmann, Verlag Stahleisen mbH, Düsseldorf 1912
74. Hell, St. W.: Far-Field Optical Nanoscopy, www.sciencemag.org SCIENCE VOL 316 25 MAY 2007, p. 1153–1158
75. Optisches Rasternahfeldmikroskop, http://de.wikipedia.org/wiki/Optisches_Rasternahfeldmikroskop, 02.04.2013
76. Piersig, W.: Adolf Martens – Erinnerungen an den Nestor Materialprüfungen der Technik, GRIN-Verlag, 2008, S. 4, http://books.google.de/books?isbn=363888760X

Ein Maurer veredelt den Stahl

77. a. a. O. [3], S. 45 ff.
78. Albert, K.: Experimentalvortrag zum Thema Korrosion und Korrosionsschutz, http://chids.online.uni-marburg.de/dachs/expvortr/498Korrosion_Albert_Scan.pdf
79. DIN EN ISO 8044
80. Glatzel, U.: Korossion, http://www.metalle.unibayreuth.de/de/download/teaching_downloads/Vorl_Metalle2/Metalle_II__Teil_c.pdf
81. Stahl-Informationszentrum Düsseldorf: Merkblatt 450, Korrosionsschutz von Stahlkonstruktionen
82. http://www.thyssenkrupp-nirosta.de/de/ueber-uns/
83. Althaus, W.: Wir müssen lernen, unsere Ideen und Visionen zu verkaufen, Solinger Tageblatt, 22.11.2002, A21
84. Richter, P.: Frage nach rostsicherem Stahl gelöst, Hennigsdorfer Generalanzeiger, 19., 20., 21. 02.2008, http://www.emosz.de/hp/media/archive2/H_Generalanzeiger.pdf
85. http://de.wikipedia.org/wiki/Max_Mauermann
86. http://de.wikipedia.org/wiki/Harry_Brearley
87. zitiert in [84]
88. van Bennekom, A. v., Klenke, K.: Vortragsreihe Stahlwerkstoffe, deren spezifische Eigenschaften und Wärmebehandlung, Block I, Härterei-Kreis-Ruhr, 13.01.2004

Ein entscheidender Fehler

89. Verformung und Verfestigung von Polykristallen, http://www.ifw-dresden.de/userfiles/groups/imw_folder/lectures/Physikalische_Werkstoffeigenschaften/c13-fest1.pdf

Ein folgenreicher Irrtum

90. https://de.wikipedia.org/wiki/Aluminium
91. Sandermann, W.: Das erste Eisen fiel vom Himmel: die großen Erfindungen der frühen Kulturen, München: Heyne, 1981, Ausschnitt, Bearbeitung: Häusler, K.-G., 18.12.2003, http://www.halbmikrotechnik.de/veroeffentlichung/lit/sandermann/sandermann80.htm
92. Ebenda
93. Process – Chemielexikon, http://www.process.vogel.de/index.cfm?pid=2995&title=Aluminium, 2013
94. Arte-TV, Themenabend „Wettlauf um die Rohstoffe", 27.01.2009, http://www.arte.tv/de/die-wichtigsten-rohstoffe-im-ueberblick%20aluminium/2424778,CmC=2424086.html
95. Urban, K.: Die Entwicklung des Duralumins durch Alfred Wilm vor 100 Jahren, Gesellschaft Deutscher Chemiker – Fachgruppe Geschichte der Chemie, Mitteilungen Nr. 21 (2010), S. 115–132
96. Haas, M.: Wie das Duralumin erfunden wurde, Z. Aluminium, August 1936, S. 366 f.
97. Kaiserliches Patentamt, Patentschrift Nr. 244554, Klasse 48d, Gruppe 5: Alfred Wilm in Schlachtensee bei Berlin, Verfahren zum Veredeln von magnesiumhaltigen Aluminiumlegierungen, patentiert im Deutschen Reich amam 20. März 1909
98. Haas, M. H.: Alfred Wilm, der Erfinder des Duralumins Z. Aluminium, September 1935, S. 506
99. Gayle, F.W.: National Institute of Standards and Technology: "The First Aerospace Aluminum Alloy: The Wright Flyer Crankcase", Philosophical Society of Washington, Minutes of the 2078th Meeting, September 12, 1997
100. http://www.deutsches-museum.de/sammlungen/ausgewaehlte-objekte/meisterwerke-v/roentgeninterferenz/
101. Beck, F.: Max von Laue 1879–1960, http://www.unifrankfurt.de/fb/fb13/Dateien/paf/paf24.html, 12.12.2008
102. Ewald, P.P.: Max von Laue 1879–1960, Biogr. Mems Fell. R. Soc. November 1 (1960)6, 134–156
103. Bragg, L.: Die Geschichte der Röntgen-Spektralanalyse, Verlag Archiv und Kartei, Berlin 1947
104. Ebenda, S. 18
105. http://fr.wikipedia.org/wiki/Andr%C3%A9_Guinier, 13.03.2013
106. https://de.wikipedia.org/wiki/R%C3%B6ntgenbeugung#Verfahren_nach_Guinier, 03.04.2013
107. www.iucr.org/iucrtop/publ/50YearsOfXrayDiffraction/guinier.pdf
108. P. D.Merica, The Age-Hardening of Metals, Trans. Am. Inst. Min. Metall. Eng. 99, 13–54 (1932)
109. Banhart, J.u. a.: 100 Jahre nach Alfred Wilm: alles verstanden? Vortrag auf dem 7. Cottbuser Leichtbausymposium, BTU Cottbus, 06.05.2009
110. a. a. O. [95]

Auf Messers Schneide

111. Wilkinson Sword GmbH und Hitachi Metals Ltd.: „Korrosionsbeständiger Stahl für Rasierklingen, Rasierklingen und Herstellungsverfahren.", EP-Aktenzeichen 901215384, veröffentlicht im Patentblatt am 30.05.1995, Veröffentlichungsnummer 0485641
112. Diamant, http://de.wikipedia.org/wiki/Diamant#Synthetische_Herstellung, 15.06.2005
113. LifeGem – Ashes To Diamands, http://www.lifegem.com/secondary/LGProcess2006.aspx
114. RESOLUCIÓN DE LA PRIMERA DIVISIÓN DE ANULACIÓN de 11 de diciembre de 2001 en el procedimiento de declaración de nulidad n° 85C 000703579/1, (Entscheidung

der Ersten Nichtigkeitsabteilung vom 11. Dezember 2001 in dem Verfahren zur Erklärung der Nichtigkeit Nr. 85C 000703579/1 (DLC)), http://www.oami.europa.eu/en/office/diff/pdf/Jo02–05def.pdf, S. 967 ff.

115. Altertum bis zur Renaissance Keramik, http://www.altertuemliches.at/keramika/altertum-bis-zur-renaissance-keramik

116. Glasur (Keramik), http://de.wikipedia.org/wiki/Glasur_(Keramik)

117. Galvanotechnik, http://de.wikipedia.org/wiki/Galvanotechnik#Grundmaterial, 24.01.2014

118. Von Froschschenkeln und Elektrizität – Wie der Strom zu fließen begann, Museum für Energiegeschichte(n), Sammelblatt Nr. 4, http://www.energiegeschichte.de/ContentFiles/Museum/Downloads/Sammelblatt_Stromfluss.pdf

119. Bresadola, M.: Carlo Matteucci and the legacy of Luigi Galvani, Archives Italiennes de Biologie, 149 (Suppl.): 3–9, 2011, http://www.architalbiol.org/aib/article/viewFile/1435/pdf-6

120. Agnes Pockels – Hausfrau und Chemikerin, www.ifdn.tu-bs.de/chemiedidaktik/agnespockelslabor/agnes, 23.09.2013

121. Irving Langmuir, http://de.wikipedia.org/wiki/Irving_Langmuir, 06.02.2014

122. Helm, C.: Historisches zu Mono- und Multischichten: Agnes Pockels und Katherine Blodgett, Vortrag, Annual APS March Meeting 2004, Montreal, http://kolloquium.physik.uni-greifswald.de/show.php?id=64

123. Langmuir-Blodgett-Schicht, http://de.wikipedia.org/wiki/Langmuir-Blodgett-Schicht, 05.04.2013

124. Graphen, http://de.wikipedia.org/wiki/Graphen, 20.03.2014

125. United States Patent 5,799,549, Amorphous diamond coating of blades, September 1, 1998

126. U.S.-Patent Nr. 5447756, Method of Applying Polymers to Razor Blade Cutting Edges, Dec. 26, 1995

127. Böhler Uddeholm Precision Strip AB, Razor Blade Steel, www.uddeholm-strip.com/.../dlc/?razor_blade_steel

128. Jones, Th.: Cutting edge, The Guardian, 04.10.2008, http://www.guardian.co.uk/lifeandstyle/2008/oct/04/beauty.mens.razors/print

129. Schneidstoff, http://de.wikipedia.org/wiki/Schneidstoff, 15.02.2014

Verdächtige Superstars

130. Röbke, T.: Nicht im Sinne des Erfinders, DIE ZEIT – Wirtschaft 44/2002

131. Zk: Der Kampf um den Bart, Die Zeit – Wirtschaft, 11/1966

132. U.S. Patent 4872263, Lubricating Device, Oct. 10, 1989, Copyright 2004–2010, FreePatentsOnline.com

133. U.S. Patent Nr. 5113585, Shaving System, May 19, 1992, Copyright 2004–2010, FreePatentsOnline.com

134. Kunststoff, http://de.wikipedia.org/wiki/Kunststoff, 12.03.2014

135. Johannes Diderik van der Waals, https://de.wikipedia.org/wiki/Johannes_Diderik_van_der_Waals, 27.01.2014

136. Silikone, http://de.wikipedia.org/wiki/Silikone, 30.03. 2014

137. Staudinger, H.: Arbeitserinnerungen, Dr. Alfred Hüthig Verlag GmbH, Heidelberg 1961, S. 79

138. Beneke, K.: Über 70 Jahre Kolloid-Gesellschaft. Gründung, Geschichte, Tagungen (mit ausgesuchten Beispielen der Kolloidwissenschaften). Beiträge zur Geschichte der Kolloidwissenschaften, V. Mitteilungen der Kolloid-Gesellschaft, 1996

139. Collin, G.: "Baekeland und das Bakelit", Vortrag auf dem Baekaland-Tag 2006: „Das Kunststoffzeitalter begann in Erkner", 23.02.2006

140. Pretting, G., W. Boote: Plastic Planet – die dunkle Seite der Kunststoffe, Freiburg: orangepress, 2010

141. Bauer, M.: Polymere in der Küche, Vorlesung Organische Chemie 2, XI. Polymermaterialien, BTU Cottbus, 2005, Folie 12

Auf Sand gebaut

142. U.S. Patent No. 2008/0148547 A1, Jun. 26, 2008, Vibration Razor
143. U.S. Patent No. 2008/0110034 A1, May 15, 2008, Razors
144. a. a. O. [1], S. 63 ff.
145. http://de.wikipedia.org/wiki/Jacob_Schick, 31.03.2013
146. Wassermann, G., P. Wincierz: Das Metall-Laboratorium der Metallgesellschaft AG 1918–1981, Metallgesellschft Aktiengesellschaft, Metall-Laboratorium, Frankfurt am Main, 1981, S. 9
147. Chzochralski-Verfahren, http://www.uni-protokolle.de/Lexikon/Czochralski-Verfahren.html
148. Transistor, http://de.wikipedia.org/wiki/Transistor, 13.03.2014
149. Halbleiterdioden, http://www.elektronikinfo.de/strom/dioden.htm, 27.11.2013
150. Bundesministerium für Bildung und Forschung: Vom Sand zum Superchip, Bonn, Berlin 2004, S. 14–19, http://www.invent-a-chip.de/invent-a-chip/infos%20und%20tipps/documents/vom_sand_zum_superchip.pdf
151. Beck, U., Markic, S., Eilks, I.: Modellierungsaufgaben im Chemieunterricht, Universität Bremen, Online – Ergänzung, http://www.idn.uni-bremen.de/chemiedidaktik/material/Mathematische%20Modellierungsaufgaben%20im%20chemischen%20Kontext.pdf)
152. Halbleitermaterial Silicium: Viel Energie im Abfall, http://www.materialica.de/news/uebersicht/2011/?tx_ttnews[tt_news.=662&cHash=8718ab322eea0f5a433f601c161f0334
153. Der Solarbranche droht Mangel an Silicium, Ingenieur.de, 12.04.14, http://www.ingenieur.de/Themen/Photovoltaik/Der-Solarbranche-droht-Mangel-an-Silizium
154. Silicium, http://de.wikipedia.org/wiki/Silicium#Gewinnung_in_der_Industrie, 02.04.2014
155. Silicium-Herstellung, Dr. Laure Plasma Technologie GmbH, http://laure-plasma.de/anwendungen/silizium-herstellung/
156. a. a. O. [128]
157. Kirnich, P.: Gillette investiert 500 Millionen Mark in Berlin, Berliner Zeitung, 12.05.1998, http://www.berliner-zeitung.de/archiv/produktion-von--mach-3--klingen---100-neue-stellen-entstehen---groesste-investition-seit-1993-gillette-investiert-500-millionen-mark-in-berlin,10810590,9430078.html
158. BUSINESS WIRE, April 14, 1998 http://www.thefreelibrary.com/Gillette+Supports+MACH3+Introduction+With+$300+Million+Marketing...-a020488359
159. http://www.bmbf.de/de/96.php
160. http://www.datenportal.bmbf.de/portal/de/index.html
161. Süddeutsche Zeitung, Magazin, Heft 37/2007

Werkstofffachleute – Die Hightech-Macher

3

3.1 Heiße Typen zum Abheben

Der Wächter der Luftfahrtschule Grigori Kossonossow will den Bauern seines Dorfes erklären, dass sich die Luftfahrt entwickelt und dass sie doch zusammenlegen und ein Flugzeug kaufen könnten:

> ‚Nämlich, das ist so, Genossen Bauern … Man baut Fluchzeuge, und hinterher fliegt man damit. Das heißt, durch die Luft. Na ja, manch eins kann sich nicht halten und saust runter. So, wie Genosse Jermilkin. Hochgeflogen – prima, aber dann ist er runtergeplumpst, dass ihm die Därme raushingen …‘ ‚Ist ja auch kein Vogel‘, sagten die Bauern. ‚Das ist ja meine Rede!‘ Kossonossow freute sich über die Unterstützung. ‚Natürlich ist er kein Vogel‘. Ein Vogel, der runterfällt, dem ist das scheißegal – er schüttelt sich und fliegt weiter. Aber hier ist das ’ne ganz andere Schose. … Einmal ist uns ’ne Kuh in den Propeller gelaufen. Eins-zwei-drei, zackzack, und schon war sie in Stücke. Hier lagen die Hörner, und wo der Bauch war, das konnte man nicht mehr herausfinden. ‚Hunde laufen auch manchmal rein.‘ ‚Pferde auch?‘, fragten die Bauern. ‚Laufen etwa auch Pferde rein, Lieber?‘ ‚Auch Pferde‘, sagte Kossonossow. ‚Das geht ganz einfach.‘ ‚Diese Halunken, daß ihnen die Pest an den Hals fahre‘, sagte einer. ‚Was die sich nicht alles ausdenken! Pferde zerstückeln … Und das, Lieber, entwickelt sich also?‘ ‚Ich sag’s doch‘, antwortete Kossonossow, ‚es entwickelt sich, Genossen Bauern … Und ihr nämlich, ihr könntet deshalb in der Gemeinde sammeln und was opfern.‘ ‚Aber wofür denn, Lieber?‘ fragten die Bauern. ‚Na, für ein Fluchzeug doch‘, sagte Kossonossow. Die Bauern lachten böse und gingen auseinander.

So der Schriftsteller Michail Sostschenko (1895–1958) im Jahre 1923 in einer seiner parodistischen Erzählungen auf den sowjetischen Alltag der 20er Jahre des vorigen Jahrhunderts [162].

Heute ist das Reisen mit dem Flugzeug für die meisten von uns zur Selbstverständlichkeit geworden. Ohne Angst, womöglich „runterzuplumpsen", obwohl jeder weiß, dass technische Systeme nie hundertprozentig sicher sein können. Vielleicht erinnern Sie sich an die Nachricht, die im November 2010 durch die Medien gegangen ist: In Indonesien musste ein Airbus 380 der australischen Fluggesellschaft Qanta wegen eines Schadens an einem Triebwerk vom Typ Trent 900 notlanden. Ein Ölbrand im Bereich der Mitteldruckturbine hat zum Bruch einer

© Springer-Verlag Berlin Heidelberg 2015
K. Urban, *Materialwissenschaft und Werkstofftechnik*,
DOI 10.1007/978-3-662-46237-9_3

Turbinenscheibe geführt [163]. Ihre Trümmerteile sind mit der Geschwindigkeit von Gewehrkugeln auseinandergeflogen und haben 60 cm große Löcher in die Tragfläche und den Rumpf gerissen sowie Kerosin- und Hydraulikleitungen zerrissen, obwohl die Aggregate des Triebwerks mit einer dicken Schutzhülle aus Kevlar ummantelt sind, einem besonders zugfesten Kunststoff, aus dem auch schusssichere Westen hergestellt werden.

„Die Turbinenscheibe ist so schwer und dreht sich so schnell, dass kein Material der Welt verhindern kann, dass Teile nach außen fliegen", sagt Anton Binder, Leiter des Zivilgeschäfts des Münchner Triebwerksbauers MTU. Nicht umsonst werde das Bauteil „während der Herstellung penibel per Ultraschall und Röntgenstrahlen auf Unebenheiten und Einschlüsse geprüft" [164].

Vor einigen Jahren habe ich mit Studentinnen und Studenten das Tochterunternehmen des britischen Triebwerksbauers Rolls-Royce in Dahlewitz bei Berlin besucht, das sich auf Triebwerke für Regional- und Mittelstreckenflugzeuge spezialisiert hat. Was wir dort gesehen und gehört haben, erscheint einem fast unglaublich und man kann sich nur wundern, was Triebwerksbauer zustande bringen. Man fragt sich, ob sie nicht bald an die Grenze des technisch Machbaren stoßen. Man gewinnt aber auch den Eindruck, dass ein gefährlicher Schaden an den Triebwerken, die Rolls-Royce baut, eigentlich so gut wie ausgeschlossen sein sollte. Und man hat das Gefühl, dass die Ingenieure dort genauso stressfest sein müssen, wie ihre Triebwerke im Teststand.

Dabei muss man bedenken, was Triebwerke leisten müssen, damit ein Flugzeug überhaupt von der Startbahn abheben kann. Der Airbus 380 beispielsweise braucht die enorme Schubkraft von 311 kN (umgangssprachlich gesagt, über 31 t), um sein maximales Startgewicht von rund 560 t in die Luft zu bringen. Können Sie sich vorstellen, was das für die Triebwerke bedeutet?

Bei unserem Besuch in Dahlewitz erklärt uns der für die Werkstoffentwicklung zuständige Ingenieur, dass ein Triebwerk bis vier zu Tonnen wiegt. Bei einer Betriebstemperatur von 1800 °C verbraucht es mehrere Hundert Liter Kraftstoff pro Minute. Dabei wird die Luft im Triebwerk auf 35 bis 50 bar (3500 bis 5000 kPa) verdichtet und liefert einen Vorwärtsschub von 500 m/s. Um den für den Airbus 380 notwendigen Vorschub zu erzeugen, hat das Trent 900 Triebwerk einen Durchmesser von 2,95 m. Die Fanschaufeln erreichen an ihrem Ende eine Geschwindigkeit bis zu 2,5 Mach, also zweieinhalbfache Schallgeschwindigkeit, und saugen pro Sekunde über eine Tonne Luft an. Das entspricht dem Luftvolumen eines zweistöckigen Hauses. Das Triebwerk wird beim Start des Flugzeuges innerhalb von nur zwei Sekunden auf 1200 °C erhitzt und soll 30.000 Starts und Landungen durchhalten. Und wir sitzen im Flugzeug nur wenige Meter davon entfernt und lassen es uns gut gehen!

Ein Triebwerk besteht aus 10.000 Bauteilen. Sie werden in Dahlewitz in Handarbeit zusammenmontiert. Dafür brauchen die Monteure zwölf Tage. In einer Halle, deren Fußboden so sauber geputzt ist, wie Mutters Küche zuhause. Man hat eher den Eindruck in einer Manufaktur zu sein als in einem Industriebetrieb, in dem heutzutage weitgehend Roboter am Werke sind. Anderthalb Stunden wird dann auf dem Teststand ein kompletter Flug vom Start bis zur Landung simuliert. Wenn dieser Test bestanden ist, wird das Triebwerk in eine Schutzhülle verpackt, damit auf dem Weg zum Flugzeughersteller keine Verunreinigungen in seine „Eingeweide" eindringen können.

Was uns nun natürlich interessiert: Aus welchen Werkstoffen baut man Triebwerke, die solchen Anforderungen gewachsen sind? Normalerweise, das heißt bei „Alltagsaufgaben" beispielsweise im Maschinenbau, geht der Konstrukteur dabei schrittweise nach einem üblichen Schema vor. Er analysiert die Anforderungen, die an den Werkstoff zu stellen sind, stellt ein Anforderungsprofil auf und wählt aus den zur Verfügung stehenden Werkstoffen einen geeigneten aus. In den letzten Jahrzehnten sind strukturierte Datenbanken aufgebaut worden, die eine Werkstoffauswahl unter technischen, ökonomischen und ökologischen Gesichtspunkten sowie Kostenbewertung auf der Basis mikroökonomischer Modelle ermöglichen. Außerdem kann der Konstrukteur auf eine Anbieterübersicht für den von ihm ausgewählten Werkstoff zugreifen und diesen direkt online bestellen.

Für die Entwicklung und Herstellung von Bauteilen und technischen Systemen, die völlig neue Anforderungen an die Werkstoffe stellen, wie Flugzeugtriebwerke, sind solche Datenbanken allerdings überfordert. Haben Sie eine Ahnung davon, welche Anforderungen an Triebwerkswerkstoffe gestellt werden und welche Werkstoffe diesen Anforderungen standhalten können? Wahrscheinlich nicht. Schauen wir uns zunächst mal einige fundamentale Zusammenhänge an, um einer Antwort näher zu kommen.

Betrachten wir zunächst die Funktionsweise eines Triebwerks. Heute haben wir es gewöhnlich mit Turbinen-Luftstrahltriebwerken zu tun. Ein solches Triebwerk saugt Luft ein, die dann im Verdichter komprimiert wird. Sie gelangt dann in die Brennkammer, in die der Treibstoff eingespritzt wird und in der das Luft-Treibstoff-Gemisch verbrannt wird. Dadurch werden die Temperatur (bis auf etwa 2000 °C) und die Strömungsgeschwindigkeit erhöht. In der dahinter folgenden Turbine wird mit der Strömungsenergie des Luft-Treibstoff-Gemisches dann eine Welle, auf der alle Triebwerksschaufeln sitzen, in eine Drehbewegung umgesetzt. Sie treiben die Schaufeln des Gebläses, die sogenannten Fans, den Verdichter und anderer Aggregate, wie die Hydraulikpumpen, an. In der Schubdüse, die hinter der Turbine liegt, dehnt sich das Verbrennungsgas dann aus, wodurch sich seine Strömungsgeschwindigkeit weiter erhöht. Das aus der Schubdüse ausströmende Gas erzeugt den Vorschub des Flugzeuges.

Die Arbeitsweise von Flugzeugtriebwerken beruht auf zwei fundamentalen Prozessen, der Umwandlung von Brennstoffenergie in kinetische Energie und der Umsetzung der kinetischen Energie in Schub. Die Umwandlung der Brennstoff- in kinetische Energie bestimmt die Bedingungen unter denen Triebwerke effektiv arbeiten, hohe Drücke und hohe Temperaturen, und damit zugleich den Wirkungsgrad. Die Umsetzung der kinetischen Energie in Schub ist maßgebend für die Bauweise der einzelnen Komponenten der Triebwerke. Beide bedingen die vielfältigen, für jedes Bauteil spezifischen Anforderungen, die an Triebwerkswerkstoffe gestellt werden, vor allem Kriech- und Spannungsrissfestigkeit bei Temperaturen über 800 °C, hohe thermomechanische Ermüdungsfestigkeit und Hochtemperatur-Korrosionsbeständigkeit.

Hinzu kommen Randbedingungen, die bei der Werkstoffauswahl zu beachten sind, wie Verfügbarkeit und Beschaffungskosten, Realisierbarkeit komplizierter Strukturen und die für verschiedene Werkstoffe unterschiedlichen Herstellungskosten der Bauteile, die Prüf- und Charakterisierbarkeit der Werkstoffe, hohe Schadenstoleranz (das heißt, sie dürfen beispielsweise bei relativ geringer Schädigung nicht zu Bruch gehen), und die Reparaturfähigkeit der Bauteile. Und was für Triebwerkswerkstoffe aus Sicherheitsgründen wichtig ist: Das Werkstoffverhalten muss rechnerisch erfassbar sein, denn die technischen Parameter der Triebwerke werden während des Fluges regelmäßig automatisch gemessen und per Funk zu Technikern des Triebwerksherstellers übertragen, die sie analysieren, um kleinere Probleme bereits frühzeitig zu entdecken. Diese Überwachung der Triebwerke wird als „Engine Condition Monitoring" (ECM) bezeichnet. Und außerdem sollen auch noch der Kraftstoffverbrauch und das Gewicht, die Wartungskosten, der Ausstoß von Stickoxiden und der Lärmpegel beträchtlich gesenkt werden [165]. Bei all dem ist zu bedenken, dass neue Werkstoffe, die für Flugzeugtriebwerke geeignet sind, meist auch neue Fertigungsverfahren erfordern.

Um diese komplexen Anforderungen an die Werkstoffentwicklung und Fertigungstechnologie erfüllen zu können, hat sich Rolls-Royce Deutschland Werkstoffentwickler, -hersteller und -bearbeiter in wissenschaftlichen Einrichtungen und in der Industrie als Kooperationspartner gesucht und sich mit diesen in einem Werkstoffcluster zusammengeschlossen. Selbst das ist keine simple Angelegenheit, denn wegen der besonders hohen Sicherheitsstandards in der Triebwerksindustrie konnte man dabei nicht auf beliebige wissenschaftliche Einrichtungen und Firmen zugreifen, sondern musste sie sorgfältig auswählen. Die Hersteller sowohl der Werkstoffe als auch der Triebwerksteile müssen in der Lage sind, die definierten Qualitätsstandards einzuhalten. Sie müssen von den Luftfahrtbehörden zugelassen sein und werden streng überwacht [166] Auf solche Kooperationen sind übrigens nicht nur große Unternehmen angewiesen. Auch die beteiligten kleinen und mittleren Unternehmen, die oft selbst auch Forschung betreiben, sowie wissenschaftliche Einrichtungen profitieren davon, vor allem weil sie ihre Arbeit langfristig an der Strategie der Großunternehmen ausrichten können.

Wenn ich Sie nun frage, welche Werkstoffe für Flugzeugtriebwerke in Frage kommen, würden Sie vermutlich spontan an Titan bzw. Titanlegierungen denken, weil sie davon wahrscheinlich im Zusammenhang mit der Luft- und Raumfahrt schon gehört haben. Tatsächlich gehören heute Titanlegierungen zu den wichtigsten Werkstoffen im Triebwerksbau. Der Weg bis zu ihrem Einsatz war jedoch weit.

Begonnen hat der Triebwerksbau mit einem anderen Werkstoff. Es wird Sie vielleicht überraschen, aber am Anfang stand der Werkstoff, aus dem auch Rasierklingen hergestellt wurden. Ursprünglich wurden die Bauteile für Flugzeugtriebwerke nämlich hauptsächlich aus austenitischem Stahl mit einem niedrigen Kohlenstoffgehalt und mindestens 13 % Chrom sowie über zehn Prozent Nickel hergestellt. In den 1930er Jahren entdeckte man, dass dieser Stahl nicht nur korrosions-, sondern auch hochtemperaturbeständig ist. Er hatte für die damaligen Verhältnisse auch bei Temperaturen von 550 °C bis etwa 600 °C eine gute Dauerfestigkeit. Deshalb erlebte er schon bald, im II. Weltkrieg, seine Premiere als Triebwerkswerkstoff. Später entwickelte man ferritischen Stahl, der bis zu einer Temperatur von 650 °C warm-fest, aber besser wärmeleitfähig war als Austenit. Außerdem konnte man damit ein besonders feinkörniges Gefüge erzeugen und dadurch ein besseres Verhältnis von Festigkeit und Zähigkeit erreichen. Ein genereller Vorteil von Stahl war, dass Triebwerksbauteile daraus wirtschaftlich hergestellt werden konnten. Seit etwa zu Beginn der 1960er Jahre ist sein Einsatz in Flugzeugtriebwerken allerdings fast schlagartig zurückgegangen. Heute wird er nur noch für Lager, Wellen und Gehäuseteile verwendet.

Man versuchte es dann mit Leichtmetalllegierungen auf der Basis von Aluminium und Magnesium. Aber sie waren nicht korrosions- und temperaturbeständig genug, um den wachsenden Anforderungen zu entsprechen. Außerdem können Verdichterschaufeln aus Leichtmetallen dem Einschlag von Fremdkörpern, beispielsweise von Vögeln, während des Fluges kaum standhalten. Auch sie spielen deshalb im Triebwerksbau nur noch eine untergeordnete Rolle. Magnesiumlegierungen werden in neuen Triebwerken gar nicht mehr verwendet, weil sie relativ schnell korrodieren und sich bei den hohen Triebwerkstemperaturen leicht entzünden. Seit den 1960er Jahren sind die wichtigsten Werkstoffe, aus denen Bauteile für Flugzeugtriebwerke hergestellt werden, Nickel- und Titanlegierungen (Abb. 3.1).

Bereits in den 1940er Jahren hatte man begonnen, sogenannte Nickelbasis-Superlegierungen zu entwickeln. Als Superlegierungen bezeichnet man metallische Werkstoffe, die eine hohe Festigkeit behalten, auch wenn sie glühend heiß sind. Sogar noch bei Temperaturen, die nur zehn Prozent unterhalb ihrer Schmelztemperatur liegen. Diese Hochtemperaturfestigkeit entsteht vor allem durch die Einbettung von Ausscheidungen in das Mischkristallgitter des Grundwerkstoffes. Beide haben verschiedene Gitterstrukturen, die miteinander nicht „passfähig" sind. Das führt zu inneren Spannungen und damit zur Festigkeitssteigerung. Kommt Ihnen das bekannt vor? Richtig, das ist die sogenannte Mischkristallverfestigung. Wir haben darüber im Zusammenhang mit dem Spannungs-Dehnungs-Diagramm und der Behinderung von Versetzungsbewegungen gesprochen. Solche Superlegierungen setzt man seither in Flugzeugtriebwerken ein. Sie heißen Nickelbasis-Superlegierungen, weil

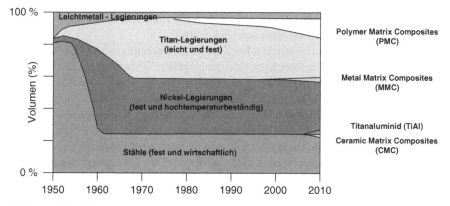

Abb. 3.1 Technische Evolution der Triebwerkswerkstoffe

sie hauptsächlich aus Nickel bestehen. Die heute am häufigsten verwendete trägt den Markennamen „Inconel Alloy 718". Sie besteht aus über 50 % Nickel und um die 20 % Chrom und enthält bis zu zwölf Legierungselemente [167].

Im Hochtemperaturbereich von Flugturbinen werden im Wesentlichen zwei Gruppen von Superlegierungen verwendet: Knetlegierungen, also solche, die man plastisch formen kann, zum Schmieden oder Walzen von Scheiben, Ringen und des Gehäuses sowie Gusslegierungen zum Gießen der Lauf- und Leitschaufeln. Seit etwa 25 Jahren hat man Verfahren entwickelt, die es ermöglichen, Turbinenschaufeln herzustellen, die aus der Schmelze gerichtet oder auch einkristallin erstarrt sind. Ähnlich, wie Sie es bei Halbleiterkristallen kennengelernt haben. Beim gerichteten Erstarren wachsen langgestreckte, sogenannte Stängelkristalle. Das heißt, quer zur Richtung des Kristallwachstums entstehen kaum Korngrenzen, die die Kriechfestigkeit des Werkstoffes beeinträchtigen würden. Einkristalle sind für das Kriechverhalten des Werkstoffes natürlich optimal, weil sie überhaupt keine Korngrenzen enthalten. Solche Turbinenschaufeln haben bis zu Temperaturen von etwa 1100 °C eine hohe Zeitstand- und Warmermüdungsfestigkeit und sind sehr gut oxidationsbeständig.

Wenn Sie aufmerksam gelesen haben, werden Sie jetzt sagen: 1100 °C sind ja toll, aber haben Sie nicht davon gesprochen, dass in Flugzeugtriebwerken Temperaturen bis zu 2000 °C herrschen? Richtig! Deshalb werden Turbinenschaufeln auch noch gekühlt. Dazu werden sie mit Luftkanälen versehen, entweder direkt beim Gießen oder durch Bohren mit einem Laserstrahl. Seit einiger Zeit versieht man sie auch mit einer thermischen Schutzschicht, die meist aus einem mit Yttrium stabilisierten Zirkonoxid besteht und nicht dicker ist als ein Blatt Papier.

Wenngleich Sie als künftige Werkstofffachleute die Herstellung von Turbinenschaufeln aus Nickelbasis-Legierungen interessant finden, was ich zumindest annehme, sind andere Nickellegierungen für Sie, wie für die meisten Europäer, gewiss nicht nur interessant, sondern in großer Menge sogar begehrenswert. Können Sie sich denken, was ich meine? Richtig, unsere Euromünzen. Sie bestehen nicht, wie man annehmen könnte, aus einer einzigen kompakten Legierung, sondern aus drei Schichten. Die obere und untere Lage der silberfarbenen Münzen aus einer Kupfer-Nickel-Legierung mit 75 % Kupfer und 25 % Nickel, die der goldfarbenen aus einer Messing-Nickel-Legierung mit 75 % Kupfer, 20 % Zink und fünf Prozent Nickel. Die mittlere Lage besteht bei allen aus Nickel [168].

Münzen aus einer ganz ähnlichen Legierung hat es bereits etwa 150 bis 200 Jahre v. u. Z. auf dem Gebiet des heutigen Pakistan gegeben. Woher das Nickel in diesen Münzen stammte, kann man bis heute nicht mit Sicherheit sagen. Es wird vermutet, dass es aus China dorthin gelangte. Wie es die alten Chinesen hergestellt haben sollen, liegt allerdings ebenfalls im Dunkeln. Einem ähnlichen Rätsel sind wir ja schon im Zusammenhang mit altertümlichen Gegenständen aus Aluminium begegnet, die in China gefunden worden sind. Numismatiker wissen aber, dass Münzen aus einer Kupfer-Nickel-Legierung erst etwa 2000 Jahre später wieder geprägt worden sind.

In Europa wurde Nickel erst 1751 von dem schwedischen Bergbauingenieur und Mineralogen Baron Axel Fredrik Cronstedt (1722–1765) als eigenständiges Element entdeckt. Lange wurde seine Entdeckung jedoch angezweifelt. Man hielt es für eine Mischung schon bekannter Metalle, bis sein Landsmann Olaf Torbern Bergman (1735–1784), mit der Darstellung reinen Nickels im Jahre 1775 nachwies, dass Nickel tatsächlich ein chemisches Element ist. Bergman gilt übrigens als Begründer der analytischen Chemie.

Es erscheint kurios, aber seinen Namen erhielt Nickel bereits im Mittelalter, als man es noch gar nicht kannte. Damals bezeichnete man Berggeister oder Bergteufel als Nickel. Erhalten hat sich diese Bedeutung in der Wendung: „Jemand benimmt sich nickelig". Mit diesem Namen belegten sächsische Bergleute ein Mineral, dass sie wegen seiner roten Farbe für Kupfererz hielten. Da es ihnen jedoch nicht gelang, daraus Kupfer zu gewinnen, nahmen sie an, dass es von einem Bergnickel verzaubert worden sei. In Wirklichkeit handelte es sich um Rotnickelkies (Nickelarsenid), der in Erzen anderer Metalle vorkam.

Industrielle Bedeutung erlangte Nickel erst im 19. Jahrhundert, nachdem es dem deutschen Arzt und Chemiker Ernst August Geitner gelungen war, aus den auf Halden um Aue und Oberschlema abgekippten Resten aus der Kobaltherstellung (zur Herstellung von Farbpigmenten für Porzellan) das darin zu etwa 50 % enthaltene Nickel zu extrahieren. Er erschmolz daraus eine Legierung aus 55 % Kupfer, 20 % Nickel und 25 % Zink, die er „Argentan" nannte. Er verkaufte diese Legierung an die Besteckhersteller Gebrüder Henninger in Berlin, die sie in „Neusilber" umtauften. Sie ist bis heute das Grundmaterial für versilberte Bestecke. Außerdem werden daraus beispielsweise feinmechanische und elektrotechnische Geräte, medizinische Geräte und Brillen hergestellt.

Anfangs war Nickel spröde und brüchig. Erst dem Amerikaner Joseph Wharton (1826–1909), einem der Mitbegründer der 2001 bankrott gegangenen Bethlehem Steel Corporation, gelang es 1865 plastisch gut verformbares Nickel herzustellen. Zwölf Jahre später hat der Iserlohner Nickelfabrikant Theodor Fleitmann (1828–1904) durch Zusatz geringer Mengen von Magnesium gegossene Nickelblöcke walz- und schmiedbar gemacht. Außerdem erfand er das Plattieren von dünnem Nickelblech auf Stahlblech. Damit schuf er die Grundlagen für die spätere Nickelindustrie [169]. Es dauerte über weitere sieben Jahrzehnte bis der „Berggeist" als Nickelbasis-Superlegierung in Gestalt von Turbinenschaufeln in den Himmel fliegen konnte.

Auch der Name des bis heute neben Nickel wichtigsten Werkstoffes, aus dem Bauteile für Flugzeugtriebwerke hergestellt werden, hat einen mystischen Ursprung. Er wurde 1795 entdeckt und von einem seiner Entdecker, dem deutschen Chemiker Martin Heinrich Klapproth (1743–1817) nach den Titanen benannt, den sechs Söhnen und Töchtern der Urmutter Gaja und dem Urvater Uranus. Die Namen dieser Ureltern stammen aus dem Griechischen und bedeuten Erde und Himmel [170]. Was könnte für die Abstammung des Namens für einen Werkstoff passender sein, aus dem Teile für Flugzeugtriebwerke gefertigt werden? Klapproth hatte Titan in Rutilerz gefunden, einer auch bei hohen Temperaturen stabilen Form des Titanoxids. Er war allerdings nicht der einzige Entdecker des Titans. Unabhängig von ihm hatte es bereits 1791 in England der Geistliche und Amateurmineraloge William Gregor (1761–1817) im Titaneisen ($FeTiO_3$) entdeckt.

Klapproth, der übrigens die Waage als Instrument in die Analytik eingeführt hat, konnte natürlich noch nicht ahnen, dass Titan einmal dazu dienen wird, Flugzeuge von der Erde in den Himmel steigen zu lassen. Vielleicht hat er diesen gewaltig klingenden Namen gewählt, weil Titan trotz seiner geringen Dichte (4,5 g/cm^3; Fe 7,83 g/cm^3; Ni 8,9 g/cm^3) eine hohe Festigkeit und Härte hat. Das Verhältnis Festigkeit zu Dichte von Titan ist das höchste, das gegenwärtig bei metallischen Bauteilen erreicht wird. Außerdem hat Titan eine hohe Schmelztemperatur (1668 °C; Ni 1455 °C) und ist sehr korrosionsbeständig. Allerdings sind Titanbasislegierungen deutlich teurer als Nickelbasislegierungen und etwa zehnmal so teuer wie herkömmlicher Stahl. Zwar sagte mir ein Experte für die Entwicklung von Werkstoffen für die Luftfahrt vor einem Dutzend Jahren noch, dass Geld für die Luftfahrtindustrie keine Rolle spiele, aber inzwischen muss auch dort hart gerechnet werden.

Titanlegierungen wurden Anfang der 60er Jahre in den Triebwerksbau eingeführt. Wegen ihres geringen spezifischen Gewichtes stellte man daraus beispielsweise große Fan-Schaufeln und schnelllaufende Hochdruckverdichter-Läufer her. Vor allem die erste Ölkrise 1973/1974 rückte die Notwendigkeit deutlich ins Blickfeld, sparsam mit der verfügbaren Energie umzugehen. Das heißt, Energiewandlungsanlagen, wie es auch Gasturbinen für Flugzeugtriebwerke sind, mit einem möglichst hohen Wirkungsgrad zu betreiben. Und wie erreicht man einen höheren Wirkungsgrad? Indem man die Betriebstemperatur erhöht.

Für die Werkstoffforschung ergab sich daraus die Aufgabe, nach neuen Hochtemperaturwerkstoffen Ausschau zu halten. Sie begannen, intensiv mit intermetallischen Legierungen zu experimentieren. Das sind chemische Verbindungen zweier Metalle mit einer komplizierten Gitterstruktur, die sehr fest und hitzebeständig sind. Von besonderem Interesse waren dabei Titanaluminide. Sie haben eine geringe Dichte, sodass man relativ leichte Bauteile daraus herstellen kann, was beim Fliegen Energie spart. Deshalb hatte man ja, wie ich Ihnen schon gezeigt habe, in den 1950er Jahren Triebwerksbauteile aus Leichtmetalllegierungen hergestellt. Titanaluminide ertragen zudem aber deutlich höhere Temperaturen als konventionelle Leichtbauwerkstoffe. Sie sind deshalb eine für den Triebwerksbau sehr attraktive Werkstoffgruppe.

Die Sache hat nur einen Haken: Titanaluminide sind, wie alle intermetallischen Legierungen, bei niedrigen Temperaturen nur sehr schwer verformbar. Man hatte deshalb nicht nur ein Werkstoff-, sondern auch ein Fertigungsproblem. Es musste ein Titanaluminid-Werkstoff gefunden werden, der die Anforderungen des Triebwerksbaus erfüllt. Und es waren Verfahren zu entwickeln, mit denen man ihn herstellen und daraus Bauteile fertigen kann. Das war eine Mammutaufgabe, die von einzelnen Instituten oder Unternehmen allein nicht zu stemmen war. Das Bundesministerium für Bildung und Forschung hat deshalb dieses Vorhaben über 15 Jahre mit fast 25 Mio. € gefördert. Daran waren insgesamt 28 Industrieunternehmen und neun wissenschaftliche Einrichtungen beteiligt. Parallel dazu hat die Deutsche Forschungsgemeinschaft grundlegende Untersuchungen von intermetallischen Legierungen unterstützt.

Das Ergebnis war ein durchschlagender Erfolg. Es ist nämlich gelungen, in Deutschland die Herstellung und den Einsatz von Flugturbinenschaufeln und von

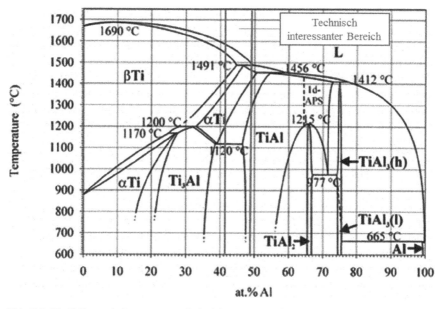

Abb. 3.2 Ti-Al-Zustandsdiagramm – technisch interessante Titanaluminide

Ventilen für Verbrennungsmotoren aus einer völlig neuen Werkstoffgruppe, den Titanaluminiden, in Gang zu setzen. Als besonders geeignet hat sich dafür eine TiAl-Legierung erwiesen, die 46 Atomprozent Aluminium enthält, und bei der man durch geeignete Wärmebehandlung bei verschiedenen Temperaturen unterschiedliche Gefüge erzeugen kann (Abb. 3.2).

Darüber hinaus sind ihre Festigkeit, Kriechbeständigkeit und Umformbarkeit durch Zugabe verschiedener Legierungselemente variierbar [171]. Die auf diesem Gebiet in Deutschland vorhandene wissenschaftliche und technische Kompetenz war ein wesentliches Motiv für Rolls-Royce, das Tochterunternehmen in Dahlewitz aufzubauen.

Was Sie daraus lernen können ist, dass die Entwicklung völlig neuer Werkstoffe, die dann auch tatsächlich zu Innovationen in der Industrie führen können, die diese Bezeichnung verdienen, ein komplexes und langfristiges Unterfangen ist. Und dass es der Zusammenarbeit von Wissenschaftlern und Ingenieuren aus Forschungseinrichtungen und Industrieunternehmen bedarf, um so etwas zustande zu bringen. In diesem Fall waren es Werkstoffwissenschaftler, Physiker, Chemiker, Metallurgen, Anlagenbauer und Maschinenbauingenieure. Und nicht zuletzt: Ohne staatliche Förderung aus Steuermitteln wäre dieses Vorhaben, an dessen Finanzierung sich die Industrie mit über 50 % beteiligt hat, gar nicht erst angepackt worden. Denn sein Erfolg war durchaus nicht von vornherein gewiss und das Risiko für ein Industrieunternehmen, viel Geld in den Sand zu setzen, zu groß. Deshalb fördert das Bundesministerium für Bildung und Forschung solche Forschungs- und Entwicklungsvorhaben, wenn sie von gesamtstaatlichem Interesse sind.

TiAl-Legierungen haben eine aussichtsreiche Zukunft. Aber es bleibt noch viel zu tun, um sie weiter für den serienmäßigen Bau von Flugzeugtriebwerken zu ertüchtigen. Beispielsweise sollen neue Fertigungsverfahren geschaffen bzw. das übliche Gießen und Schmieden von Bauteilen weiterentwickelt werden. Außerdem wird intensiv daran gearbeitet, auf die Oberfläche von Bauteilen aus Titanaluminid geeignete Schutzschichten aufzubringen, z. B. aus Aluminium, Titan und Chrom, um die Wärmedämmung zu verbessern und die Oxidation bei hohen Temperaturen zu mindern, ohne die mechanischen Eigenschaften des Titanaluminids zu beeinträchtigen [172].

Inzwischen suchen Werkstoffforscher bereits nach weiteren neuen Triebwerkswerkstoffen. Dabei haben sie vor allem Verbundwerkstoffe im Blick. Verbundwerkstoffe bestehen mindestens aus zwei verschiedenen Werkstoffen, deren Eigenschaften vorteilhaft miteinander kombiniert werden. Nach ihrem Aufbau unterscheidet man Teilchen-, Faser- und Schichtverbunde mit unterschiedlicher Matrix und verschiedenen Verstärkungskomponenten. Das können Verbunde mit metallischer Matrix (Metal Matrix Composites, MMC) sein, bei denen die Metallmatrix, z. B. Aluminium, mit keramischen Partikeln oder Fasern, wie Siliciumcarbidpartikel (SiC) oder Siliciumfasern, verstärkt wird. Bei partikelverstärkten Metallen beruht der Verstärkungseffekt hauptsächlich auf der Behinderung des Versetzungsgleitens im metallischen Grundwerkstoff durch die Partikel. Faserverstärkte Metalle erhalten durch die Festigkeit der Siliciumfasern eine höhere Steifigkeit.

Ungeklärt ist allerdings noch, wie ihre Qualität gesichert werden kann. Hierzu muss die Haftung zwischen Fasern und Matrix genauer erforscht werden. Weiter geklärt werden muss auch, welchen Einfluss die Eigenspannungen dieses Verbundwerkstoffes auf seine Dauerfestigkeit haben, da dadurch Risse in der Matrix entstehen können. Das zu vermeiden, stellt hohe Anforderungen an die Herstellungstechnologie.

Des Weiteren entwickeln Werkstoffforscher Verbunde mit einer Polymermatrix (Polymer Matrix Composites, PMC), beispielsweise aus Epoxidharz oder Polyester, die mit anderen hochfesten polymeren, metallischen oder keramischen Fasern (z. B. Kohle-, Aramid-, Glas- oder Polyethylenfasern) verstärkt wird. Polymerfaserverbunde verwendet man hauptsächlich für Bauteile, die gegen direkten Einschlag von Fremdkörpern und Erosion geschützt werden sollen. Und schließlich entwickelt man auch Verbunde mit keramischer Matrix (Ceramic Matrix Composites, CMC), z. B. Al_2O_3, SiO_2 oder SiC, die man mit anderen keramischen Werkstoffen wie Siliciumcarbid (SiC) und Siliciumnitrid (Si_3N_4) oder mit Kohlenstofffasern verstärkt. Keramiken sind in der Regel sehr spröde und wenn einmal ein Riss entstanden ist, breitet er sich mit hoher Geschwindigkeit aus. Unter mechanischer Belastung oder schnellem Temperaturwechsel versagen sie schlagartig. Eine Reparatur ist nicht möglich. Bei Ceramic Matrix Composites soll der Rissfortschritt durch die eingelagerten Fasern verhindert werden. Dadurch wird das Versagensverhalten verbessert und die Thermoschockbeständigkeit erhöht.

Die im Laufe der Zeit entwickelten Triebwerkswerkstoffe haben ein unterschiedliches Eigenschaftsprofil. Sie werden dementsprechend in verschiedenen Baugruppen des Triebwerks, je nach deren Belastung, eingesetzt (Abb. 3.3 und 3.4).

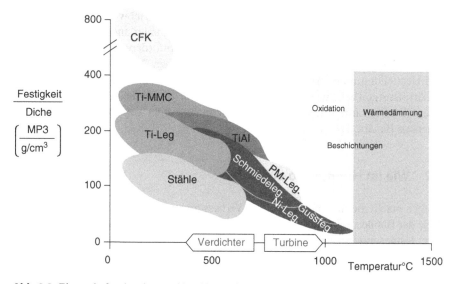

Abb. 3.3 Eigenschaften heutiger und künftiger Triebwerkswerkstoffe

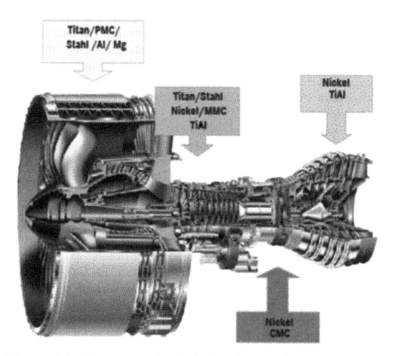

Abb. 3.4 Spezifischer Einsatz von Werkstoffen in einem Flugzeugtriebwerk

Inzwischen denken sowohl Flugzeugbauer als auch Triebwerksentwickler über völlig neue Bauweisen und Triebwerkskonzepte nach, unter anderem über neuartige, von Propellern angetriebene Flugzeuge. Welche Anforderungen sie an die Werkstoffforschung stellen werden, ist nur schwer absehbar. Wie bei der Entwicklung und Herstellung moderner Rasiersysteme werden damit im Erfolgsfall auch neue Bedürfnisse geweckt werden, und zwar nicht nur im zivilen Bereich. Fest steht jedenfalls: Die Luftfahrt, sie entwickelt sich immer weiter – was würden wohl Sostschenkos Bauern dazu sagen?

3.2   Wie im Himmel, so auf Erden

Fliegen macht mobil. Und die weitere Verbesserung unserer Mobilität ist eines der Ziele der Bundesregierung. Und zwar im Himmel, wie auf Erden. „Regierungsamtlich" festgeschrieben in der Hightech-Strategie 2020 für Deutschland, an der alle Bundesministerien unter Federführung des BMBF beteiligt sind [173]. Dabei ist, wie Sie sich denken können, auf Erden nicht in erster Linie an die Fortbewegung mit dem Fahrrad, der Straßenbahn oder dem Schiff gedacht. Das große Thema ist vielmehr das Automobil.

Die Unterstützung der Automobilindustrie ist ein Dogma jeder Bundesregierung, so wie das Vaterunser das Grundgebet der gesamten Christenheit ist, das in der Bergpredigt steht, die als Lehre Jesu seinem heilvollen Handeln vorangestellt ist [174]. Und es hat seinen Grund, warum die Automobilindustrie im „heilvollen Handeln" der Bundesregierung einen prominenten Platz einnimmt. Sie zählt zu den drei umsatzstärksten deutschen Branchen, neben der Logistik und dem Handel. Sie setzt jährlich etwa 350 Mrd. € um und beschäftigt über 720.000 Menschen, wenn man die Zulieferer mitrechnet [175].

Wenn Sie sich vor Augen halten, dass fast 17% aller technik-induzierten Kohlendioxid-Emissionen allein auf das Konto des Straßenverkehrs gehen, wird Ihnen klar sein, dass es ein übergeordnetes Ziel für alle „Spieler" auf diesem Feld sein muss, unsere Mobilität künftig umweltverträglicher zu machen und deutlich weniger fossile Ressourcen dafür zu verbrauchen. „Spielmacher" sind dabei die Wissenschaft, die Wirtschaft und die Politik, aber auch wir alle, die mit dem Auto durch die Gegend fahren [176]. Was würden Sie als Autobauer machen, um dieses Ziel zu erreichen? Autos anders konstruieren, sodass ihr Luftwiderstand geringer wird? Na, klar. Neue, ressourcensparende Antriebskonzepte entwickeln? Auch richtig. Oder material- und energieeffiziente Fertigungstechnologien einsetzen? Ja, auch das ist eine Möglichkeit. Es gibt viele „Stellschrauben", an denen man drehen kann, um Autos umweltverträglicher und ressourcensparender zu machen. Vor allem aber muss man leichtere Autos bauen.

Die Angaben darüber, was das bringen kann, variieren etwas. Aber man kann bei einer Verringerung des Gewichts eines Autos um 100 kg mit einer Kraftstoffeinsparung zwischen 0,05 und 0,35 L auf 100 km und einer Reduzierung der CO_2-Emission von 8,3 g/km rechnen [177, 178].

Sicher werden Sie einwenden, dass der Kraftstoffverbrauch und die CO_2-Emissionen doch auch von der Geschwindigkeit und vom Fahrverhalten abhängen. Damit haben Sie natürlich Recht. Deshalb werden diese Werte seit 1996 auf der Grundlage eines Fahrzyklus ermittelt, der die Fahrbelastung möglichst realitätsnah simulieren soll. Und zwar üblicherweise auf einem Motoren- oder Rollenprüfstand, um reproduzierbare und vergleichbare Ergebnisse zu erhalten [179]. In Deutschland sind über 43 Mio. Personenkraftwagen zugelassen, davon stammen etwa 65 % von deutschen Herstellern [180]. Sie fahren jährlich insgesamt fast 600 Mrd. km [181]. Sie können sich selbst ausrechnen, wie viel Kraftstoff man einsparen und wie viel CO_2-Emissionen man vermeiden könnte, wenn allein die Autos deutscher Hersteller auf unseren Straßen 100 kg weniger auf die Waage brächten.

Um Autos leichter bauen zu können, braucht man neue Werkstoffe. Bei der Entwicklung, Herstellung und Anwendung von Leichtbauwerkstoffen stehen Metalle und Kunststoffe im Wettbewerb miteinander. Haben Sie eigentlich eine Vorstellung von der Vielfalt der Werkstoffe, aus denen ein Auto besteht, und welchen Anteil jeder von ihnen an dessen Gesamtgewicht hat? Ein BMW der 7er-Reihe (2006) beispielsweise wiegt insgesamt 1935 kg. Davon sind ca. 880 kg Stahl, etwa 440 kg Leichtmetalle und über 200 kg Kunststoffe (Abb. 3.5).

Am Beispiel der metallischen Leichtbau-Werkstoffe kann man sehr schön sehen, wie die Konkurrenz die Entwicklung, Herstellung und Anwendung neuer Werkstoffe vorantreibt. So ist die Entwicklung hochfester Stähle dadurch forciert worden, dass Automobilbauer in den vergangenen Jahrzehnten zunehmend Aluminium- und Magnesiumlegierungen eingesetzt haben.

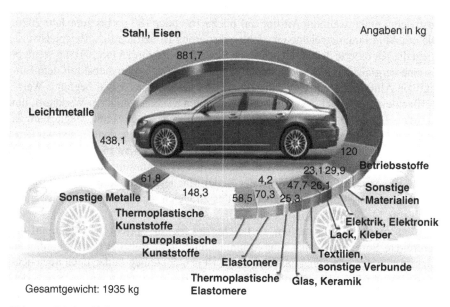

Abb. 3.5 Werkstoffe im Automobilbau – Werkstoffeinsatz in der BMW 7er-Reihe

Die Audi AG hat 1993 ein völlig neuartiges Aluminiumkarosseriesystem einschließlich der entsprechenden Verfahren für die Massenproduktion patentiert, das
Audi-Space-Frame-Karosseriesystem (ASF). Das ist eine hochfeste selbsttragende
Rahmenstruktur aus geschlossenen Aluminium-Hohlprofilen. Ein Karosserieskelett
aus Aluminium, das seither kontinuierlich verbessert und mit großem Erfolg ver-
marktet worden ist. Im Jahr darauf brachte das Unternehmen mit dem Audi A8 das
erste Oberklasse-Auto der Welt mit serienmäßig produzierter Aluminiumkarosserie
auf den Markt. Im Vergleich mit Stahl konnte damit das Karosseriegewicht deutlich
verringert werden, denn Aluminium hat ein spezifisches Gewicht von 2,7 g/cm^3,
während Stahl 7,8 g/cm^3 wiegt.

Diese Innovation war vor allem eine fertigungstechnische Meisterleistung, die
dem Karosseriebau einen völlig neuen Weg gewiesen hat. Aber auch Werkstofffforscher haben ihren Teil dazu beigetragen. Denn Bauteile aus hochfesten Aluminiumlegierungen lassen sich nicht ohne weiteres miteinander verschweißen, weil die
einzelnen Legierungsbestandteile bei unterschiedlichen Temperaturen erstarren und
deshalb beim Abkühlen der Schmelze nach dem Schweißen Risse entstehen können. Es musste also zunächst eine schweißbare Aluminiumlegierung entwickelt und
dann ein Weg gefunden werden, Schweißnähte mit hoher Festigkeit, Korrosionsbeständigkeit und Schadenstoleranz zu fertigen. Das heißt, man musste auch ein
geeignetes Schweißverfahren finden, um eine Karosserie aus Aluminium zu bauen.
Im Audi-Space-Frame-System wurden Karosseriebauteile erstmals mit Hilfe des
Laserstrahlschweißens miteinander verbunden, und zwar mit einer Schweißnaht-
länge von insgesamt 30 m.

Seither schreitet der Einsatz von Aluminium im Automobilbau kräftig voran. Er
stieg von 1990 bis 2012 von 50 kg auf 140 kg pro Fahrzeug. Und Fachleute prognostizieren einen weiteren Anstieg auf bis zu 160 oder 180 kg bis zum Jahr 2020.
Die mit Aluminium erreichte Gewichtsreduzierung ist beträchtlich. Beispielsweise
wiegt die Karosserie des Mercedes-Benz SL im Rohbau nur 254 kg, 110 kg weniger
als eine vergleichbare Rohbaukarosserie aus Stahl [182]. Aber selbst mit dem Einsatz von Aluminium zur Gewichtsreduzierung hat man sich nicht begnügt. Werkstofffachleute und wichtige Autohersteller setzten auf einen anderen Werkstoff, um
Autos noch leichter zu bauen, nämlich auf Bauteile aus Magnesium. Magnesium ist
mit einer Dichte von 1,7 g/cm^3 der leichteste Konstruktionswerkstoff, den wir kennen. Bauteile aus Magnesium sind damit um bis zu 40 % bzw. bis zu 75 % leichter
als solche aus Aluminium oder Stahl. Wenn wir von Magnesium als Konstruktionswerkstoff sprechen, meinen wir in der Regel Magnesiumlegierungen, denn reines
Magnesium wäre dafür ungeeignet, weil es zu weich ist. Überwiegend verwendet
man heute Mg-Al-Zn-Legierungen.

Wenn man über Magnesium als Leichtbauwerkstoff spricht, trifft man auf die
verbreitete Sorge, dass sich Magnesiumbauteile, zum Beispiel bei Autounfällen,
leicht entzünden könnten. Und diese Sorge ist ja nicht unbegründet, denn noch heute wird Magnesium als Zündmittel beispielsweise in Leuchtmunition verwendet.
Die Ursache für die leichte Entzündbarkeit von Magnesium ist seine hohe Affinität
zu Sauerstoff aufgrund seiner Elektronenstruktur. Magnesium hat zwei Valenzelek-
tronen, Sauerstoff sechs. Weil beide danach trachten, die Edelgaskonfiguration zu

erreichen, verbinden sich Magnesium und Sauerstoff bei Temperaturen ab 500 °C sehr gern und heftig miteinander zu Magnesiumoxid, wobei Magnesium seine zwei Außenelektronen an den Sauerstoff abgibt. Bei einem Magnesiumbrand kann eine Temperatur von über 2500 °C entstehen. Wer möchte da schon in einem Auto sitzen, dessen Magnesiumbauteile verbrennen?

Brandversuche, die von der Volkswagen AG gemeinsam mit der International Magnesium Association und der Feuerwehr vorgenommen worden sind, haben allerdings gezeigt, dass der gesamte Innenraum des Autos und etliche andere Teile verbrannt sind, bevor sich die Magnesiumbauteile entzündet haben. Es klingt makaber, aber für die Fahrzeuginsassen hätte das im Ernstfall keine Rolle mehr gespielt. So jedenfalls haben es mir Kollegen berichtet, die an den Versuchen beteiligt waren. Ihr Fazit: Magnesium ist in kompakter Form schwer entflammbar und kann als Gefahrenquelle bei einem Fahrzeugbrand ausgeschlossen werden. Allerdings geht von Magnesiumstäuben und feinen Spänen, die im Produktionsprozess entstehen können, eine gewisse Gefahr aus. So soll es bei der Produktion von Getriebeteilen aus Magnesium für den Golf und den Polo im Kasseler VW-Werk schon zu kleineren Bränden gekommen sein. Deshalb haben Autohersteller Vorsichtsmaßnahmen ergriffen und die Herstellung von Magnesiumteilen in separate Produktionshallen verlegt. Es wird auch davor gewarnt, dass Autofreaks, die gern an ihrem Fahrzeug basteln, mit der Schleifmaschine an Magnesiumteile herangehen, weil sich der entstehende Staub entzünden könnte.

Auch dünne Magnesiumschichten scheinen nicht ganz ungefährlich zu sein. Nachdem sich beim Großen Preis von Frankreich 1968 ein französischer Fahrer in einem Honda V8, der eine Magnesium-Karosserie hatte, überschlagen hat und verbrannt ist, hat die Fédération Internationale de l'Automobile (FIA), die internationale Vereinigung von Automobilclubs, vorgeschrieben, dass in Formel 1-Fahrzeugen Magnesiumschichten nicht dünner als drei Millimeter sein dürfen. Die Autoindustrie sieht also nun keinen Grund mehr, Magnesiumbauteile aus Gründen des Brandschutzes nicht mehr in Autos einzubauen. Ein Problem hat allerdings die Feuerwehr. Im Ergebnis der Brandversuche der Volkswagen AG hat sie erkannt, dass es nötig ist, neue Brandbekämpfungsstrategien für Magnesiumbrände zu entwickeln, wenn Magnesium in größerem Umfang als Konstruktionswerkstoff verwendet wird. Denn sie dürfen nicht mit Wasser gelöscht werden, da sich der entstehende Wasserdampf zersetzen und zu einer Wasserstoffexplosion führen würde [183].

Viele Fachleute prognostizieren, dass Magnesium zum Leichtbauwerkstoff der Zukunft werden könnte. Und zwar sowohl wegen seines geringen Gewichts als auch wegen seiner Werkstoffeigenschaften. Magnesium ist gut gieß- und zerspanbar, hat eine hohe spezifische Festigkeit und Steifigkeit, bessere Dämpfungseigenschaften als Stahl und Aluminium. Und es kann vollständig recycelt werden. Der im Produktionsprozess entstehende Abfall wird direkt in die Schmelze zurückgeführt.

Allerdings hat es auch nachteilige Eigenschaften, die einer breiteren Anwendung derzeit noch entgegenstehen. So ist die plastische Verformbarkeit im Vergleich zu Stahl und Aluminium schwierig. Ursache dafür ist seine hexagonale Gitterstruktur, in der die für die plastische Verformung verantwortliche Versetzungsbewegung eingeschränkt ist. Hier gleiten Versetzungen nur in der dichtestgepackten Basisebene des Kristallgitters. Gleitrichtungen sind die drei Achsenrichtungen der sechseckigen Basisfläche, in denen der Abstand zum nächsten Gitterplatz am geringsten ist. Bei Magnesium sind also nur drei Gleitsysteme für Versetzungen wirksam, während es im kubisch-flächenzentrierten Gitter zwölf sind. Wegen ihrer relativ schlechten plastischen Verformbarkeit werden die meisten heute verwendeten Magnesiumlegierungen gegossen. Gegenüber der Aluminium- und Stahlverarbeitung ist bei der Herstellungs- und Verarbeitungstechnologie von Magnesium-Werkstoffen also noch ein deutlicher Rückstand aufzuholen. Außerdem sind seine Zähigkeit und Kriechfestigkeit relativ gering und es hat einen niedrigen Elastizitätsmodul. Deshalb ist es für komplexe Belastungen weniger geeignet als Stahl und Aluminium.

Ein weiterer Nachteil ist seine Korrosionsanfälligkeit. Für die Lösung dieses Problems gibt es verschiedene Ansätze, wie die Entwicklung korrosionsbeständiger Legierungen und die Oberflächenbeschichtung. Eine stammt aus dem Institut für Werkstoffwissenschaften der TU Berlin. Professor Reimers und seinen Kollegen ist es gelungen, Magnesium mit einer Schutzhülle aus Aluminium zu versehen. Dazu haben sie um einen Block aus einer Magnesium-Legierung mit 96 % Magnesium, drei Prozent Aluminium und einem Prozent Zink eine bis zu zwölf Millimeter dicke Aluminium-Folie gelegt. Beides zusammen haben sie dann bei einer Temperatur von rund 330 °C durch eine Matrize gepresst, um sie in eine für die Automobilbauer benötigte Form zu bringen [184].

Werkstoffforscher arbeiten seit etwa 15 Jahren intensiv an der Entwicklung neuer Magnesiumlegierungen, vor allem um Magnesium auch als Knetlegierung zur Herstellung von Blechen mit guter Oberflächenqualität im Leichtbau tauglich zu machen. Einer der führenden Köpfe ist dabei Professor Kainer, der Leiter des Magnesium Innovations Centers am Helmholtz-Zentrum in Geesthacht. Er und seine Fachkollegen prophezeien weitere deutliche Fortschritte bei der Verbesserung der Eigenschaften, vor allem der Festigkeit, der Umformbarkeit, der Korrosionsbeständigkeit und der Oberflächenqualität von Magnesiumlegierungen in den nächsten Jahren. Ihr Einsatz für die Großserienfertigung wird auch von der Preisentwicklung bei Magnesium abhängen, denn es ist im Vergleich zu Stahl und Aluminium relativ teuer.

Beispielsweise hat die Stolfig Group eine Magnesiumknetlegierung aus 97 % Magnesium, zwei Prozent seltener Erden und einem Prozent Mangan entwickelt und hergestellt (Markenname MnE21), die nur noch zehn bis 15 €/kg kostet. Dennoch sind Stahl mit 2,50 bis fünf Euro pro Kilogramm und Aluminium mit sechs bis zehn Euro pro Kilogramm noch immer billiger. Berücksichtigt man jedoch, dass die Bauteilgewichte nur rund ein Drittel bzw. zwei Drittel entsprechender Teile aus Stahl oder Aluminium betragen, liegen die tatsächlichen Kosten von Magnesiumbauteilen zwischen denen von äquivalenten Stahl- und Aluminiumbauteilen [185]. Die Stolfig Group ist eine deutsche Firmengruppe, die Leichtbau-Bauteile sowohl aus Magnesium als auch aus Stahl, Aluminium und Kunststoffen herstellt. Sie arbeitet bei der Werkstoffentwicklung mit Forschungspartnern zusammen, die eine hohe Kompetenz auf dem Gebiet des Leichtbaus und speziell auch bei der Entwicklung und Verarbeitung von Magnesiumlegierungen haben, wie die TU

Bergakademie Freiberg, die FH Aalen, das ARC Leichtmetallkompetenzzentrum Ranshofen GmbH in Österreich und die Neue Materialien Fürth GmbH.

Wegen des großen Potentials, das Magnesium für den Leichtbau hat, haben das Bundesministerium für Bildung und Forschung und die Deutsche Forschungsgemeinschaft bereits vor über 15 Jahren Forschungs- und Entwicklungsprojekte entlang der gesamten Wertschöpfungskette gefördert, an denen insgesamt über 30 Partner aus Wissenschaft und Industrie beteiligt waren. Erste Anwendungen von Magnesiumlegierungen waren Getriebegehäuse und Motorblöcke, beispielsweise das Magnesium-Getriebe im VW-Passat, der Magnesium 6-Zylinder-Motorblock von BMW und das Daimler-7-Gang-Getriebegehäuse. Diese Bauteile waren gegossen worden. Bald sind aber auch Knetlegierungen entwickelt worden, aus denen man Bleche in der erforderlichen Qualität herstellen und verarbeiten kann. Sehr eindrucksvoll hat das Dr. Juchmann, Geschäftsführer der Magnesium-Technologie GmbH Salzgitter, an einem originellen Demonstrationsobjekt, einer Geige, vorgeführt. Und ich kann Ihnen sagen, sie klingt auch gut, jedenfalls für meine musikalisch ungeübten Ohren.

Die Automobilindustrie hat allerdings aus solchen Blechen bislang keine kompletten Autokarosserien, sondern nur Einzelteile gefertigt, wie Heckklappen und Motorhauben. So zum Beispiel die Heckklappe des VW-Lupo. Mit dem Resultat, dass das Auto zu leicht wurde und mit Gewichten beschwert werden musste, um die Fahrsicherheit zu gewährleisten. Deshalb noch mal: Neue Werkstoffe erfordern meist auch andere Konstruktionsstandards und neue Fertigungstechnologien. Das hatte sich auch schon bei der Befestigung der Deckel von Getriebekästen aus Magnesium gezeigt. Sie hatten sich gelockert, weil die verwendeten Schrauben zwar für Stahlguss geeignet, aber für Magnesiumguss zu kurz waren.

Jetzt muss ich Ihnen etwas gestehen. Ich spreche ständig von neuen Magnesiumlegierungen für den Leichtbau. Tatsächlich sind sie aber gar nicht so neu. Gerade in Wolfsburg, dem Standort des VW-Werkes haben sie schon eine lange Tradition. Ohne sie wäre womöglich der legendäre VW-Käfer nie entstanden. Sein geistiger Vater Ferdinand Porsche hat nämlich dessen luftgekühlten Heckmotor aus leichtem Magnesium gebaut, um eine ausbalancierte Gewichtsverteilung zwischen der Vorder- und Hinterachse zu erreichen. Später baute man dann Autos mit Frontantrieb, womit sich dieses Problem erledigt hatte, sodass Magnesium für den Motorbau zunächst kaum noch eine Rolle spielte. Mit dem VW-Beetle hat die Volkswagen AG an den alten Käfer angeknüpft, und zwar nicht nur in der Form. Auch dessen Motorblock besteht aus Magnesium, obwohl der Motor jetzt vorn ist. Aber nicht nur Magnesium-Gusslegierungen wurden bereits in den 1930er Jahren verwendet. Man hatte sogar schon Knetlegierungen entwickelt und Bleche daraus hergestellt, aus denen sogar Karosserien für Busse gebaut worden sind.

So überraschend das für Sie angesichts der derzeitigen Bemühungen sein mag, Magnesium in größerem Umfang als Konstruktionswerkstoff zu verwenden, es kommt noch dicker. Die ersten Motorgehäuse aus Magnesium wurden nämlich noch viel früher gebaut. Auf der Internationalen Luftfahrtausstellung 1909 in Frankfurt/M. ist nämlich eine Magnesiumlegierung vorgestellt worden, die man „Elektron" nannte, und aus der Gehäuse für Flugzeugmotoren mit einem Gewicht von

22 kg hergestellt worden sind [186]. Also genau zu jener Zeit, in der Alfred Wilm das Aushärten von Aluminiumlegierungen erfunden hat. Hatte er es vielleicht mit der Anerkennung seiner Erfindung deshalb so schwer, weil Leute, die damals das Sagen hatten, die Zukunft des Leichtbaus eher bei Magnesium als bei Aluminium gesehen haben?

Bereits in den 1890er Jahren war eine großtechnische Anlage für die Produktion von Elektron in der Chemischen Fabrik Grießheim errichtet und 1896 wurde Magnesium auch in Bitterfeld in der ersten großen Elektrolyseanlage für Carnallit (chemische Zusammensetzung: $KMgCl_3 \times 6H_2O$) produziert. Auch in Aken, Staßfurt und in Heringen standen Anlagen zur Herstellung von Elektron. Deutschland war Ende der 1930er Jahre der Hauptproduzent von Magnesium und auch führend bei seiner Entwicklung und Verarbeitung. Es ist sicher nicht übertrieben, es als Geburtsland der Magnesiumindustrie zu bezeichnen. Im Jahre 1944 erreichte die Magnesiumproduktion in Deutschland mit über 30.000 t ihren Höhepunkt. Wie der ehemalige Vorsitzende der Fachgruppe NE-Metallguss des Vereins Deutscher Gießereifachleute, Lothar Wenk, ermittelt hat, gab es bereits bis zum Jahre 1939 weltweit 132 Patente zu Magnesiumlegierungen, davon 16 in Deutschland.

Sie werden sich nun zu Recht fragen, warum angesichts dieser Entwicklung in der ersten Hälfte des 20. Jahrhunderts Werkstofffachleute heute so intensiv forschen müssen, um Magnesiumlegierungen zu entwickeln, die dann auch breite Anwendung finden. Nun, ein Grund für den Boom der Magnesiumproduktion in Deutschland in den 1940er Jahren war die Verwendung von Magnesium in Flugzeugen und in Brandbomben im II. Weltkrieg. Sie können sich vorstellen, dass die Alliierten nicht davon begeistert waren, dass Deutschland über ein solches Potential verfügte. Nach dem Kriegsende ist die Magnesiumproduktion in Deutschland völlig eingestellt worden. Dennoch wurden auch weiter Magnesiumgussteile hergestellt und eingesetzt, vor allem, wie bereits gesagt, im VW-Käfer. Als die Volkswagen AG im Jahre 1982 auf wassergekühlte Motoren umstieg, war das vorläufige Ende des Einsatzes von Magnesium in Deutschland besiegelt [187].

Auch in anderen Ländern war das Interesse an Magnesium weitgehend verloren gegangen. Andere Werkstoffe, wie Stahl und Aluminium, machten das Rennen. Erst als seit Mitte der 1990er Jahre der Leichtbau im Automobilbau, vor allem aus Gründen des Umweltschutzes, an Bedeutung gewann, erlebt Magnesium eine Renaissance. Leider war inzwischen das Wissen und know how über die Herstellung und Verarbeitung von Magnesium, das ja immer auch an Personen gebunden ist, verloren gegangen. Und so wird nun das sprichwörtliche Rad zum zweiten Mal erfunden.

Weltweit werden derzeit etwa 650.000 t Magnesium produziert, vor allem in China, in Kanada, in den USA und in Israel (wo sich VW an einem gemeinsamen Unternehmen beteiligt hatte, inzwischen aber wieder ausgestiegen ist). Die Rohstoffvorräte betragen etwa 2,2 Mrd. t. Demgegenüber werden weltweit nur knapp 600.000 t verbraucht, davon in der Europäischen Union nicht ganz 65.000 t und in Deutschland lediglich rund 11.20 t [188]. Die Renaissance des Magnesiums, sein wiederentdecktes Potential, und die Notwendigkeit vor allem Automobile und Flugzeuge leichter zu bauen, hat also zu einer Überproduktion geführt. Deshalb, aber vor allem auch wegen der hohen Lohn- und Energiekosten, haben eine Reihe von Herstellern in westlichen Industriestaaten, beispielsweise in Frankreich und Norwegen, in den letzten Jahren ihre Produktion eingestellt.

Wichtig, wenn nicht sogar ausschlaggebend für die Zukunft von Magnesium als Leichtbauwerkstoff wird demzufolge nicht das Angebot, sondern die Entwicklung des Bedarfs der Industrie an Magnesium für den Leichtbau sein. Und der hängt nicht zuletzt davon ab, ob Magnesiumlegierungen im Wettbewerb mit Stahl und Aluminium bestehen können. Und zwar nicht nur bei den Kosten, sondern vor allem hinsichtlich ihrer Werkstoffeigenschaften, die auch eine effiziente Fertigung von Bauteilen ermöglichen müssen und neue Anwendungsgebiete erschließen können. Das ist eine starke Herausforderung, denn die „alten" Wettbewerber schlafen nicht. Dabei treiben sie sich in ihrer Entwicklung gegenseitig voran. So hat der Vormarsch von Aluminium und Magnesium im Automobilbau, vor allem zur Verringerung des Gewichtes der Karosserien, die Stahlindustrie herausgefordert, noch leichtere Autokarosserien zu bauen.

Haben Sie eine Idee, wie man das erreichen kann, obwohl das spezifische Gewicht von Stahl um ein Mehrfaches höher ist als das von Leichtmetallen? Da sich daran nichts ändern lässt, gibt es nur einen Weg: Die Masse des Stahls zu verringern. Das heißt, Karosserien aus dünneren Blechen herzustellen. Die aber müssen der gleichen Belastung standhalten wie die bislang verwendeten dickeren Bleche. Und was folgt daraus? Sie wissen natürlich die Antwort: Man muss Stähle mit einer höheren Festigkeit entwickeln. Genau diese Aufgabe hatte sich im Jahre 1998 ein weltweites Konsortium von 35 Stahlherstellern aus 18 Ländern von fünf Kontinenten gestellt, darunter die heutige Salzgitter AG und die ThyssenKrupp Steel AG/ ThyssenKrupp Automotive AG. Und es ist ihm tatsächlich gelungen: Im „Ultra-Light Steel Auto Body (ULSAB)-Projekt", das US$22 Mio. gekostet hat, haben die Stahlfachleute neue hochfeste Stähle entwickelt und daraus eine ultraleichte Autokarosserie gebaut. Sie bestehen aus mehreren Phasen. Ihre Eigenschaften beruhen auf einer Mischung unterschiedlich harter Gefügebestandteile. Man spricht deshalb bei diesen hochfesten Stählen auch von „Mehrphasenstählen" und „Gefügehärtung". Sie können durch eine gesteuerte thermische oder thermomechanische Behandlung des Stahls in der Walzanlage in einem relativ weiten Bereich variiert werden (Abb. 3.6).

Je nach ihrer „Gefügemischung" unterscheidet man sogenannte DP-, TRIP-, CP- und MS-Stähle. Das Gefüge von DP-Stahl (Dualphasenstahl) besteht aus einer ferritischen Matrix, in die an den Korngrenzen inselförmig bis zu 20 % Martensit eingelagert ist. Eine Weiterentwicklung der DP-Stähle ist der TRIP-Stahl (Transformation Induced Plasticity). Er besteht aus Ferrit, karbidfreiem Bainit und Restaustenit (darum auch als Restaustenitstahl mit RA bezeichnet). Dieser Restaustenit ist metastabil und wird erst bei der Umformung des Bleches im Fertigungsprozess in Martensit umgewandelt. Bainit bezeichnet man auch als Zwischenstufengefüge. Es besteht wie Perlit aus Ferrit und Zementit, aber in anderer Form, Größe und Verteilung. CP (Complexphasen)-Stähle haben ein sehr feinkörniges bainitisches Gefüge, in dem feinste Ferrit- und Martensitausscheidungen gleichmäßig verteilt sind. MS (Martensitphasen)-Stählen besitzen, wie der Name schon sagt, eine weitgehend martensitische Struktur. Alle diese Gefügebestandteile kennen Sie schon

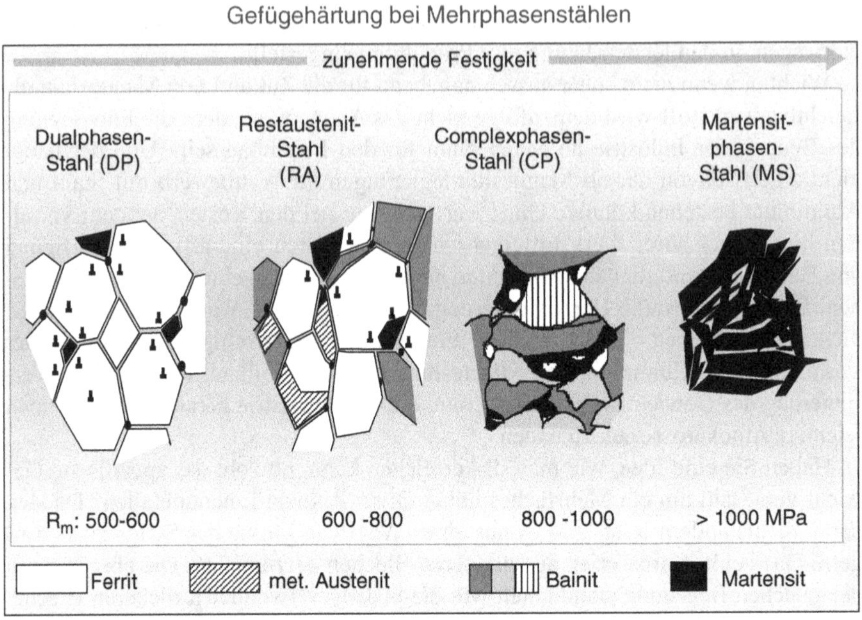

Gefügehärtung bei Mehrphasenstählen

Abb. 3.6 Gefügehärtung bei Mehrphasenstählen

aus dem Eisen-Kohlenstoff-Diagramm, nur eben nicht in diesen „Mischungen", wie sie Werkstoffforscher ausgetüftelt und auf raffinierte Weise hergestellt haben.

Die Festigkeit solcher Mehrphasenstähle liegt zwischen 500 und 1200 N/mm². Im USLAB-Projekt konnte durch ihren Einsatz das Karosseriegewicht im Vergleich zum durchschnittlichen Karosseriegewicht von Referenzfahrzeugen um 25 % gesenkt werden, von 271 auf 203 kg [189]. Die Hochleistungs-Karosserie des Porsche Cayenne, die im Jahr 2003 mit dem Stahl-Innovationspreis ausgezeichnet worden ist, bestand zu 64 % aus Stählen mit Festigkeiten, die die Werte konventioneller Karosseriestähle um ein Mehrfaches übertreffen, 35 % waren neue hoch- und höchstfeste Stähle mit einer Zugfestigkeit bis zu 980 N/mm². Das war das weltweit erste Serienfahrzeug mit einem so hohen Anteil hoch- und höchstfester Stähle [190]. Der gute alte Stahl hatte also die Herausforderung der Leichtmetalle angenommen und ihnen gezeigt, dass er noch lange nicht zum alten Eisen gehört.

Die europäische Antwort auf das weltweite „UltraLight Steel Auto Body (UL-SAB)-Projekt" kam postwendend. Sie lautete nicht mehr nur „Ultra", sondern „Super". In den Jahren 2005–2009 haben sich 37 Partner aus Forschung, Fahrzeug- und Zulieferindustrie aus neun europäischen Ländern im EU-Projekt „SuperLIGHT-CAR" (SLC) für „Nachhaltige Fertigungstechnologien von emissionsreduzierten Leichtbau-Fahrzeugkonzepten" zusammengetan, darunter Volkswagen, das das Projekt initiiert hatte, FIAT, Daimler, Porsche, Renault, Volvo und Opel sowie zehn Automobilzulieferer und sieben Universitäten. Ihr Ziel war, den Kraftstoffverbrauch und damit den CO₂-Ausstoß von Autos zu reduzieren. Gegenüber dem Referenzfahrzeug, einem VW-Golf V, sollte dazu die Karosserie mindestens um 30 % leichter werden. Und zwar bei gleichbleibender Sicherheit, umwelt-freundlicher Recycelbarkeit und nicht zuletzt vertretbaren Mehrkosten, die bei Produktionsstückzahlen von 1000 Fahrzeugen pro Tag nicht mehr als sieben Euro pro Kilogramm Gewichtseinsparung betragen sollten. Dabei wurde nicht auf einen einzelnen Werkstoff gesetzt, sondern eine Mischbauweise aus verschiedenen Materialien. Das Resultat war ein Prototyp, der bezogen auf die Referenzstruktur mit 35 % Gewichtseinsparung 180 kg leichter war. Das gesteckte Ziel wurde damit sogar überboten. Allerdings betrugen die Mehrkosten 7,30 bis 7,80 € pro eingespartem Kilogramm. Man ging jedoch davon aus, dass diese Kosten in der Serienproduktion noch verringert werden können [191]. Die Karosserie, mit der das erreicht wurde, bestand zu 53 % aus Aluminium. Der Stahlanteil betrug 36 % und der Magnesium-anteil immerhin sieben Prozent, der Anteil von Kunststoffen vier Prozent [192].

Dass man mit einem Mix aus verschiedenen Werkstoffen sehr leichte Autos bau-en kann, hatte die Volkswagen AG schon im Jahre 2002 eindrucksvoll demons-triert. Der damalige Vorstandsvorsitzende Ferdinand Piëch ist mit einem solchen Auto öffentlichkeitswirksam zur Aufsichtsratssitzung in Hamburg vorgefahren. Es bestand im Wesentlichen aus Aluminium, Magnesium und kohlefaserverstärk-tem Kunststoff sowie aus Titan und Keramik. Keine zehn Jahre nachdem Audi das Space-Frame-Karosseriesystem auf den Markt gebracht hatte, hat VW für dieses Auto einen Space-Frame aus Magnesium gefertigt und ihn mit einer Außenhaut aus einem Kohlefaser-Verbundwerkstoff kombiniert. Die Karosserie wog nur 74 kg. Das gesamte Auto, ein Zweisitzer mit hintereinander angeordneten Sitzen, war nur 260 kg schwer und hatte einen Kraftstoffverbrauch von weniger als einem Liter auf 100 km [193]. Sowohl der damalige Aufsichtsratschef Piëch als auch VW-Vor-standschef Winterkorn kündigten an, dass VW das 1-Liter-Auto ab 2010 in Serie bauen wird [194]. Seither ist es zunächst zum L1 und dann zum XL1 als Studie wei-terentwickelt und mit einem Hybridantrieb, einem Zwei-Zylinder-TDI-Dieselmotor im Heck und einem Elektromotor versehen worden. Die Lithium-Ionen-Batterie liegt unter der Fronthaube. Beim XL1 wurden die Sitze nicht mehr hinter-, sondern nebeneinander eingebaut. Er soll lediglich als Kleinserie von 250 Fahrzeugen zu einem Preis von vermutlich über 100.000 € auf den Markt kommen [195–197].

Wie Sie sehen, ist der Leichtbau in der Autoindustrie auf gutem Weg. Nicht zu-letzt, weil der Wettbewerb der Werkstoffe die Entwicklung vorantreibt. Der Haken ist nur: Die Autos, die man kaufen kann, werden dennoch immer schwerer. Mo-derne Fahrzeuge wiegen teilweise über 500 K mehr als ihre Vorfahren um 1980. Beispielsweise bringt der Opel Insignia 1503 kg auf die Waage, sein Urahn, Ascona B (1975–1981) wog nur 915 kg. Der Astra J wiegt 1373 kg, 558 kg mehr als der Kadett D (1979–1984). Das Leergewicht der ersten Generation des BMW 5er (E12, 1972–1981) hatte ein Gewicht von 1230 kg. Heute wiegt schon die Basisversion des 5er F10 1670 kg [198].

Haben Sie dafür eine Erklärung? Nun, die Antwort ist relativ einfach. Es liegt letztlich an uns, den Autofahrern. Wollen viele nicht immer mehr Komfort im Auto und vielleicht auch noch immer schnellere und größere Autos, die zudem noch mehr Sicherheit sowohl beim Fahren als auch beim Parken bieten sollen? Kein Problem, die Autoindustrie baut sie uns. Kein Wunder, dass die Masse der dafür notwendigen

Ausstattung des Autos die Gewichtseinsparung, die durch die „Leichtbaudiät" erzielt worden ist, wieder vernichtet. Oder ist es vielleicht gar nicht so, dass die Autoindustrie neue technische Möglichkeiten nutzt, um unseren Bedürfnissen Rechnung
zu tragen, sondern sie durch eine verlockende technische Aufrüstung der Autos erst
weckt? Wie die Gillette Company und ihre Konkurrenten es bei Nassrasierappara-
ten tun, um am Markt die Nase vorn zu haben? Eines jedenfalls haben beide High-
tech-Hersteller gemeinsam: Für die Neuentwicklung ihrer Produkte geben sie eine
Menge Geld aus.

Das „UltraLight Steel Auto Body (ULSAB)-Projekt" hatte US$22 Mio. gekos-
tet, das „SuperLIGHT-CAR" (SLC)-Projekt kam auf 19,1 Mio. €. Haben Sie noch
im Kopf, wie viel die Gillette Company für die Forschung, Entwicklung und Herstellung des „Mach3" ausgegeben hat? US$750 Mio.! Ein beeindruckendes Kosten-
verhältnis. „Aber unfair", werden Sie einwenden, denn hier wird die Entwicklung
eines Teilproduktes, einer Karosserie, mit einem kompletten Erzeugnis verglichen.
Richtig. Wie sieht es also aus, wenn wir die Entwicklungskosten nicht nur einer
Karosserie, sondern eines neuen Automodells, der Entwicklung des „Mach3" ge-
genüberstellen? Das hängt natürlich davon ab, um was für ein Auto es sich handelt.
Und Autobauer hängen solche Zahlen nicht an die große Glocke. Aber aus Un-
ternehmerkreisen ist bekannt geworden, dass die Entwicklungskosten eines neuen
E-Klasse-Modells des Jahres 2013 fast eine Milliarde Euro betragen haben sollen.
Also „Mach3" US$750 Mio., Mercedes E-Klasse rund eine Milliarde Euro. Neh-
men wir aber mal nicht einen Mercedes, sondern ein kleineres Auto aus der Zeit
der Geburt des „Mach3" zum Vergleich: Die Entwicklung des damaligen Polo von
Volkswagen hat genau so viel gekostet, wie die des „Mach3" [199, 200].

Bei diesem Vergleich kommen doch die Autohersteller gut weg. Meinen Sie
nicht auch? Dennoch darf man fragen: Muss dieser Aufwand eigentlich sein, wenn
er Autos bislang doch nur schwerer gemacht hat als leichter? Manche meinen, dass
viele Auto-Innovationen unnütz sind, weil wir sie schlicht und einfach nicht brauchen: „Aber bei vielen Dingen lassen uns die Autobauer keine Wahl. Wir bekommen Schnickschnack, nach dem wir nie gefragt haben!" [201].

Und es gibt Leute, die manche Neuerungen schlichtweg für einen „Kult des Fortschritts" halten, dem sie sich verweigern, wie der Kolumnist Harald Martenstein:

> Von Zeit zu Zeit nehme ich zur Kenntnis, dass die Rasierapparateindustrie eine Neuerung
> bekannt gibt. Die Klingen stehen in einem anderen Winkel, es gibt mehr Klingen oder sonst
> was. Ich habe einige dieser Erfindungen ausprobiert und verbürge mich dafür, dass Rasierer
> neuester Bauart sich in ihrer Leistung nicht wesentlich von den alten Modellen unterschei-
> den. Manche Erfindungen lassen sich nicht verbessern. Sie sind gut, und damit fertig. Auch
> das Lagerfeuer, der Ball, das Rad, die Discokugel und die Gabel gehören in diese Katego-
> rie. Die Industrie versucht einem zwar einzureden, dass sie ununterbrochen neue Gabeln,
> neue Räder und neue Discokugeln erfindet. Politiker sagen das Gleiche: Euer Bahnhof ist
> gut? Ihr habt keine Ahnung. Passt auf, wir bauen euch einen besseren. Aber darauf muss
> man ja nicht hereinfallen. … Das Neue hat vielleicht bestimmte Vorteile, dafür aber auch
> Nachteile, und was unter dem Strich besser ist, alt oder neu, muss einer strengen Einzelfall-
> prüfung unterworfen werden. Diese Ansicht kommt mir sturzlangweilig und erzvernünftig
> vor, es scheint sich aber, zu meiner Verwunderung, um eine Art radikale Fundamental-
> opposition zu handeln, die ich vertrete. … Häufig lese ich das Wort „antimodern", es wird

fast immer in abwertender Absicht verwendet. Antimodern, das heißt Schluss der Debatte. Prangert mich an: Ich bin antimodern. Wenn es heißt, etwas sei „modern", dann denke ich nicht „super, geil, da muss ich dabei sein". Stattdessen denke ich: „In zwanzig Jahren wird man es wahrscheinlich für eine Dummheit halten." [202].

Na ja, Kolumnisten dürfen so etwas schreiben. Für jemanden wie mich, der Ihnen die Faszination der Werkstoffforschung und ihren Beitrag zu den Segnungen des wissenschaftlich-technischen Fortschritts nahe bringen will, gehört sich das nicht. Es wäre sogar kontraproduktiv. Aber immerhin darf man ja nachdenken über das, was Kolumnisten schreiben. Auch Sie und ich.

Nachdem die Volkswagen AG den L1 präsentiert hatte, der nicht zuletzt hinsichtlich seiner Werkstoffmischbauweise als technischer Durchbruch gilt, hat das Bundesministerium für Bildung und Forschung (BMBF) Anfang 2010 bekanntgegeben, dass es Forschungs- und Entwicklungsprojekte „Multimaterialsysteme – Zukünftige Leichtbauweisen für ressourcensparende Mobilität" innerhalb des Rahmenprogramms „Werkstoffinnovationen für Industrie und Gesellschaft – WING" fördern wird. Ziel ist es, das Potenzial der Multimaterialsysteme in Hinblick auf Gewichts-, Kosten- und Ressourceneinsparung für herkömmliche und zukünftige Fahrzeugkonzepte zu erschließen, wobei die Karosserie, das Fahrwerk sowie die Ausstattung das größte Potenzial bieten [203].

Besondere Hoffnungen setzen Automobilhersteller dabei in kohlenstofffaserverstärkten Kunststoff, den VW als Karosseriewerkstoff für den L1 verwendet hatte. Abgekürzt: CFK für carbonfaserverstärkten Kunststoff. Warum sie CFK nahezu zu einem wahren Wunderwerkstoff hochstilisieren, liegt auf der Hand: CFK hat eine Dichte von nur $1,6 \text{ g/cm}^3$, ist also fast 80 % leichter als Stahl, aber genauso fest und rostet nicht. Und selbst Aluminium schneidet bei einem Gewichtsvergleich schlecht ab, denn CFK ist um 30 % leichter. Zudem hat es ein gutes Dauerschwingverhalten und Dämpfungsvermögen sowie eine nur geringe Wärmedehnung.

Umgangssprachlich bezeichnet man CFK oft einfach als Carbon-Werkstoff und die Verstärkungsfasern als Kohlefasern. Manche, vielleicht auch Sie, denken dann: „Oh fein, CFK wird aus Kohle hergestellt, nicht aus Erdöl". Falsch! Die Umgangssprache führt hier in die Irre. Was ja wahrscheinlich ganz vorteilhaft für das Image von Auto- und Flugzeugbauern, aber beispielsweise auch für Produzenten von Segelbooten, Fahrrädern und Tennisschlägern ist.

Kohlenstofffasern bestehen zu über 95 % aus reinem Kohlenstoff. Sie werden aus kohlenstoffhaltigen langfaserigen Polymeren hergestellt. Die Polymerfäden werden durch Öfen gezogen und unter Luftabschluss bei 800 bis 1500 °C verkokt, d. h. in grafitartig angeordneten Kohlenstoff umgewandelt. Durch eine anschließende Hochtemperaturbehandlung bei Temperaturen zwischen 2000 und 3000 °C kann man die mechanischen Eigenschaften der Kohlenstofffasern noch variieren [204]. Als Ausgangsmaterial verwendet man meist Polyacrylnitril, aber auch Pech oder Zellulose. Sie kennen Polyacrylnitril sicher aus Produkten der Textilindustrie, wie Bekleidungsstücke, Sitzpolster und Teppiche. Es wird heute überwiegend durch katalytische Oxidation von Propen und Ammoniak, dem sogenannten Sohio-Verfahren (nach Standard Oil of Ohio) hergestellt [205]. Propen (C_3H_6), das wissen Sie hoffentlich noch aus dem Chemieunterricht, ist ein Gas, das man aus

Abb. 3.7 Kohlenstofffasergewebe und CFK-Laminat

Benzinen erhält, die bei der Erdölverarbeitung entstehen. Und Ammoniak (NH_3), daran erinnern Sie sich ganz gewiss auch, wird nach dem Haber-Bosch-Verfahren aus Stickstoff und Wasserstoff gewonnen. Aus Polyacrylnitril hergestellte „Kohlefasern" haben also mit Kohle absolut nichts zu tun, außer dass sie aus Kohlenstoff bestehen. Vielmehr benötigt man dafür Erdöl.

Die Kohlenstofffasern haben einen Durchmesser von etwa fünf bis acht Mikrometern. 1000 bis 24.000 solcher Fasern werden zu Strängen verdreht, auf Spulen gewickelt und auf Web- oder Wirkmaschinen zu textilen Strukturen weiterverarbeitet. Um daraus einen Kohlenstofffaserverstärkten Kunststoff herzustellen, aus dem man Bauteile fertigen kann, werden diese Kohlenstofffaser-Strukturen als Verstärkung in eine Kunststoff-Matrix eingebettet. Am einfachsten, indem man sie darin tränkt. Die Matrix besteht in der Regel aus Epoxidharz (Abb. 3.7).

Beide, sowohl die Kohlenstofffasern als auch die Matrix, bestimmen die mechanischen Eigenschaften von CFK, die Auto- und Flugzeugbauer ins Schwärmen geraten lassen. Ursprünglich wurde dieser Verbundwerkstoff in der Raumfahrt eingesetzt. Airbus arbeitet bereits seit rund 25 Jahren mit CFK. Allerdings wurden daraus lange nur Teile des Flugzeugs hergestellt. Erst beim A350 und bei der Boeing 787, dem sogenannten Dreamliner, wurde zum ersten Mal auch der gesamte Flugzeugrumpf weitestgehend aus diesem Werkstoff gebaut.

Auf die Straße kam CFK im wahrsten Sinne mit „full speed", nämlich in einem Formel 1-Rennwagen. Das war 1981 in Long Beach, in Kalifornien, als der Brite John Watson seine Trainingsrunden drehte. In einem neuen Auto, dem McLaren MP4/1. Ins Rennen ging er allerdings noch in einem alten Modell. Wenige Wochen später jedoch, in Argentinien, startete er in dem neuen Flitzer. Einem Rennwagen, wie ihn die Welt noch nicht gesehen hatte. Der englische Ingenieur John Barnard hatte für den Bau des sogenannten Monocoque des neuen McLaren, den Teil des Fahrzeuges, der Karosserie, der Arbeits- und Schutzraum des Piloten zugleich ist, statt dem seinerzeit üblichen Aluminium Kohlestofffaser-verstärkten Kunststoff verwendet. Kaum jemand hatte damals eine Ahnung davon, was das für die Sicherheit der Rennfahrer bedeutete. Das begriff man erst, als Watson dann beim Rennen in Monza mit seinem Auto aus einer Kurve flog, aber unverletzt blieb. Seit 1986 gibt es keinen neuen Formel 1-Wagen ohne CFK mehr und auch in Autos anderer Rennkategorien ist dieser Werkstoff heute selbstverständlich [206].

Ein Formel 1-Rennwagen besteht fast vollständig aus CFK, außer dem Motor, dem Getriebe, den Radträgern und der Elektronik. Allein das Monocoque ist aus etwa 1500 CFK-Stücken sowie aus Aluminium-Waben zusammengesetzt, ein Front-flügel aus 20 CFK-Teilen. Dabei werden an besonders hoch belasteten Stellen bis zu 60 CFK-Lagen übereinander verarbeitet, die aus bis zu 20 verschieden struktu-rierten Gewebearten bestehen [207]. Auf diese Weise kann man Rennautos so leicht bauen, dass inzwischen das Rennreglement vorschreibt, dass ein Formel 1-Wagen inklusive Fahrer, Öl und Bremsflüssigkeit mindestens 605 kg wiegen muss.

Wahrscheinlich fragen Sie sich nun, warum Sie nicht Scharen von Autos aus diesem „Wunderwerkstoff" auf der Straße sehen, nachdem Automobilbauer schon so lange damit arbeiten. Die erste Antwort ist: Sie wissen immer noch zu wenig über die Eigenschaften und das Verhalten von Kohlenstofffaser-Verbundwerkstoffen. Beispielsweise über die Haftung zwischen den Kohlenstofffasern und der Epoxid-matrix sowie über den Einfluss der Eigenspannungen des Werkstoffes, die zu Ris-sen in der Matrix führen kann, auf seine Dauerfestigkeit. Außerdem wissen sie noch nicht genau, wie sich Bauteile aus CFK bei einem Unfall verhalten. Es ist nämlich noch nicht hinreichend klar, welche und wie einzelne Mechanismen im Werkstoff zur Schädigung von Bauteilen führen.

Solange solche Wissensdefizite bestehen, bedarf es eines hohen Aufwandes, die notwendige Qualität sowohl in der Fertigung als auch bei der Reparatur von Faser-verbund-Werkstoffen zu sichern, wobei man noch gar nicht genau weiß, wie und inwieweit solche Werkstoffe überhaupt repariert werden können. Sie zu beheben, stellt hohe Anforderungen an die Werkstoffprüfung. Vor allem an zerstörungsfreie Prüfverfahren, wie Ultraschallprüfung, Thermographie, Röntgen-Strukturuntersu-chungen und die Computertomographie. Dabei muss der Werkstoffprüfer die Mög-lichkeiten und Grenzen der Prüfverfahren genau kennen, bestimmte Fehlerarten sichtbar zu machen. Und vor allem muss er bewerten können, was ihm seine Ge-räte anzeigen. Was ist der Effekt eines Defektes auf die Qualität und Sicherheit der Bauteile? Besonders bildgebende Verfahren liefern nämlich bei Verbundwerkstof-fen „neuartige" Anzeigen, die bei anderen Werkstoffen nicht auftreten. Oft muss er sich deshalb Statiker und Konstrukteure zu Hilfe holen, um sie richtig bewerten zu können. Umgekehrt stehen Werkstofffachleute, Konstrukteure, Statiker und Ferti-gungsingenieure vor der Frage, wie der Werkstoff und die Konstruktion eines Bau-teils beschaffen sein müssen, damit es überhaupt zerstörungsfrei geprüft werden kann.

Die zweite Antwort auf die Frage, warum Autos aus CFK noch nicht scharen-weise auf der Straße zu sehen sind, ist: CFK ist noch sehr teuer. Bauteile aus diesem Werkstoff kosten das Sechsfache entsprechender Teile aus Stahl. Das liegt u. a. da-ran, dass es Stunden dauert, bis das Epoxidharz, in das die Kohlefasern eingebettet werden, ausgehärtet ist. Eine Großproduktion von Tausenden Komponenten am Tag, die die Bauteile billiger machen würde, lässt sich so nicht realisieren. Dazu be-darf es neuer, automatisierter Produktionsverfahren. Noch dominiert aber die Hand-arbeit. Aber auch neue Fügeverfahren müssen entwickelt werden, um CFK-Bauteile hochbelastbar und gleichzeitig wirtschaftlich effizient miteinander verbinden zu können. Und am Ende soll der Verbundwerkstoff auch noch wiederverwertbar sein. Das wäre nicht nur für die Umwelt gut, sondern könnte ihn auch billiger machen. Derzeit ist das jedoch noch schwierig [208–210].

Werkstoffforscher sind gemeinsam mit Fertigungsingenieuren und Wissenschaftlern anderer Fachrichtungen sowie Fachleuten der Automobilindustrie bei der Lösung der Probleme, die einer Großserienfertigung von CFK-Autos noch im Wege stehen, „dicht am Ball". Beispielsweise im CFK NORD in Stade, einem hochmodernen Forschungszentrum für die Produktion von Bauteilen aus carbonfaserverstärktem Kunststoff und im gemeinsam von der Fraunhofer Gesellschaft und dem Deutschen Zentrum für Luft- und Raumfahrt betriebenen Leichtbau-Forschungszentrum in Augsburg. Trotzdem kann es noch lange dauern, bis Autos aus diesem „Wunderwerkstoff" nicht nur über Rennstrecken rasen, sondern auch massenhaft auf Deutschlands Straßen fahren. Als künftiger Werkstofffachmann hätten Sie die Chance, daran mitzuarbeiten, dieses Ziel zu erreichen.

Der Auftakt ist der elektrisch angetriebene BMW i3, dessen Fahrgastzelle zum ersten Mal in der Geschichte des Automobils serienmäßig vollständig aus carbonfaserverstärktem Kunststoff besteht. Nicht zuletzt, um das Mehrgewicht durch die derzeit noch relativ schwere Batterie auszugleichen. Um das zustande zu bringen hat die BMW Group mit der SGL Group, einem weltweit tätigen und führenden Hersteller von Carbon-Erzeugnissen mit Hauptsitz in Wiesbaden, das Joint Venture SGL Automotive Carbon Fibers gegründet. Dieses gemeinsame Unternehmen entwickelt und fertigt die Vorprodukte für die BMW i-Serie, mit enormem Aufwand: Die Kohlenstofffasern werden in den USA hergestellt, in Moses Lake, US Bundesstaat Washington. Dafür wurde dort extra ein neues Werk gebaut, weil man da die Energie für die gesamte Faserproduktion aus Wasserkraft gewinnen kann. Die Carbonfasern werden auf Spulen gewickelt und nach Deutschland transportiert, in das zweite Werk des gemeinsamen Unternehmens in Wackersdorf. Dort werden aus den Fasern Carbon-Gelege hergestellt, die auf Rollen gewickelt und in die BMW-Werke nach Leipzig und Landshut gebracht. Hier werden sie zu Bauteilen für die BMW i-Modelle verarbeitet. Aber damit nicht genug. Das Verschnittmaterial, also die Fertigungsabfälle, werden von dort wieder nach Wackersdorf transportiert. Da wird es recycelt, geht wieder zurück und wird an weniger belasteten Stellen des Autos, beispielsweise im Dach oder der Hintersitzschale verarbeitet [211].

Durch den Einsatz von kohlenstofffaserverstärktem Kunststoff kann das Gewicht von Autos um die Hälfte verringert werden. Dadurch sinkt ihr Kraftstoffverbrauch um bis zu 30 %, wodurch sie weniger Schadstoffe in die Umwelt blasen. Andererseits erfordert die Herstellung der CFK, wie wir gesehen haben, einen erheblichen Energieaufwand. Und deren Erzeugung ist noch immer mit beträchtlichen CO_2-Emissionen verbunden. Nicht zu vergessen auch die Umweltschadstoffe, die bei der Faserproduktion und dem Recycling entstehen sowie der Kraftstoffaufwand für den Seetransport und die Schadstoffe, die dabei ins Wasser gelangen und das Leben von Meerestieren gefährden können. Wie die Umweltbilanz der Herstellung von CFK und ihrer Anwendung insgesamt aussieht, erscheint mir deshalb durchaus fragwürdig [212]. Ich kenne bislang keine Studie, in der das umfassend und zuverlässig untersucht worden ist.

Im Jahre 2010 hat eine kanadische Firmengruppe ein batteriegetriebenes Auto gebaut, dessen Karosserie und andere Teile aus einem nachwachsenden Rohstoff hergestellt worden sind, nämlich aus Hanf. Hanf ist korrosionsbeständig, leicht, elastisch und kostengünstig zu verarbeiten. Der Viersitzer wiegt 850 kg. Im Gegensatz zu Kohlenstofffasern, deren Herstellung in chemischen Prozessen geschieht und energieintensiv ist, wachsen Hanffasern auf dem Feld, nutzen die Sonnenenergie und benötigen wenig Wasser und Pestizide.

Eine originelle Idee, finden Sie nicht auch? Nur, so neu ist sie gar nicht. Bereits im Jahr 1910 hat Henry Ford mit Rohstoffen aus der Landwirtschaft für die Autoproduktion experimentiert: Hanf, Holzmehl, aus Kiefern hergestellter Brei, Baumwolle, Flachs, Chinagras und sogar Weizen. Er hat daraus zum Beispiel Klappen für das Handschuhfach, Gaspedale, Verteilerköpfe, Armaturenbretter und einen Kofferraumdeckel hergestellt. Später, im Jahr 1941, hat er nach zwölf Jahren Forschung und Entwicklung den Prototypen eines Autos vorgestellt, dessen Karosserie aus 14 Kunststoffplatten bestand, die aus einem mit Harz versetzten Gemisch aus Hanf- und Sojafasern hergestellt und auf einem Stahlrohrrahmen befestigt waren. Ford erhielt dafür das US-Patent 2.269.452. Mit dem Slogan „Das Auto, das vom Acker wächst" hat er dafür geworben. Das Auto wog etwa 900 kg. Das waren zur damaligen Zeit etwa zwei Drittel des Gewichts eines herkömmlichen Autos aus Stahl von etwa derselben Größe. Es war außerdem deutlich stoßfester. Ford behauptete sogar, dass es sich überschlagen könne, ohne dabei auseinanderzubrechen. Dieses als revolutionär geltende Auto ist jedoch nie weiterentwickelt worden. Ein Grund dafür war, dass sich durch den bereits 1937 verabschiedeten „Marihuana Tax Act" der Handel mit Hanf in den USA extrem verteuerte, sodass sich sein Anbau im industriellen Stil nicht mehr lohnte. Die Firma Dupont hat damals die Kunstfaser Nylon auf den Markt gebracht, die aus Erdöl gewonnen wurde. Sie und eine Reihe von Ölfirmen hatten sich für die Besteuerung von Hanf stark gemacht [213].

Moderne Autos enthalten durchschnittlich lediglich fünf bis sieben Kilogramm Naturfaserwerkstoffe. Sie stecken beispielsweise in Ersatzradmulden aus Bananenfasern, in Sitzlehnen aus Flachs-, Hanf- und Kokosfasern und in Dämmplatten aus Baumwolle und Sisal. Der britische Autobauer Lotus Cars hat für sein Modell Eco Elise sogar ganze Karosseriebauteile und den Spoiler aus einem Verbundwerkstoff mit Hanffasern, Wolle und Sisal hergestellt. Solche aus nachwachsenden Rohstoffen hergestellten Werkstoffe sind leicht und haben eine hohe passive Sicherheit, denn die daraus produzierten Teile brechen stumpf ab, sodass bei einem Unfall keine scharfen Kanten entstehen. Außerdem lassen sie sich umweltschonend wiederverwerten. Trotz seiner Vorteile setzen Autobauer Verbundwerkstoffe aus Naturfasern bislang nicht massenhaft ein, weil sie noch zu teuer sind und weil sie auch noch nicht alle technischen Anforderungen erfüllen. Aber Autobauer arbeiten gemeinsam mit Forschern daran, das Potential dieser Werkstoffe für die Herstellung künftiger Automodelle zu erschließen [214].

Dabei verfolgen sie zum Teil visionäre Ideen. So hat Mercedes auf der Auto Show 2010 in Los Angeles das Konzept eines Öko-Autos vorgestellt: Das „Biome Concept". Der Viersitzer soll nur 400 kg wiegen und aus einem Werkstoff bestehen, der leichter als Metall oder Kunststoff, aber stabiler als Stahl ist, sogenannter Bio-Fibre. BioFibre soll in der hauseigenen Gärtnerei auf der Basis einer patentrechtlich geschützten Pflanze wachsen. Sie soll außerdem Sonnenenergie aufnehmen und in einer flüssigen chemischen Verbindung speichern, die BioNectar4534 heißt, und das Gefährt antreiben soll. Sein Abgas soll reiner Sauerstoff sein. Jedes Biome-Car soll außerdem eine eigene programmierte DNA bekommen, um Kundenwünschen entsprechen zu können. Es wäre quasi ein genmanipuliertes Auto. Es soll aus zwei Samenkörnern entstehen, aus einem soll sich der Innenraum, aus dem anderen die Außenhaut bilden. Die Räder sollen aus vier separaten Samenkörnern wachsen. Wenn es seinen Dienst getan hat, könnte es einfach kompostiert oder als Baumaterial verwendet werden [215, 216].

Ich halte es für fraglich, ob ein solches Auto jemals gebaut werden und fahren wird. Und wenn, dann nicht heute und morgen, sondern eher übermorgen. Aber wenn die Autoindustrie zusammen mit Wissenschaftlern ernsthaft an seiner Entwicklung weiterarbeitet und dabei vielleicht sogar im Rahmen der Hightech-Strategie der Bundesregierung unterstützt wird, warum sollte aus der Vision nicht eines Tages Realität werden können?

Der Grundgedanke für die Realisierung solcher Visionen ist interessant: Lernen von der Natur. Er hat in der Werkstoffforschung längst Fuß gefasst und zu beeindruckenden Resultaten geführt. So sind es wohl poröse Materialien aus der Natur gewesen, wie Holz, Mineralien wie Bimsstein oder auch Knochen, die Werkstoffforscher schon vor fast 90 Jahren auf die Idee gebracht haben, zellular strukturierte Metalle herzustellen. Können Sie sich vorstellen, wie man das macht? Nun, zum Beispiel indem man der Metallschmelze ein Treibmittel zumischt, das Gasblasen bildet und die Schmelze aufschäumt, sodass beim Erstarren Poren entstehen. So, wie man Kuchenteig Backpulver beigibt, damit der Kuchen „locker" wird. Die so entstandenen Metallstrukturen, meist verwendet man Aluminium, nennt man „Metallschäume". Sie sind sehr leicht, aber dennoch steif und fest, sowie schwingungsdämpfend (Abb. 3.8). Dennoch haben sie bisher keine breite Anwendung gefunden, weil sie noch zu teuer sind [217].

Abb. 3.8 Aluminiumschaum

3.3 Zurück zur Natur

Wie Sie eben gelernt haben, nutzen Autobauer nachwachsende Rohstoffe, um daraus Werkstoffe und schließlich Bauteile herzustellen. Das ist im Grunde nichts prinzipiell Neues. So ist Holz einer der ältesten Werkstoffe, den wir kennen. Es wurde schon in der Steinzeit und in antiken Kulturen genutzt, um beispielsweise Bauwerke aus Lehm zu verstärken. Auch mit Stroh oder Pferdehaaren hat man Werkstoffe haltbarer gemacht. Man hat sie im Mittelalter dem Gips oder dem Mörtel beigemischt, der für die Füllung zwischen den Holzbalken bei Fachwerkhäusern verwendet wurde.

Werkstoffforscher haben aber die Natur gegen Ende des 20. Jahrhunderts auch auf ganz unkonventionelle Weise zu ihrem Helfer gemacht. Sie fahnden nach den Prinzipien, nach denen in der Natur biologische Strukturen entstehen, und erforschen den Zusammenhang zwischen diesen Strukturen und den Eigenschaften biologischer Materialien. Nicht, um solche Materialien Eins zu Eins zu kopieren, sondern um ihre Entstehungsprinzipien und Strukturen technisch nachzuahmen. Auf diese Weise erzeugte Werkstoffe nennt man „biomimetische Werkstoffe" oder „biologisch inspirierte Werkstoffe". Im Englischen spricht man von „Biomimetics" oder „Bio-Inspired Materials". Damit hat die Werkstoffforschung die Grenze zwischen unbelebten und belebten Materialien überschritten und ist in den Bereich der Biologie eingedrungen. Wovon beide profitieren, weil sie sich gegenseitig befruchten. Nutznießer sind Anwendungsgebiete wie die Medizin und der Umweltschutz.

Bleiben wir zunächst beim Holz (Abb. 3.9). In Namibia gibt es einen Ort, an dem eine Menge Baumstämme liegen, an denen auf den ersten Blick nichts Ungewöhnliches zu bemerken ist.

Und doch ist dieses Holz etwas Besonderes. Es ist nämlich hart wie Stein. Deshalb nennt man den Ort „Versteinerter Wald". Was es damit auf sich hat, bekommt man dort erklärt: Die Baumteile sind 250 bis 300 Mio. Jahre alt. Normalerweise wäre das Holz verrottet, vielleicht wäre Kohle daraus entstanden. Dass dies nicht geschehen ist, liegt daran, dass es von Gesteinsablagerungen luftdicht eingeschlossen

Abb. 3.9 Versteinerter Wald in Namibia

und von Kieselsäuren, also Säuren des Siliciums, durchdrungen worden ist. Die Kieselsäuren haben dann im Laufe der Zeit dafür gesorgt, dass das Holz versteinert ist, ohne dass es seine Struktur eingebüßt hat. Das Holz hat sich nämlich nicht in Stein verwandelt, sondern ist nach und nach in dem aus der Kieselsäure gebildeten Gestein verschwunden, das die Form des Holzes angenommen hat. Wenn Sie solch versteinertes Holz ansehen möchten, müssen Sie aber nicht unbedingt nach Namibia fliegen. Auch im Museum für Naturkunde in Chemnitz ist ein „Wald aus Stein" zu besichtigen, der in dieser Gegend vor über 250 Jahren ausgegraben worden ist.

Warum erzähle ich Ihnen das? Was hat das mit Werkstoffforschung zu tun? Nun, Holz hat einige für den Werkstofffachmann interessante Eigenschaften. Als Konstruktionswerkstoff ist es vor allem wegen des Verhältnisses zwischen seiner Festigkeit und seinem Gewicht attraktiv. Zwar ist seine Zugfestigkeit mit etwa 80 N/mm² wesentlich geringer als etwa die von Baustahl mit 370 N/mm², aber dafür ist Holz zehn- bis 15-mal leichter. Seine Dichte beträgt (je nach Art des Holzes) nur 0,5 bis 0,8 g/cm³ [218], während Stahl, wie Sie wissen, eine Dichte von 7,8 g/cm³ hat.

Verantwortlich für die Eigenschaften von Holz ist, na was wohl? Sie ahnen es natürlich schon: Seine Struktur. Holz ist ein Verbundwerkstoff, der über mehrere Längen-Größenordnungen hinweg hierarchisch strukturiert ist. Seine Zellwände bestehen hauptsächlich aus Zellulose und Hemizellulose. Das sind Kohlehydrate, die eine große Zahl miteinander verbundener Zuckermoleküle enthalten. Man nennt sie deshalb Polysaccharide. Die Zellulose bildet Fasern, die aus noch dünneren kristallinen Fibrillen bestehen. Sie sind in Lignin (lateinisch „lignum" = Holz) eingebettet, das sie miteinander verklebt. Ganz ähnlich, wie die in Epoxidharz eingebetteten Carbonfasern bei Kohlefaser-verstärkten Kunststoffen. Bei mechanischer Belastung nimmt die Zellulose vor allem die Zug- und Lignin die Druckkräfte auf. Holz ist in Faserrichtung, also parallel zur Stammachse, belastbarer als in andere Richtungen. Diese Richtungsabhängigkeit von Werkstoffeigenschaften bezeichnet man generell als „Anisotropie".

Und Holz ist porös. Wahrscheinlich werden Sie es nicht vermuten, aber auch das ist eine Eigenschaft, die für Werkstoffforscher verlockend ist. Sie können schon mal darüber nachdenken, was sie daran reizt. Aber erst frage ich Sie mal, warum die Natur Holz porös gemacht hat. Die Evolution hat ja nichts hervorgebracht und erhalten, was keinen Sinn hat, keine Funktion, die dem Überleben dient. Und was brauchen Bäume, um leben zu können? Natürlich vor allem Wasser. Und genau deshalb ist ihr Holz porös. Es enthält langgestreckte Faserzellen, sogenannte Tracheen, über die Wasser und Nährstoffe aus der Wurzel bis in die Baumspitze gelangen. Ihr Durchmesser beträgt beispielsweise bei einer Eiche etwa 0,4 mm. Einzelne Tracheen sind relativ kurz, aber ihre Querzellwände lösen sich auf, die Zellen wachsen zusammen und so entstehen Transportgefäße, die bis zu 18 m lang sind. Nadelhölzer sind früher entstanden als Laubhölzer und demzufolge ist ihr Holz einfacher aufgebaut [219]. Bei ihnen funktioniert auch der Wassertransport anders.

So ist also in vielen Hölzern ein dreidimensionales, offen poröses Wasser-Transportsystem entstanden, das im Querschnitt aussieht, wie gleichmäßige engmaschige Waben. Haben Sie jetzt eine Idee, warum Werkstoffforscher sich für diese porösen Strukturen interessieren? Nun, sie benutzen diese biologische Struktur als Template (engl. Schablone) zur Herstellung zellular strukturierter keramischer Werkstoffe. Man bezeichnet dieses Verfahren deshalb als Biotemplating. Dazu wird das Holz zunächst in einer Stickstoffatmosphäre bei Temperaturen bis 1800 °C zersetzt. Das Ergebnis ist ein poröses Kohlenskelett, dessen Struktur dem Zellgerüst des Holzes entspricht. Dieser erste Schritt heißt deshalb Carbonisierung, so wie es auch mit den Polyacrynitril-Fasern zur Herstellung von CFK geschieht. Dieses Skelett wird anschließend bei einer Temperatur von etwa 1600 °C mit flüssigem Silicium gefüllt. Dabei saugt es das Silicium in sich auf, so wie Holz Wasser und Nährstoffe aufnimmt. Kohlenstoff und Silicium verbinden sich nun zu Siliciumcarbid. Das überschüssige Silicium bleibt in den Zellkanälen zurück [220].

Auf diese Weise erhält man eine Verbundkeramik aus Silicium, Siliciumcarbid und Kohlenstoff mit einer zellularen Struktur wie Holz. Statt Silicium kann man beispielsweise auch Titan, Zirkon oder Aluminium verwenden. Es entstehen dann Titancarbid- oder Zirkon- und Aluminiumoxidkeramiken (Aluminium und Zirkon verbinden sich nicht mit dem Kohlenstoff, sondern verbrennen zu Oxiden). Solche biomimetischen Keramiken sind in Richtung der Zellkanäle fester als die üblichen porösen Keramiken und sehr temperaturbeständig. Daraus kann man beispielsweise Isolations- und Katalysatorträger sowie Partikelfilter zur Abgasreinigung mit Porenstrukturen herstellen, deren Durchmesser im Mikrometerbereich liegt. Als Template können statt Holz auch andere Template, wie Bambus und Exoskelette von Meeresalgen dienen. Professor Greil und seine Kollegen an der Universität Nürnberg-Erlangen, die in Deutschland zu den Schrittmachern auf dem Gebiet des Biotemplating gehören, haben dafür sogar Wellpappe verwendet (Abb. 3.10).

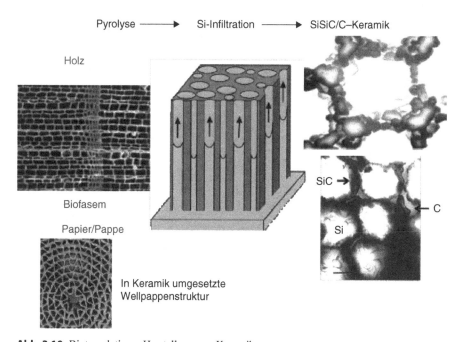

Abb. 3.10 Biotemplating – Herstellung von Keramiken

Gewiss ist Ihnen jetzt klar geworden, warum ich Ihnen von „Steinwäldern" erzählt habe. Hier ist in der Natur im Prinzip genau das passiert, was auch beim Biotemplating geschieht. Nur hat die Natur dafür mehrere Hundert Millionen Jahre gebraucht, während Werkstoffforscher das in wenigen Stunden schaffen. Dafür müssen sie aber eine Menge Energie aufwenden. Man könnte sagen, sie kaufen Zeit und bezahlen mit Energie.

Seit Ende des 20. Jahrhunderts nutzen Werkstofffforscher sogar Viren, Bakterien, Pilze, Proteine und Biomoleküle als Template zur Entwicklung und Herstellung von Werkstoffen für technische und medizinische Anwendungen. Bioengineering nennen sie das. Es ist quasi ein Mix aus Ingenieur- und Naturwissenschaften, Biologie und Medizin. Nicht zu verwechseln mit der Biotechnologie, bei der es darum geht, auf der Basis biologischer Erkenntnisse industrielle Produktionsverfahren zu entwickeln. Sie werden sich das kaum vorstellen können, denn es ist wirklich fast unglaublich. Beispielsweise die Herstellung eines winzigen Nickeldrahtes, der dadurch entsteht, dass man das Metall in ein nur etwa 20 nm dickes, stäbchenförmiges Tabakmosaik-Virus einbringt und dort wachsen lässt (Abb. 3.11). So ein Virus ist ein perfekter molekularer Zylinder mit einem Kanal von vier Nanometern Durchmesser. Packt man das Virus in eine geeignete Lösung, die Platin- und Nickelionen enthält, wird die innere Oberfläche dieses Kanals durch das Platin zunächst chemisch aktiviert. In einem zweiten Schritt lagern sich daran Nickelatome an und füllen den Kanal nach und nach aus. Sie wachsen zu einem Draht mit einem

Abb. 3.11 In einem Virus
gewachsener Nickeldraht

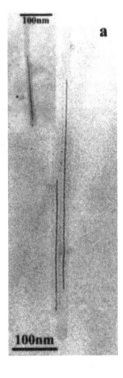

Durchmesser von drei Nanometern und einer Länge bis zu 600 nm [221]. Der Kanal des Virus dient gewissermaßen als Gussform, vergleichbar etwa mit einer Schablone, in die eine Metallschmelze beim Gießen gefüllt wird.

Toll, werden Sie wahrscheinlich sagen. Aber vielleicht auch fragen, wozu das gut sein soll. Das ist nicht unbedingt die Frage, die sich jeder Forscher zuerst stellt. Viele wollen zunächst einfach nur besser verstehen, wie die Natur funktioniert, ausprobieren, was machbar ist, neue Erkenntnisse gewinnen. Werkstoffforscher allerdings sollten zumindest eine Idee haben, wie ihre Forschungsergebnisse einmal technisch realisiert werden könnten. Wie sie zur Herstellung nützlicher Dinge genutzt werden könnten. Und das haben sie bei diesen winzigen Drähten. Sie haben nämlich inzwischen gelernt, solche Drähte nicht nur aus Nickel, sondern auch aus anderen Metallen herzustellen. Dazu gehört auch Kupfer [222]. Und da werden Sie sich Ihre Frage sicher schon selbst beantworten können. Denn Kupfer ist ein guter elektrischer Leiter und relativ billig. Wenn es gelingen sollte, solche winzigen Kupferdrähte mit Hilfe des Biotemplating einmal in großen Mengen und in hoher Qualität herzustellen, könnte man sie in Zukunft vielleicht als Verbindungselemente in der Nanoelektronik verwenden. Hoffen die Werkstoffforscher jedenfalls, die so etwas machen.

Aber Werkstoffforscher nutzen Viren, Bakterien, Pilze, Proteine und Biomoleküle noch auf ganz andere Weise zur Entwicklung und Herstellung von Werkstoffen für technische und medizinische Anwendungen. Sie bauen Mikroorganismen oder Teile davon einfach in ein keramisches Material oder auf deren Oberfläche ein, ohne dass sie dort ihre Funktionsfähigkeit verlieren. Sie werden lediglich räumlich fixiert. Immobilisiert, sagt man dazu. Diese Methode hat zur Entwicklung und Herstellung einer neuen Klasse keramischer Funktionswerkstoffe geführt, den Bioceren. Man nennt diesen Vorgang, bei dem Bakterien, Viren, Zellen oder Pilze funktionsfähig in Gelen oder in/auf festen Materialien fixiert werden, Immobilisierung. So haben Wissenschaftler des Helmholtz-Zentrums Dresden-Rossendorf, das aus dem Zentralinstitut für Kernforschung der Akademie der Wissenschaften der DDR hervorgegangen ist, Bakterien zur Herstellung eines Biofilters für die Sanierung der Hinterlassenschaften des Uranerzbergbaus in Sachsen und Thüringen benutzt, der dort von 1946 bis 1990 zunächst von einer sowjetischen und ab 1954 von einer sowjetisch-deutschen Aktiengesellschaft, der SDAG Wismut, betrieben worden ist.

Wie haben sie das gemacht? Zunächst haben sie aus den mit radioaktiven Atomen und Schwermetallen verseuchten Böden und Gewässern Bakterien herausgefischt, die dort überleben, weil sie solche Schadstoffe binden und entgiften können. Durch die Untersuchung der biochemischen Prozesse, die dieser Anpassung an die Umwelt zugrunde liegen, hat eine Forschergruppe um Frau Dr. Sonja Selenska-Pobell herausgefunden, dass das Bakterium *Bacillus sphaericus JG-A12* außer Uran auch Kupfer, Blei, Aluminium und Cadmium binden und wieder abgeben kann (Abb. 3.12). Es kann das aufgrund der spezifischen Struktur und der biochemischen Eigenschaften seiner sogenannten S-Layer-Schicht (vom Englischen: Surface Layer).

S-Layer sind fünf bis zehn Nanometer dicke Membranen, die viele Arten von Bakterien auf ihrer Zellwand bilden, vor allem, um zu verhindern, dass giftige

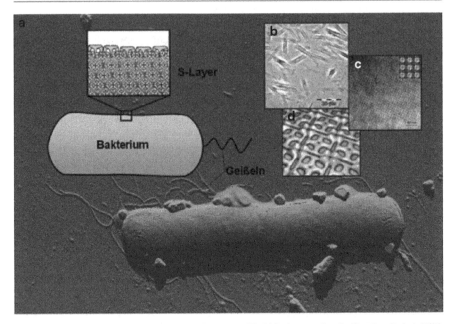

Abb. 3.12 a Bakterium *Lysinibacillus sphaericus JG-A12* als rasterkraftmikroskopisches Bild. Das Schema zeigt die quadratische Anordnung seiner S-Layer-Proteinen auf der Zelloberfläche, **b** Isolierte S-Layer im Lichtmikroskop, **c** Transmissionselektronenmikroskopisches (*TEM*) Bild des S-Layers. Das kleine Bild stellt eine berechnete Rekonstruktion des Proteingitters dar, **d** 3D-Schema des S-Layers von Lysinibacillus sphaericus JG-A12

Substanzen in sie eindringen. Sie bestehen aus einzelnen Proteinen (Eiweißen), die sich zu Schichten mit symmetrischen Gitterstrukturen organisieren können, also gewissermaßen zu zweidimensionalen Nanokristallen, die regelmäßig angeordnete Poren mit einem Durchmesser von unter zehn Nanometern enthalten. Man kann die Proteine von der Zelloberfläche der Bakterien ablösen und sie auf die Oberfläche von Werkstoffen übertragen, wo sie wieder kristallisieren.

Mit *Bacillus sphaericus JG-A12* war ein Bakterium gefunden, das für die Herstellung eines Biofilters geeignet war. Dazu brauchte man es „nur" noch auf ein geeignetes Trägermaterial aufzubringen. Das ist den Rossendorfer Wissenschaftlern zusammen mit Kooperationspartnern der Technischen Universität Dresden und der Gesellschaft zur Förderung von Medizin-, Bio- und Umwelttechnologien in einem von der Deutschen Forschungsgemeinschaft geförderten Projekt gelungen. Sie haben gelernt, Hüllzellen der Bakterien mit Hilfe der Sol-Gel-Technik, in ein poröses Silicatmaterial einzubetten, ohne dass die Bakterien ihre Funktionsfähigkeit verlieren oder in die Umwelt freigesetzt werden. Die mit Schadstoffen beladenen Filter können ausgewaschen und somit mehrfach verwendet werden oder umweltfreundlichen entsorgt werden (Abb. 3.13) [223].

Das generelle Prinzip der Sol-Gel-Technik ist, eine chemische Verbindung zunächst (mit Unterstützung einer als Katalysator wirkenden Säure oder Base) durch Wasser aufzuspalten, d. h. zu einem sogenannten Sol zu „hydrolysieren". In dieser

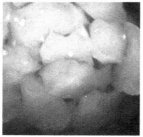

Links: Biokeramikpartikel vor der Beladung, mitte: nach der Inkubation mit Uranylnitrat, rechts: nach der Inkubation mit Kupfecrchlorid-Lösung

Abb. 3.13 Sorption von Uran und Kupfer an Biokeramiken

Flüssigkeit sind die winzigen „Spaltprodukte" verstreut, „dispergiert". Anschließend verdampft man das Wasser. Dabei wird die Dispersion der Teilchen, ihre Verteilung in der Flüssigkeit, erst stabilisiert und dann vernetzen sie sich miteinander. Dadurch wird das Sol zu einem Gel, einem schwammartigen festen Netzwerk, dessen Poren noch mit Flüssigkeit durchtränkt sind. Das ist der Schritt, der dieser Technik ihren Namen gegeben hat. Schließlich wird das Gel getrocknet, die verbliebene Flüssigkeit verdampft und man erhält ein festes Material.

Dass Werkstoffforscher Viren und Bakterien zur Entwicklung und Herstellung von Werkstoffen für technische und medizinische Anwendungen nutzen, ist schon kaum zu glauben. Aber sie gehen noch weiter und das klingt fast abenteuerlich. Denn sie machen selbst vor der Nutzung der Desoxyribonucleinsäure (DNA), dem Biomolekül, in dem die Erbinformationen von Lebewesen gespeichert sind, nicht halt. So haben Materialforscher des Instituts für Werkstoffwissenschaft der Technischen Universität Dresden um Professor Wolfgang Pompe in Zusammenarbeit mit Kollegen der Universität Trieste und dem Imperial College London DNA-Moleküle mit Platin oder Palladium beschichtet, die durch die Fähigkeit der DNA zur Selbstorganisation zu regelmäßigen Ketten wachsen. Auf diese Weise entstehen elektrisch leitende Drähte mit einem Durchmesser von wenigen Nanometern [224]. Sie sind also einen prinzipiell anderen Weg gegangen als ihre Kollegen, die solche Drähte mit Hilfe von Viren hergestellt haben. Denn hierbei diente die DNA nicht als „Gussform", sondern als Skelett. So, wie das Zellgerüst von Holz bei der Herstellung zellular strukturierter keramischer Werkstoffe. Ziel ist letztlich, neue, DNA-basierte Materialien zu entwickeln, aus denen man nanoelektronische Bauelemente herstellen kann.

Das Lernen der Werkstoffforscher von der belebten Natur und die Nachahmung ihrer Prinzipen und Strukturen erschöpfen sich aber nicht im Biotemplating. Denn viele Lebewesen sind auch selbst Produzenten fester Materialien. Sie produzieren Biominerale. Das sind Verbindungen aus Mineralen, also anorganischen kristallinen Stoffen, und Biomolekülen. Sie bestehen hauptsächlich aus Kalzium, das meistens in Kalziumkarbonat oder –phosphat chemisch gebunden ist. Kombiniert mit weichen Biopolymeren, wie Proteinen, entstehen daraus mechanisch stabile mineralisierte Gewebe, zum Beispiel Muschelschalen oder Skelette. Werkstofffor-

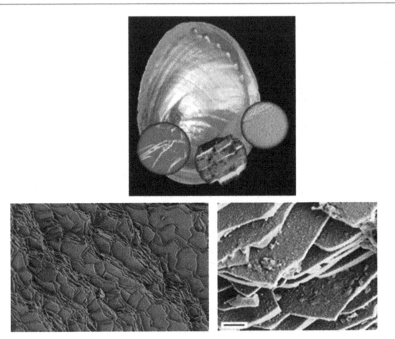

Abb. 3.14 Struktur von Perlmutt. *Oben*: Schale der Schnecke *Haliotis Laevigata* – Feinstruktur des Perlmutts in den Kreisen (von *links* nach *rechts* steigende Vergrößerung); *unten links*: Laminatartige Struktur aus plättchenförmigen Aragonitkristallen; *unten rechts*: Bruchfläche von Perlmutt im Rasterelektronenmikroskop (die Länge des Balkens entspricht einem Mikrometer)

scher möchten gern genauer lernen, wie Biominerale wachsen, und den Zusammenhang zwischen deren Struktur und ihren Eigenschaften besser verstehen, um nach diesem Vorbild leichte Verbundwerkstoffe herzustellen, die sowohl hart als auch zäh sind, und die man eines Tages auch industriell herstellen kann. Und zwar mit geringem Energieaufwand, denn Biominerale entstehen, anders als geologische Minerale, bei relativ niedrigen Temperaturen und Drücken.

Ein weithin bekanntes Biomineral ist das schillernde Perlmutt, ein Bestandteil der Schale von Weichtieren (Mollusken), zum Beispiel Muscheln, mit der sie sich vor gefräßigen Feinden schützen. Werkstoffforscher haben es wegen seiner technisch interessanten Eigenschaften – es ist sehr hart und gleichzeitig bruchfest sowie korrosionsbeständig – im Visier. Muschelschalen bestehen außen aus kristallinem Kalziumkarbonat (Calcit), das besonders hart ist. Perlmutt bildet die Auskleidung ihrer Innenseite. Es besteht zu mindestens 95 % aus Kalk, ist aber dreitausend mal so bruchfest (Abb. 3.14). Diese hohe Bruchfestigkeit beruht auf ihrem schichtförmigen Aufbau aus Argonitkristallen, die ebenfalls eine Form von Kalziumkarbonat sind, die durch organische Substanzen aus Chitin und Proteinen miteinander verklebt sind.

Chitin kennen Sie vermutlich als Hauptbestandteil des Außenskeletts von Insekten. Es ist ein Polysaccharid wie Zellulose, die Sie als Hauptbestandteil von Holzzellwänden kennengelernt haben, nur mit einer etwas anderen chemischen Zusammensetzung. Die Argonitkristalle sind nur einige Hundert Nanometer dick. Sie sind übrigens auch die Ursache dafür, dass Perlmutt in so prächtigen Farben schillert. Das kommt daher, dass bei der Reflexion von sichtbarem Licht Interferenzeffekte auftreten, da seine Wellenlänge (über die wir schon im Zusammenhang mit der Metallografie gesprochen haben) im Bereich der Stärke der Mineralplättchen liegt. Dabei werden, je nach Einfallswinkel des Lichtes und Dicke der einzelnen Argonitkristalle, unterschiedliche Farben verstärkt.

Professor Antonietti und seine Kolleginnen und Kollegen am Max-Planck-Institut für Kolloid- und Grenzflächenforschung haben schon vor Jahren damit begonnen, Struktur und Eigenschaften von Perlmutt zu erforschen. Dabei haben sie herausgefunden, dass zwischen der weichen organischen Matrix (dem „Kleber" aus Chitin und Proteinen) und den Argonitplättchen eine nur fünf Nanometer dicke Grenzfläche aus ungeordneten Kalziumkarbonat-Molekülen existiert. Sie entsteht wahrscheinlich durch Verunreinigungen, die bei der Kristallisation nicht in das Argonit eingebaut werden. Solche grundlegende Untersuchungen zur Aufklärung seiner Feinstruktur sind Voraussetzung dafür, Perlmutt im Labor nachzubauen. Amerikanischen Werkstoffforschern ist es beispielsweise bereits gelungen, nach dem Vorbild der Struktur von Perlmutt besonders zähe und steife Verbundwerkstoffe aus Aluminiumoxid und Polymeren herzustellen. Ihre mechanischen Eigenschaften sind deutlich besser als jene von herkömmlichen (metallischen) Aluminiumlegierungen [225–227].

Wenn wir über Biominerale sprechen, dann denken Sie bitte nicht, dass diese nur „irgendwo" in der Natur eine Rolle spielen. Auch Sie selbst, wir alle, könnten ohne sie nicht existieren. Denn unsere Knochen bestehen ebenfalls zur Hälfte aus winzigen Plättchen eines Biominerals, die durch eine weiche organische Substanz miteinander verklebt sind. Genauso, wie beim Perlmutt. Nur handelt es sich hier nicht um Argonit und einen „Kleber" aus Chitin und Proteinen, sondern Knochen bestehen aus Hydroxylapatit(HAP)-Plättchen, die in ein Gerüst aus Kollagenfasern eingebunden sind. Hydroxylapatit ($[Ca_5(PO_4)_3(OH)_2]$) hat eine hexagonale Gitterstruktur. Es kann bis zu 30 cm lange prismatische Kristalle bilden. Natürlich nicht im menschlichen Körper. Aber in der uns umgebenden Natur. Dort findet man es zum Beispiel im bayrischen Fichtelgebirge und im sächsischen Erzgebirge. Wegen der Form seiner Kristalle ist es früher oft mit anderen Mineralen verwechselt worden. Daher rührt auch sein Name, den ihm der deutsche Mineraloge Abraham Gottlob Werner (1749–1817) gegeben hat. Er stammt aus dem Griechischen und heißt „trügerischer Stein". Apatit ist geologisch sowohl aus vulkanischer Magma als auch metamorph entstanden [228]. Das heißt aus anderen Gesteinen, die sich veränderten Temperaturen und Drücken in der Erdkruste angepasst und sich dabei in Apatit umgewandelt haben.

Als Biomineral entsteht es im Körper durch Stoffwechselprozesse, indem aus gelösten Stoffen durch biochemische Reaktionen ein festes Material gebildet wird [229]. Wie das genau geschieht, ist noch nicht ganz geklärt. Forscher des Max-Planck-Instituts für Kolloid- und Grenzflächenforschung haben vor einigen Jahren allerdings zeigen können, dass gelöstes Kalziumkarbonat stabile Ansammlungen

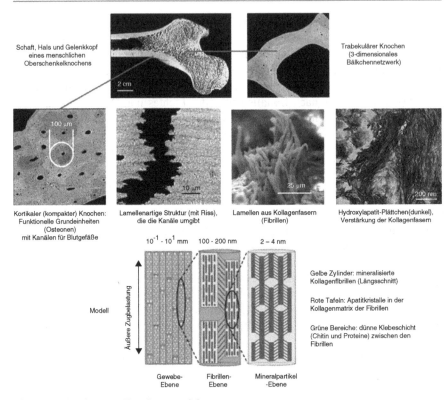

Schaft, Hals und Gelenkkopf
eines menschlichen
Oberschenkelknochens

2 cm

Trabekulärer Knochen
(3-dimensionales
Bälkchennetzwerk)

100 μm

10 μm

25 μm

200 nm

Kortikaler (kompakter) Knochen:
Funktionelle Grundeinheiten
(Osteonen)
mit Kanälen für Blutgefäße

Lamellenartige Struktur (mit Riss),
die die Kanäle umgibt

Lamellen aus Kollagenfasern
(Fibrillen)

Hydroxylapatit-Plättchen(dunkel),
Verstärkung der Kollagenfasern

10^{-1} - 10^1 mm   100 - 200 nm   2 – 4 nm

Modell

Äußere Zugbelastung

Gewebe-
Ebene

Fibrillen-
Ebene

Mineralpartikel
-Ebene

Gelbe Zylinder: mineralisierte
Kollagenfibrillen (Längsschnitt)

Rote Tafeln: Apatitkristalle in der
Kollagenmatrix der Fibrillen

Grüne Bereiche: dünne Klebeschicht
(Chitin und Proteine) zwischen den
Fibrillen

Abb. 3.15 Struktur von Knochenmaterial

von Ca^{2+}-Ionen enthält, sogenannte Ionencluster mit einer durchschnittlichen Größe von etwa 70 Ionen. Sie sind eine Vorstufe der Keimbildung und Ausgangspunkt für die Bildung von Hydroxylapatit-Kristallen [230]. Auf dieser Erkenntnis aufbauend, hat eine niederländisch-deutsche Forschergruppe an einem Modellsystem, das eine Körperflüssigkeit simuliert, herausgefunden, dass solche Cluster an einer geeigneten Oberfläche zunächst amorphes Kalziumkarbonat bilden und daraus in einem zweiten Schritt Kristalle entstehen. Und zwar mit einer Orientierung ihrer Gitterstruktur, die dem gerichteten Knochenwachstum entspricht [231]. Kollagen, der „Kleber", der die Hydroxylapatit-Plättchen im Knochen „verleimt", besteht aus langen Eiweiß(Protein)-Molekülen. Sie bilden Fibrillen, die sich zu größeren Kollagenfasern bündeln, so wie wir es bereits bei der Bildung von Zellulosefasern aus Zellulosefibrillen im Holz gesehen haben [232]. Diese Kollagenfasern formieren sich im Knochen zu einem weichen lamellaren Gerüst, das gut verformbar ist. Es überträgt die Kräfte zwischen den in die Kollagenfasern eingelagerten spröden HAP-Plättchen, wenn der Knochen belastet wird (Abb. 3.15).

Wie Professor Peter Fratzl, Direktor am Max-Planck-Institut für Kolloid- und Grenzflächenforschung und einer der international führenden Vertretern der modernen Biomaterialforschung, und seine Kolleginnen und Kollegen herausgefunden haben, verkleben Lebewesen jedoch nicht nur nanometergroße Mineralteilchen miteinander. Vielmehr strukturieren sie ihre Biominerale meist über mehrere Größenordnungen hinweg, bis hin zu einem makroskopischen Körper-„Bauteil", zum Beispiel einem Wirbel. Sein lamellares Gerüst mit den winzigen HAP-Plättchen formt kleine „Knochenbälkchen", sogenannte Trabekel, die schließlich die schwammartige, zellulare Knochensubstanz bilden, die Substantia spongiosa (lateinisch „spongia" = Schwamm).

Wie Sie sehen, ist ein Knochen bis zu einer bestimmten Strukturebene im Prinzip ähnlich aufgebaut, wie Perlmutt. Dann wird es allerdings komplizierter. Denn zum Unterschied zu Perlmutt lebt ein Knochen. Und damit er das kann, muss er mit Blut versorgt werden, um seinen Stoffwechsel aufrecht zu erhalten. Auch für dessen Herstellung ist der Knochen zuständig. Er hat nämlich nicht nur mechanische, sondern auch biologische Aufgaben zu erfüllen. Denn Blutzellen werden hauptsächlich im Knochenmark gebildet. Das Knochenmark füllt im Knocheninneren die Hohlräume der Substantia spongiosa aus. (In Röhrenknochen befindet es sich in einer entlang der Knochenachse verlaufenden Markhöhle. Sie kennen sie wahrscheinlich als „Markknochen", aus denen man eine nahrhafte Brühe kochen kann – natürlich nicht aus menschlichen.) Die Transportgefäße für das Blut befinden sich im kompakten, harten Rand des Knochens, dem sogenannten kortikalen Knochen (Kortikalis). Dort bildet das Knochenmaterial keine Trabekel. Es ist nicht schwammartig, sondern röhrenförmig aufgebaut. Diese langgestreckten zylindrischen Grundbausteine des kortikalen Knochens, die sogenannten Osteonen, sind von dünnen Kanälen durchzogen, durch die die Blutgefäße verlaufen. Um die Blutgefäße zu schützen, falls der Knochen verletzt werden sollte, sind diese Kanäle spiralförmig von einer dichten lamellaren Gewebestruktur umgeben.

Die Natur hat einen guten Grund, warum sie Knochen hierarchisch aufbaut, beginnend auf der untersten Ebene mit winzigen Mineralteilchen. Eine solche verschachtelte Verbundstruktur hat nämlich viel bessere Eigenschaften als ihre Bestandteile und ist bis hinauf zur makroskopischen Ebene unempfindlich gegenüber der Bildung von Rissen. Die Kollagenmoleküle zwischen den Apatit-Partikeln erlauben starke Deformationen und falls sie reißen, kann das Material sogar wieder ausheilen, wenn die Belastung zurückgeht [233].

Dennoch gehen Knochen natürlich hin und wieder kaputt. Oder sie verschleißen, vor allem Gelenke, was bei Ihnen allerdings noch viele Jahre dauern dürfte. Und was machen für unsere Knochen zuständige Ärzte, die Orthopäden, dann? Sie bauen uns, wenn es nicht mehr anders geht, ein Ersatzteil ein. Solche Ersatzteile nennen wir, wie Sie wissen, Prothesen. Werden sie an den menschlichen Körper angebaut, spricht man von Exoprothesen, weil sie sich außerhalb des Körpers befinden. Prothesen, die in den Körper eingesetzt werden, nennt man Endoprothesen oder Implantate. Sollen sie nicht vordergründig die Funktion von defekten, operativ entfernten oder verloren gegangenen Körperteilen übernehmen, sondern ästhetischen Korrekturen dienen, bezeichnet man sie als Epithesen.

Heute gibt es für nahezu alle Körperorgane künstliche Ersatzteile [234]. Das sind Hightech-„Bauteile", deren Herstellung umso besser gelingt, je genauer Biomaterial-Forscher verstehen, wie die natürlichen Originale strukturiert sind und wie sie funktionieren. Viele Menschen verdanken ihnen ihr Wohlbefinden oder gar ihr Leben. Implantate gehören in entwickelten Industriestaaten, vor allem für ältere Menschen, fast schon zur individuellen körperlichen Grundausrüstung. In Deutschland werden jedes Jahr circa 400.000 Knie- und Hüftprothesen eingesetzt. Fast 35.000 davon sind Austauschprothesen, also Ersatzteile der Ersatzteile [235]. Und betrachtet man die demografische Entwicklung, der zufolge im Jahr 2060 34 % der Bevölkerung mindestens 65 Jahre alt sein werden [236], kann man sicher sagen: Tendenz steigend.

Prothesen sollen nicht nur den betroffenen Patienten helfen, sondern sind auch für die Krankenhäuser lukrativ, die solche Operationen durchführen. Der Ersteinsatz einer solchen Prothese bringt ihnen zwischen 6100 und 7500 € ein. Ein Prothesenwechsel sogar 14.000 €. [237]. Als Massenprodukte sind Implantate natürlich nicht nur für Krankenhäuser, sondern auch für deren etwa 50 Hersteller in Deutschland [238] von beträchtlicher wirtschaftlicher Bedeutung. So ist der Umsatz bei Hüftgelenkimplantaten in Deutschland zwischen 2006 und 2011 in Deutschland um acht Prozent und bei Kniegelenkimplantaten um sechs Prozent gestiegen. Die durchschnittlichen jährlichen Wachstumsraten der amerikanischen Firma Biomet, die auch in Berlin produziert, lagen zwischen 1993 und 2008 sogar bei 14 % [239]. Ihre Umsatzerlöse betrugen nach eigenen Angaben im Jahr 2009 über US$2,5 Mrd. Dieses Unternehmen, das weltweit mehr als 7200 Mitarbeiter hat, davon etwa 250 in Deutschland, sieht sich weltweit führend bei der Herstellung von Gelenk-Endoprothesen. Um dafür die am besten geeigneten Werkstoffe zu finden, arbeiten die Naturwissenschaftler und Ingenieure der Berliner Forschungsabteilung von Biomet Deutschland eng zusammen mit Kliniken und Forschungseinrichtungen [240].

Prothesen haben eine lange Geschichte. Und wie bei der Entwicklung der Nassrasiertechnik, der wir über eine weite Strecke unserer Exkursion in die Werkstoffforschung nachgegangen sind, kann man auch bei der Herstellung von Prothesen verfolgen, wie sie von der Nutzung immer neuer Werkstoffe profitiert hat. Sicher kennen Sie das Holzbein des Piraten Long John Silver aus dem Film „Die Schatzinsel" nach dem Roman von Robert Louis Stevenson. Und gewiss auch die eiserne Hand des fränkischen Reichsritters Götz von Berlichingen (1480–1562), der im Deutschen Bauernkrieg 1525 einen Bund mit den Bauern einging, und den Johann Wolfgang von Goethe in seinem 1774 uraufgeführten Schauspiel „Götz von Berlichingen" den zur Redewendung gewordenen Satz sagen lässt, die wohl jeder schon mal benutzt hat: „Er aber, sag's ihm, er kann mich …!".

Angefangen haben soll alles mit dem Zeh der ägyptischen Priestertochter Tabaketenmut, die zwischen 950 und 710 v. u. Z. gelebt hat. Er bestand aus Holz und Leder. Gefunden und untersucht, sogar nachgebaut und getestet, hat ihn Jacky Finch vom Zentrum für Biomedizinische Ägyptologie der Universität Manchester [241]. Seither wurden und werden Prothesen aus unterschiedlichen Werkstoffen für vielfältige medizinische Zwecke eingesetzt. Schon vor über 2000 Jahren hat man, wie Schädelfunde von Etruskern belegen, verloren gegangene Zähne, durch Stifte, natürliche Zähne oder künstliche Zähne aus Elfenbein ersetzt. Sie sollen aber eher dem Aufpolieren der äußeren Erscheinung reicher Leute gedient haben und als Kauwerkzeuge wenig geeignet gewesen sein. Später hat eine Zahnprothese sogar eine gewisse Berühmtheit erlangt. Das liegt aber nicht an der Prothese, sondern an ihrem Träger. Wenn Sie das Bild des ersten Präsidenten der USA, George Washington (1732–1799), auf einer Ein-Dollar-Note mal genau ansehen, können Sie es erahnen: Der Mann trug eine Zahnprothese. Sie bestand aus Elfenbein und Gold [242].

Nebenbei gesagt: Wie Knochen besteht auch der Zahnschmelz hauptsächlich aus Hydroxylapatit (zu über 95 %!), das in einer organischen Matrix entsteht. Diese wird jedoch, anders als beim Knochen, wieder abgebaut, sodass nur die HAP-Kristalle übrig bleiben [243]. Sie sind der Angriffspunkt für Säuren, die im Mund beispielsweise beim Abbau von Zucker durch Bakterien entstehen, die auf dem Zahnschmelz angesiedelt sind. Das Ergebnis: Karies. Um das zu verhindern, soll man seine Zähne mit fluorhaltiger Zahnpasta putzen. Warum? Weil das Hydroxylapatit an der Zahnoberfläche durch Fluoride in Fluorapatit [$Ca_5F(PO_4)_3$] umgewandelt wird, in dem Fluor den Platz der Hydroxylgruppe einnimmt. Die so entstehende Fluoridschicht ist sehr säurebeständig und schützt deshalb vor Karies [244]. Das ist noch immer die gängige Erklärung, obwohl Experimentalphysiker und Zahnmediziner der Universität des Saarlandes sie ins Wanken gebracht haben. Sie fanden nämlich heraus, dass das Fluorid eine bis zu 100fach dünnere Schicht bildet, als bisher angenommen. Ihre Dicke liegt nicht im Mikrometer, sondern im Nanometerbereich. Es erscheint ihnen fraglich, ob eine so extrem dünne Fluoridschicht tatsächlich wirksam vor Karies schützen kann [245].

Anders als bei Zähnen konnten Ärzte bei schadhaften Gelenken bis noch vor etwa 50 Jahren kaum mehr tun als Schmerzen zu lindern und Physiotherapie zu verordnen. Zwar hatte der deutsche Arzt und Chirurg Themistokles Gluck (1853–1942) bereits Ende des 19. Jahrhunderts damit begonnen, Hüft- und Kniegelenkprothesen aus Elfenbein zu implantieren, die er mit Gips und Kolophonium befestigte. Aber damit hatte er wenig Erfolg, denn sie lockerten sich im Körper sehr schnell wieder. Außerdem führten ungenügende Hygiene, unausgereifte Operationstechniken und die Unverträglichkeit des Implantatmaterials mit dem Körpergewebe zu Komplikationen. Noch in den 1930er Jahren ahnte man nicht, welche Möglichkeiten die Entwicklung neuer Werkstoffe einmal für die Transplantation von Gelenken eröffnen würde. Manche Ärzte sollen die Verwendung von körperfremdem Material sogar strikt abgelehnt haben [246]. Jeder Patient, dem heute erfolgreich ein Implantat eingesetzt worden ist, ist verständlicherweise dem Arzt dankbar, der das bewerkstelligt hat. Kaum einem ist jedoch bewusst, dass entscheidende Voraussetzungen dafür von Werkstoffforschern geschaffen worden sind. Denn sie haben die Werkstoffe entwickelt, aus denen Implantate hergestellt werden. Solche Materialien bezeichnet man oft als Biomaterialien.

Welche Materialien heute für die Herstellung von Implantaten verwendet werden, wollen wir uns am Beispiel einer Hüft-Endoprothese ansehen. Sie besteht aus mehreren Teilen: Dem Prothesenschaft, der im Oberschenkelknochen verankert und auf den ein „Prothesenkopf" aufgesetzt wird. Er sitzt in einer „Pfanne", die im Becken befestigt wird, und die meist einen Einsatz enthält, in dem er sich gut bewegen kann. In Deutschland gibt es etwa 400 verschiedene Hüft-Endoprothesen. Sie unterscheiden sich durch die verwendeten Werkstoffe, sind unterschiedlich beschichtet und es gibt sie in verschiedenen Formen. Und auch die Methoden, wie sie verankert werden unterscheiden sich. Sie halten durchschnittlich 15 bis 20 Jahre [247]. Werkstoffe für Endoprothesen müssen mechanisch stabil, korrosionsbeständig und biokompatibel, das heißt körperverträglich sein. Sie dürfen keine Infektionen hervorrufen und sollen sich möglichst schnell mit dem Körpergewebe verbinden. Und diese Verbindung soll natürlich möglichst lange halten und funktionieren, und zwar ohne dass das Material „während des Betriebes" verschleißt und Abrieb entsteht, der das Gewebe schädigen kann. Dabei muss man sich vor Augen halten, dass beim Gehen das Zwei- bis Zweieinhalbfache des Körpergewichts auf den Gelenken lastet, wie Wissenschaftler des Instituts für Biomechanik und Muskuloskelettale Regeneration der Berliner Charité gemessen haben (Abb. 3.16) [248].

Kommerziell verfügbare Implantate bestehen aus Metallen, Polymeren oder Keramiken. Als Metalle haben sich vor allem rostfreie Stähle, Kobaltbasislegierungen und Titan sowie Titanlegierungen durchgesetzt. Aufgrund ihrer mechanischen Eigenschaften werden sie vor allem für lasttragende Komponenten verwendet. Sie werden in den Knochen einzementiert oder wachsen in ihn ein. Problematisch ist, dass sie sich aufgrund des unterschiedlichen Elastizitätsmoduls von Metall und Knochen lockern können [249].

Für Prothesenköpfe verwendet man deshalb gern verschiedene Polyethylen-Modifikationen mit unterschiedlicher Dichte, weil Polyethylen einen niedrigeren Elastizitätsmodul als Metalle hat und die Köpfe auch einfach herzustellen sind. Allerdings kann hier durch die Bewegung des Prothesenkopfes in der Gelenkpfanne

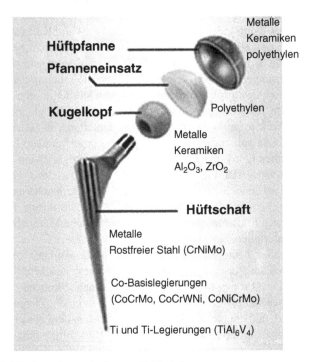

Abb. 3.16 Hüft-Endoprothese – Aufbau und Materialien

Material abgerieben werden, das dann ebenfalls das Gewebe schädigen kann. Polymere können auch durch Körperenzyme abgebaut werden oder schrumpfen, was ebenfalls zu klinischen Problemen führen kann. Das Implantat muss dann ausgetauscht werden, was für den Patienten eine nochmalige Operation bedeutet. In der Regel verwendet man unterschiedliche Paare von Werkstoffen, die aufeinander gleiten, um das Problem des Verschleißes möglichst gut in den Griff zu bekommen: Metall – Metall, Metall – Polyethylen, Keramik – Keramik und Keramik – Polyethylen [250].

Welche Kombination ein Arzt verwendet, liegt in seinem subjektiven Ermessen und hängt von der Erfahrung ab, die er mit verschiedenen Materialien gemacht hat. Einen objektiven Maßstab, welches Material oder welche Materialkombination wirklich die am besten geeignete ist, gibt es nicht. Das ist letztlich erst durch Langzeitbeobachtungen festzustellen. Nur ist das schwierig, wie ich vom Direktor einer Klinik und Poliklinik für Orthopädie eines Universitätsklinikums gelernt habe. Denn die Entwicklung von Biomaterialien geht so schnell voran, dass immer neue Materialien für Implantate verwendet werden, bevor eine Langzeitstudie überhaupt abgeschlossen sein kann.

Bis zu den heutigen Implantat-Werkstoffen war es ein langer Weg. Vor allem war es schwierig, Werkstoffe zu finden, die biologisch verträglich sind. Zunächst nahm man dazu Gold, Silber oder Platin. Diese sind zwar chemisch inert, das heißt sie reagieren nicht mit dem Körpergewebe oder Körperflüssigkeiten, aber sie sind zu weich, um auftretende mechanische Belastungen zu ertragen. Später stellte man sie schlicht und einfach aus V2A-Stahl her. Den konnte man zwar stärker belasten, aber er reagierte mit dem Körpergewebe so heftig, dass die Implantate vom Organismus abgestoßen wurden. Etwa Mitte des vorigen Jahrhunderts hat man deshalb begonnen, gezielt nach Werkstoffen zu suchen, die nicht mehr so aggressiv mit dem Körpergewebe reagieren. Auch das waren noch Werkstoffe, die eigentlich nicht für medizinische Anwendungen, sondern für andere Zwecke entwickelt worden sind, insbesondere Titanlegierungen aus der Raumfahrt und Thermoplaste, vor allem Polyethylen. Das hat zwar zu besseren Ergebnissen geführt, hat aber das Problem nicht gelöst, dass sich das Körpergewebe den Werkstoffen anpassen musste. Und das tat es leider nicht immer.

Seit etwa 20 Jahren geht man deshalb den umgekehrten Weg. Statt Werkstoffe, denen sich der Körper anpassen muss, entwickelt man Biomaterialien, die dem Körper angepasst sind. Dazu veredelt man die Fremdlinge, indem man sie mit „Verwandten" des menschlichen Körpers beschichtet. Was meinen Sie, welches Material könnte dafür gut geeignet sein? Ist nicht die Idee naheliegend, dafür das gleiche Material zu verwenden, aus dem auch der Knochen hauptsächlich besteht, in dem das Implantat verankert werden soll: Hydroxylapatit? Wenn Sie darauf selbst gekommen sind, haben Sie schon gelernt, zu denken wie ein Werkstoffforscher. Toll! Denn tatsächlich beschichten sie Endoprothesen häufig mit HAP. Titanimplantate beispielsweise sind an sich biologisch gut verträglich, verbinden sich aber kaum mit der Knochensubstanz. Man muss sie deshalb einzementieren. Beschichtet man sie hingegen mit HAP, wachsen sie fest in den Knochen ein, in den sie implantiert werden. Er betrachtet sie nicht mehr als fremde Eindringlinge. Damit das HAP gut auf dem Titanimplantat haftet, bringt man darauf zunächst oft noch eine haftvermittelnde Schicht aus Titanoxid auf. Seit einigen Jahren entwickeln Werkstoffforscher sogar Biomaterialien, die sich nicht nur mit dem Körpergewebe gut vertragen, sondern die sogar aktiv mit ihm reagieren. Sie enthalten beispielsweise Metallionen, die sie an das Körpergewebe abgeben. Diese töten Bakterien ab und verhindern damit Infektionen [251].

Ideal wäre es zweifellos, wenn Implantate nicht nur mit Hilfe von „Verwandten" des menschlichen Körpers in den Knochen einwüchsen, sondern wenn man sie so präparieren könnte, dass sie einen echten, originalen Knochen des Patienten bilden würden. Das wäre eine Wende von der Reparatur zur Regeneration von Körperteilen. Sie werden sich das kaum vorstellen können, aber tatsächlich haben jüngste Fortschritte der biologischen im Bunde mit der Werkstoffforschung den Weg dazu eröffnet. Wie sieht der aus? Nun, man nimmt zunächst ein körperverträgliches Biomaterial, beispielsweise Hydroxylapatit. Das besiedelt man mit sogenannten mesenchymalen Stammzellen des Patienten. Das sind Zellen, die aus verschiedenen Körpergeweben, Knochenmark oder Blut gewonnen werden und sich in andere Gewebezellen umwandeln können. Da das Hydroxylapatit viele kleine Poren enthält, bildet es für die Stammzellen so etwas wie ein dreidimensionales Klettergerüst. Das beschichtet man zusätzlich mit „Botenstoffen", die im Körper Wachstumssignale zwischen den Zellen übertragen, sogenannten Wachstumsfaktoren. Das geschieht dadurch, dass sie von einem Protein auf der Oberfläche der Zielzelle, einem für den jeweiligen Wachstumsfaktor spezifischen Rezeptor, erkannt und angebunden werden. Die Zielzelle reagiert darauf, indem sie im Zellinneren Gene aktiviert oder abschaltet, die ihr Wachstum steuern. Wird das so entstandene Implantat, also das mit Stammzellen und einem Wachstumsfaktor beschichtete Hydroxylapatit, in den Knochen des Patienten eingesetzt, bildet sich um ihn herum neues Knochenmaterial, das nach und nach in das Implantat einwächst [252, 253]. Mit anderen Worten, es wird auf diese Weise ein neuer Knochen gezüchtet. Man bezeichnet diese Methode deshalb auch als „Tissue Engineering" oder „Tissue Regeneration", je nachdem, ob das Gewebe im Labor oder im Körper gezüchtet wird [254]. Sie steht allerdings noch ziemlich am Anfang ihrer Entwicklung.

Der offensichtliche Vorteil solcher Implantate ist, dass das Immunsystem des Patienten sie als körpereigenes Material erkennt und sich nicht gegen sie wehrt. Allerdings ergibt sich ein medizinisches Problem noch daraus, dass sich der gezüchtete Knochen in einem wesentlichen Punkt vom originalen Körperknochen unterscheidet. Wenn Sie sich die Architektur eines natürlichen Knochens noch mal vor Augen halten, werden Sie das Defizit wahrscheinlich sofort erkennen: Der gezüchtete Knochen wird nicht mit Blut versorgt. Er kann deshalb erkranken und brüchig werden. Mediziner kennen das von Durchblutungsstörungen im natürlichen Knochen. Eine mögliche Lösung dieses Problems sehen sie darin, gleichzeitig mit den Knochenzellen auch Vorläuferzellen von Blutgefäßen zu vermehren, sodass bei der Züchtung des Knochens auch Blutgefäße in diesen hineinwachsen [255]. Eine andere schwierige Aufgabe, an deren Lösung Werkstoffforscher und Mediziner gemeinsam intensiv arbeiten, ist herauszufinden, was für ein konkretes klinisches Problem die beste Kombination von Biomaterial, Zellen, Wachstumsfaktoren und Züchtungsbedingungen ist [256].

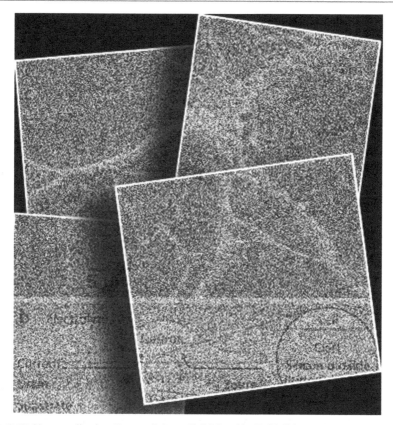

Abb. 3.17 Nervenzelle einer Ratte auf einem Halbleiterchip (Feldeffekttransistor)

Die Verflechtung der Materialforschung mit der Biologie geht heute noch viel weiter. Sehen Sie sich Bild 3.17 an. Was sehen Sie da? Sie können es nicht erkennen? Sollen Sie auch nicht! Die Auflösung dieses Bilderrätsels finden Sie im Internet unter http://www.biochem.mpg.de/479218/05voefro. Es ist ein besonders attraktives Beispiel für die Verflechtung der Materialforschung mit der Biologie: die direkte Ankopplung der Nervenzelle eines Säugetiers an einen Transistor. Damit haben Professor Fromherz und seine Kollegen am Max-Planck-Institut für Biochemie demonstriert, dass man elektrische Signale in einzelnen Zellen des Gehirns belauschen kann, ohne die Zellen zu zerstören. Umgekehrt kann man über den Chip die Nervenzellen zum Austausch von Informationen anregen, wie sie es auch natürlicherweise tun (Abb. 3.17) [257].

Ich mache diese Bilderrätselei mit Ihnen nicht aus didaktischen Gründen, um Ihre Neugier zu wecken. Vielmehr sollen Sie daran nebenbei noch etwas anderes lernen. Wie Sie auf der genannten Website sehen, hat die Max-Planck-Gesellschaft (MPG) das Copyright, das Urheberrecht für dieses Bild, also das Recht zu bestimmen, ob und wie das Bild zu veröffentlichen ist. Die MPG, eine weit überwiegend mit öffentlichen Mitteln geförderte Forschungsorganisation, hat dessen Veröffentlichung in diesem Buch nicht genehmigt. Zunächst mit der Begründung, dass einer Verwendung nur zugestimmt werden kann, wenn es im sachlich richtigen Kontext genutzt wird, was hier nicht zu erkennen sei, und dann, weil der betreffende Wissenschaftler, der inzwischen emeritiert ist, abgetaucht sei, das Institut das Bild ohne Zustimmung des Urhebers aber nicht herausgeben darf. Und das, obwohl sie das Interesse von Schülern für Forschung und Wissenschaft wecken möchte und sie sich gemeinsam mit anderen Wissenschaftsorganisationen dafür engagiert, das Urheberrecht neu zu regeln und „digitale Publikationen, Forschungsdaten und Quellenbestände möglichst umfassend und offen bereit zu stellen und damit auch ihre Nachnutzbarkeit in anderen Forschungskontexten zu gewährleisten", wie es in einer gemeinsamen „Schwerpunktinitiative" vom 26. Juni 2012 heißt. Was Sie daraus lernen können: Geistiges Eigentum, ist ebenso rechtlich geschützt, wie Patente, die ein Schutzrecht für Erfindungen sind. Und: Auch in der Wissenschaft kollidiert die Tat manchmal mit dem eigenen Anspruch der Akteure. Während das Bioengineering noch in den Kinderschuhen steckt, denkt man bereits über ein „Neuromorphic Engineering" nach, das heißt der Entwicklung und Herstellung künstlicher neuronaler Systeme, von Gehirn – Gehirn und Gehirn – Maschine Interaktion, von künstlicher Intelligenz auf der Basis biomolekularer Computer, von regenerativen Biosystemen als Ersatz für menschliche Organe, ja sogar von neuen Organen und neuen Genen. Aber auch von unbemannten Kampfflugzeugen und vom „High-Performance Warfighter", der von Kopf bis Fuß mit Hightech gerüstet und ausgerüstet ist. Vom Helm, der mit Nanomaterialien verstärkt ist, über Brennstoffzellmembranen zur Energieerzeugung bis zu Nanofiltern zur Wasserreinigung [258]. In dieser visionären Entwicklung steckt, wie man landläufig sagt, eine Menge Musik, die auch in die Werkstoffforschung hineinklingt. Falls Sie annehmen, das sei ferne Zukunftsmusik: Die Teilnehmer des Workshops, auf dem der zitierte Covering Technology-Bericht diskutiert worden ist, haben sich wichtige Durchbrüche auf relevanten Gebieten in den nächsten zehn bis 20 Jahren vorgestellt. Das war im Jahre 2002. Und tatsächlich sind die ersten Takte bereits gespielt. Auch in Deutschland, wie Sie an den Beispielen der Verkopplung lebender mit anorganischen Materialien gesehen haben. Die Partitur für die Fortsetzung des Stückes ist bereits geschrieben und wird eingeübt.

Wie, um in diesem Bild zu bleiben, die weitere Komposition klingen könnte, die Elemente aus der Werkstoffforschung und der Biologie harmonisch vereint, kann man erahnen, wenn man sich eine der jüngsten Entwicklungen in der Biologie ansieht. Während in der Politik und in den Medien seit Jahren über ethische Probleme der Gentechnik, der Stammzellenforschung und der Präimplantationsdiagnostik diskutiert wird, ist in der Biologie ein neues Forschungsgebiet entstanden, in dem daran gearbeitet wird, biologische Systeme nicht nur nachzubauen, sondern völlig neue Lebensformen zu erschaffen, die wir aus der Natur nicht kennen und deren Eigenschaften vom Menschen konzipiert werden: Die Synthetische Biologie. Der Mensch macht sich damit zum Designer von neuartigen Biomolekülen, Zellen, Geweben und Organismen. Sie sollen unter bestimmten Bedingungen im Labor lebensfähig sein, sich aber in der Natur nur eingeschränkt vermehren können.

Ein „Herzstück" der Synthetischen Biologie ist es, Zellen mit einem Minimalgenom zu konstruieren und herzustellen. Das heißt, ein Genom, den Träger der Erbinformationen, zu entwerfen, chemisch zu synthetisieren und in eine Zellhülle einzubringen, das nur die unbedingt notwendigen Informationen enthält, um die Zelle lebensfähig zu machen. Man verspricht sich davon nicht nur Erkenntnisfortschritte, sondern mittelfristig auch kommerzielle Anwendungen in der Medizin und der Industrie, beispielsweise völlig neue Möglichkeiten für die Entwicklung von Diagnostika, Impfstoffen und Medikamenten sowie von neuen Biomaterialien, Biosensoren und Katalysatoren. Experten halten es für geboten, neben den wirtschaftlichen Chancen auch eventuelle Risiken der Synthetischen Biotechnologie abzuschätzen, jedenfalls soweit dies möglich ist, und von vornherein zu berücksichtigen. So könnten unvermutete Wechselwirkungen mit äußeren Einflüssen zu evolutionären Veränderungen künstlicher biologischer Systeme und damit zu unerwarteten Eigenschaften führen, mit unkalkulierbaren Risiken bei einer Freisetzung in die Umwelt. Allerdings sehen sie bislang keine andersartigen Risiken als jene, die wir von der Gentechnik kennen. Deshalb halten sie eine neue gesetzliche Regulierung speziell für die Synthetische Biologie nicht für notwendig. Sie plädieren jedoch für einen frühzeitigen offenen und öffentlichen Dialog über dieses neue Forschungsgebiet, um ein verantwortungsvolles Innovationsklima zu schaffen [259]. Auch der Deutsche Ethikrat und der Ethikbeirat des Deutschen Bundestages haben sich mit der Synthetischen Biologie befasst. Sie sind zu dem Schluss gekommen, dass es angezeigt ist, die Entwicklung auf diesem Gebiet aufmerksam zu verfolgen. Ein qualitativ neuer Sprung wäre ihres Erachtens erreicht, „wenn synthetische Organismen entweder ein neues Alphabet des genetischen Codes enthalten oder Stoffe bilden, die weder aus der Natur noch aus der Chemie bekannt sind." [260].

Es geht also bei der Synthetischen Biologie um nicht weniger als um die Schaffung künstlichen Lebens. Und diese Vision ist längst keine Utopie mehr. Der Wettlauf zu diesem Ziel hin ist seit einigen Jahren in vollem Gange. Die Wissenschaft ist auf dem Weg herauszufinden, wie vor etwa vier Milliarden Jahren auf der Erde spontan aus unbelebter Materie Leben entstanden ist, und diesen Entwicklungssprung technologisch nachzuvollziehen. Im Jahre 2008 hat Venter, ein US-amerikanischer Biologe und Unternehmer, zusammen mit namhaften Kollegen, wie Hamilton Smith, der 1978 den Nobelpreis für Medizin erhalten hat, zum ersten Mal das vollständige Erbgut, das Genom, eines Bakteriums künstlich hergestellt. Ein Jahr vorher war es ihnen schon gelungen, das Genom eines Bakteriums in ein anderes zu übertragen. Wenn es nun noch gelingt, beide Prozesse zu kombinieren, also synthetisches Erbgut in eine Zelle einzusetzen, wäre damit der erste künstliche Organismus geschaffen. Genau das ist das erklärte Ziel der Forscher. Die Reaktionen in der Fachwelt reichten von Skepsis bis hin zu Entsetzen. Und ein bisschen Neid war wohl auch dabei, denn Venter hatte in seiner 1998 gegründeten Firma Celera im Jahre 2001 auch schon das menschliche Genom vollständig entschlüsselt, zeitgleich mit dem seit 1990 öffentlich geförderten internationalen Human Genome Project. Und Venters Visionen gehen noch weiter. Auf einer Veranstaltung hat er dargelegt, dass es möglich sein wird, genetische Informationen per E-Mail zu übermitteln, die der Empfänger dann wieder zu einem Lebewesen zusammenbauen kann. Gene also als Software, aus denen man Lebewesen nach eigenem Gutdünken schaffen kann [261].

Nun können Sie sagen, das sei doch alles Biologie und nicht Werkstoffforschung. Richtig. Aber glauben Sie nach allem, was wir bei der Annäherung zwischen der Werkstoffforschung und der Biologie in der jüngsten Vergangenheit erlebt haben, dass Werkstoffforscher früher oder später nicht auch versuchen werden, sich die Ergebnisse der Synthetischen Biologie zunutze zu machen, um Werkstoffe zu entwickeln und herzustellen, die völlig neue Funktionen oder bekannte Funktionen auf neue Weise erfüllen können? Ich kann es mir kaum vorstellen. Damit würden auch Risiken und ethische Probleme, die eventuell in der Synthetischen Biologie zutage treten, in die Werkstoffforschung hineingetragen. Als künftige Werkstofffachleute könnten Sie dann vor der Frage stehen, was Sie verantworten können und wollen. Oder wo Sie ein Stopp-Signal setzen, weil Sie meinen, dass der potentielle Nutzen einer Entwicklung es nicht rechtfertigt, das damit eventuell verbundene Risiko einzugehen.

Insofern sich die moderne Werkstoffforschung biologische Prinzipien und Strukturen zunutze macht, bringt sie uns ein Stück „zurück zur Natur". Auf den Weg also, den der große Schriftsteller, Philosoph, Pädagoge, Naturforscher und Komponist Jean-Jacques Rousseau (1712–1778), einer der Wegbereiter der französischen Revolution, für unerlässlich erachtet hat, damit die Menschen ihre naturgegebene Gleichheit wiedererlangen können [262, 263]. Ob die Werkstoffforschung, deren Ergebnisse schon so viel Segensreiches, aber auch Tragisches bewirkt haben, wirklich dazu beitragen kann, dass die Menschheit diesem Zustand näher kommt? Ich weiß es nicht. Ganz sicher bin ich mir aber, ihre Generation künftiger Werkstofffachleute hat es in der Hand, es zumindest zu versuchen.

3.4   Trickreiche Gedächtnisakrobaten

Seit Jahrzehnten bemühen sich Wissenschaftler technische Systeme zu bauen, die sich ähnlich intelligent wie Menschen verhalten. Denken Sie nur an Schachcomputer oder andere Computerspiele, die Probleme eigenständig bearbeiten und lösen können. Oder an die Visionen im Zusammenhang mit dem „Neuromorphic Engineering", die ich Ihnen schon kurz vorgestellt habe. Sie nennen diese Automatisierung intelligenten Verhaltens „künstliche Intelligenz", obwohl es keine allgemein anerkannte Definition gibt, was Intelligenz eigentlich ist [264]. Wäre es nicht toll, wenn man nicht nur technischen Systemen, sondern bereits Werkstoffen, aus denen sie bestehen, intelligentes Verhalten beibringen könnte? Das sei ausgeschlossen, meinen Sie? Ich sage Ihnen: Werkstofffachleute können das!

Stellen Sie sich mal vor, Sie sollen einen möglichst einfachen Öffnungs- und Schließmechanismus für die Verschlussklappe eines Behälters bauen. Er soll die Klappe fest verschlossen halten, sie aber auch eigenständig weit öffnen können. Für die Entkopplung des Absperrmechanismus steht Ihnen eine Stromquelle zur Verfügung. Wie würden Sie den Mechanismus konstruieren? Vermutlich denken Sie spontan daran, die Klappe mit einem Elektromagneten zu öffnen und zu schließen. Eine ganz andere Lösung haben Ingenieure gefunden, die dafür sorgen sollten, dass die hochempfindliche Optik eines Spektrometers, das ein Satellit in den Weltraum transportiert, um von dort aus die Erdatmosphäre zu beobachten, in der Startphase durch eine geschlossene Klappe geschützt wird, die sich öffnet, wenn der Satellit seine Umlaufbahn erreicht hat. Sie benutzten dafür einen Draht, der sich ausdehnen und wieder zusammenziehen kann, und der beide Formen, die kurze und die lange, im „Gedächtnis" hat. Wenn sie den langen Draht mit Hilfe einer Stromquelle aufgeheizt haben, hat er sich an seine ursprünglich kürzere Form „erinnert" und diese wieder angenommen. Dadurch wurde der Absperrmechanismus der Schutzklappe entkoppelt. Solche Drähte nennt man deshalb „Formgedächtnisdrähte" und die

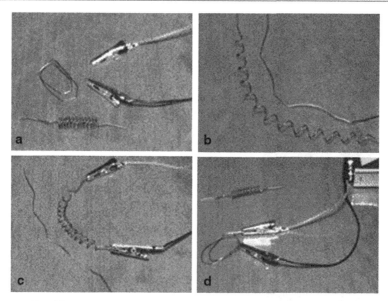

Abb. 3.18 Büroklammer und Feder aus Formgedächtnisdraht, (**a**) Ausgangszustand, (**b**) beide Elemente sind stark verformt. (**c**) durch direkten Stromfluss wird die Feder erhitzt und nimmt dabei ihre alte Form wieder an, (**d**) nach dem Erhitzen hat auch die Büroklammer wieder ihre alte Form

Legierungen, aus denen sie bestehen „Formgedächtnislegierungen" (engl. Memory Alloys). Sie können sich nicht nur ausdehnen und wieder zusammenziehen, sondern auch kompliziertere Formen im „Gedächtnis" behalten (Abb. 3.18) [265]. Für einen Werkstoff eine ganz schön intelligente Leistung, oder?

Psychologen, die sich mit der Intelligenz von Menschen befassen, verstehen darunter Funktionen des Gehirns, die mit der Wahrnehmung, dem Lernen, dem Erinnern und dem Denken zusammenhängen. Wir sind uns sicher einig, dass „intelligente Werkstoffe" (engl. Smart Materials) nicht denken können. Und im psychologischen Sinne können sie sich auch nicht erinnern oder lernen. Aber eine gewisse Analogie dazu zeigt ihr Verhalten schon. Generell versteht man darunter Werkstoffe, die in der Lage sind, selbstständig auf veränderte Umweltbedingungen zu reagieren. Sie können bei Einwirkung eines äußeren Reizes ihre Festigkeit oder andere Eigenschaften ändern oder Bewegungen ausführen. Formgedächtnislegierungen sind aber nur eine Art intelligenter Werkstoffe. Außerdem zählt man dazu zum Beispiel auch piezoelektrische, ferroelektrische und magnetoelektrische Werkstoffe, die ihre Form unter dem Einfluss von elektrischem Strom bzw. eines Magnetfeldes ändern, wie wir noch sehen werden.

Einer der Pioniere der Erforschung und Entwicklung von Formgedächtnislegierungen ist der inzwischen emeritierte Professor Erhard Hornbogen. Ich erinnere mich noch gut daran, wie ich als Student gestaunt habe, als er auf einer Tagung Ende der 1960er Jahre in Dresden ein Experiment mit einem gebogenen Draht vorgeführt hat, der beim Erhitzen wieder in seine ursprünglich gerade Form zurückkehrte. Professor Hornbogen hat in den folgenden Jahrzehnten mit seinen Arbeiten die Forschung und Entwicklung von Formgedächtnislegierungen am Institut für

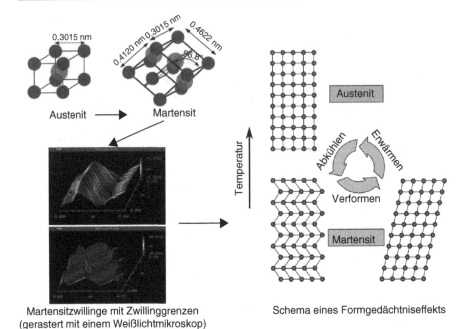

Martensitzwillinge mit Zwillinggrenzen   Schema eines Formgedächtniseffekts
(gerastert mit einem Weißlichtmikroskop)

Abb. 3.19 Prinzip eines Formgedächtniseffekts

Werkstoffe an der Ruhr-Universität Bochum etabliert. Es gehört heute zu den führenden Forschungseinrichtungen auf diesem Gebiet. Haben Sie eine Vermutung, wie es kommt, dass ein verformter Draht allein dadurch, dass man ihn erhitzt, wieder in seine Ausgangsform zurückgeht?

Sie werden wahrscheinlich sagen, dass sich durch das Verbiegen sowie durch das Erhitzen und Abkühlen des Drahtes die Struktur des Werkstoffes ändert. Mit dieser Antwort liegen Sie immer richtig, wenn es um Eigenschafts- und Verhaltensänderungen von Werkstoffen geht. Aber um was für eine Strukturänderung handelt es sich dabei und wie kommt sie zustande? Der Formgedächtniseffekt beruht auf einer Austenit-Martensit-Umwandlung, bei der eine sogenannte Zwillingsbildung stattfindet. Das heißt, dass im Martensit Kristallbereiche auftreten, die spiegelsymmetrisch zueinander angeordnet sind, voneinander getrennt durch eine leicht bewegliche Grenzfläche. Und Martensit-Zwillinge können nicht nur durch Temperaturveränderung, sondern auch durch eine mechanische Spannung erzeugt werden.

Damit kennen Sie das Geheimnis des Formgedächtniseffektes (Abb. 3.19). Der Draht, um bei diesem Beispiel zu bleiben, wird im austenitischen Zustand in seine Ausgangsform gebracht. Beim Abkühlen wird er in Martensit umgewandelt. Die dabei entstehenden inneren Spannungen werden durch die Bildung von Martensit-Zwillingen abgebaut, wobei die makroskopische Form des Drahtes erhalten bleibt. Wird nun eine mechanische Spannung angelegt, können durch Umklappvorgänge im Kristallgitter Martensitkristalle, die günstig zur Spannungsrichtung liegen auf Kosten solcher, die ungünstig liegen, wachsen. Dabei wird der Werkstoff „entzwillingt", da die Zwillingsgrenzen leicht beweglich sind, und makroskopisch verformt. Man erhält also einen verformten Draht mit einem im Idealfall vollständig marten-

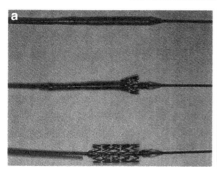
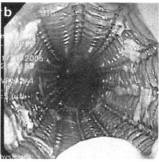

Abb. 3.20 Anwendung eines medizinischen Stents aus einer Formgedächtnislegierung. **a** verformter Ausgangszustand (*oben*), in einem Führungsröhrchen (*Mitte*), nach seinem Austritt aus dem Führungsröhrchen (*unten*). Der Durchmesser des Stents kann nach dem Ausfahren bei 10 mm liegen, **b** Stent in einer Speiseröhre

sitischen Gefüge ohne Zwillingsgrenzen. Wird dieser nun erhitzt, bilden sich der Martensit und die makroskopische Verformung zurück und der Draht nimmt wieder seine ursprüngliche Form an.

Der Formgedächtniseffekt kann aber auch auf andere Weise funktionieren. Wenn man zum Beispiel gezielt Defekte in das Kristallgitter einbringt, kann das Wachstum von bestimmten Martensit-Kristallen begünstigt werden. Dadurch kann sich die Form des Drahtes auch beim Abkühlen ändern. Diese Formänderung verschwindet beim Erwärmen wieder. Diesen temperaturabhängigen Wechsel der makroskopischen Form ohne Einwirkung einer mechanischen Spannungen nennt man Zwei-Wege-Effekt. Oder man belastet den Draht vollständig im austenitischen Zustand. Auch dadurch kann Martensit entstehen, sogenannter spannungsinduzierter Martensit. Lässt die Spannung nach, bleibt der Martensit aber wegen der höheren Temperatur nicht stabil. Das Gefüge kehrt in den austenitischen Zustand zurück und der Draht nimmt wieder seine alte Form an. Man nennt diesen Effekt pseudoelastisches Verhalten.

Der Formgedächtniseffekt wird in vielfältigen Anwendungen genutzt. Ein Beispiel aus der Raumfahrt habe ich Ihnen schon beschrieben. Aber beispielsweise auch für Dichtungselemente bei der Dieseleinspritzung in Autos, bei Steckverbindungen für Schaltkreise und bei Bauteilen für Roboter werden Formgedächtnislegierungen verwendet. In der Medizin dienen sie unter anderem zur Herstellung von Gefäßstützen, die Adern oder andere Hohlorgane offen halten sollen, sogenannten Stents. Sie werden in zusammengefalteter Form durch ein Katheder in den Körper eingebracht, wo sie durch die Körpertemperatur wieder die Form annehmen, die in ihrem „Gedächtnis" gespeichert ist, und in der sie ihre Funktion erfüllen können (Abb. 3.20).

Nun werden Sie sicher fragen, woraus Formgedächtnislegierungen eigentlich bestehen. Als Sie gelesen haben, dass der Formgedächtniseffekt auf einer Austenit-Martensit-Umwandlung beruht, haben Sie sicher sofort an das Härtegefüge von Stahl gedacht. Die Bildung von Martensit ist jedoch nicht auf Stahl beschränkt, sondern kann auch bei anderen Legierungen auftreten. Und tatsächlich ist der Formgedächtniseffekt zum ersten Mal 1951 an einer Kupfer-Kadmium-Legierung beschrieben worden, nachdem man dieses ungewöhnliche Werkstoffverhalten bereits 1932 an einer Gold-Cadmium-Legierung und sechs Jahre später auch an einer Zink-

Kupfer-Legierung beobachtet hatte. In den 1960er Jahren begann man, ihn intensiv
zu erforschen. Bislang ist er an etwa 30 Werkstoffen beobachtet worden. Die meisten davon sind aber technisch und wirtschaftlich uninteressant, weil der Effekt zu
schwach ist oder weil ihre mechanischen Eigenschaften ungenügend sind.

Für technische Anwendungen des Formgedächtniseffektes haben sich nur drei
Legierungsgruppen als geeignet erwiesen: Nickel-Titan, Kupfer-Zink-Aluminium
und Kupfer-Aluminium-Nickel. Als Prototyp gilt die intermetallische Verbindung
Nickel-Titan mit einem Nickel-Gehalt von etwa 50 Atomprozent. Nur bei dieser Zusammensetzung tritt eine martensitische Umwandlung auf. Diese Formgedächtnislegierung hat im Jahre 1962 der Amerikaner William Buehler entwickelt. Nach ihrer
Zusammensetzung und dem Labor, in dem er gearbeitet hat, hat er sie Nitinol (Ni-
ckel-Titan-Naval-Ordonance-Laboratory) genannt. Wie der Formgedächtniseffekt
im Detail funktioniert, war den Werkstoffforschern jedoch noch lange verborgen
geblieben. Sie wussten nur, dass Temperaturwechsel dafür eine ausschlaggebende
Rolle spielen. Erst in den 1980er Jahren fanden sie heraus, was dabei im Werkstoff
passiert.

Praktisch angewendet wurde Nitinol zuerst für einen militärischen Zweck: Die
USA bauten in ihre F-14-Kampfflugzeuge Rohrverbindungen aus Nitinol ein. Aber
auch heute, 30 Jahre später, werden Formgedächtnislegierungen noch nicht massenhaft als Standardwerkstoff eingesetzt. Obwohl das Interesse an ihnen zugenommen
hat, fristen sie noch immer ein Nischendasein. Das hat mehrere Gründe: Für Formgedächtnislegierungen gibt es noch keine Normen, sodass es Werkstoffentwickler,
-hersteller und –anwender schwer haben, sich miteinander zu verständigen. Außerdem müssen Werkstoffanwender erst lernen, mit diesen völlig neuen Werkstoffen
zu arbeiten. Und nicht zuletzt sind Formgedächtnislegierungen teuer im Vergleich
zu anderen Werkstoffen. Angesichts der Entwicklung der Rohstoffpreise und der
Herstellungskosten werden sie wohl auch auf absehbare Zeit vor allem dort eingesetzt werden, wo nur geringe Mengen benötigt werden und wo ihre Anwendung
einen gravierenden funktionellen Vorteil hat [266, 267].

In Zukunft könnten Formgedächtnis-Legierungen auf Eisenbasis eine größere
technische und wirtschaftliche Bedeutung erlangen, die preiswerter sind, aber leider
kein so ausgeprägtes reversibles Verhalten aufweisen wie Nitinol. Dazu gehören
Eisen-Mangan-Silicium-, Eisen-Nickel-Aluminium-Titan- und Eisen-Nickel-Ko-
balt-Titan-Legierungen. Sie werden seit über zehn Jahren vor allem am Institut
für Werkstoffe der Ruhr-Universität Bochum intensiv erforscht. In jüngster Zeit
sind auch ganz andere Legierungen, wie beispielsweise Nickel-Palladium-Kupfer,
Gegenstand der Werkstoffforschung und -entwicklung. Dabei geht es unter anderen
darum, die Wechselwirkung zwischen der Verformbarkeit des Werkstoffes und der
spannungsinduzierten Gefügeumwandlung besser zu verstehen. Außerdem müssen
für diese Legierungen erst noch geeignete Herstellungs- und Fertigungsverfahren
entwickelt werden [268]. Sie sehen, auch auf diesem zukunftsträchtigen Gebiet
bleibt noch eine Menge zu tun, woran Sie als künftiger Werkstofffachmann mit-
arbeiten könnten.

Den Formgedächtniseffekt kann man jedoch nicht nur bei Metalllegierungen
erzeugen. Seit Mitte der 1990er Jahre stellt man auch Kunststoffe her, die man
verformen und deren Formänderung man durch Erwärmen oder durch eine äußere

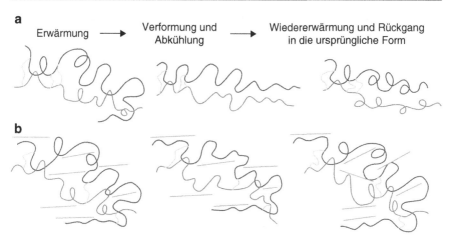

Abb. 3.21 Formgedächniseffekt bei Polymeren, **a** reine Polymerketten, **b** mit Keramikplättchen verstärkte Polymerketten

Krafteinwirkung wieder rückgängig machen kann. Ursache dafür ist, dass die Polymermoleküle oberhalb einer sogenannten Übergangstemperatur, bei der sich der feste Kunststoff in eine gummiartige Schmelze umwandelt, relativ leicht beweglich sind. Der Formgedächtniseffekt bei Kunststoffen tritt bei einer Vielzahl von Polymeren auf, die chemisch sehr unterschiedlich zusammengesetzt sein können. Sie lassen sich mit einem relativ geringen Aufwand herstellen und „programmieren". „Programmieren" heißt, das Polymer wird zunächst, wie in der Kunststoffverarbeitung üblich, erwärmt und in seine permanente Form gebracht, anschließend wird es verformt und dann durch Abkühlen in dieser temporären Form gehalten. Erwärmt man den Kunststoff nun wieder über seine Übergangstemperatur, nimmt er wieder seine Ausgangsform an (Abb. 3.21 und 3.22) [269].

Seit einigen Jahren stellt man auch Formgedächtniskunststoffe her, die aus mehrphasigen Polymeren bestehen, sogenannte Multiblockcopolymere. Meist sind das Polyurethansysteme, die aus mindestens zwei voneinander getrennten Phasen bestehen. Bei ihnen bewirkt die Phase mit der höchsten Übergangstemperatur die physikalische Vernetzung der Polymermoleküle. Sie bestimmt die permanente Form. Eine zweite Phase ermöglicht die Fixierung der temporären Form. Sie dient als „molekularer Schalter". Multiblockcopolymere werden bislang vor allem als Nahtmaterial in der Chirurgie verwendet. Ihr Vorteil ist, dass sich das Nahtmaterial unter dem Einfluss der Körpertemperatur auf das „gespeicherte" Maß verkürzt und sich die Operationsnaht dadurch gleichmäßig straff zusammenzieht. Der Arzt muss die Naht nicht mehr „nach Gefühl" festziehen, sondern braucht den Faden nur noch locker einzunähen. Selbst das Verknoten könnte ihm erspart bleiben, wenn das Formgedächtnispolymer so programmiert ist, dass es Schlaufen bildet. Der Operateur müsste dann nur noch die Enden festzurren [270, 271].

Formgedächtnispolymere sind 1999 von dem Chemiker Andreas Lendlein erfunden worden. Er ist der Leiter des Zentrums für Biomaterialentwicklung des Helmholtz-Zentrums Geesthacht in Teltow und Professor an der Universität Potsdam ist.

Originale,
permanente Form

Temporäre Form

10 sec:

30 sec:

60 sec:

Wiederhergestellte,
permanente Form

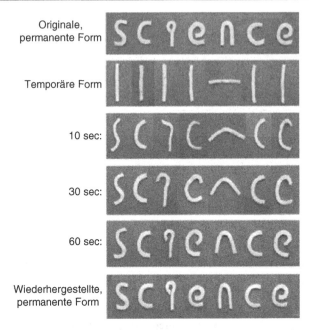

Abb. 3.22 Demonstration des Formgedächtniseffektes an einem mit Hydroxylapatit verstärktem biologisch abbaubarem, resorbierbarem und biokompatiblen Polyester

Wie er erzählt hat, kam ihm die Idee dazu, als er einen Vortrag über Nitinol gehört hatte, das für Implantate verwendet wird. Er machte sich, damals noch am Massachusetts Institute of Technology (MIT), sofort daran, Polymerwerkstoffe zu entwickeln, die ebenfalls ein Formgedächtnis haben, aber außerdem im Körper abgebaut werden können. Ich finde, das ist ein gutes Beispiel dafür, wie fachübergreifendes Denken in der Werkstoffforschung zu wirklich innovativen Entwicklungen führen kann.

Sie haben intelligente Werkstoffe jetzt als Metalllegierung und als Kunststoff kennengelernt, die ein Formgedächtnis haben. Es gibt aber auch „intelligente" Keramiken, also Keramiken, die bei Einwirkung eines äußeren „Reizes" ihre Struktur und Form ändern. Dieser äußere Reiz kann eine mechanische Belastung oder elektrische Spannung sein. Es handelt sich um die sogenannten Piezokeramiken (griechisch „piezein" = drücken). Und die funktionieren ganz anders als Formgedächtnislegierungen und –kunststoffe.

Der Piezoeffekt wurde im Jahre 1880 von den Brüdern Jacques (1855–1941) und Pierre (1859–1906) Curie entdeckt. Sie stellten fest, dass an der Oberfläche von Turmalinkristallen elektrische Ladungen entstehen, wenn man sie verformt. Turmaline sind Silicate mit einer sehr komplexen chemischen Zusammensetzung. Im Jahre 1881 sagte der französische Physiker Gabriel Lippmann (1845–1921) aufgrund theoretischer Überlegungen den umgekehrten Effekt voraus, dass sich also Materialien bei Anlegen einer elektrischen Spannung verformen. Seine Hypothese wurde nur ein Jahr später von den Brüdern Curie experimentell bewiesen.

Es dauerte jedoch noch fast 100 Jahre bis man verstanden hat, was beim piezoelektrischen Effekt auf mikroskopischer Ebene im Kristall passiert. Herausge-

Abb. 3.23 Perowskitstruktur einer
PZT-Keramik

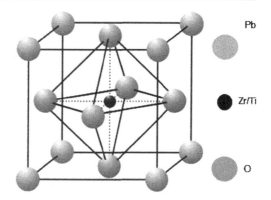

Pb

Zr/Ti

O

funden hat das erst der amerikanische Physiker Richard M. Martin im Jahre 1972.
Allerdings wurden da Piezokeramiken schon zwanzig Jahre industriell in großer
Breite genutzt. Erste praktische Anwendungen gab es, stimuliert durch den I. Weltkrieg, bereits seit 1918. Da hatte der französische Physiker Paul Langévin (1872–
1946), das sogenannte SONAR (Sound Navigation and Ranging) erfunden. Es bestand im Wesentlichen aus zwei dünnen Quarzkristallen, die er durch Anlegen einer
Spannung verformte. Und zwar durch eine Wechselspannung immer hin und her. Das
heißt, Langévin hat sie zum Schwingen gebracht und durch die dabei entstehenden
Druckschwankungen Schall erzeugt. Das SONAR wurde bis in die 1940er Jahre
beispielsweise als Echolot und für die Ortung von U-Booten eingesetzt.

Den technologischen Durchbruch erlebten Piezokeramiken aber erst in den
Jahren 1945/1946. Da gelang es russischen und amerikanischen Wissenschaftlern
Blei-Zirkonat-Titanat (PZT) zu synthetisieren, dessen piezoelektrische Eigenschaften man variieren kann, indem man Fremdatome, beispielsweise Nickel, Wismut,
Mangan oder Niob, in das Kristallgitter einbaut [272]. Blei-Zirkonat-Titanat hat
eine Perowskit-Struktur. Das ist eine leicht zum Quader verzerrte Würfelstruktur.
Sie ist zum ersten Mal im Jahre 1839 von dem deutschen Mineralogen Gustav Rose
(1798–1873) an einem von ihm im Ural entdeckten Mineral beschrieben worden,
das er nach dem russischen Politiker und Mineralogen Lew Alexejewitsch Perowski
(1792–1856) Perowskit genannt hat [273]. Diese Struktur ist typisch für eine Reihe
von Verbindungen, die aus drei Atomarten bestehen (Abb. 3.23).

Durch die Verformung eines piezoelektrischen Materials in eine bestimmte Richtung verschieben sich seine positiven und negativen Gitterbausteine. Durch diese,
spontane Polarisation genannte, Verschiebung der Ladungsschwerpunkte bilden sich
in den Elementarzellen an unterschiedlichen Stellen positive und negative elektrische Ladungen, mikroskopische Dipole. Dadurch baut sich ein elektrisches Feld auf
und es wird eine elektrische Spannung induziert. Diesen Effekt nennt man den direkten piezoelektrischen Effekt oder einfach Piezoeffekt. Umgekehrt bewirkt das Anlegen einer elektrischen Spannung eine makroskopische Verformung des piezoke-
ramischen Bauteils. Man spricht dann von einem inversen Piezoeffekt (Abb. 3.24).

Der Werkstoff reagiert also in beiden Fällen auf einen äußeren „Reiz". Genau
so, wie jene intelligenten Werkstoffe, die ich Ihnen schon vorgestellt habe. Nur der
Mechanismus, der ihn intelligent macht, ist ein völlig anderer.

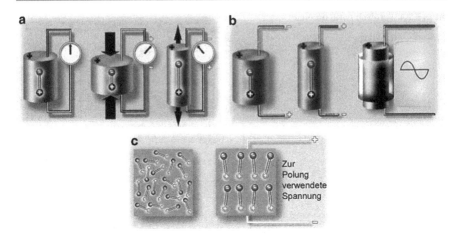

Abb. 3.24 a Piezoelektrischer Effekt: Einfluss äußerer Kräfte – je nach Kraftrichtung werden elektrische Ladungen entsprechenden Vorzeichens erzeugt, **b** Inverser piezoelektrischer Effekt: Einfluss elektrischer Felder – der Körper ändert seine Abmessungen mit der Spannungsänderung, **c** Elektrische Dipole im piezoelektrischen Werkstoff vor und nach der Polung

Nach dem gleichen Prinzip wie Langévins SONAR funktioniert auch die Erzeugung von Ultraschall. Sie wissen aus dem Physikunterricht: Ultraschall sind Schallwellen mit einer Frequenz über 20 kHz bis zu einem Gigahertz, die wir nicht mehr hören können. Das Kernstück einer Ultraschallsonde, auch Ultraschallkopf genannt, ist eine Piezokeramik, deren Kristalle durch Anlegen einer elektrischen Spannung zum Schwingen angeregt werden. Die dadurch entstehenden Druckschwankungen erzeugen die Ultraschallwellen. Jedem fällt wahrscheinlich, wenn von Ultraschall die Rede ist, spontan die Ultraschalluntersuchung ein, die er beim Arzt sicher schon erlebt hat, und bei der das Gewebe von Körperorganen abgebildet wird. Dazu verwendet man Ultraschall mit Frequenzen zwischen einem und 40 MHz [274].

Sie als künftige Werkstofffachleute sollten sich, wenn wir von Ultraschall sprechen, daran erinnern, was ich Ihnen zum Thema Werkstoffprüfung gesagt habe. Wir haben über mechanisch-technologische Prüfverfahren gesprochen, bei denen der Werkstoff zerstört wird, wie beim Zugversuch. Ich habe aber auch erwähnt, dass man außerdem Photonen und elektromagnetische Wellen, magnetische und elektrische Felder, geladene und neutrale Teilchen und eben auch Schallwellen als Sonden zur Werkstoffprüfung benutzt. Dabei wird der Werkstoff nicht zerstört. Man fasst die darauf basierenden Prüfverfahren deshalb unter dem Begriff „zerstörungsfreie Werkstoffprüfung"zusammen.

Die Werkstoffprüfung mit Ultraschall funktioniert im Prinzip genauso wie die Ultraschalluntersuchung in der medizinischen Diagnostik. Man benutzt dazu Ultraschall im Frequenzbereich zwischen 0,25 bis 50 MHz. Die Oberfläche des Werkstückes wird zunächst mit einem Gel eingestrichen, um eine gute Kopplung zu gewährleisten. Dann wird der Ultraschallkopf auf dem Werkstück entlang bewegt, während er Ultraschallwellen aussendet. Befinden sich Fehler, wie Hohlräume, Einschlüsse oder Risse in dem Werkstück, werden die Schallwellen an deren Grenzflächen reflektiert. Die Echos werden vom Ultraschallkopf empfangen und

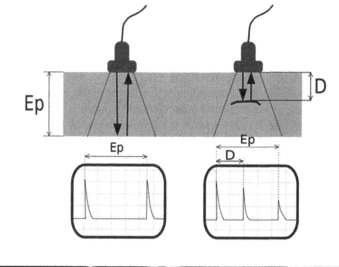

Abb. 3.25 Zerstörungsfreie Werkstoffprüfung mit Ultraschall. *Oben*: Prinzip der Ultraschallprü-fung. *Unten*: Prüfung der Wurzel des Rotorblattes einer Flugzeugturbine, **a** Probe an der Wurzel des Rotorblattes positioniert, **b** Prüfgerät eingeschaltet, **c** Probe über die Wurzel des Rotorblattes gescannt: Peak *links* der *roten* Linie zeigt einen Bruch an

piezoelektrisch in Signale umgewandelt, die auf dem Monitor abgebildet werden – er ist also sowohl Sender als auch Empfänger. So erhält man eine Abbildung der Werkstofffehler. Aus der Zeitdifferenz zwischen dem Senden des Ultraschall-impulses und dem Empfang des Echos kann man außerdem die Lage des Fehlers im Werkstück orten (Abb. 3.25).

Der kleinste Fehler, den man auf diese Weise entdecken kann, ist abhängig von der Frequenz des Schalls und von dessen Ausbreitungsgeschwindigkeit im Werk-stoff, die eine für jeden Werkstoff spezifische Konstante ist. Bei Stahl beispiels-weise kann man bei einer Frequenz von vier Megahertz Fehler in der Größe von reichlich einem halben Millimeter erkennen [275]. Eine Erhöhung der Frequenz führt allerdings nicht unbedingt zu einem genaueren Prüfergebnis, weil der Schall an den Korngrenzen des Gefüges gestreut oder absorbiert wird, wodurch er nicht so tief in den Werkstoff eindringen kann. Die optimale Frequenz hängt also auch von der Zahl der Korngrenzen, das heißt von der Korngröße des Gefüges ab.

Sicher haben Sie Piezokeramiken schon selbst auf vielfältige Weise benutzt, ohne dass Ihnen das vielleicht bewusst ist, zum Beispiel als Zündelement in Feuer-zeugen und als Touchpad Ihres Laptops. Und auch in der Nassrasiertechnik, die uns über eine weite Strecke Wegweiser bei unserer Exkursion durch die Werkstoffforschung war, könnten Piezokeramiken statt ein Elektromotor und ein Exzenter die Klingen zum Schwingen bringen. So wird in einer Gillette-Patentschrift darauf hingewiesen, dass für die Erzeugung der Vibration auch Mechanismen geeignet seien, die piezoelektrische Kristalle enthalten [276].

Intelligent im beschriebenen Sinne können aber nicht nur feste Stoffe, sondern auch Flüssigkeiten sein, wie Mineral- oder Silikonöl, in denen elektrisch polarisierbare oder magnetische Teilchen gleichmäßig verteilt sind. Legt man daran eine elektrische Spannung an, bilden sich Dipole und diese lagern sich entlang der elektrischen Feldlinien zu Ketten zusammen. Dadurch wird die Flüssigkeit zu einem festen Gel. Das wird wieder flüssig, sobald man den Strom abschaltet, weil die Ketten wieder in Partikel zerfallen. Enthält die Flüssigkeit magnetische Teilchen richten die sich entlang der magnetischen Feldlinien aus, wenn man ein Magnetfeld anlegt. Der Effekt ist der gleiche. Die Flüssigkeit wird fest und sie wird wieder flüssig, wenn man das Magnetfeld abschaltet. Da solche Suspensionen, wie man Flüssigkeiten bezeichnet, in denen feste Partikel gleichmäßig verteilt sind, auf das elektrische bzw. das magnetische Feld mit einer Änderung ihres Fließverhaltens reagieren, nennt man sie elektrorheologische bzw. magnetorheologische Flüssigkeiten (ERF bzw. MRF),abgeleitet vom griechischen „rhei" = fließen. In beiden Fällen kann man das Fließverhalten stufenlos regeln, wenn man die Felder kontinuierlich verändert [277]. Vielleicht kennen Sie das aus dem Fitness-Studio. Auf diese Weise kann man nämlich auch die Widerstandskraft von Fitnessgeräten regulieren (Abb. 3.26).

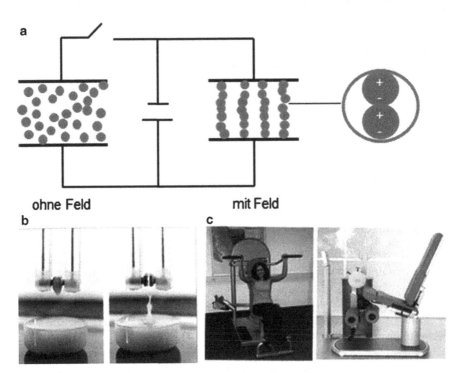

Abb. 3.26 Intelligente Flüssigkeit

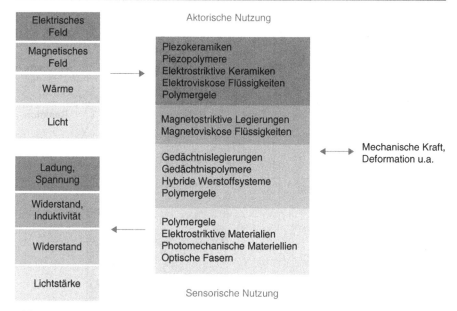

Abb. 3.27 Intelligente Energiewandlersysteme als Basis adaptiver Strukturen

Intelligente Werkstoffe werden insbesondere als Sensoren und Aktoren verwendet. Die einen sind Bauelemente, die physikalische oder chemische „Reize" aufnehmen und sie in elektrische Signale umwandeln. Die anderen setzen diese Signale in mechanische Bewegung um. Sensoren und Aktoren werden oft durch weitere Komponenten, beispielsweise elektronische Elemente zur Signalverstärkung, miteinander verknüpft. Auf diese Weise entstehen Struktursysteme, die durch „intelligente" Energieumwandlung auf äußere Einflüsse reagieren können (Abb. 3.27).

Mitte der 1980er Jahre sind dafür in Anlehnung an den Begriff „Smart Materials" in den USA und Japan die Begriffe „Smart Structures" und „Adaptive Structures" geprägt worden. In Deutschland hebt man nicht Eigenschaften wie „intelligent" oder „smart" hervor, sondern die Fähigkeit solcher Systeme, sich an veränderte äußere Bedingungen anzupassen, zu adaptieren. Deshalb hat sich hierzulande für die Entwicklung und Anwendung solcher Systeme der Begriff „Adaptronik" eingebürgert [278]. Einer der führenden Köpfe auf diesem Gebiet ist Professor Hanselka, der bis zu seiner Wahl zum Präsidenten des Karlsruher Instituts für Technologie (KIT) im Jahre 2013 Direktor des Fraunhofer-Instituts für Betriebsfestigkeit und Systemzuverlässigkeit war.

Wegen der zukunftsträchtigen Bedeutung der Adaptronik fördert das Bundesministerium für Bildung und Forschung ein „Leitprojekt Adaptronik", an dem über 20 Partner aus Wissenschaft und Industrie entlang der gesamten Wertschöpfungskette, von der Grundlagenforschung bis zur Anwendung der Forschungs- und Entwicklungsergebnisse, beteiligt sind. Ein Beispiel für die Anwendung der Adaptronik ist die in diesem Projekt geförderte Entwicklung adaptiver Werkstoffsysteme, mit denen Schwingungen im Auto gedämpft und dadurch der Fahrlärm verringert werden soll (Abb. 3.28).

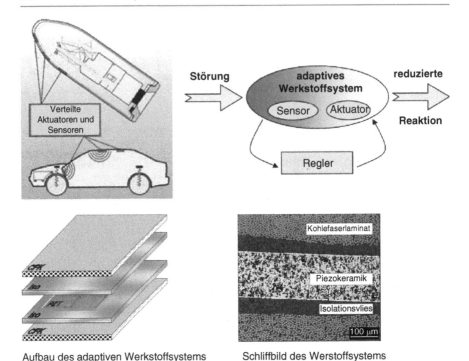

Aufbau des adaptiven Werkstoffsystems   Schliffbild des Werstoffsystems
CFK: carbonfaserverstärkter Kunststoff
PZT: Blei-Zirkon-Titanat-Keramik

Abb. 3.28 Adaptives Werkstoffsystem CFK-PZT zur Lärmreduktion durch Schwingungsdämpfung im Auto

Weitere denkbare Anwendungen adaptronischer Strukturen reichen vom Einsatz in Stahlbetonkonstruktionen im Brückenbau, wo sie Risse aufspüren und auftretenden Spannungen entgegenwirken könnten, bis hin zur Regulierung des Auftriebs der Rotorblätter von Hubschraubern durch die Steuerung der daran angebrachten Klappen. Sie können an diesen Beispielen die vielfältigen Zukunftsaussichten des Einsatzes solcher Strukturen auf der Basis „intelligenter" Werkstoffe erahnen. Intelligentes Verhalten und Anpassungsfähigkeit – haben technische Systeme etwa auch schon gelernt, wie man Karriere machen kann?

Literatur

162. Sostschenko, M.: Der Agitator, in: Eine schreckliche Nacht, Verlag der Nation, Berlin, 1981, S. 38–40
163. http://www.spiegel.de/wirtschaft/unternehmen/0,1518,728703,00.html/
164. Rüdiger Kiani-Kreß, R., J. Rees: Triebwerke an den Grenzen des technisch Machbaren, Wirtschaftswoche, 14.11.2010, http://www.wiwo.de/technologie/a380-beinaheabsturz-triebwerke- an-den-grenzen-des-technisch-machbaren-seite-all/5697578-all.html
165. Smarsly, W.: Werkstoffe für Luftfahrtantriebe Status und zukünftige Perspektiven, Symposium 30 Jahre GWP Gesellschaft für Werkstoffprüfung mbH, Zorneding/25. Mai 2007, http://www.mtu.de/de/technologies/engineering_news/development/Smarsly_30_Jahre_GWP.pdf

166. Richter, H.: Werkstofftechnologie für die Triebwerkstechnik in der Region Berlin/Brandenburg/Sachsen, Vortrag auf dem Symposium „Materialforschung für Innovationen in der Region Berlin-Brandenburg", Potsdam 27. September 2007

167. Inconel alloy 718, Special Metals, http://www.specialmetals.com/documents/Inconel alloy 718.pdf

168. Zschech, E.: Münzen von der Antike bis zum Euro, Moritzburg: Wissen 21, 2001

169. Kreissparkasse Köln, Geldgeschichtliche Sammlung: Verteufelt, verachtet, begehrt … Vor 250 Jahren wurde das Element Nickel entdeckt www.Geldgeschichte.de

170. Raabe, D.: Morde, Macht, Moneten – Metalle zwischen Mythos und High-Tech, WILEY-VCH Verlag GmbH, Weinheim, 2001, S. 27

171. Forschungszentrum Jülich GmbH/Projektträger Jülich – Geschäftsbereich Neue Materialien und Chemische Technologien (im Auftrag des BMBF): Titan-Aluminid-Legierungen – eine Werkstoffgruppe mit Zukunft

172. Europäisches Patentamt: EP 2 071 046 A2, Platinbasierte Hochtemperaturschutzschicht auf Aluminium-reichen Titanlegierungen und Titan-Aluminiden, http://www.google.com/patents/EP2071046A2?cl=de

Wie im Himmel, so auf Erden

173. http://www.hightech-strategie.de

174. Vaterunser, http://de.wikipedia.org/wiki/Vaterunser, 21.07.2013

175. http://www.bmbf.de/de/6618.php

176. Bericht der Promotorengruppe Mobilität – Empfehlungen zum Zukunftsprojekt „Nachhaltig bewegt, energieeffizient mobil", Herausgeber: Promotorengruppe Mobilität der Forschungsunion Wirtschaft – Wissenschaft, 2012, http://www.hightech-strategie.de/_files/mobilitaet_bericht_2012.pdf

177. Institute of Motor Car Engineering of RWTH Aachen University: Investigation of the effects on car weight on fuel consumption -measurements on 11 cars on the dynamic roller test stand, http://www.opengrey.eu/item/display/10068/196694

178. http://incar.thyssenkrupp.com/8_00_021_Methodik.html?lang=En-US

179. https://de.wikipedia.org/wiki/Fahrzyklus, 13.07.2013

180. Kraftfahrzeugbundesamt, http://www.kba.de/nn_125264/DE/Statistik/Fahrzeuge/Bestand/bestand__node.html?__nnn=true

181. Kunert, U., S. Radke: Kraftfahrzeugverkehr 2010: Weiteres Wachstum und hohe Bedeutung von Firmenwagen, DIW Wochenbericht nr. 48/2011 vom 30. November 2011, http://www.diw.de/documents/publikationen/73/diw_01.c.389477.de/11-48-3.pdf

182. Günnel, T.: Trends bei Aluminium-Werkstoffen, Automobilindustrie, 01.07.13, http://www.automobil-industrie.vogel.de/werkstoffe/articles/409851

183. Brennt das Magnesium-Auto wie eine Wunderkerze??, http://www.magnesium.karosserie-netzwerk.info/magnesium_feuer.htm

184. http://www.atzonline.de/Aktuell/Nachrichten/1/8408/TU-Berlin-entwickelt-kombinierten-Magnesium-Werkstoff-fuer-leichtere-Autos.html

185. MnE21 macht Leichtbau möglich, http://mobil.automobil-industrie.de/ressort-artikel/293588/, 23.11.2010

186. Wenk, L.: Magnesium – Gusswerkstoffe, Anfänge und Entwicklungen, Vortragsveranstaltung des Verbandes Deutscher Druckgießereien (VDD) in Kooperation mit dem Verein Deutscher Gießereifachleute (VDG), 7. März 2007, http://peedeeriver.de/wiki/mediawiki-1.5.6/index.php?title=Magnesiumguss_Geschichte

187. Ebenda

188. Bundesanstalt für Geowissenschaften und Rohstoffe: Rohstoffwirtschaftliche Steckbriefe für Metall- und Nichtmetallrohstoffe, http://www.bmwi.de/BMWi/Redaktion/PDF/P-R/rohstoffwirtschaftliche-steckbriefe, property=pdf,bereich=bmwi,sprache=de,rwb=true.pdf

189. Stahl-Informations-Zentrum: Ultraleichte Stahlkarosserie, http://www.stahl-info.de/stahl_im_automobil/ultraleicht_stahlkonzepte/ulsab/ulsab-broschuere.pdf
190. Stahl-Informations-Zentrum: Stahl-Innovationspreis 2003, Dokumentation des Wettbewerbs, http://www.stahl-http://www.stahl-info.de/stahlinnovationspreis_2003/dokusip2003.pdf
191. Otterbach, B.: SuperLIGHT-CAR – Ein Drittel leichter, Automobilindustrie, 20.07.2009, http://www.automobil-industrie.vogel.de/karosserie/articles/208030/
192. Lesemann, M., C. Sahr, S. Hart, R. Taylor: SuperLIGHT-CAR – the Multi-Material Car Body, 7. LS-DYNA Anwenderforum, Bamberg 2008, http://www.dynamore.de/de/download/papers/forum08/dokumente/F-III-01.pdf
193. Volkswagen AG: Studie – Das 1-Liter-Auto, Pressemappe, 2002
194. VWs 1-Liter-Auto – Winterkorn bekräftigt Serienpläne, Focus online, 09.10.2007, http://www.focus.de/auto/neuheiten/vws-1-liter-auto_aid_135242.html
195. Volkswagen Magazin 03/2009 Seite 11 ff.
196. Volkswagen CarScene TV: Volkswagen XL1 – Vision wird Realität
197. Teuer sparen, Autobild.de, 02.09.2013, http://www.autobild.de/artikel/vw-xl1-preis-4353543.html
198. Kretzmann, J.: Fahrzeuggewicht früher und heute – Zeit zum Abspecken!, Autobild.de, 22.03.2012, http://www.autobild.de/artikel/fahrzeuggewicht-frueher-und-heute-1268731.html
199. Gerhardt, T.: Mercedes E-Klasse auf der Detroit Motor Show Eine-Milliarde-Euro-Facelift, Auto, Motor und Sport, 15. Januar 2013, http://www.auto-motor-und-sport.de/news/neue-mercedes-e-klasse-auf-detroit-auto-show-1-milliarde-euro-facelift-4983213.html
200. a. a. O. [157]
201. Lamparter, D.H.: Hab ich das bestellt? Lackierte Stoßfänger, Parkpiepser, Regensensor: Autobauer jubeln uns unnütze Innovationen unter. Eine Mängelrüge., ZEIT ONLINE, 03.03.2011, http://www.zeit.de/2011/10/Autoindustrie-Autoersatzteile
202. Martenstein, H.: „Neueste Rasierer unterscheiden sich in ihrer Leistung nicht wesentlich von alten Modellen" – Harald Martenstein verweigert sich dem Kult des Fortschritts, ZEITmagazin, 16.12.2010 Nr. 51, http://www.zeit.de/2010/51/Martenstein
203. Bekanntmachung des Bundesministeriums für Bildung und Forschung (BMBF) von Richtlinien zur Förderung von Forschungs- und Entwicklungsvorhaben zum Thema „Multimaterialsysteme – Zukünftige Leichtbauweisen für ressourcensparende Mobilität" innerhalb des Rahmenprogramms „Werkstoffinnovationen für Industrie und Gesellschaft – WING" vom 01.02.2010, http://www.bmbf.de/foerderungen/14230.php?hilite=%26%2334%3BMultimaterialsysteme-+Zuk%FCnftige+Leichtbauweisen+f%FCr+ressourcensparende+Mobilit%E4t%26%2334%3B+
204. CTM GmbH – Composite Technologie & Material – Faserverbundwerkstoffe, http://www.ctmat.de
205. http://de.wikipedia.org/wiki/Sohio-Verfahren, 31. März 2013
206. Quirmbach, G.: 30 Jahre Kohlefaser in der Formel 1, http://www.speedweek.com/formel1/news/18200/30-Jahre-Kohlefaser-in-der-Formel-1.html#, 07.03.2011
207. Formel-1-Boliden: Technischer Hintergrund – Vom Monocoque über das Lenkrad bis hin zum Sitz – das BMW Sauber F1 Team gibt Einblicke in die technischen Hintergründe der Formel 1, http://www.motorsport-total.com/f1/news/2008/01/Formel-1-Boliden_Technischer_Hintergrund_08011414.html, 14. Januar 2008
208. Carbon in Serie, weiter.vorn – Fraunhofer-Magazin 3.2012, http://www.fraunhofer.de/de/publikationen/fraunhofer-magazin/2012/weitervorn_3-2012_Inhalt/weiter-vorn_3-2012_08.html
209. Ahlborn, H.: Faserverbundwerkstoffe – Herstellung, Eigenschaften und Varianten kohlestofffaserverstärkter Kunststoffe, Konstruktionspraxis.de, http://www.konstruktionspraxis.vogel.de/themen/werkstoffe/verbundwerkstoffe/articles/114270/, 16.11.2007
210. Oster, R. u. a.: ZfP an Hubschrauberbauteilen aus Hochleistungs-Faserverbundwerkstoffen im Spannungsfeld von Fertigung, Konstruktion, Statik und Versuch, DGZfP-Jahrestagung 2005, 2.-4. Mai, Rostock, DGZfP-Berichtsband 94-CD Vortrag 30

211. SGL Automotive Carbon Fibers – Leichtbau für E-Mobilität, http://www.sglgroup.com/cms/international/innovation/carbon-in-mobility/index.html?__locale=en#dataobject_elementid_5

212. Greg Oh: Carbon Fiber, Chemistry of Materials 2013 http://chemistryofmaterials2013.wikidot.com/greg-oh

213. Chung, E.: Cannabis electric car to be made in Canada, CBCNews-Technology & Science, http://www.cbc.ca/news/technology/story/2010/08/23/cannabis-hemp-electric-car-kestrel-motive.html, August 23, 2010

214. Frahm, C.: Hanffasern im Autobau – Gib Gras, Spiegel online, http://www.spiegel.de/auto/aktuell/autos-aus-hanf-naturfasern-werden-in-der-karosserie-verbaut-a-878973.html, 14.03.2013

215. Bähnisch, S.: Dieser Stern wächst, AutoBild.de, http://www.autobild.de/artikel/los-angeles-auto-show-2010-mercedes-biome-concept-1295133.html, 17.11.2010

216. Jordan, M.: Mercedes-Benz stellt den Biome Concept auf der Los Angeles Motor Show vor, http://blog.mercedes-benz-passion.com/2010/11/mercedes-benz-stellt-den-biome-concept-auf-der-los-angeles-motor-show-vor, 16.11.2010

217. Banhart, J.: Light Metal Foams – History of Innovation and Technological Challenges, Advanced Engineering Materials 2013, 15, No.3 pp. 82, http://commons.wikimedia.org/wiki/File:Aluminium_foam.jpg, 01.11.2012

Zurück zur Natur

218. Holz – ein vielseitiger Rohstoff, http://www.uni-duesseldorf.de/MathNat/Biologie/Didaktik/Holz/dateien/eigen.html/

219. Holzkunde, http://www6.fh-eberswalde.de/forst/forstnutzung/ifem/homepage/dokumente/vorlesung/pdf/2.1-2.x.pdf

220. Biomorphe Keramik für technische Anwendungen, http://www.presse.uni-erlangen.de/Aktuelles/2001/Forschung_2001/Keramik.html

221. Knez, M. u. a.: Biotemplate Synthesis of 3-nm Nickel and Cobalt Nanowires, Nanoletters, 2003, Vol. 3, No. 8, 1079–1082, http://www.fkf.mpg.de/52729/kk332.pdf

222. Zhou, J.C.: Biotemplating rod-like viruses for the synthesis of copper nanorods and nanowires, J Nanobiotechnology. 2012 May 1; 10:18. doi: 10.1186/1477-3155-10-18. http://www.ncbi.nlm.nih.gov/pubmed/22548773

223. Mohamed L. Merroun, M.L.: Complexation of Uranium by Cells and S-Layer Sheets of Bacillus sphaericus JG-A12, Appl Environ Microbiol. 2005 September; 71(9): 5532–5543, http://www.ncbi.nlm.nih.gov/pmc/articles/PMC1214696/; Und: HZDR: Uran aus Wasser filtern, Pressemitteilung vom 27.09.2004, http://www.hzdr.de/db/Cms?pOid=13453

224. Lucio Colornbi Ciacchi, L.C. u. a.: Nucleation and Growth of Platinum Clusters in Solution and on Biopolymers, Platinum Metals Review, Vol. 47 (2003) 3, pp. 98–106) http://www.platinummetalsreview.com/pdf/pmr-v47-i3-098-140.pdf

225. Aichmayer B., P. Fratzl: Vielseitige Biominerale – Wie aus brüchigen Mineralen hochwertige Verbundmaterialien entstehen, Physik Journal 9 (2010) Nr. 4, S. 33–38, http://www.pro-physik.de/details/physikjournalArticle/prophy55775article/article.html/

226. Cölfen, H.: Perlmutt glänzt durch Festigkeit, Max Planck Forschung, 4/2006, S. 9, http://www.mpikg.mpg.de/130898/Perlmutt.pdf

227. Munch, E. et al.: Tough, Bio-Inspired Hybrid Materials, Science 322, 1516 (2008) pp. 1516–1520

228. Steine und Minerale: Steckbriefe Apatit, http://www.steine-und-minerale.de/atlas.php?f=2&l=A&name=Apatit/

229. Hydroxylapatit, http://de.wikipedia.org/wiki/Hydroxylapatit#Bildung_und_Fundorte, 15.06. 2013

230. Cölfen, H. u. a.: Stable Prenucleation Calcium Carbonate Clusters, Science Vol. 322, 19 December 2008, 1819–1822, http://www.sciencemag.org/content/322/5909/1819.full.pdf

231. Dey, A. u. a.: The role of prenucleation clusters in surface-induced calcium phosphate crystallization, Nature Materials 9, 1010–1014 (2010), http://www.nature.com/nmat/journal/v9/n12/full/nmat2900.html

232. Kollagen, http://de.wikipedia.org/wiki/Kollagen, 17. August 2013

233. a. a. O. [225]

234. Leben mit Ersatzteilen, Deutsches Museum, 2004

235. Meißner, M.: Gelenkersatz: Register für Endoprothesen gestartet, Deutsches Ärzteblatt 2011; 108(15), http://www.aerzteblatt.de/archiv/85208

236. Statistisches Bundesamt: Bevölkerung Deutschlands bis 2060, 12. koordinierte Bevölkerungsvorausberechnung, 18. November 2009, https://www.destatis.de/DE/Publikationen/Thematisch/Bevoelkerung/VorausberechnungBevoelkerung/BevoelkerungDeutschland2060Presse5124204099004.pdf?__blob=publicationFile

237. Beske, F.: Zu viele Op? Endoprothesenregister könnte Klarheit schaffen, ÄrzteZeitung, 20.05.2012, http://www.aerztezeitung.de/politik_gesellschaft/article/813619/viele-op-endoprothesenregister-koennte-klarheit-schaffen.html

238. Verzeichnis der Endoprothesen-Hersteller, http://www.endoreg.de/cgi-php/rel00a.prod/mediawiki-1.13.2/index.php5?title=Verzeichnis_der_Endoprothesen-Hersteller

239. Bundesministerium für Wirtschaft und Technologie: Innovationsimpulse der Gesundheitswirtschaft – Auswirkungen auf Krankheitskosten, Wettbewerbsfähigkeit und Beschäftigung, Oktober 2011, S. 20, http://www.bmwi.de/Dateien/BMWi/PDF/innovationsimpulse-der-gesundheitswirtschaft,property=pdf,bereich=bmwi2012,sprache=de,rwb=true.pdf

240. Biomet – Medizintechnik aus Berlin, http://www.pekker.de/wordpress/wp-content/gallery/broschure/pdf/BroFly_BIOMET_Imagefolder_e3.pdf

241. Finch, J.: The ancient origins of prosthetic medicine, The Lancet, Volume 377, Issue 9765, Pages 548–549, 12 February 2011, http://www.thelancet.com/journals/lancet/article/PIIS0140-6736%2811%2960190-6/fulltext

242. Zahntechnik Berlin GmbH: Von den Wurzeln des Zahnersatzes, http://www.zt-berlin.de/seiten/patienten/6_historie.html

243. a. a. O. [225]

244. Zahn, http://de.wikipedia.org/wiki/Zahn, 26. Juli 2013

245. Müller, F. u. a.: Elemental Depth Profiling of Fluoridated Hydroxyapatite: Saving Your Dentition by the Skin of Your Teeth?, Langmuir, 2010, 26 (24), pp 18750–18759, http://pubs.acs.org/doi/abs/10.1021/la102325e?journalCode=langd5

246. Hilburg, N.: Kompendium der Hüftendoprothetik, Dissertation zum Erwerb des Doktorgrades der Medizin an der Medizinischen Fakultät der Ludwig-Maximilians-Universität zu München, 2002, http://edoc.ub.uni-muenchen.de/545/1/Hilburg_Nina.pdf

247. Gerber-Hirt, S.: Gliedmaßen und Gelenke, in: [234]/, S. 84–93

248. Bergmann, G. u. a.: Realistic loads for testing hip implants, Biomed Mater Eng. 2010; 20(2):65–75, http://www.ncbi.nlm.nih.gov/pubmed/20592444

249. a. a. O./234/, S. 102 f.

250. Knahr, K., M. Pospischill: Künstlicher Hüftgelenksersatz heute – Hohe Ansprüche an Material und Funktion, Journal für Mineralstoffwechsel 2004; 11 (1), 22–26, http://www.kup.at/kup/pdf/4142.pdf

251. Jandt, K. D.: Evolutions, Revolutions and Trends in Biomaterials Science – A Perspective, Advanced Engineering Materials 2007, 9, No. 12, pp. 1035–1050

252. Wachstumsfaktoren, http://www.chemgapedia.de/vsengine/glossary/de/wachstumsfaktoren.glos.html

253. Bundesministerium für Bildung und Forschung: http://www.gesundheitsforschung-bmbf.de/_media/BMBF_RegenerativeMedizin_2012_bfr.pdf

254. Eisenbarth, E.: Biomaterials for Tissue Engineering, Advanced Engineering Materials 2007, 9, No. 12, pp. 1051–1060

255. Nöth, U.: in: Informationsdienst Wissenschaft, 23.08.2006, http://idw-online.de/pages/de/news?print=1&id=172300
256. a. a. O. [253]
257. Zeck, G., P. Fromherz: Noninvasive neuroelectronic interfacing with synaptically connected snail neurons immobilized on a semiconductor chip, Proceedings of the National Academy of Sciences of the United States of America, August 28, 2001 vol. 98 no. 18 10457–10462, http://www.pnas.org/content/98/18/10457.full?maxtoshow=&HITS=10&hits=10&RESULTFORMAT=&author1=zeck&author2=fromherz&searchid=QID_NOT_SET&stored_search=&FIRSTINDEX=0
258. Converging Technologies for Improving Human Performance, NSF/DOC-sponsored report, Edited by Mihail C. Roco and William Sims Bainbridge, National Science Foundation, June 2002, Arlington, Virginia
259. Stellungnahme der Deutschen Forschungsgemeinschaft, der Deutschen Akademie der Technikwissenschaften und der Deutschen Akademie der Naturforscher Leopoldina – Nationale Akademie der Wissenschaften – zur Synthetischen Biologie, Juli 2009
260. www.bundestag.de/dokumente/analysen/2009/synthetische_biologie.pdf
261. Stöcker, C.: Forscher schaffen erstmals komplette künstliche DNA, Spiegelonline, 22. Januar 2008, http://www.spiegel.de/wissenschaft/mensch/0,1518,530844,00.html
262. http://de.wikipedia.org/wiki/Jean-Jacques_Rousseau, 9. September 2013
263. Stäblein, R.: Der moderne Herr Rousseau: Zurück zur Natur, Hessischer Rundfunk, Wissen2 – Themen aus Wissen und Bildung, Mittwoch, 9. Januar 2013, Manuskript-Nr. 12-076, http://www.hr-online.de/website/specials/wissen/index.jsp?rubrik=68545&key=standard_document_45144772

Trickreiche Gedächtnisakrobaten

264. Künstliche Intelligenz: http://de.wikipedia.org/wiki/K%C3%BCnstliche_Intelligenz, 27. September 2013
265. Eggeler, G.: Formgedächtnislegierungen – Metalle erinnern sich, Rubin 1/03, http://www.ruhr-uni-bochum.de/rubin/rbin1_03/pdf/beitrag6_ing.pdf
266. Gümpel, P., J. Strittmatter: Umweltschonend antreiben mit Formgedächtnislegierungen, Maschinenmarkt, Würzburg 106 (2000) 13, S. 54–58, http://files.vogel.de/vogelonline/vogel-online/issues/mm/2000/013.pdf
267. Denkender Draht, Der Spiegel 21/1988, S. 210 f., http://www.spiegel.de/spiegel/print/d-13529958.html
268. Martin F.-X. Wagner: Von der Medizintechnik zur Aktorik: Aktuelle Anwendungen und neue Entwicklungen technischer Formgedächtnislegierungen, http://www.dgm.de/past/2009/strategieworkshop/images/6.pdf
269. Lendlein, A., Kelch S.: Formgedächtnispolymere, Angewandte Chemie, Volume 114, Issue 12, pages 2138–2162, June 17, 2002
270. Lendlein, A. et al.: Shape-Memory Capability of Binary Multiblock Copolymer Blends with Hard and Switching Domains Provided by Different Components, Soft Matter 5, 676–684 (2009)
271. Verfahren zur Herstellung eines alternierenden Multiblockcopolymers mit Formgedächtnis, Patent Nr. DE102006058755A1, 12.06.2008, http://www.patent-de.com/20080612/DE102006058755A1.html
272. Piezoelectricity, Wikipedia, http://en.wikipedia.org/wiki/Piezoelectricity, 9 September 2013
273. Lew Alexejewitsch Perowski, http://de.wikipedia.org/wiki/Lew_Alexejewitsch_Perowski, 5. April 2013,
274. Sonografie, http://de.wikipedia.org/wiki/Sonografie, 16. April 2005
275. Ultraschallprüfung, http://de.wikipedia.org/wiki/Ultraschallpr%C3%BCfung, 3. September 2013

276. United States Patent 7500313, Oscillating razors, 03/10/2009, http://www.freepatentsonline.com/7500313.html

277. Böse, H.: Fest oder flüssig auf Befehl, Fraunhofer-Institut für Silicatforschung ISC, Presseinformation 17. Juni 2003, http://www.archiv.fraunhofer.de/archiv/presseinfos/pflege.zv.fhg.de/german/press/pi/pi2003/06/pi40.html

278. Hanselka, H.: Adaptronik – eine innovative Technologie auf dem Weg in die Praxis, Fraunhofer-Jahresbericht 2004, S. 36–43, http://www.archiv.fraunhofer.de/archiv/jb2003-2008/publikationen/jahresbericht/jb_2004.html

Vorstoß der Werkstoffwissenschaft in die Nano-Welt

4

4.1 Berauschende Winzlinge

Irgendwann in der ersten Hälfte der 1990er Jahre hat mich der damalige wissenschaftliche Leiter des Hahn-Meitner-Instituts (heute aufgegangen im Helmholtz-Zentrum für Materialien und Energie in Berlin), Professor te Kaat, auf ein Forschungsgebiet aufmerksam gemacht, das große Zukunft habe: Die Erforschung von „Clustern". Offen gestanden, damals hatte ich keine Ahnung, wovon der Mann sprach. Bald habe ich gelernt: Als Cluster bezeichnen Physiker zusammenhängende Ansammlungen von bis zu maximal 100.000 Atomen oder Molekülen, die im Übergangsbereich zu Festkörpern liegen. Ab einer Anzahl in der Größenordnung von 50.000 Bausteinen kann man sie mit den Konzepten der klassischen Festkörperphysik beschreiben, sodass man von Festkörpern sprechen kann. Unterhalb dieser Größenordnung haben Cluster völlig andere Eigenschaften. In dieser Welt richtet sich alles nach den Gesetzen der Quantenmechanik. Dort kann man den Übergang von den Eigenschaften der Atome zu denen des kompakten Festkörpers verfolgen [279].

Bei dieser geringen Anzahl von Atomen bewegt man sich im Dimensionsbereich von wenigen Nanometern (1 nm = 10^{-9} m). Man spricht deshalb statt von Clustern heute im Allgemeinen von Nanoteilchen oder, wenn sie eine kristalline Struktur haben, von Nanokristallen. Die Technologie ihrer Herstellung und Anwendung kennen Sie gewiss als Nanotechnologie. „Nano" ist vom griechischen „nannos" bzw. vom lateinischen „nanus", Zwerg, abgeleitet. Damit Sie sich diese Zwergen-Dimensionen vorstellen können: Das Verhältnis von einem Nanometer zu einem Meter entspricht etwa dem des Durchmessers eines Fußballs zu dem der Erde, ein Haar ist durchschnittlich 0,14 mm dick, ein einfaches Molekül hat eine Länge von etwa einem Nanometer und der Durchmesser eines Atoms beträgt etwa 0,1 bis 0,2 nm, das heißt zehn Millionen Atome haben auf einem Millimeter Platz.

Den Weg in die moderne Nanotechnologie hat der spätere Nobelpreisträger für Physik Richard P. Feynman (1918–1988) gewiesen. In einem visionären Vortrag vor der „American Physical Society" mit dem Titel „There's plenty of room at the bottom" sagte er bereits im Jahre 1959 voraus, dass die Miniaturisierung

© Springer-Verlag Berlin Heidelberg 2015
K. Urban, *Materialwissenschaft und Werkstofftechnik*,
DOI 10.1007/978-3-662-46237-9_4

von Bauteilen und Geräten bis in die atomare Dimension vordringen würde und dass man eines Tages in der Lage wäre, gezielt Moleküle aus Atomen aufzubauen. [280] Von „Nanotechnologie" sprach Feynman allerdings noch nicht. Dieser Begriff stammt von dem japanischen Wissenschaftler Norio Taniguchi (1912–1999), der damit Ultrapräzisionsverfahren, die nanometergenau arbeiten, von Verfahren der Hochpräzisionsbearbeitung von Werkstoffen abgegrenzt hat, mit denen man lediglich Genauigkeiten bis in den Mikrometerbereich erreicht [281].

Zu Beginn dieses Jahrhunderts ist in Deutschland, aber nicht nur hier, um diese Technologie eine regelrechte Euphorie ausgebrochen. Befeuert wurde sie von der in den USA gestarteten Nationalen Nanotechnologie-Initiative (NNI), die seither die Ziele, Prioritäten und Strategien der Regierungsbehörden koordiniert und grundlegende interdisziplinäre Forschungen sowie die Entwicklung von Infrastrukturen fördert, die für Innovationen auf diesem Gebiet notwendig sind [282].

Im Oktober 2000 hatte der Ausschuss für Bildung, Forschung und Technologiefolgenabschätzung des Deutschen Bundestages eine Studie zur Nanotechnologie in Auftrag gegeben. Der über 230 Seiten umfassende Abschlussbericht „Stand und Perspektiven der Nanotechnologie" ist im März 2004 dem Bundestag vorgelegt worden. [283] Er hat das Feld der Nanotechnologie definiert, die Forschungs- und Entwicklungsaktivitäten Deutschlands im Bereich der Nanotechnologie im internationalen Vergleich analysiert, einen Überblick über wichtige Anwendungsfelder gegeben, Visionen beschrieben, Chancen und Risiken der Nanotechnologie abgewogen und den Handlungsbedarf auf diesem Gebiet in Deutschland festgestellt. Einen Monat später hat auch die Europäische Kommission eine Mitteilung „Auf dem Weg zu einer europäischen Strategie für Nanotechnologie" veröffentlicht [284].

Das Bundesministerium für Bildung und Forschung ist auf dem Gebiet der Nanotechnologie schon frühzeitig aktiv geworden. Bereits ab 1998 hatte es die Förderung von Forschungs- und Entwicklungsprojekten zur Nanotechnologie intensiviert und mit dem Aufbau von Kompetenz-Netzwerken begonnen. Obwohl auch in anderen Ländern entsprechende Aktivitäten unternommen worden sind, hatte Deutschland schon zu Beginn dieses Jahrhunderts auf dem Gebiet der Nanotechnologie im internationalen Vergleich eine starke Position eingenommen.

Bei der Erarbeitung des Förderprogrammes „Werkstoffinnovationen für Industrie und Gesellschaft" (WING) [285] ist im Bundesministerium für Bildung und Forschung (BMBF) festgelegt worden, mit der Hälfte der dafür vorgesehenen Fördermittel Forschungs- und Entwicklungsprojekte auf dem Gebiet der Nanotechnologie zu fördern. Im Jahre 2004 hat das BMBF mit einem Rahmenkonzept „Nanotechnologie erobert Märkte" [286] die Förderung der Nanotechnologie darauf ausgerichtet, auf der Basis der vorhandenen leistungsfähigen Grundlagenforschung, neue Anwendungspotentiale zu erschließen. Damit sollte zugleich durch bildungspolitische Maßnahmen rechtzeitig ein drohender Fachkräftemangel verhindert werden.

Seither sind zahlreiche Berichte, Studien und Memoranden erstellt worden, die die erreichten Fortschritte auf diesem Gebiet bilanzieren und weitere für nötig erachtete Aktivitäten vorzeichnen. Wie sie realisiert werden und ob es damit gelingen wird, den vorhandenen Rückstand gegenüber den USA und Japan zu verringern und der Konkurrenz aus China auf Dauer standzuhalten, muss man abwarten. In den

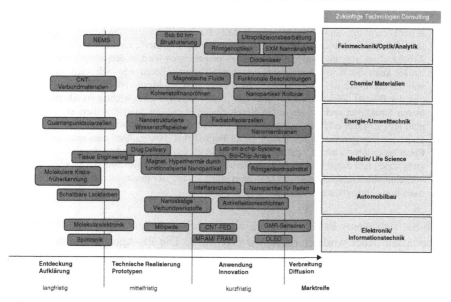

Abb. 4.1 Entwicklungsstand und Anwendungsfelder der Nanotechnologie

USA ist Anfang 2011, aufbauend auf den im Rahmen der Nationalen Nanotechnologie-Initiative erreichten Ergebnissen, ein strategischer Plan beschlossen worden,
der Amerikas Führung bei nanotechnologischen Innovationen für die nächsten zehn
Jahre und darüber hinaus sichern soll [287].

Nicht allein aus der Politik, auch aus der Wissenschaft, auf die Forschungspoliti-
ker ihre Entscheidungen ja stützen müssen, weil sie in der Regel nicht über so inti-
me Sachkenntnis verfügen, tönte es unablässig: „Nano, Nano, Nano". Beispielsweise titelte das Magazin der Fraunhofer Gesellschaft: „Zwerge mir Riesenpotential":

> Nie mehr Fensterputzen, keine Flecken mehr auf der Kleidung, Sonnenbaden ohne Reue
> – Nanoteilchen machen es möglich. Doch das ist erst der Anfang. Von der Nanotechnolo-
> gie können alle Branchen profitieren – vom Autobau bis zur Medizin. Experten sagen der
> Zukunftstechnologie ein riesiges Marktpotential voraus. (Abb. 4.1) [288]

Konkret heißt das: Für das Jahr 2015 wurde ein weltweites Marktvolumen von ca.
US$1000 Mrd. erwartet. [289] Wenn das kein Grund zu Euphorie ist!

Angesichts dieses prognostizierten wirtschaftlichen Potentials der Nanotechnologie wird es Ihnen einleuchten, warum ihre Entwicklung so kräftig mit öffentlichen
Mitteln, das heißt aus Steuergeldern, gefördert wird. Allerdings gab und gibt es
renommierte Werkstoffforscher, wie Professor Gottstein vom Institut für Metallkunde und Metallphysik der RWTH Aachen, die diese Nanotechnologie-Euphorie
kritisieren, weil dadurch die Gewichte in Forschung und Bildung zu Lasten der konventionellen Werkstoffentwicklung und ihrer Umsetzung in die Praxis verschoben
würden:

In dieser Hinsicht muss man der Politik vorwerfen, dass sie für unzuträgliche Verwerfungen in der Forschungs- und Ausbildungslandschaft verantwortlich ist, was sich insbesondere im Begriff ‚nano' ausdrückt. Natürlich sind nanoskalige Werkstoffe ein höchst interessantes Arbeitsgebiet, aber die Bedeutung, die ihnen beigemessen wird, widerspricht jeder Realität. Ich kann das Wort Nanomaterialien schon nicht mehr hören, denn ich weiß gar nicht, was das eigentlich ist, denn ich kenne auch keine Makro-, Meso-, oder Mikromaterialien, und der Begriff drückt aus, das alles, was ‚nano' ist, eben auch wichtig ist. Da die atomaren Strukturen und Vorgänge die Beschreibungsebene des Metallkundlers sind, muss man ihm/ihr nicht erklären, wie wichtig ein Verständnis der atomaren Szene ist, aber die politisch vorgegebene Glorifizierung dieses Begriffs hat dazu geführt, dass jeder auf sein Paket 'nano' draufschreibt, egal ob auch nano drin ist, um den politischen Begehrlichkeiten zu genügen und damit im Gespräch zu bleiben. Wenn ich ein junger Materialforscher wäre und eine akademische Laufbahn anstreben würde, wäre das genau meine Wortwahl und mein Forschungsthema, um Erfolg zu haben. [290]

Ob Sie sich dieses Erfolgsrezept zu eigen machen wollen, bleibt natürlich Ihnen überlassen. Aber worüber reden wir eigentlich? Die PR-Agentur Komm.passion GmbH hat im Jahre 2004 eine Studie über „Wissen und Einstellungen zur Nanotechnologie" angefertigt, mit dem Ergebnis, dass die Hälfte der Deutschen mit dem Begriff „Nanotechnologie" nichts anfangen kann. Ein Drittel der Befragten behauptet, davon bereits gehört zu haben, aber lediglich 15% konnten mit dem Begriff „Nanotechnologie" etwas Spezifisches anfangen [291].

Ganz ähnliche Ergebnisse hat eine Studie in den USA ergeben: Dort haben 71% der Befragten „wenig" oder „nichts" über Nanotechnologie gehört. In Großbritannien waren es, einer entsprechenden Studie zufolge, nur 29%, von denen 19% sogar in der Lage waren, eine Definition dafür anzugeben. Interessanterweise waren in beiden Ländern auch diejenigen, die kaum etwas über Nanotechnologie gehört hatten, davon überzeugt, dass sie dazu beitragen wird, in Zukunft ihr Leben zu verbessern [292].

Überrascht Sie das? In welche Gruppe würden Sie sich einreihen? Ich vermute, dass sich die meisten von Ihnen zu denen zählen, die von dem, was Nanotechnologie ist, eine eher verschwommene Vorstellung haben. Wundern würde es mich jedenfalls nicht, denn es gibt bislang keine allgemeingültige Definition, was Nanotechnologie ist.

Bringt man geläufige Definitionen auf einen Nenner, kann man unter Nanotechnologie eine Querschnittstechnologie verstehen, die sich mit der Herstellung, Untersuchung und Anwendung von technischen Systemen, Werkstoffen, inneren Grenz- und Oberflächen befasst, deren Abmessung oder Fertigungstoleranz mindestens in einer Dimension unterhalb 100 nm liegt. Die Eigenschaften und das funktionale Verhalten so winziger Strukturen beruhen hauptsächlich auf dem Verhältnis zwischen der Anzahl von Oberflächen- zu Volumenatomen. Denn je kleiner sie sind, umso mehr Atome liegen an ihrer Oberfläche. Es können also mehr Atome mit ihrer Umgebung wechselwirken.

Und die verhalten sich anders als wenn sie im Inneren einer makroskopischen Struktur eingebunden wären, weil sich ihre Elektronen in einem anderen Zustand befinden. Die Eigenschaften und das funktionale Verhalten von Nanostrukturen, wie Bruchfestigkeit, Zähigkeit, elektrische Leitfähigkeit, magnetisches Verhalten und sogar ihre Farbe sind deshalb andere als jene kompakter, makroskopischer

Strukturen des gleichen Materials. Sie sind von der Größe und Form der Nanostrukturen abhängig und gehorchen nicht den Gesetzen der „normalen" Physik. Für
sie gelten die Gesetze der Quantenphysik. Klingt kompliziert, oder? Werfen wir
deshalb einen Blick in die so verheißungsvolle Welt der Zwerge und sehen wir uns
an, was das für Wesen sind und worum es konkret geht, wenn wir von Nanotechnologie und Nanomaterialien sprechen.

4.2 Mr. Fullers Fußbälle

Der Vormarsch dorthin begann mit der Entdeckung, Erforschung und Herstellung
von Kohlenstoffteilchen, die einen Durchmesser von nur etwa 0,7 nm haben. Sie
kennen die bereits seit langem bekannten Modifikationen, in denen Kohlenstoff
auftritt: Graphit und Diamant. Wir haben darüber im Zusammenhang mit der Beschichtung von Rasierklingen gesprochen. Im Jahre 1985 ist zu diesen Modifikationen eine weitere hinzugekommen. Sie wurde in den USA gemeinsam von dem
britischen Chemiker Harold Kroto (geb. 1939) und den amerikanischen Chemikern
Robert F. Curl (geb. 1933) und Harold E. Smalley (1943–2005) nach jahrelanger
Forschungsarbeit bei der Verdampfung von Kohlenstoff mit Hilfe eines gepulsten
Lasers entdeckt. Das ist ein Laser, der Licht portionsweise aussendet, und zwar mit
einem breiteren Spektrum als kontinuierlich arbeitende Laser. Sie haben dafür im
Jahre 1996 den Nobelpreis für Chemie erhalten.

In dieser Modifikation bilden die Kohlenstoffatome ein räumliches Molekül, in
dem sie in Fünf- und Sechsecken angeordnet sind. Solche Moleküle sind am stabilsten, wenn die Fünfecke nicht aneinander grenzen und wenn sie eine bestimmte gerade Anzahl von mehr als 60 Kohlenstoffatomen enthalten. Am besten erforscht ist
das von Curl und Smalley entdeckte Molekül mit 60 Kohlenstoffatomen. Es besteht
aus zwölf Fünfecken und 20 Sechsecken. Die Fünfecke sind übrigens dafür verantwortlich, dass sich die Kohlenstoffstruktur wölbt und dadurch räumliche Moleküle
entstehen. Diese polyedrischen Moleküle heißen „Fullerene". Sie sind nach dem
amerikanischen Architekten Richard Buckminster-Fuller (1895–1963) benannt
worden, der den Ausstellungspavillon der USA auf der Weltausstellung 1967 in
Montreal in Form einer geodätischen Kuppel gebaut hat. Weil ein Fußball die gleiche Struktur hat, nennt man sie umgangssprachlich auch Bucky Balls (Abb. 4.2).

In der Natur kommen Fullerene in verschiedenen Gesteinen vor. Im Jahre 2010
hat ein Weltraumteleskop Fullerene in einem planetarischen Nebel gefunden, einem
Gemisch aus Gas und Plasma, das Sterne am Ende ihrer Entwicklung ausstoßen. Sie
sind die größten Moleküle, die bislang im extraterrestrischen Weltraum nachgewie-
senen werden konnten. Die Existenz eines C_{60}-Moleküls in Form eines abgerunde-
ten Ikosaeders, eines aus zwanzig gleichseitigen Dreiecken bestehenden Polyeders,
war bereits 1970 von dem japanischen Chemiker Eiji Osawa (geb. 1935) vorherge-
sagt worden. Im Jahre 1973 postulierten die beiden Russen D.A. Bochvar und E.G.
Galpern, dass ein solches Molekül stabil sein könnte [293] [294].

Das Experiment von Smalley, Curl und Kroto, das zur Entdeckung der Buckminsterfullerene geführt hat, hatte eigentlich ein ganz anderes Ziel, nämlich zu verstehen, wie langkettige Kohlenstoff-Moleküle entstehen, die im interstellaren Raum

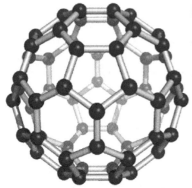

C60-Fulleren-Struktur   US-Pavillon, Weltausstellung
Durchmesser. 0,7 Nanometer   Montreal 1967

Abb. 4.2 Fullerenmolekül und geodätische Kuppel

gefunden worden waren. [295] Die Entwicklung und Herstellung von Werkstoffen, hatten sie absolut nicht im Sinn. Smalley hat die Bedeutung des Ergebnisses der Forschungsarbeit mit Croto und Curl vielmehr vor allem darin gesehen, dass sie zum ersten Mal einen Weg gefunden haben, das Clustern von Atomen zu kleinen Aggregaten zu kontrollieren, wodurch das detaillierte Studium von Nanopartikeln mit einer präzisen Anzahl von Atomen möglich geworden sei. Kroto hat es ausdrücklich bedauert, dass der deutsche Kernphysiker Wolfgang Krätschmer und sein amerikanischer Kollege Don Huffman bei der Vergabe des Nobelpreises nicht berücksichtigt worden sind. [296] [297] Warum bedauert er das?

Die Entdeckung der Fullerene durch Smalley, Croto und Curl hatte nämlich einen Haken: Sie konnten ihre Existenz zwar anhand ihrer Wellenlänge spektroskopisch nachweisen. Ihre Menge war aber zu gering, um sie sehen zu können. Sie konnten also deren Fußball-Struktur nicht tatsächlich erkennen, haben aus ihren Untersuchungsergebnissen aber geschlossen, dass C_{60} eine solche räumliche Struktur haben muss, die sie selbst als „somewhat speculative" bezeichnen. Dabei haben sie sich an Buckminster-Fullers Studien erinnert und diese zu Rate gezogen. Und so wurden aus den von ihnen entdeckten Molekülen Buckminsterfullerene [298].

Es waren erst der deutsche Kernphysiker Wolfgang Krätschmer (geb. 1942) und der amerikanische Physiker Donald Huffman (geb. 1935), die bei der Nobelpreis-Verleihung unberücksichtigt geblieben waren, die die weltweite Invasion der Fullerene-Forschung ausgelöst und damit ein neues Forschungsgebiet begründet haben. Die Initialzündung dafür war das von Ihnen im Jahre 1990 entwickelte Verfahren, mit dem man Fullerene in größeren Mengen herstellen kann. Krätschmer war ursprünglich gar nicht darauf aus, Fullerene herzustellen. Er hatte Jahre früher an der Universität von Arizona interstellaren Staub untersucht, also Staub aus Weltraumgebieten innerhalb von Galaxien, die weit von Sternen entfernt sind. Dabei war er bei Kohlenstoff- und Graphitproben auf Teilchen gestoßen, die Eigenschaften hatten, die er nicht deuten konnte. Nach der Entdeckung Smalleys und seiner Kollegen war ihm klar geworden, dass er auf Fullerene gestoßen war. Daraufhin

Abb. 4.3 Fullerenkristalle

nahm er sich seine alten Proben noch mal vor und entwickelte mit Don Huffman ein relativ simples Verfahren, mit dem es möglich wurde Fullerene in Gramm-Mengen herzustellen. [299] Durch Verdampfen von Graphit unter einem Schutzgas. Der entstehende Ruß enthält bis zu etwa 15 % braun-schwarzer, metallisch glänzender Fullerene. Seither kann man die Fußball-Struktur dieser Nanopulver auch optisch erkennen.

20 Jahre später schreibt Krätschmer:

> Carbon is the most abundant condensable element in space. Our attempts to produce inter-stellar-like graphitic grains unexpectedly led to the discovery of a method for fullerene production in bulk amounts. These works opened the door for an entirely new branch of materials research and carbon chemistry. … The starting point was the discovery of unex-plained UV absorptions in the soot samples we had produced, while the endpoint was marked by the extraction of fullerenes in crystalline form from just these samples. [300] (Abb.k 4.3)

Der Schmelzpunkt von Fullerenen liegt bei 360 °C und sie haben bei 20 °C eine Dichte von nur 1,65 g/cm^3. Sie sind sehr hitzebeständig, haben Halbleitereigen-schaften und sind bei tiefen Temperaturen sogar supraleitend. In manchen organi-schen Lösungsmitteln sind Fullerene lösbar. Verwendet werden sie bereits in Hoch-leistungsschmiermitteln, neuartigen Supraleitern und Magneten sowie in Polyme-ren zur Datenerfassung und -speicherung. Der weltweite Gesamtumsatz von Ful-lerenen betrug im Jahre US$2008 300 Mio. Bis 2015 wird mit einem Anstieg auf US$4,6 Mrd. gerechnet. [301] Forscher und Industrieunternehmen arbeiten an wei-teren Anwendungsmöglichkeiten von Fullerenen, zum Beispiel als Katalysatoren in der chemischen Industrie, als Solarzellen in der Photovoltaik, als Vehikel für den Transport von Wirkstoffen in der Medizin, als Ausgangsstoff für die Diamant-herstellung und als Wirkstoff für Antiaging-Cremes. Realistisch gesehen steht die praktische Nutzung von Buckminsterfullerenen aber auch 20 Jahre nach der Entwicklung des Krätschmer-Huffman-Verfahrens noch immer ziemlich am Anfang. Die meisten Anwendungen sind eher Prototypen, die von einer Serienproduktion noch relativ weit entfernt sind. Ein Problem ist nicht zuletzt die Entwicklung geeigneter Verarbeitungsverfahren und die mit ihrem Einsatz verbundenen Kosten. Aber ist es nicht faszinierend zu sehen, wie Forschungsarbeiten auf dem Gebiet der Astrophysik zu Ergebnissen führen, die einen wahren Sturm in der Werkstoffforschung auslösen können?

Und der hat zu weiteren, teilweise überraschenden Resultaten geführt. So haben Wissenschaftler, nachdem die Kohlenstoff-Fullerene entdeckt worden waren vermutet, dass es auch anorganische Fullerene geben könnte. Und tatsächlich ist es in den USA im Jahre 2006 einem Forscherteam am Pacific Northwest Laboratory gelungen, eine solche Käfigstruktur aus Goldatomen herzustellen, die dreieckige Flächen bilden. Was ist daran überraschend? Nun, Sie wissen ja, dass Metallatome danach trachten, sich dicht zusammenzupacken. Deshalb sind Hohlräume in einer metallischen Gitterstruktur eigentlich nicht zu erwarten.

Wie haben die Forscher es dennoch geschafft, ein „Gold-Fulleren" herzustellen? Zunächst hatte sich gezeigt, dass weniger als 13 Goldatome eine ebene und mehr als 19 zwar eine räumliche Struktur bilden, die aber keinen Hohlraum aufweist. Sie haben deshalb mit 14 bis 18 Goldatomen weitergearbeitet und berechnet, in welcher Käfigstruktur diese am stabilsten sein müssten. Dann haben sie die Atome mit Laserlicht bestrahlt. Die dabei entstandenen Strukturen haben, als sie Licht einer bestimmten Wellenlänge ausgesetzt wurden, exakt solche Muster gebildet, wie sie zuvor für die berechneten stabilen Käfige mit dem Computer simuliert worden waren.

Damit war auf indirektem Weg nachgewiesen, dass durch die Laserbestrahlung wirklich ein „Gold-Fulleren" entstanden war. Ihre Kantenlänge betrug 0,5 bis 0,7 nm. Das war das erste Mal, dass ein hohler Käfig aus Metall experimentell nachgewiesen werden konnte. [302] Aber wie es oft ist, wenn Forscher sich weltweit, gezielt und intensiv in einer bestimmten Richtung auf den Weg machen, entstehen Ergebnisse Schlag auf Schlag. Inzwischen kann man eine ganze Reihe anorganischer fullerenartiger Nanopartikel herstellen, beispielsweise aus Niob-, Tantal-, Wolfram- und Germaniumsulfid.

4.3 Gerollte Verwandte

Nur ein Jahr, nachdem es möglich geworden war, Fullerene in größerer Menge herzustellen, hat der japanische Physiker Sumio Iijima (geb. 1939) eine weitere, ihnen verwandte Kohlenstoffmodifikation gefunden. Und zwar zufällig. Er beobachtete gemeinsam mit seinen Kollegen in der Nippon Electric Company, dass bei der Herstellung von Fullerenen als Nebenprodukt ein schwarzer Staub entstand. Unter dem Mikroskop sahen sie, dass diese Partikel aussahen wie aufgerollte sechseckige Gitterebenen des Graphits. Sie nannten sie deshalb „Helical Microtubules of Graphitic Carbon". [303] Erst später folgte er dem Rat eines Kollegen, ihnen einen Namen zu geben, der auch weltweit wahrgenommen würde. Er nannte sie „Carbon Nanotubes" (CNT) [304].

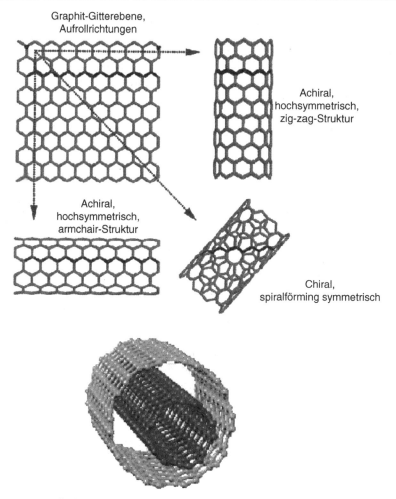

Abb. 4.4 Nanoröhrchen-Arten. Oben: Single-Walled Nanotubes; unten: Multi-Walled Nanotube. Nanoröhrchen mit zig-zag-Struktur sind elektrische Leiter, mit chiraler und armchair-Struktur Halbleiter

Der Durchmesser der Nanotubes liegt zwischen einem und 50 nm. Das ist etwa tausendmal dünner als herkömmliche Kohlefasern. Sie wachsen meist bis zu einer Länge von einem Millimeter. Aber auch Röhrchen mit Längen im Zentimeterbereich hat man schon hergestellt. Nanotubes existieren in verschiedenen Formen: sie können eine (Single Walled Nanotubes) oder mehrere (Multi Walled Nanotubes) Wandungen haben, also wie ineinander gesteckte Hohlzylinder aussehen. Der Abstand zwischen den Wänden beträgt nur etwa 0,34 nm. Die Enden der Röhrchen sind in der Regel durch halbe Bucky Ball-Fullerene verschlossen. Außerdem unterscheidet man je nach der räumlich-symmetrischen Anordnung ihrer Kohlenstoffatome zwischen spiralförmig symmetrischen (chiralen) und hochsymmetrischen (achiralen) Nanotubes. Achirale Nanotubes können wiederum sogenannte „Zig-Zag"- oder „Armchair"-Strukturen haben (Abb. 4.4).

Diese unterschiedlichen Strukturen sind insbesondere ausschlaggebend für die elektrischen Eigenschaften von Nanotubes. In der „Armchair"-Struktur sind metallisch leitend. „Zig-Zag"- und „chiral"-förmig sind sie meist halbleitend. Bei tiefen Temperaturen können CNT auch supraleitend sein. Außerdem können sie, wie Piezokeramiken, elektrische in mechanische Energie umwandeln. Entlang der Röhrenachse sind CNT exzellente Wärmeleiter, bessere noch als Kupfer und Diamant. Wegen ihrer elektronischen Eigenschaften und ihrer hohen Wärmeleitfähigkeit kann man aus CNT Transistoren fertigen, die höhere Spannungen und Temperaturen als Siliciumtransistoren aushalten. Aufgrund der starken Bindungskräfte zwischen den Kohlenstoffatomen haben Kohlenstoff-Nanotubes auch hervorragende mechanische Eigenschaften. Ihr Elastizitätsmodul, ihre Zugfestigkeit und ihre Streckgrenze sind beispielsweise höher als die von Stahl und jene der derzeit verwendeten kohlefaserverstärkten Kunststoffe. Sie sind bis zu 2000 °C temperaturbeständig und bei dieser Temperatur sogar bis auf das Vierfache ihrer Länge dehnbar. [305] Kein Wunder also, dass Werkstoffforscher von diesen Nanoröhrchen regelrecht schwärmen und vielfältige Anwendungsmöglichkeiten für sie sehen. Sie reichen von der Verstärkung von Verbundwerkstoffen über Nanodioden und –transistoren bis hin zu Wasserstoffspeichern für Brennstoffzellen und Aktuatoren für künstliche Muskeln.

Damit derartige Prognosen nicht nur Zukunftsmusik bleiben, haben sich im Jahr 2008 90 Partner aus der Wissenschaft, der mittelständischen Wirtschaft und der Großindustrie zu einem Forschungsverbund zusammengeschlossen. Seine Arbeit wurde vom Bundesministerium für Bildung und Forschung sechs Jahre lang mit 40 Mio. € gefördert. Ziel dieser Allianz war, die Zeitspanne, die neue Produkte bis zum Markteintritt brauchen, deutlich zu verkürzen. Neben der Entwicklung von Basistechnologien zur Herstellung, Dispergierung und Funktionalisierung der CNT, konzentrierte sie sich auf spezielle Anwendungen in den Bereichen Energie & Umwelt, Mobilität, Leichtbau und Elektronik [306].

Derzeit werden Carbon Nanotubes bereits auf vielfältige Weise eingesetzt, unter anderem zur Herstellung elektrisch leitfähiger Polymere für antistatische Beschichtungen, beispielsweise für Transportverpackungen für entflammbare Güter und Benzinleitungen. Vor allem werden sie aber in Sportgeräten verarbeitet, die aus Kunststoff bestehen, wie Tennisschläger, Skier, Surfbretter, Fahrradhelme und Fahrräder. [307] Auf einem solchen Rad fuhr erstmals Floyd Landis, als er im Jahre 2006 die Tour de France gewann. Sein Rahmen wog weniger als ein Kilogramm. Er bestand aus einem mit CNT verstärkten Kunststoff. Deshalb hieß es damals, das sei auch ein Sieg für die Nanotechnologie. Hergestellt hatte es der renommierte schweizer Fahrradhersteller BMC Trading AG. Falls Sie sich ein solches Vehikel kaufen möchten, es kostet etwa US$6500 bis 8500. [308] Ob Landis allerdings seinen Sieg in erster Linie der Nanotechnologie verdankt, ist fraglich. Denn er hatte gedopt. Deshalb wurde ihm der Toursieg ein Jahr später aberkannt.

Trotz intensiver Forschung und staatlicher Förderung sind die realisierten Anwendungen von CNT, nicht nur in Deutschland, noch relativ begrenzt. Eine breite kommerzielle Nutzung von Kohlenstoff-Nanoröhrchen ist bislang nicht in Sicht. Das Weltmarktvolumen von CNT betrug im Jahre 2010, also fast 20 Jahre nach ihrer Entdeckung, gerade mal schätzungsweise US$167 Mio. [309] Und

Kohlenstoff-Nanoröhren sind noch immer teuer. Sie werden in Grammmengen verkauft. Ein halbes Gramm kostet immerhin bis zu 70 €, ein Gramm 115 €, fünf Gramm bekommt man für knapp 400 €. C_{60}-Fullerene sind noch teurer. Je nach Qualität muss man dafür bis zu ca. 420 € für nur zwei Gramm bezahlen. [310] Damit Sie einen Vergleich haben: Ein Gramm Feingold (999,9er Gold), kostete im Jahre 2013 im Durchschnitt um die 32 € [311] Kohlenstoff-Nanoröhren können also bis zu einem Mehrfachen teurer sein als Gold!

Dennoch haben CNT das Potential, manche Bereiche der Industrie grundlegend umzustülpen. Zum Beispiel die Entwicklung und Herstellung integrierter Schaltkreise. Sie werden oft auch als Festkörperschaltkreise oder monolithische Schaltkreise bezeichnet, weil ihre elektronischen Bauelemente auf einem einzelnen Halbleitersubstrat, dem Chip, miteinander zu elektronischen Schaltungen verdrahtet sind. Das dominierende Halbleitermaterial ist, darüber haben wir schon gesprochen, Silicium. Solche Schaltkreise sind für Sie heute nichts Besonderes. Ich kann mich aber erinnern, wie ich als Student gestaunt habe, als ich zum ersten Mal einen elektronischen Schaltkreis gesehen habe. Und nicht nur ich, sondern auch damals bereits gestandene Werkstoffforscher. Den ersten monolithischen Schaltkreis, bei dem erstmals mehrere Transistoren, Dioden und Widerstände auf einem Silicium-Substrat („Chip") integriert worden waren, hat der US-amerikanische Physiker Robert Noyce (1927–1990) im Jahr 1959 erfunden und zum Patent angemeldet [312].

Die Leistungsfähigkeit integrierter Schaltkreise hat sich seither dadurch ständig erhöht, dass sich die Anzahl der elektronischen Bauelemente auf einem Chip im Durchschnitt alle 18 Monate verdoppelt hat. Das hatte schon 1965 Gordon Moore (geb. 1925), US-amerikanischer Physiker und Mitbegründer der Firma Intel, für die ersten Jahre seit ihrer Erfindung festgestellt und angenommen, dass dies so weiter gehen wird. Man spricht deshalb vom Moore'schen Gesetz (Abb. 4.5).

Und er hat vorausgesehen, dass die zunehmende Transistordichte zu einer problematischen Hitzeentwicklung führen könnte. Seinerzeit hat die Fachwelt das als Science Fiction abgetan. Heute ist es tatsächlich zu einem Problem geworden, mit dem Chiphersteller zu kämpfen haben [313].

Und genau da kommen nun Kohlenstoff-Nanoröhren ins Spiel. Fachleute diskutieren seit langem darüber, dass Schaltkreise aus CNT die Nachfolger von Siliciumchips werden könnte, weil sie weniger Energie benötigen würden und schneller arbeiten könnten. Ingenieure der Stanford Universität haben das nun auch praktisch demonstriert. Sie haben einen einfachen, energieeffizienten Computer auf der Basis von CNT-Chips mit 178 Transistoren gebaut. Das ist eine sehr bescheidene Anzahl, werden Sie vielleicht sagen. Das ist wahr. Aber bitte bedenken Sie, dass auch die ersten zu Beginn der 1960er Jahre serienmäßig produzierten Silicium-Schaltkreise lediglich aus einigen Dutzend Transistoren bestanden.

Bis man Computer mit CNT-Chips industriell herstellen kann, können sicher noch Jahre vergehen. Vor allem müssen dazu Wege gefunden werden, wie man Schaltkreise produzieren kann, die „immun" sind gegen Strukturfehler, die bei ihrer Herstellung entstehen. So haben die Stanford-Ingenieure die Nanotubes zunächst auf einem Quarz-Wafer wachsen lassen und dann auf ein SiO_2-Substrat übertragen. Die CNT wuchsen dabei aber nicht immer in parallelen Linien, wie es nötig wäre,

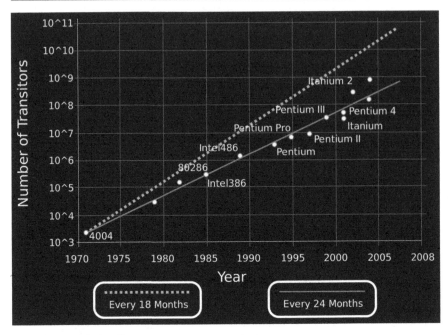

Abb. 4.5 Moore'sches Gesetz

und außerdem entstanden neben halbleitenden auch metallische CNT. Selbst winzige solcher Strukturfehler verursachen aber Funktionsfehler beim Betrieb des Chips. Die Ingenieure haben diese Probleme dadurch gelöst, dass sie für die Chip-Herstellung nur die perfekt strukturierten Schaltkreise herausgesucht haben. Für eine Massenproduktion ist eine solche Suche wie nach „der Nadel im Heuhaufen", technisch kaum realisierbar [314] [315]. Strukturfehler sind beim Wachsen von Carbon Nanotubes aber ebenso wenig zu vermeiden, wie Gitterfehler bei der Kristallisation von Metallen aus der Schmelze. Deshalb muss man Schaltkreise entwickeln und herstellen, die trotz solcher Fehler funktionieren, gegen sie „immun" sind. Das kann aber noch Jahre dauern. Vielleicht könnte das auch ein interessantes Arbeitsgebiet für Sie sein.

Bei der Entwicklung von CNT-Computern will man die elektronischen Eigenschaften von Kohlenstoff-Nanoröhren nutzen. Bei einem anderen Zukunftsprojekt steht die Nutzung ihrer hervorragenden mechanischen Eigenschaften im Vordergrund: Ein Fahrstuhl von der Erde in den Weltraum, der auf einem Seil aus CNT entlang gleitet. Damit würde ein uralter Traum der Menschheit verwirklicht, von dem schon in der Bibel (1. Mose – Kap. 27) die Rede ist, und der offenbar bis heute nichts von seiner Faszination verloren hat. Die Bibel erzählt, dass Isaak, einer der Erzväter Israels, der etwa im 19. Jahrhundert v. u. Z. gelebt haben soll, mit seiner Frau Rebecca Zwillingssöhne hatte, Esau und Jakob. Durch einen Betrug soll Jakob den Segen des Vaters und damit das Erbrecht erlangt haben, der eigentlich Esau, dem Erstgeborenen, zustand. Um der Rache seines Bruders zu entgehen, flieht er auf Anraten seiner Mutter, die ihn zu dem Betrug angestiftet hatte, von Beerscheba zu deren Schwester nach Harran.

Abb. 4.6 NASA-Projekt
Weltraumfahrstuhl

Auf dieser Reise soll Jakob im Traum eine Leiter gesehen haben, die auf der
Erde stand und deren Spitze in den Himmel reichte. Auf ihr sollen Engel Gottes
auf- und niedergestiegen sein und oben soll der HERR gestanden haben, der Gott
Abrahams und seines Sohnes Isaak, Jakobs Vater. Man nennt diese Himmelsleiter
deshalb auch Jakobs- oder Engelsleiter. Falls Sie mal in England sind und nach Bath
kommen, können Sie an der Westseite der Abteikirche sehen, wie sich das deren
Erbauer im 12. Jahrhundert vorgestellt haben. Einer der bedeutendsten deutschen
Maler der Barockzeit, Michael Leopold Lukas Willmann (1630–1706), der auch
mal Hofmaler von Friedrich Wilhelm von Brandenburg, dem Großen Kurfürsten,
war, hat seine Vorstellung von der Engelsleiter in seinem Gemälde „Landschaft mit
der Darstellung von Jakobs Traum: Die Engelsleiter" verewigt. Da das Gemälde
1945 zerstört wurde, existieren davon nur noch Kopien [316] [317].

Und nun denkt man diesen uralten Traum durch den Bau eines Fahrstuhls ins
Weltall verwirklichen zu können. Das sei eher Science Fiction, meinen Sie? Vielleicht haben sie Recht. Die US-Raumfahrtbehörde NASA sieht das anders. Sie hält
das Projekt für realisierbar. (Abb. 4.6).

Eine Studie, an der 60 Experten aus wissenschaftlichen, öffentlichen und priva-
ten Einrichtungen beteiligt waren, kommt zu dem Schluss, dass ein Space Elevator
schon in 15, spätestens aber in 50 Jahren in Betrieb gehen könnte. Die Kosten dafür
werden auf zehn Milliarden US-Dollar geschätzt. Für das Band, auf dem der Fahrstuhl auf- und absteigt, benötigt man einen Werkstoff mit einer Zugfestigkeit von
mindestens 100 GPa. Das sind über zehn Tonnen pro Quadratmillimeter! Eine so
hohe Zugfestigkeit ist mit keinem anderen bekannten Material zu erreichen als mit
Kohlenstoff-Nanoröhren. Der kritischste Punkt bei der Konstruktion eines Welt-
raumfahrstuhls ist deshalb die Entwicklung, Herstellung und Prüfung von Band-
segmenten aus einem CNT-Verbundwerkstoff, der diese Belastung aushält. Wie die
Experten herausgefunden haben, muss er dazu einen Anteil von mindestens 50 %

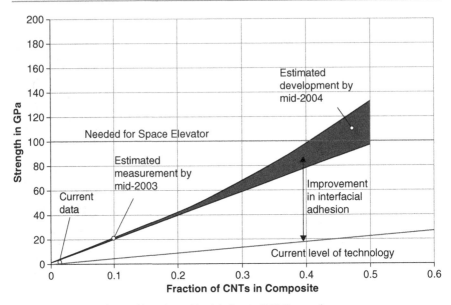

Abb. 4.7 Gegenwärtige und berechnete Festigkeit von CNT-Kompositen

Kohlenstoff-Nanoröhren enthalten, die nur minimale Oberflächenfehler aufweisen dürfen. Die daraus hergestellten Fasern sollen maximal zehn Mikrometer dick und mindestens mehrere Meter lang sein [318] (Abb.k 4.7).

Sie werden es erleben, ob eines Tages ein Fahrstuhl an einem CNT-Seil in den Weltraum steigen oder ob die Himmelsleiter ein Traum bleiben wird.

Carbon Nanotubes haben aber nicht nur eine hoffnungsbeladene Zukunft vor sich, sie haben auch eine weit in die Geschichte zurückreichende Anwendung hinter sich, von der bis vor einigen Jahren niemand etwas wusste. Dresdner Werkstoffforscher um Professor Peter Paufler haben im Jahre 2006 an einem Säbel aus dem 17. Jahrhundert entdeckt, dass die Kohlenstoffatome in dessen Klinge aus Damaszener Stahl in 50 nm langen und zehn bis 20 nm dicken Röhrchen angeordnet sind, die teilweise mit winzigen Zementit-Fäden gefüllt sind. Sie meinen, dass diese Entdeckung dazu beitragen könnte, die besondere Härte, Festigkeit und Biegsamkeit sowie die typischen Wellenmuster zu erklären, die beim Schmieden der legendären Damaszener Klingen entstanden ist [319].

Mit Damaszener Klingen haben orientalische Krieger schon Ende des 11. Jahrhunderts den Kreuzzüglern das Fürchten gelehrt. Wir wissen, dass zu ihrer Herstellung verschiedene Eisensorten zusammengeschmiedet und dabei mehrfach gefaltet worden sind. Viel mehr ist darüber nicht bekannt. Das Verfahren ist in Vergessenheit geraten. Obwohl es immer wieder versucht wurde, ist es bislang nicht gelungen, es nachzuahmen. Wie die Kohlenstoff-Nanostrukturen entstanden sind ist rätselhaft. Die Dresdner Forscher vermuten, dass sie durch die Verwendung bestimmter Eisenerze aus Indien entstanden sein könnten, denen die Schmiede Holz und Blätter zugesetzt haben, die möglicherweise als Katalysatoren gewirkt haben. Indische Erze vermutlich deshalb, weil das Schmieden von Damaszener Klingen in Indien erfunden worden sein soll. Ihren Namen verdanken sie der syrischen Stadt Damaskus, die einst ein wichtiger Handelsplatz war, an dem auch solche Waffen angeboten und gekauft wurden. Wahrscheinlich von dort sind sie auch nach Europa gelangt. Die älteste Damaszener Klinge, die man bisher in Europa gefunden hat, gehört zu einem keltischen Schwert aus der Zeit um 500 v. u. Z [320] [321].

Heute sind echte Damaszener Schwerter sündhaft teuer. Falls Sie eins kaufen möchten, müssten Sie dafür einen vier- bis fünfstelligen Euro-Betrag auf den Tisch legen. Eine Nachahmung können Sie preiswerter bekommen. Aber 150 bis 400 € müssten Sie dafür auch aufbringen. Sie besteht aus handelsüblichem Stahl, dessen Oberfläche mit dem typischen Damaszener Muster geätzt oder bedruckt ist. [322] Messer mit diesem Muster stellt man heute sogar industriell her, aus „Damasteel". Er wird hergestellt, indem man zwei verschiedene, sehr feinkörnige Stahlpulver in einer Kapsel abwechselnd zu einem Block aufschichtet, der aus mehreren Hundert Pulverlagen besteht. Der wird bei einem Druck von 100 MPa und einer Temperatur von etwa 1150 °C verdichtet, und dann so gewalzt, geschmiedet und verdreht, dass das gewünschte Damaszener Muster entsteht. [323] Mit echtem Damaszener Stahl, der seine Eigenschaften, wie wir nun wissen, Kohlenstoff-Nanoröhrchen verdankt, hat das nur sehr entfernt zu tun.

Wahrscheinlich möchten Sie nun gern wissen, wie sie eigentlich hergestellt werden, die Kohlenstoff-Nanoröhren. Dafür gibt es drei Verfahren, die aber auf dem gleichen Prinzip beruhen. Nämlich darauf, dass Graphit oder Kohlenwasserstoffe verdampft werden und sich in der Gasphase aus Kohlenstofffragmenten die röhrenförmigen Strukturen bilden. Die Verdampfung kann im Lichtbogen erfolgen, so wie Sumio Iijima es gemacht hat, als er CNT bei der Herstellung von Fullerenen entdeckt hat. Man kann sie aber auch statt in einem Lichtbogen mit Hilfe eines Lasers verdampfen. Das derzeit wichtigste Verfahren, das für die industrielle Produktion von CNT eingesetzt wird, haben Sie schon bei der Beschichtung von Werkstoffoberflächen kennengelernt: Die chemische Dampfphasenabscheidung (CVD). Dabei strömt ein kohlenstoffhaltiges Gas, zum Beispiel Kohlenmonoxid oder Acetylen, durch ein Quarzrohr, das auf über 500 °C erhitzt wird. In dieses Rohr führt man, zusammen mit einem Katalysator, das Substrat ein, auf dessen Oberfläche sich die Nanoröhrchen abscheiden.

Vielleicht fragen Sie sich, ob Nanoröhrchen immer aus Kohlenstoff bestehen müssen. Eine gute Frage, denn Fullerene können ja auch aus einem „goldenen Käfig" bestehen, statt aus Kohlenstoffatomen, wie wir gesehen haben. Forscher des Max-Planck-Instituts für Mikrostrukturphysik in Halle und des Instituts für Physikalische Chemie der Philipps-Universität Marburg haben darauf eine klare Antwort: Nein, müssen sie nicht. Der Beweis: Sie haben Nanoröhrchen aus Polymeren hergestellt. Dazu haben sie zunächst kleine Plättchen aus Silicium oder Aluminiumoxid mit einer Porenstruktur erzeugt. Diese haben sie mit einer Polymerschmelze oder Polymerlösung in Kontakt gebracht. Dadurch hat sich auf den Porenwänden ein etwa 20 nm dünner Polymerfilm gebildet. Den haben sie abkühlt bzw. das Lösungsmittel verdampft, sodass er erstarrt ist, sodass in den Poren Nanoröhrchen entstanden sind. Nun brauchtes sie nur noch das Silicium oder das Aluminiumoxid

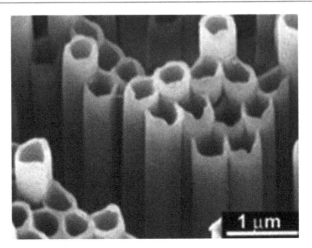

Abb. 4.8 Polystyrol-Nanoröhren

aus der Porenstruktur zu entfernen und zurück blieben Polymer-„Nanoröhrchen".
Ich setze das in Anführungsstriche, weil die Forscher, die das Verfahren entwickelt
haben, zwar von Nanoröhrchen sprechen, ihr Durchmesser mit 400 nm vier Mal so
groß ist als in der oben genannten Nano-Definition vereinbart [324].

Inzwischen ist es den Forschern mit einem anderen Verfahren gelungen, auch
Polymer-Nanotubes mit einem Durchmesser in der Größenordnung von 100 nm
herzustellen. Dazu haben sie eine Nanofaser als Templat, d. h. als Schablone, benutzt, diese beschichtet und die Templatfaser anschließend entfernt, indem sie sie
selektiv erhitzt oder herauslöst haben. [325] (Abb. 4.8).

Kommt Ihnen das bekannt vor? Richtig, wir haben über Templat-Verfahren zur
Herstellung biomimetischer Werkstoffe gesprochen. Hier passiert im Prinzip nichts
anderes, nur auf einer anderen Strukturebene.

Zunehmend ist auch die Herstellung anorganischer Nanoröhrchen ins Blickfeld
der Forschung gerückt. Beispielsweise gibt es heute bereits Nanotubes aus Bornitrid
sowie aus Sulfiden und Chloriden verschiedener Metalle, wie Molybdän, Wolfram,
Kupfer und Nickel. Anorganische Nanoröhrchen sind schwerer als Kohlenstoff-Nanotubes und haben eine geringere Zugfestigkeit, ertragen aber große Druckbelas-
tungen. Obwohl man inzwischen über 50 verschiedene Typen anorganischer, koh-
lenstofffreier Nanoröhren kennt, darunter auch solche aus Gold wie bei Fullerenen,
steht ihre Entwicklung jedoch noch ziemlich am Anfang und ist von marktfähigen
Anwendungen meist noch weit entfernt [326].

4.4 Auf den Punkt gebrachte Bekannte

Weit praktischere Bedeutung haben Nanopartikel, die von ihrer Struktur her nichts
mit Fullerenen oder Nanotubes zu tun haben, von denen es aber eine breite Palette
gibt. Das sind schlicht und einfach Pulver aus Metallen, Metalloxiden, Silicaten,

Halbleitern oder organischen Molekülen. Aber mit einen Durchmesser von nur wenigen Nanometern. Sie begegnen uns auf Schritt und Tritt in der Natur. Beispielsweise als natürlicher Nano-Staub, der bei der Verwitterung von Gesteinen entsteht und der von Wüstenstürmen weit über das Land und hoch in den Himmel geweht wird, als Pollen, die bei manchem von uns im Frühjahr allergische Reaktionen verursachen, und als Nano-Magnete, die bestimmte Bakterien aus dem Eisen zusammenfügen, das im Meerwasser enthalten ist, sodass sie vom Magnetfeld der Erde durch das Wasser bugsiert werden bis sie Gebiete mit Lebensbedingungen finden, die für sie besonders geeignet sind. Bereits unsere Altvordern haben Nanopartikel, die ihnen die Natur bereitstellte, technisch genutzt. Zum Beispiel Ton zur Herstellung von Keramiken, worüber wir schon ganz am Anfang unserer Exkursion in die Welt der Werkstoffe gesprochen haben. Der besteht nämlich zum großen Teil aus Kaolinit ($Al_2Si_2O_5(OH)_2$). Das ist ein Mineral, das aus Kristallblättchen aufgebaut ist, die nur wenige Nanometer groß sind. Rührt man den Ton mit Wasser an, können diese aneinander abgleiten, wodurch der Ton gut formbar wird [327].

Heute verwendet man aus Nanoschichten aufgebaute silicatische Tonminerale beispielsweise als Füllstoffe in Polymeren, um deren mechanische Eigenschaften zu verbessern. Von besonderer technischer und wirtschaftlicher Bedeutung ist eine Gruppe nanostrukturierter Alumosilicate, die aus SiO_4- und AlO_4-Tetraedern aufgebaut sind, die Zeolithe. Sie sind Bestandteil der Erdkruste, werden aber auch synthetisch hergestellt. Zeolithe spielen insbesondere als Katalysatoren in der Erdölverarbeitung beim Aufspalten längerer Kohlenstoffketten, dem Cracken, und bei der Wassereinigung eine wichtige Rolle. Nach der atomaren Katastrophe in Fukushima hat man sie eingesetzt, um radioaktive Stoffe aus dem Wasser herauszufiltern, mit denen die havarierten Reaktoren gekühlt worden sind. [328] [329] Mit diesen nanoporösen Strukturen ist schon vor mehr als zwei Jahrzehnten gearbeitet worden. Allerdings war damals von Nanomaterialien noch keine Rede. Dieses Label haben sie erst in jüngerer Vergangenheit erhalten. Vermutlich, weil es modern klingt. Vielleicht auch, weil man hofft, damit leichter an Fördermittel für einschlägige Forschungsprojekte zu gelangen.

Wie mit Ton, so wurde auch mit Silber und Gold schon im Altertum Nanotechnologie betrieben. So bewahrte man in der Antike verderbliche Lebensmittel in Silberbehältern auf, zu Uromas Zeiten legte man eine Silbermünze in die Milch, und als es noch kein Penicillin gab, arbeiteten Ärzte mit Instrumenten aus Silber. Das alles hatte nur einen Grund: Silber kann Lebensmittel vor dem Verderben und Menschen vor Infektionen schützen, weil es Bakterien, Viren und Pilze töten kann. Es verhindert deren Nährstofftransport, zerstört Eiweiße, aus denen ihre inneren Strukturen bestehen, behindert den Aufbau ihrer Zellwände und dockt sogar an ihr Erbgut an. Die „Killerpartikel" sind Silber-Nanoteilchen, nämlich Ionen, die aus dem kompakten Silber in diese „Schädlinge" eindringen. Auch Ionen anderer Metalle, insbesondere Schwermetalle, können eine solche, allerdings geringere Wirkung haben. Man nennt das den oligodynamischen Effekt [330].

Seit Antibiotika entwickelt worden sind, ist Silber als Mittel zum Schutz vor Infektionen kaum noch verwendet worden. Durch ihren häufigen Einsatz sind einige Krankheitserreger jedoch gegen Antibiotika resistent geworden. Deshalb erlebt das

Silber seit einigen Jahren eine Renaissance im Kampf gegen bakterielle Infektionen. Seine Anwendung hat in der jüngsten Vergangenheit wieder stark zugenommen. So haben zum Beispiel Wissenschaftler des Fraunhofer-Instituts für Fertigungstechnik und Angewandte Materialforschung in Bremen gemeinsam mit der Firma Bio-Gate in Nürnberg medizinische Instrumente und Implantate mit Silber-Nanopartikeln beschichtet, weil sie vor allem in Krankenhäusern häufig durch Bakterien kontaminiert sind und Infektionen hervorrufen können. Aber auch andere Gebrauchsgegenstände, wie Textilien, Kunststoffverpackungen und Wandfarben werden zunehmend mit antibakteriellem Nanosilber-Partikeln ausgerüstet [331].

Gold-Nanopartikel haben Sie wahrscheinlich alle schon bewundert, ohne sie jemals gesehen zu haben. Genauer gesagt: Sie haben die Wirkung bewundert, die sie erzeugen, nämlich in Kirchenfenstern und anderen Gläsern, die im Licht rubinrot leuchten. Denn schon im Mittelalter wurde Glasschmelzen ein bisschen Gold beigemischt, um diese Farbwirkung zu erzielen. Die damaligen Glashersteller konnten noch nicht wissen, warum Gold das Glas rot färbt und dass das Nanotechnologie ist, was sie da machten, wissen auch wir erst, seit Werkstoffforscher die Eigenschaften und das Verhalten von Clustern untersuchen. Die Rotfärbung des Glases hängt nämlich damit zusammen, dass das beigemischte Gold Nanocluster bildet. Sie verhalten sich völlig anders als massives Gold.

Gold und andere Edelmetall-Nanopartikel, die aus mindestens etwa 50 Atomen bestehen, bilden ein Kristallgitter. Sie sind also, wie alle Metalle, aus Atomrümpfen aufgebaut, die von den von ihnen abgegebenen freien Elektronen umgeben sind. Dieses Elektronengas bewirkt, wenn es durch Licht angeregt wird, den Glanz und die Farbe der Metalle. Massives Gold glänzt immer gelb. Anders ist das bei Nanopartikeln. Deren Farbe ändert sich je nach ihrer Größe und Form. Die Ursache dafür ist, dass ihr Elektronengas durch Licht einer bestimmten Wellenlänge zu resonanten Schwingungen angeregt werden kann, die nicht nur von der Art des Metalls, sondern auch von der Größe und Form der Nanopartikel abhängt. Dabei wird das Licht absorbiert oder gestreut. Gold-Nanocluster im Glas der Kirchenfenster oder in anderen Gläsern absorbieren aus dem Farbspektrum des weißen (Sonnen-) Lichtes die Strahlung, deren Wellenlänge im blau-grünen Farbbereich liegt. Wir sehen deshalb, wenn Sonnenlicht durch alte Kirchenfenster fällt, nicht goldgelbes Licht, sondern die Komplementärfarbe zu Blaugrün, also dieses tiefe Rubinrot [332].

Wie Silber-, so erleben auch Gold-Nanopartikel seit geraumer Zeit eine zweite Karriere. Ihre Anwendung reicht von Biosensoren über Leuchtdioden bis hin zu Solarzellen. Eine Anwendung, mit der Sie wahrscheinlich alle irgendwann direkt oder indirekt zu tun haben werden, sind Schwangerschafts-Schnelltests. Wenn eine Frau ihn macht und im Sichtfenster der Testkassette eine roter Streifen erscheint, weiß sie, dass es passiert ist. Bestimmt geht ihr in diesem Moment Vieles durch den Kopf, aber wie diese Farbmarkierung zustande kommt, fragt sie sich gewiss nicht.

Haben Sie schon mal darüber nachgedacht, wie ein solcher Test funktioniert? Wie würden Sie herangehen, wenn Sie einen solchen Test entwickeln sollen? Wahrscheinlich würden Sie sich fragen, was sich im Körper einer Frau verändert, sobald eine Eizelle befruchtet worden ist. Dazu müssten Sie sicher einen Mediziner konsultieren. Er würde Ihnen sagen, dass sich in der Gebärmutter von Schwangeren ein

Hormon bildet, das Choriongonadotropin, das man auch in ihrem Urin finden kann. Als Werkstofffachmann würden Sie dann sicher nach einem Material fahnden, das dieses Hormon irgendwie erkennbar machen kann, zum Beispiel indem es eine Farbänderung bewirkt. Vielleicht erinnern Sie sich dann daran, dass Gold-Nanopartikel eine rote Farbe erzeugen können. Wenn Sie sie nun dazu bringen könnten, das zu tun, wenn sie in Kontakt mit dem Choriongonadotropin im Urin einer Schwangeren kommen, hätten Sie das Problem gelöst.

Und so funktioniert es tatsächlich. Mit Hilfe von Gold-Nanopartikeln signalisiert der rote Streifen beim Schwangerschaftstest, dass der Urin der Frau Choriongonadotropin enthält. Der Membranstreifen der Schwangerschafts-Testkassette enthält Gold-Nanopartikel und verschiedene Eiweiße, sogenannte Antikörper. Diese Antikörper spüren die unterschiedlichen Molekülketten auf, aus denen das Choriongonadotropin besteht, und binden sie mit den Goldteilchen zusammen. Der entstehende Nanogold-Antikörper-Hormon-Komplex ist so groß, dass er nicht mehr durch die Kapillaren der Membran passt. Er kann also mit der Flüssigkeit des Urins nicht weiterfließen, sondern bleibt in der Testzone der Membran wie in einem Filter hängen. Auf diese Weise reichern sich die Gold-Nanopartikel dort an, wodurch sie im Sichtfenster der Testkassette, die Rotfärbung hervorrufen, ähnlich wie in Rubinglas [333].

Sind Nanopartikel viel kleiner als die Wellenlänge des sichtbaren Lichtes, verändern sie dessen Farbe nicht. Das Licht wird nämlich an ihnen überhaupt nicht mehr reflektiert. Das macht man sich zum Beispiel zunutze, um die Energieausbeute von Solarmodulen zu erhöhen. Sie sind mit Glasscheiben abgedeckt, und die lassen nur 90 % des Sonnenlichtes hindurch. Der Rest wird absorbiert, gestreut oder reflektiert. Durch eine etwa 70 nm dicke Beschichtung mit Nanopartikeln, meist aus Siliciumnitrid, Siliciumdioxid oder Titanoxid, kann man erreichen, dass sie fast das gesamte Sonnenlicht passieren lassen. Dadurch kann eine Photovoltaikanlage etwa vier Prozent mehr Elektroenergie pro Jahr erzeugen. [334] Die Antireflexionsschicht erzeugt übrigens die bläuliche bis schwarze Farbe der Solarzellen. Ohne sie würden sie silbergrau aussehen.

Die kleinsten Nanopartikel, die wir kennen, sind sogenannte Quantenpunkte (engl. Quantum Dots). Sie bestehen größenordnungsmäßig aus nur etwa 10^4 Atomen und sind vor etwa 40 Jahren zum ersten Mal hergestellt worden. Ihre Eigenschaften sind mit den Gesetzen der Festkörperphysik nicht zu erklären, denn sie verhalten sich ähnlich wie Atome, nicht wie Festkörper. In diesem Dimensionsbereich gelten andere Spielregeln, die der Quantenphysik. Und es treten dort Effekte auf, die unser an der uns umgebenden Makrowelt orientiertes Vorstellungsvermögen überschreiten: Quanteneffekte. Einen Quanteneffekt kennen Sie schon aus dem Physikunterricht, nämlich dass Elektronen sowohl Teilchen als auch Strahlung sein können. Weitere sind zum Beispiel, dass so winzige Teilchen an verschiedenen Orten gleichzeitig sein können und dass sich mehrere von ihnen zu einem Einzigen zusammenfügen und als einheitliches Ganzes gleichzeitig zwei Spalte durchlaufen können. Mit unserem gesunden Menschenverstand können wir uns das tatsächlich nicht vorstellen. Physiker allerdings können das mathematisch beschreiben und damit das Verhalten von Quantenpunkten mit dem Computer anschaulich simulieren.

Und das alles ist nicht nur reine Theorie, sondern man kann Quantenpunkte auch praktisch erzeugen, meist aus Halbleitermaterialien. Indem man ihre Form und Größe oder die Anzahl ihrer Elektronen variiert, kann man ihre elektronischen und optischen Eigenschaften sogar maßschneidern. Physiker bauen daraus beispielsweise schon Laser für sehr helles grünes, blaues oder ultraviolettes Licht, Displays und winzige Transistoren. Der Traum ist, dass man in einigen Jahrzehnten vielleicht extrem leistungsfähige Quantencomputer herstellen kann. [335] Wodurch würde sich ein Quantencomputer von einem üblichen Computer unterscheiden? Sie wissen wahrscheinlich, dass konventionelle Computer mit Atomen arbeiten, die zwei verschiedene Zustände annehmen können, Null *oder* Eins. Das heißt, ihre Funktionsweise beruht nicht auf dem uns vertrauten dezimalen, sondern auf einem dualen Zahlensystem. Eine Binärziffer dieses Systems, also Null oder Eins bezeichnet man als Bit. Nicht zu verwechseln mit der Datenmenge, die digital gespeichert oder übertragen wird und die man ebenfalls in Bit angibt! Dabei handelt es sich um die Anzahl der binären Ziffern, die zur Darstellung einer Information verwendet wird. Ein Quantencomputer würde ebenfalls mit Binärziffern arbeiten. Die Quantenbits (QuBits) könnten also ebenfalls zwei Zustände annehmen. Aber nicht entweder Null oder Eins, sondern beide gleichzeitig, Null *und* Eins. Dadurch würde sich die Rechenleistung exponentiell erhöhen. Wie gesagt, richtig vorstellen kann man sich das nicht, aber in der Quantenphysik ist das eben so. Und für Physiker, die ständig damit umgehen, ist das wohl auch anschaulich vor- und darstellbar.

Quantencomputer könnten eine neue technologische Revolution auslösen. Das Problem ist, dass Quantenbits zu instabil sind und zu schnell zerfallen als dass man komplexe Aufgaben damit lösen könnte. Deshalb gilt ihre Herstellung als fast unmöglich. Eine schöne Vision. Bisher jedenfalls! Denn nun behauptet die US-amerikanische Firma D-Wave Systems, den ersten Quantencomputer nicht nur gebaut, sondern sogar zur Marktreife gebracht und verkauft zu haben. Den „D-Wave Two", einen 512 QuBit-Computer. Gekauft haben soll ihn das Forschungszentrum Quantum Artificial Intelligence Laboratory, das u. a. von der NASA und Google mitbetrieben wird. Außerdem sollen Google und der US-amerikanische Rüstungs- und Technologiekonzern Lockheed Martin jeweils einen solchen Computer für ihre Forschungsabteilungen erworben haben. Wissenschaftler zweifeln jedoch daran, dass der „D-Wave Two" tatsächlich ein Quantencomputer ist. Zudem warnen Kritiker immer wieder, dass Quantencomputer in den Händen von Geheimdiensten sehr gefährlich sein könnten, weil damit alle Daten, die man bislang mit konventionellen Computern verschlüsseln kann, sekundenschnell decodiert werden könnten [336].

Vielleicht fragen Sie sich jetzt, wie man Nanopartikel überhaupt herstellen kann. Nun, prinzipiell gibt es dazu zwei Möglichkeiten. Auf die einfachste kommen Sie wahrscheinlich selbst: Man zerkleinert einen kompakten Stoff mechanisch immer weiter, bis man am Ende Nanopartikel erhält. Das geschieht in Kugel- oder Rührwerksmühlen mit Mahlkörpern aus Wolframcarbid oder Stahl und ist sehr energieaufwändig. Man erhält damit allerdings Nanopulver mit einem breiten Größen- und Formenspektrum, das man nicht gezielt steuern kann. Außerdem können die Nanopartikel durch Abrieb von den Mahlkörpern verunreinigt werden. Solche Verfahren, bei denen der Herstellungsprozess von Makro- hin zur Nanostrukturen verläuft, also „von oben nach unten", nennt man sie auch „Top Down"-Verfahren. Nach dem gleichen Prinzip, wenngleich auf völlig andere Weise, werden elektronische Bauelemente hergestellt, vom Einkristall über den Wafer zu Chips.

Den umgekehrten Weg gehen „Bottom uUp"- Verfahren, bei denen Nanopartikel aus Atomen oder Molekülen „von unten nach oben" aufgebaut werden. Ein solches Verfahren ist die physikalische oder chemische Abscheidung von Nanopartikeln aus einer Gasphase oder aus einer flüssigen Phase auf einen Grundwerkstoff. Das haben Sie schon kennengelernt. Denken Sie an die Herstellung dünner Schichten durch PVD- oder CVD-Verfahren. Auf dieselbe Weise kann man auch Nanopulver erzeugen, indem man sie nicht als Schicht abscheidet, sondern zu Pulvern kondensiert. Auch das kennen Sie schon. Erinnern Sie sich an die Herstellung von Fullerenen und Nanotubes durch Verdampfung von Graphit. Ein anderes „Bottom Up"-Verfahren zur Herstellung von Nanopartikeln ist die Sol-Gel-Technik, die Sie ebenfalls bereits kennen. Ich hatte Ihnen dieses Verfahren im Zusammenhang mit biomimetischen Werkstoffen am Beispiel der Einbettung der Hüllzellen von Bakterien in poröses Silicatmaterial zur Herstellung eines Biofilters beschrieben.

Die Abscheidung von Nanopartikeln, das PVD- und das CVD-Verfahren aus der Gasphase, und die Sol-Gel-Technik aus der flüssigen Phase, sind die derzeit dominierenden Methoden zur Herstellung von Nanopulvern und zur Nanobeschichtung von Werkstoffen. Ihr Vorteil ist, dass man damit hochreine Partikel herstellen kann, die eine einheitliche Größe haben. Sie haben aber den Nachteil, dass eine Maßstabsübertragung aus dem Labor oder einer Versuchsanlage in eine Produktionsanlage bislang nur begrenzt möglich ist, sodass die mit ihnen erreichbare Produktionsleistung relativ gering ist [337].

Nanopartikel haben im Verhältnis zu ihrem Volumen eine große Oberfläche. Dadurch sind sie chemisch sehr reaktionsfreudig und auch Oberflächenkräfte, wie die Van-der-Waals-Kraft, über die wir im Zusammenhang mit der chemischen Bindung in organischen Polymeren gesprochen haben, bestimmen stark ihr Verhalten. Sie führen vor allem dazu, dass Nanoteilchen agglomerieren, zusammenbacken. Als ungebundene Partikel sind sie auch deshalb technologisch schwer in den Griff zu kriegen, weil sie auf Grund ihrer Winzigkeit viele Filtermaterialien und Oberflächen ungehindert passieren können. Deshalb werden Nanopartikel meist fein verteilt in andere Materialien eingebettet oder man stellt daraus Nanofasern oder Nanoschichten her [338].

Ein grundsätzliches Problem ist, dass wir Menschen mit Objekten, die nur wenige Nanometer groß sind, gar nicht umgehen können. Oder können Sie sich vorstellen, einzelne Nanopulverteilchen oder Nanofasern mit einer Pinzette oder gar mit der Hand zu fassen? Wohl kaum. Deshalb muss man sie in technische Systeme integrieren, die groß genug sind, damit wir sie handhaben können. Man muss mit Hilfe von Nanotechnologien Nanoerzeugnisse „nach dem Maß des Menschen" produzieren. Und zwar so, dass dabei die spezifischen Eigenschaften der Nanopulver, -fasern oder -schichten erhalten bleiben. Denn auf die kommt es uns ja an.

Dazu muss man auch deren Wechselwirkung untereinander sowie mit anderen Materialien kontrollieren und technisch beherrschen können. Und das alles in einer staubfreien Umgebung, denn ein einziger „Staubbrocken" könnte alles zunichtemachen. Sie wissen sicher, dass auch mikroelektronische Bauelemente in Reinsträumen hergestellt werden. Und da geht es um Strukturen, die noch um drei Größenordnungen größer sind. Nicht zuletzt muss man Nanopartikel auch *sicher* handhaben können, denn diese Winzlinge können unter Umständen für uns Menschen gefährlich werden. Aber darauf komme ich noch.

Sie sehen also: Die Herstellung von Nanopartikeln ist die eine Sache. Und die ist schon ziemlich schwierig, jedenfalls großtechnisch. Eine andere, noch kompliziertere und komplexere, ist, sie weiter zu verarbeiten und daraus Industriegüter zu produzieren. Das ist die gleiche Problematik wie bei konventionellen Werkstoffen, auf die ich Sie schon mehrfach aufmerksam gemacht habe: Es reicht nicht, Werkstoffe mit neuen, tollen Eigenschaften zu entwickeln und im Labor oder in einer Versuchsanlage herzustellen. Man muss sie auch großtechnisch produzieren und daraus industriell Erzeugnisse fertigen können, die am Markt Geld einbringen.

Und da wir von Geld reden: Ich habe Ihnen schon gezeigt, wie teuer Kohlenstoff-Nanoröhren sind. Aber auch Nanopulver aus relativ simplen Materialien haben einen beachtlichen Preis. So kosten 100 Gramm rostfreies Stahlpulver mit einem Durchmesser zwischen 60 und 80 nm immerhin 675 €. [339] Für eine ganze Tonne kompakten rostfreien Stahls hat man lediglich um die 3000 € zu bezahlen. Also gerade mal etwa 30 €-Cent für 100 g. [340] Wenn Sie bedenken, wie viel schwieriger Nanopulver industriell herzustellen sind, werden Sie sich über dieses Preisverhältnis nicht allzu sehr wundern.

Derzeit gelingt die kommerzielle Umsetzung von Ergebnissen der Erforschung und Entwicklung von Nanomaterialien hauptsächlich bei der Herstellung und Verarbeitung von Nanoschichten und von polymeren Verbundwerkstoffen. Bislang ist sie jedoch oft daran gescheitert, dass die dafür notwendige Produktionstechnik noch fehlt oder noch nicht ausgereift ist. Deshalb hat das Bundesministerium für Bildung und Forschung bereits im Jahre 2006 die Fördermaßnahme „Nano geht in die Produktion" gestartet. Sie hat zum Ziel, entlang der gesamten Wertschöpfungskette die Entwicklung effizienter industrieller Verfahren und Ausrüstungen zur umweltschonenden, staubfreien Herstellung von Nanopartikeln, ihrer Verarbeitung in Matrixwerkstoffen sowie für die Beschichtung von Oberflächen zu unterstützen. Außerdem fördert das BMBF die Entwicklung zuverlässiger Methoden und Verfahren der Nanoanalytik, die notwendig sind, um im Produktionsprozess die Eigenschaften und Funktionen von Nanomaterialien kontrollieren und in der erforderlichen Qualität reproduzierbar gewährleisten zu können [341].

Nanoanalytik heißt zunächst, die Größe und Verteilung von Nanopartikeln zu bestimmen, ein-, zwei- und dreidimensionale Nanostrukturen zu untersuchen sowie die chemischen Elemente und die einzelnen Phasen zu ermitteln, aus denen sie bestehen. Materialforscher verfügen über eine breite Palette hochauflösender und hochempfindlicher Verfahren, die solche Einblicke in den Nanokosmos erlauben. Zwei davon kennen Sie schon. Ich habe Ihnen, als wir über die Analyse von Werkstoffgefügen gesprochen haben, erklärt, mit welchen Tricks es gelungen ist, Lichtmikroskope dazu zu bringen, Strukturen im Nanometerbereich sichtbar zu machen. Und ich habe Ihnen im Zusammenhang mit der Aufklärung des Aushärtungsmechanismus von Aluminiumlegierungen die Anfänge der Entwicklung von

Röntgenverfahren vorgestellt, mit denen man Strukturen und Elemente in der Größenordnung von Nanometern analysieren kann.

Röntgenstrahlen sind heute ein fundamentales Instrument, das in ausgeklügelten Verfahren für vielfältige Zwecke der Struktur- und Elementanalyse eingesetzt wird. Aber nicht nur Licht und Röntgenstrahlen, sondern auch andere Sonden, wie Neutronen, Ionen und starke Magnetfelder, verwenden Werkstoffforscher, um Antworten auf Fragen zu erhalten, die sie an Nanostrukturen stellen, und um ihre Herstellung zu überwachen und steuern zu können. Werkstoffforscher möchten jedoch nicht nur die Struktur und die Zusammensetzung von Nanomaterialien erkunden. Sie möchten auch wissen, wie sie entstehen, welche Prozesse in diesem Dimensionsbereich ablaufen. Erst dann können sie genau verstehen, wie beispielsweise die molekularen Prozesse bei der chemischen Katalyse ablaufen, wie Cluster mit wenigen Hundert Atomen die Reibung zwischen Oberflächen bestimmen und wie Kristalle anfangen zu wachsen. Letztlich geht es auch darum, detailliert zu untersuchen, wie eigentlich aus einigen Zehn oder Hundert Atomen zunächst Cluster und dann, wie man bereits weiß, aus mindestens etwa 10.000 Atomen kristalline oder amorphe Festkörper, ihre Eigenschaften und ihre Funktionsweise, entstehen.

Das Problem ist: Die Prozesse, die man dazu beobachten, abbilden und verstehen muss, laufen in diesem Dimensionsbereich blitzschnell ab. Und das ist sogar noch stark untertrieben. Denn die Hauptentladung eines Blitzes dauert 30 μs, 3×10^{-5} S. [342] Dynamische Wechselwirkungen zwischen Atomen und Molekülen laufen dagegen noch zehnmal schneller ab, in wenigen Femtosekunden. Eine Femtosekunde ist eine Billiardstelsekunde, also der millionste Teil einer Milliardstel Sekunde oder 10^{-15} s. Damit Sie eine Vorstellung davon haben, was das heißt: Eine Femtosekunde ist im Verhältnis zu einer Sekunde so kurz, wie eine Sekunde im Verhältnis zu 32 Mio. Jahren.

Was meinen Sie, kann man so enorm schnell ablaufende Prozesse überhaupt beobachten und abbilden? Was würde man dazu benötigen? Nehmen wir mal an, Sie wollen einen Sprinter bei einem Hundertmeterlauf oder einen Formel 1-Flitzer während eines Rennens fotografieren. Was machen Sie, um scharfe Bilder zu bekommen? Sie stellen auf ihrem Fotoapparat eine entsprechend kurze Belichtungszeit ein (falls er das nicht automatisch macht). Und genau das machen Forscher, um die Wechselwirkung zwischen Atomen und Molekülen zu verfolgen. Sie benutzen Belichtungszeiten von Femtosekunden. Damit aber nicht genug. Denn sie müssen ja die superschnellen Prozesse sowohl zeitlich als auch die beteiligten Teilchen räumlich auflösen können, um zu analysieren, was da in der Nanowelt abläuft. Mit sichtbarem Licht, das wissen Sie schon, ist das nicht zu machen. Seine Wellenlänge ist viel zu groß. Man verwendet dafür femtosekundenkurze Röntgenlaserblitze. Damit kann man Bewegungsabläufe in der Nanowelt regelrecht filmen. Sie werden in riesigen Teilchenbeschleunigern erzeugt, wie am Röntgenlaser FLASH des Deutschen Elektronen-Synchrotrons DESY in Hamburg.

Darin werden Elektronen auf nahezu Lichtgeschwindigkeit beschleunigt und durch Magnete in eine schlangenlinienförmige Bahn gezwungen. Dabei geben sie in jeder Kurve einen Teil ihrer Bewegungsenergie in Form elektromagnetischer Strahlung unterschiedlicher Wellenlänge ab. Auf diese Weise entsteht auch die für die Nanoanalytik benötigte Röntgenstrahlung. Dabei wechselwirken die Strahlen so miteinander, dass sich ihre Amplituden verstärken. Da man diesen Verstärkungseffekt von konventionellen Lasern kennt, obwohl er dort anders erzeugt wird, nennt man solche Anlagen auch Freie-Elektronen-Laser oder Röntgenlaser. Dresdner Physikern ist es gelungen, mit Röntgenlaserblitzen erstmals sogar Atome in Echtzeit scharf abzubilden, die sich bewegen. Mit einem auf 100 nm konzentrierten Strahl und einer Belichtungszeit von 50 Billiardstel Sekunden [343].

4.5   Augen zum Sehen und „Baggern"

Wie Teleskope für Astronomen zur Erkundung des Weltraums, sind die wohl wichtigsten Instrumente, mit denen Materialforscher in den Nanokosmos blicken, Elektronenmikroskope. Nach allem, was Sie schon gelernt haben, ist es für Sie wahrscheinlich kein großes Problem, sich vorzustellen, wie ein Mikroskop im Prinzip funktioniert, das mit Elektronen, statt mit Licht arbeitet. Hätten Sie vor 100 Jahren schon gelebt und das gewusst, wäre Ihnen der Nobelpreis sicher gewesen.

Alles begann damit, dass der französische Physiker Louis de Broglie (1892–1987) in seiner Dissertation über die Quantentheorie im Jahre 1925 erkannte, dass Elektronen nicht nur Teilchen, sondern auch Wellen sein können. Für diese Entdeckung erhielt er 1929 den Nobelpreis für Physik. Mit solchen Elektronenstrahlen, die in einer Kathodenstrahlröhre erzeugt und deshalb auch Kathodenstrahlen genannt wurden, arbeitete der deutsche Elektroingenieur Ernst Ruska (1906–1988) ab 1927 an der damaligen TH Berlin. Er entwickelte eine magnetische Linse, mit der man diese Strahlen bündeln kann, wie Licht mit einer optischen Linse. Und er stellte fest, dass diese gebündelten Elektronen sehr dünnes Material durchstrahlen können. Da die Wellenlänge von Elektronen, je nach ihrer Energie, um Größenordnungen kleiner ist als die von sichtbarem Licht, kam ihm die entscheidende Idee. Um die Auflösungsgrenze der Lichtmikroskopie zu überwinden, baute er 1931, also nur sechs Jahre nach de Broglies fundamentaler Entdeckung, ein Mikroskop, das mit Elektronenstrahlen arbeitete statt mit Licht [344].

Damit war das Transmissions-Elektronenmikroskop (TEM) erfunden und der Weg zur Abbildung von Nanostrukturen frei. Die Methode, Materialstrukturen mit Hilfe von Elektronen abzubilden, wurde in den Folgejahren immer weiter perfektioniert. Elektronenmikroskope sind im Gegensatz zu Lichtmikroskopen richtig große Maschinen. In ihnen werden Elektronen üblicherweise mit einer Spannung zwischen 80 und 400 kV beschleunigt. In der Werkstoffforschung arbeitet man in der Regel mit Beschleunigungsspannungen ab 200 kV. Der untere Spannungsbereich wird vorwiegend in der Biologie benutzt, um die Proben nicht zu zerstören. [345]

Im Jahr 1963 hat die japanische Firma JEOL Ltd. damit begonnen, Ultrahochspannungs-Transmissionselektronenmikroskope zu bauen. Weltweit sind bislang 20 derartige Elektronenmikroskope installiert worden. Sie beschleunigen Elektronen mit einer Spannung bis zu 1300 Kilovolt und erreichen eine Auflösung von 0,12 nm und eine bis zu 2.000.000 fache Vergrößerung. [346] Würde man einen Stecknadelkopf so stark vergrößern, würde er mit einem Durchmesser von etwa zwei

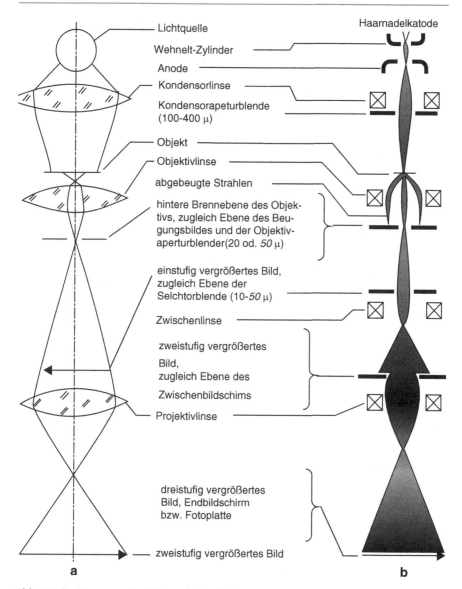

Abb. 4.9 Strahlengang a im Licht- und b im Elektronenmikroskop

Kilometern abgebildet. Die üblicherweise verwendeten Elektronenmikroskope haben einen Vergrößerungsfaktor von einigen Hunderttausend. Praktisch schöpft man ihr erreichbares Vergrößerungsvermögen bewusst nicht immer aus, um die aufgelösten Details auch auf Fotomaterial sichtbar machen zu können. Trotz aller Unterschiede – das eine arbeitet mit Licht und Glaslinsen, das andere mit Elektronen und magnetischen Linsen – sind das Licht- und das Elektronenmikroskop hinsichtlich ihres Abbildungsprinzips durchaus vergleichbar (Abb. 4.9).

Im Allgemeinen liegt die Auflösungsgrenze von Hochleistungs-Elektronenmikroskopen heute in der Größenordnung einiger Zehntel Nanometer. Das leistungsfähigste Transmissions-Elektronenmikroskop in Deutschland steht seit 2012 im Forschungszentrum Jülich. Es erreicht sogar eine Auflösung von 50 pm, das sind 0,05 nm, und kann damit Atome abbilden. Ein Weltrekord! Damit ist die physikalische Grenze der Elektronenoptik erreicht.

Möglich gemacht haben das die Professoren Knut Urban vom FZ Jülich, einer der weltweit führenden Pioniere auf dem Gebiet der hochauflösenden Transmissions-Elektronenmikroskopie, Maximilian Haider von der CEOS GmbH in Heidelberg und Harald Rose von der Technische Universität Darmstadt. Sie haben ein neuartiges Linsensystem entwickelt, das Linsenfehler mit Hilfe elektrischer und magnetischer Felder korrigiert, die bis dahin als unvermeidlich galten. Sie haben dem Elektronenmikroskop quasi eine Brille aufgesetzt. Falls Sie jetzt ein Gerät vor Augen haben, das man wie ein Lichtmikroskop auf den Tisch stellt und los geht's: Dieses Elektronenmikroskop PICO ist fünf Meter hoch und steht auf einem 200 Tonnen schweren, luftfedergedämpften Betonfundament, um es vor Erschütterungen zu schützen, und zwar bis in den Bereich von Tausendstelmillimetern [347].

Damit die Transmissionselektronenmikroskopie eine solche Leistungsfähigkeit erreichen konnte, mussten auch ausgefeilte Methoden zur Probenherstellung entwickelt werden, denn damit sie von Elektronen durchstrahlt werden können, müssen sie extrem dünn sein. In Abhängigkeit von der Ordnungszahl der Probenatome, der Beschleunigungsspannung der Elektronen und der angestrebten Auflösung sind sie nur von wenigen Nanometern bis zu maximal einigen Mikrometern dick. Um so dünne Proben herzustellen, schneidet man das zu untersuchende Material zunächst in dünne Scheibchen, die man dann auf eine Dicke von etwa 0,1 mm schleift. Anschließend trägt man weiteres Material, beispielsweise elektrochemisch oder mit Hilfe von Ionenstrahlen so weit ab, bis ein Loch entsteht, das am Rand so dünn ist, dass es mit Elektronen durchstrahlt werden kann [348].

Sechs Jahre nach Ernst Ruskas Erfindung des Transmissions-Elektronmikroskops erfand der deutsche Physiker Manfred von Ardenne (1907–1997) das Raster-Elektronenmikroskop (REM). Im Englischen spricht bezeichnet man es als Scanning Electron Microscope (SEM). Damit werden Materialien nicht mit Elektronen „durchleuchtet", wie mit dem Transmissions-Elektronenmikroskop, sondern mit einem sehr fein gebündelten Elektronenstrahl abgetastet. Dabei werden aus einer nur etwa ein bis zwei Nanometer dicken Atomschicht der Probenoberfläche Elektronen, sogenannte Sekundärelektronen, herausgeschlagen und von der Probe abgestrahlt. Ihre Verteilung wird von einem Detektor registriert, und über einen Verstärker als optische Signale auf einem Bildschirm dargestellt. Man erhält so ein topografisches „Spiegelbild" der untersuchten Oberfläche. Die Vergrößerung ist das Verhältnis zwischen der abgetasteten Probenfläche und der Größe des Monitorbildes. Sie kann stufenlos reguliert werden. Diese Sekundärelektronenmikroskopie (SEM) ist die am häufigsten angewandte Methode der Raster-Elektronenmikroskopie.

Andere Methoden nutzen die zurückgestreuten Elektronen des auftreffenden primären Elektronenstrahls (engl. Backscattered Electrons, BSE), um Informationen über die Oberfläche der Probe zu erhalten. Die Intensität dieser Elektronen hängt von der Art des Materials, genauer gesagt, der Ordnungszahl der Elemente ab, die

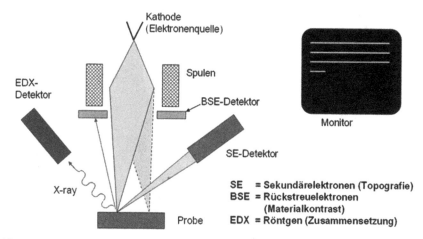

Abb. 4.10 Funktionsprinzip eines Rasterelektronenmikroskops

den Strahl zurück streuen. Schwere Elemente streuen ihn stärker zurück als leichtere. Deshalb erscheinen sie im Bild der untersuchten Probenoberfläche dunkler als leichte Elemente. Man erhält also ein Materialkontrastbild, aus dem man auf ihre chemische Zusammensetzung und die Verteilung verschiedener Elemente und Materialien schließen kann.

Zur Analyse der Zusammensetzung sehr kleiner Oberflächenbereiche wird auch die Röntgenstrahlung benutzt, die entsteht, wenn der primäre Elektronenstrahl aus einem Atom der Probenoberfläche nicht ein Elektron aus dessen äußerer Elektronenschale schlägt, sondern ein Elektron eines inneren, dem Atomkern näheren Orbitals aus seiner Position katapultiert. Die Energie dieser Röntgenstrahlung, ihre Intensität, wird von Halbleiterdetektoren erfasst. Und da sie für jedes Element charakteristisch ist, kann man das Element identifizieren, von dem sie ausgeht, und damit die Zusammensetzung der Probenoberfläche bestimmen [349].

Für Werkstoffforscher ist das Rasterelektronenmikroskop eines der wichtigsten Instrumente, um die Struktur und Zusammensetzung von Oberflächen bis hinab in die Nanometerdimension zu analysieren (Abb. 4.10, 4.11). Und zwar sowohl von anorganischen als auch von organischen, einschließlich biologischen Materialien. Dabei ist es, anders als bei der Transmissions-Elektronenmikroskopie, nicht nötig die Probe abzudünnen. Man kann sie analysieren, ohne sie zu zerstören. Außerdem kann man mit dem REM auch größere Proben untersuchen. Der Vergrößerungsbereich des Raster-Elektronenmikroskops umfasst mehr als vier Größenordnungen, von mit bloßem Auge noch sichtbaren, bis hin zu Nanostrukturen. Die maximale Vergrößerung beträgt etwa 500.000:1. Sein Auflösungsvermögen hängt nicht von der Wellenlänge der Elektronen ab, wie beim TEM, sondern vom Durchmesser des primären Elektronenstrahls. Bei den üblichen REMs beträgt der kleinstmögliche Strahldurchmesser und damit die maximale Auflösung einige Nanometer. Sie ist also deutlich schlechter als beim TEM. Dafür bilden REMs aber die Topografie von Oberflächen mit einer großen Schärfentiefe ab. Sie ist etwa einhundert mal größer

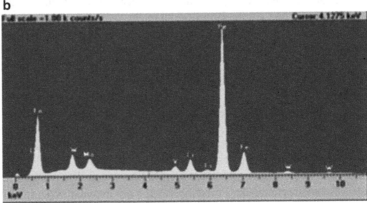

Abb. 4.11 Rasterelektronenmikroskopie – Anwendungsbeispiele. **a** REM – Aufnahme einer Keramik – Struktur, Verg.: 10.000: 1. **b** EDX (engl. energy dispersive X-ray spectroscopy) – Mikroanalysen an einem Schnellarbeitsstahl (HSS: high speed steel): Cr: 4.24%, V: 1.85%, Mo: 5.05%, W: 5.84%, Fe: 83.02%

als bei Lichtmikroskopen. Je nach Vergrößerung können sie Höhenunterschiede bis zu zehn Millimetern abbilden [350].

Im Jahr 1981 erfanden der deutsche Physiker Gerd Binning (geb. 1947) und der Schweizer Physiker Heinrich Rohrer (geb. 1933) am IBM-Forschungszentrum in Rüschlikon ein Mikroskop, das die Probenoberfläche ebenfalls mit einer Sonde abtastet, das aber auf einem anderen physikalischen Prinzip beruht als das Rasterelektronenmikroskop. Es ist nämlich nicht auf Elektronen oder elektromagnetische Wellen angewiesen, sondern beruht auf der Entstehung und Messung eines elektrischen Stromes. An die Sonde wird nämlich eine elektrische Spannung an-

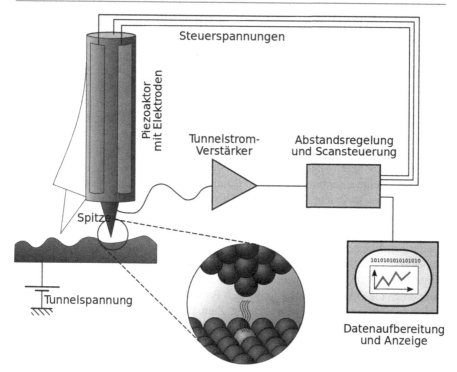

Abb. 4.12 Funktionsprinzip eines Rastertunnelmikroskops

gelegt. Wird sie nun im Abstand nur weniger Nanometer über die Probe geführt, die natürlich ebenfalls elektrisch leitend sein muss, fließt zwischen den Atomen der Probenoberfläche und der Sonde ein Strom. Ursache dafür ist ein quantenmechanischer Effekt, der sogenannte Tunneleffekt. Deshalb nennt man diesen Strom Tunnelstrom und das darauf beruhende Mikroskop Tunnelmikroskop (RTM, englisch Scanning Tunneling Microscopy, STM). Dieser Tunnelstrom wird gemessen und aus den Messwerten wird ein digitales dreidimensionales Bild der Probenoberfläche erzeugt. [351] Mit dem Rastertunnelmikroskop konnten auf Grund seiner hohen Auflösung erstmals einzelne Atome abgebildet werden (Abb. 4.12).

Der Clou des Ganzen, gewissermaßen das I-Tüpfelchen auf die Erfindung des Rastertunnelmikroskops, ist, dass man damit Oberflächen nicht nur abtasten und sie Atom für Atom abbilden kann. Man kann damit sogar einzelne Atome aus ihr herausheben und sie an einer anderen Stelle wieder absetzen. Dieses Mikroskop erweitert und vertieft nicht nur den Blick des Werkstofffforschers, es kann ihm auch als „Bagger" dienen, mit dem er Atome und Moleküle greifen und entlang der Probenoberfläche transportieren kann. Dazu wird die Sonde präzise so gesteuert, dass sie einzelne Atome oder Moleküle der Probe gezielt berührt. Präzise heißt in diesem Fall, die Genauigkeit der Bewegung muss kleiner sein als der Durchmesser eines Wasserstoffatoms. Zwischen den Atomen an der Spitze der Sonde und den abgetasteten Atomen oder Molekülen wirken nun anziehende und abstoßende Kräfte, die zusätzlich durch Regulierung der an die Sonde angelegten Spannung verändert werden können. Dadurch kann man Atome oder Moleküle der Probenoberfläche kontrolliert manipulieren [352].

Mit Hilfe dieser Nanomanipulation von Oberflächenatomen hatte das IBM-Forschungslabor den Namen der Firma mit einzelnen Xenon-Atomen auf eine Probe „geschrieben". Heute ist das kein Kunststück mehr. Auf die gleiche Weise hat beispielsweise der Physiker Professor Berndt an der Christian-Albrechts-Universität Kiel das Logo seiner Universität dargestellt, und zwar mit Mangan-Atomen auf Silber. (Abb. 4.13)

Die Möglichkeit der Manipulation von Atomen hat die Vision geweckt, mit dieser Methode eines Tages Materialien „bottom up" Atom für Atom aufzubauen, so wie man Lego-Steine zusammensetzt. Gerd Binning hatte dann gemeinsam mit dem US-amerikanischen Ingenieur Calvin Forrest Quate (geb. 1923) und dem Schweizer Physiker Christoph Gerber (geb. 1942) die Idee, die Sonde des Rastertunnelmikroskops an einer winzigen Blattfeder, dem sogenannten Cantilever (engl. für Konsole, freitragender Arm) zu befestigen. Beim Abtasten der Probe wirken zwischen den Atomen an der Spitze der Sonde und den Atomen der Probenoberfläche Kräfte, die von ihrem Abstand voneinander abhängen. Sie bewirken, dass sich die Blattfeder biegt, und zwar durch die Oberflächenstruktur je nach Position der Sonde unterschiedlich weit.

Diese Verbiegung kann man messen. Zum Beispiel, indem man einen Laserstrahl auf die Blattfeder lenkt und dessen Reflexionswinkel misst. Da seine Größe davon abhängt, wie stark die Feder verbogen ist, ist sie ein Maß für die atomaren Kräfte, die zwischen der Sonde und der Oberfläche der Probe wirken. Die Veränderung des Reflexionswinkels dient nun als optisches Signal, das von einem Computer aufgezeichnet und zu einem dreidimensionalen Bild der Probenoberfläche verarbeitet wird. Da dieses Mikroskop nicht den Tunnelstrom, sondern die zwischen den Atomen der Sonde und der Probe auftretenden Kräfte misst, bezeichnet man es als Rasterkraftmikroskop (RKM, engl. Atomic/Scanning Force Microscope, AFM bzw. SFM). [353] (Abb. 4.14).

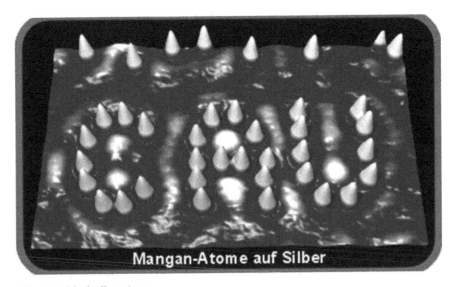

Abb. 4.13 Manipulierte Atome

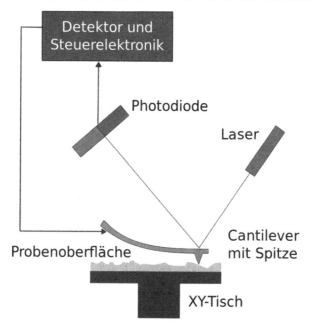

Abb. 4.14 Funktionsprinzip eines Rasterkraftmikroskops

Ein großer Vorteil gegenüber dem Rastertunnelmikroskop ist, dass man damit, weil es eben Kräfte und keine Ströme misst, auch nichtleitende Materialien untersuchen kann.

4.6   Ehre, wem Ehre gebührt?

In einem Interview für eine Website zu Themen der Physik hat Gerd Binning den Entwicklungsprozess des Tunnel- und des Rastermikroskop geschildert. Wie die Ideen dazu entstanden sind, welche Schwierigkeiten dabei zu überwinden waren und wie Zweifel von Fachkollegen ausgeräumt werden mussten:

Für mich ist diese Ganze Sache … auch ein Beispiel dafür, dass Naivität oft nicht nur etwas Negatives hat, sondern auch sehr positiv sein kann. Die allerersten Grundgedanken zum Rastertunnelmikroskop kamen von meinem Kollegen und Freund Heinrich Rohrer. Sein Gedanke war, sich Materie nicht nur in geordneten Strukturen anzuschauen, wie das zu der Zeit üblich war, sondern sie lokal zu betrachten. Die Physiker damals haben immer nur in vollkommen geordneten Strukturen gedacht, weil das die einzigen Strukturen waren, die sie mathematisch behandeln konnten. Die anderen Strukturen haben sie ignoriert. Irgendwann dachten sie wohl: Ja gut, dann ist die Welt auch so…

Die Welt ist nicht so schön geordnet, wie die Leute sich das damals vorgestellt haben. Das war unser Ausgangspunkt: Man muss sich Materie lokal anschauen, und zwar auf ganz feiner Skala. … Anfangs habe ich versucht, eine Methode zu finden, mit der man solche feinen Strukturen analysieren kann, aber keine gefunden. Deswegen haben wir uns gesagt: Na gut, wenn es keine Methode gibt, müssen wir eben selbst eine erfinden. Bereits ein Vierteljahr nachdem ich bei IBM angefangen habe konnte ich das erste Tunnelmikroskop vorstellen. Vom Prinzip her. ...

Die haben gedacht: „Der hat einen Hau weg, da haben wir wohl nicht den Richtigen einge-stellt" ... Die Pläne, die ich dann vorgestellt habe, sahen vor, in den nächsten drei Monaten dieses neue Mikroskop weiterzuentwickeln. Es wäre die höchste Auflösung, die man über-haupt haben kann. Danach kommt die Spektroskopie an die Reihe. Wir waren aber naiv und haben die Arbeit vollkommen unterschätzt, die da noch hineinfließen musste. Trotzdem waren wir unglaublich schnell, nach nur zwei Jahren war das Mikroskop fertig und hat funktioniert. Aber: Es musste eine Killer-Applikation her. Nach einem weiteren Jahr haben wir die gefunden. ...

Das ist ein Begriff aus der Wirtschaft, aber in der Wissenschaft ist es das Gleiche. Die Leute müssen wachgerüttelt werden. Zu einem neuen Mikroskop, das nur atomare Stufen zeigt, sagen die: „Das ist nett, aber was machen wir damit?" Ihnen muss klar gemacht werden, dass man damit ein Problem lösen kann. Ein Problem, an dem Heerscharen von Leuten schon jahrelang arbeiten, es aber nicht lösen können. Wir haben uns das 7x7-Modell der Siliciumoberfläche vorgenommen (das ist ein Modell einer bestimmten defektfreien Gitter-ebene des Siliciums mit spezifischen Merkmalen – K.U.). Da gab es ja 100 verschiedene Modelle oder so etwas, die aber alle falsch waren. ...

Das hat jeden interessiert, jeder wollte wissen, wie das mit der Siliciumoberfläche funktio-niert. Silicium war damals auch ein ganz wichtiges Material in der Computerindustrie. Wir konnten diese Struktur dann wirklich beobachten, und das hat eingeschlagen wie eine Bombe. Was mich am Tunnelmikroskop schon früh gestört hatte, war die Tatsache, dass man immer einen Strom zwischen diesen Elektronenwolken brauchte. Dadurch kann man es in der Bio-logie praktisch nicht einsetzen ...

Wir haben uns zwei Jahre lang das Gehirn zermartert, hatten immer wieder neue Ideen, aber die entscheidende Idee ist uns lange nicht eingefallen. Irgendwann war sie dann einfach da, ohne, dass ich darüber nachgedacht habe: Wir messen einfach die Kräfte! Unsere Frage damals war: Ist das überhaupt möglich? Kann man eine Kraft zwischen zwei einzelnen Atomen messen? Das Ergebnis war erstaunlich: Das sind sogar ziemlich kräftige Kräfte, die da zwischen zwei Atomen wirken, man denkt das gar nicht. Mit einer sehr feinen Feder und einem technischen Trick lassen sich diese Kräfte messen. Man muss klein werden, das wussten wir schon vom Tunnelmikroskop her. Je kleiner man das Tunnelmikroskop macht, desto besser funktioniert es, da es dann weniger empfindlich auf Vibrationen reagiert. ...

Das war der Trick, mit dem das Ganze auch relativ schnell funktioniert hat. Wobei: Nicht wirklich. Die Leute sind am Anfang eigentlich darauf hereingefallen. Wir haben zwar Atome gesehen, worüber wir schon mal sehr froh waren, aber da stimmte etwas nicht, plötzlich waren die geordnet!

... wir wussten von der Tunnelmikroskopie her, dass das falsch ist. Eine Oberfläche ist eben nicht geordnet, es gibt immer eine gewisse Unordnung. Wir hatten unterschätzt, dass sich durch die abstoßenden Kräfte zwischen Probe und vorderster Spitze die Probenober-fläche und die Spitze etwas aneinander anschmiegen. Die erste zarte Berührung ist nicht so leicht zu messen wie beim Tunneleffekt. Beim Tunnelmikroskop ist es so: Wenn der Strom fließt, weiß man, man hat mit der Spitze die Oberfläche erreicht. Beim Messen der Kräfte bemerkt man bei der Annäherung der Spitze zuerst eine anziehende, dann eine abstoßende Kraft. Die anziehenden sind aber stärker und sind langreichweitig. Wenn das vorderste Atom bereits abstoßend wirkt, misst man immer noch eine starke anziehende Kraft zwi-schen Probe und Spitze. Wir hatten in den ersten Experimenten zu sehr auf die Oberfläche gedrückt. Dadurch berühren mehrere Spitzenatome, die alle parallel die Oberfläche abtas-ten und somit mehrere übereinander gelagerte Bilder erzeugen. Die Ordnung bleibt und die Unordnung mittelt sich weg. ...

Als der berühmte Kollege Richard Feynman zum ersten Mal vom Tunnelmikroskop gehört hat, hat er gesagt: „Das ist kein wirkliches Anschauen mehr, das muss man erst noch inter-pretieren". Dazu sage ich, dass er etwas ganz Wesentliches nicht verstanden hat, denn: Das ist bei allem so. Wir haben ein immenses Wissen über die Welt. Deswegen verstehen wir das, was wir mit unseren Augen sehen. Aber im Prinzip ist auch das nur ein Abtasten. Ein

Abtasten, bei dem sehr viel Interpretation nötig ist. Bei diesen Mikroskopen ist es genauso. Man muss immer interpretieren [354].

Ruska, Binning und Rohrer erhielten 1986 gemeinsam den Nobelpreis für Physik. Zu einer Hälfte Ruska für seine fundamentalen elektronenoptischen Arbeiten und die Konstruktion des ersten Elektronenmikroskops und zur anderen Hälfte gemeinsam Binning und Rohrer für ihre Konstruktion des Raster-Tunnel-Mikroskops. [355]

Die Entwicklung der Elektronenmikroskopie hatte also mehrere Väter. Und dazu gehörten in ihrer frühen Phase noch andere, die bei der Verleihung des Nobelpreises unberücksichtigt geblieben sind. Sie werden deshalb auch heute oft nicht erwähnt, obwohl ihr Anteil an dieser Entwicklung außer Frage steht. Auch in der wahrheitssuchenden Wissenschaft kommen nicht immer alle zur höchsten Ehre, denen sie auch gebühren würde. Dazu zählt der deutsche Elektrotechniker Max Knoll (1897–1969), der nach seinem Studium in München am Institut für Hochspannungstechnik der damaligen TH Berlin promoviert und dort 1927 die Arbeitsgruppe Elektronenforschung übernommen hat. Ruska, der ebenfalls in München studiert hatte, wurde einer seiner Mitarbeiter, und mit ihm entwickelte und baute er das erste Elektronenmikroskop [356].

In die Reihe der nicht nobelpreisdekorierten Miterfinder des Elektronenmikroskops gehört auch der Elektrotechniker Bodo von Borries (1905–1956), der Schwager von Ernst Ruska. Auch er hat sein Studium in München abgeschlossen, nachdem er erst Maschinenbau in Karlsruhe studiert und dann mit dem Elektrotechnikstudium in Danzig begonnen hatte. Er ging später nach Berlin und war, wie Ruska, Assistent bei Knoll. Er initiierte die Einrichtung einer Entwicklungsstelle für Elektronenmikroskopie bei der Siemens & Halske AG, die 1937 aufgebaut und von ihm gemeinsam mit Ruska geleitet wurde. Zwei Jahre später ging dort das erste Elektronenmikroskop serienmäßig in die Produktion [357].

Ruska hat in seiner Nobelrede fairerweise geschildert, welchen Beitrag Knoll und von Borries sowie andere seiner Kollegen am Zustandekommen der bahnbrechenden Leistung hatten, für die er mit dem Preis geehrt wurde. [358]

Aber auch der Physiker Ernst Brüche (1900–1985), damals Leiter des physikalischen Laboratoriums des AEG-Forschungsinstituts, gilt als ein Wegbereiter der Elektronenoptik. Bereits 1931 hatte er die ersten elektronischen Großaufnahmen von emittierenden Kathodenoberflächen gemacht und 1939 ein elektrostatisches Elektronenmikroskop entwickelt. Das ist ein Mikroskop mit elektrostatischen, statt magnetischen Linsen. Ihre Entwicklung wurde etwa 20 Jahre später aufgegeben, weil solche Linsen für die Ablenkung schneller Elektronen in Hochspannungsmikroskopen ungeeignet sind. Die Leistungen Brüches trugen maßgeblich zur Entwicklung des Elektronenmikroskops bei. Das hat Ruska in seiner Nobelrede allerdings mit keinem Wort erwähnt. Zwischen beiden kam es zu einem Prioritätsstreit, der dazu führte, dass der Nobelpreis an Ruska erst nach Brüches Tod vergeben wurde [359].

Ja, wie denn nun, werden Sie fragen, ist die Erfindung des Elektronenmikroskops hauptsächlich Ruska zu verdanken oder nicht? Ich vermag das nicht zu beurteilen, aber:

Der chinesische Physikhistoriker Lin Qing hat nun anhand bislang ungenutzter Quellen die Leistungen der wichtigsten beteiligten Forscher unparteiisch und mit großem Gespür für die physikalischen Zusammenhänge untersucht. Seine Ergebnisse widersprechen den gängigen „Erfolgsgeschichten": Er kann überzeugend nachweisen, daß die Idee und Verwirklichung des Elektronenmikroskops keineswegs der Ruska-Gruppe allein zu verdanken ist, sondern verschiedenen Wurzeln entstammte. Zwar bleibt unbestritten, daß der Ruska-Gruppe mit ihrer Entwicklungslinie letztlich der technologische Durchbruch gelang, doch arbeiteten weder die Forschungsgruppen um Ernst Ruska (TH Berlin-Charlottenburg) und Ernst Brüche (AEG) von Anfang an auf die Entwicklung eines "Übermikroskops" hin, noch schritten die Arbeiten beider Gruppen isoliert voneinander fort. Im Gegenteil: Der Autor zeigt auf, wie diese Innovation überhaupt erst durch die gegenseitige Befruchtung entstanden ist. [360]

Auch Baron Manfred von Ardenne (1907–1997), der Erfinder des ersten Raster-Elektronenmikroskops, nimmt für sich in Anspruch, an der Entwicklung des Siemens-Elektronenmikroskops mitgearbeitet zu haben. Wie er seine Rolle dabei sieht, hat er in seiner Autobiografie beschrieben:

Meine vertragliche Zusammenarbeit mit Siemens erweiterte sich im Laufe des Jahres 1936 durch meine Erfindung des Rasterelektronenmikroskops in das vielversprechende Gebiet der Elektronenmikroskopie. Nicht uninteressant ist, daß sich damals der Siemens-Mitarbeiter und spätere Nobelpreisträger Dr. Ernst Ruska in seinem Gutachten, dessen Inhalt mir durch Zufall bekannt wurde, scharf gegen das Rasterelektronenmikroskop aussprach. Von Prof. Dr. Küpfmüller (damals Gruppenleiter bei Siemens – K.U.) beraten, entschied Hermann von Siemens gegen die Meinung von Ruska. Die spätere Entwicklung hat die Richtigkeit seiner Entscheidung gegen Ruska bestätigt, denn das auch von Siemens gefertigte Rasterelektronenmikroskop erlangte ähnliche Bedeutung in der Forschung wie das von Ruska und Bodo von Borries entwickelte Durchstrahlungs-Elektronenmikroskop mit magnetischen Linsen. Ruska hatte veranlasst, dass mir jede Entwicklungsarbeit an dem Durchstrahlungs-Elektronenmikroskop verboten wurde. Da ich dieses Verbot als grobe Beleidigung empfand, führte ich 1939 die Entwicklung des Universalelektronenmikroskopes für Hellfeld, Dunkelfeld und Stereobildbetrachtung zur Überraschung der Siemens-Elektronenmikroskopiker heimlich durch. Infolge eines anderen Konstruktionsprinzips war mein Mikroskop dem Siemens-Mikroskop erheblich überlegen. … Diese Maßnahmen (die anderen Konstruktionsprinzipien – K.U.) kamen gemäß dem bestehenden Vertragsverhältnis auch der Konstruktion des Siemens-Mikroskopes nach Ruska und von Borries zugute. [361]

Wohl kaum ein anderer hat im 20. Jahrhundert bahnbrechende Leistungen auf so verschiedenen Gebieten vollbracht wie Manfred von Ardenne. Ich erzähle Ihnen etwas darüber, obwohl es zunächst ein Stück von der Werkstoffforschung weg führt. Weil man an seiner Lebensleistung nicht nur wie in einem Brennspiegel erkennt, welcher Kreativität und Leidenschaft es bedarf, um so erfolgreich zu sein. Sondern auch, dass sie allein nicht unbedingt zum Erfolg führen. Auf unserer Exkursion durch die Werkstoffforschung haben Sie ja schon gelernt, dass das Zustandekommen von Erfindungen und der Erfolg von Innovationen auch von wirtschaftlichen Interessen und gesellschaftlichen Umständen abhängen. Und nicht zuletzt natürlich vom wissenschaftlichen Umfeld. All das passte bei von Ardenne über Jahrzehnte zusammen, hat ihn zu einem zweifellos genialen Gelehrten und Erfinder werden lassen. Mit einem solchen Ruf wird man entweder gepriesen und geehrt. Oder gemobbt und geschmäht. Zumal, wenn man nicht den richtigen „Stallgeruch" hat, und wenn man dazu gar auf einem fachfremden Territorium wildert. Von Ardenne hat beides erlebt – und mit ausgeprägtem Selbstbewusstsein hingenommen.

Augenscheinlich hatte er in der Akademiker-Gemeinde einen zwiespältigen Ruf. Einerseits galt er als herausragender Wissenschaftler und Erfinder. Andererseits hat ihn ein Professor der TU Dresden in seiner Physikvorlesung, die ich als Student besucht habe, sogar einen „kleinen Bastler" genannt. Ich wusste damals noch nicht, dass beide nicht nur Universitätskollegen, sondern sich auch schon in den Geburtsjahren der Elektronenmikroskopie fachlich und räumlich nahe waren. Denn der Mann hatte während jener Jahre mit Ernst Brüche zusammengearbeitet [362].

Manfred von Ardenne war ein akademischer Außenseiter. Er war ein bedeutender Forscher und Erfinder, ohne jemals ein Abitur abgelegt oder ein Studium abgeschlossen zu haben. Rund 600 Patente auf den Gebieten der Funk- und Fernsehtechnik, der Nuklear-, Plasma- und Medizintechnik und eben auch der Elektronenmikroskopie gehen auf sein Konto. Das erste hat er mit 16 Jahren für ein „Verfahren zur Erzielung einer Tonselektion, insbesondere für die Zwecke der drahtlosen Telegraphie" erhalten. Als er 1928 volljährig wurde, gründete er ein Forschungslaboratorium für Elektronenphysik in Berlin-Lichterfelde. Dort gelang ihm 1930 die weltweit erste vollelektronische Fernsehübertragung mit einer Kathodenstrahlröhre, die er im Folgejahr auf der Berliner Funkausstellung vorführte. Nach dem II. Weltkrieg ist er, wie der Raketenforscher Werner von Braun in die USA, in die Sowjetunion geholt worden. Er hat dort an der Entwicklung der Atombombe mitgearbeitet. Nach seiner Rückkehr gründete er in Dresden ein privates Forschungsinstitut, wo später etwa 500 Mitarbeiter beschäftigt waren [363].

Dort hat von Ardenne unter anderem den ersten Elektronenstrahl-Mehrkammerschmelzofen der DDR zur Erzeugung von hochreinen Spezialstählen durch Umschmelzen im Vakuum entwickelt. Er ist Mitte der 1960er Jahre im damaligen VEB Edelstahlwerk Freital aufgebaut und in Betrieb genommen worden. Das Herzstück des Elektronenstrahl-Mehrkammerschmelzofens, die Elektronenstrahlkanone, ist heute im Deutschen Museum Bonn zu besichtigen. Für diese Leistung hat von Ardenne mit einem Kollektiv den Nationalpreis für Wissenschaft und Technik der DDR erhalten. Dennoch fand sie in der Wissenschaft nicht nur Beifall. Im Gegenteil. Wissenschaftler des Instituts, an dem ich meine Diplomarbeit angefertigt habe, behaupteten, von Ardenne habe das Verfahrensprinzip in ihrem Institut abgekupfert und es lediglich mit Brachialgewalt in eine großtechnische Anlage umgesetzt. Deshalb habe ihm dessen ehemaliger Direktor den Zutritt zum Institut untersagt. Ich habe keinen Grund an ihrer Lauterkeit zu zweifeln. Dass der Aufbau des Ofens tatsächlich ein riskanter Kraftakt war, hörte ich auch vom Technischen Direktor des Edelstahlwerkes, Dr.-Ing. Scharf, als ich nach meinem Studium dort als Entwicklungsingenieur arbeitete.

In seiner zweiten Lebenshälfte wandte sich von Ardenne mutig einem anderen Gebiet zu, dass für ihn als Physiker zunächst völlig fachfremd war: Der Medizin. Aber nicht ganz neu. Denn bereits in den 1930er Jahren hatte er beispielsweise für das Institut für Zellphysiologie in Berlin-Dahlem das erste elektronische Spektralphotometer entwickelt, mit dem man enzymatisch-optische Messungen durchführen konnte. Und auch während seiner damaligen Arbeiten auf dem Gebiet der Elektronenmikroskopie hatte von Ardenne immer mal wieder mit biologischen und medizinischen Problemen zu tun.

Es ist leicht nachvollziehbar, das die Zuwendung des Physikers zur Medizin der Entwicklung und Herstellung biomedizinischer Technik galt. Ende der 1950er Jahre erfand von Ardenne den verschluckbaren Intestinalsender. Das ist eine Radiosonde, die aus der Speiseröhre und dem Magen-Darm-Trakt kontinuierlich Messwerte für die medizinische Diagnostik auf einen Empfänger übermittelt. Etwa zur gleichen Zeit wurde in seinem Institut die erste eigene Herz-Lungen-Maschine der damaligen sozialistischen Länder entwickelt und gebaut [364].

Schon damals erlebte von Ardenne, dass man – wohl eher aus politischen als aus wissenschaftlichen Gründen – versuchte, ihn als zwielichtige Figur erscheinen zu lassen. So berichtete der „Spiegel" detailliert darüber, wie die Anwendung des verschluckbaren Intensinalsenders in einer Dresdner Klinik demonstriert worden ist. Eine „winzige Apparatur …, die deutsche Forscher in den letzten zwei Jahren entwickelten". Der Heidelberger Kinderarzt Dr. Hans Günter Nöller habe verschiedenartige Sender konstruiert, die Informationen aus den Verdauungsorganen des Patienten funken können, und die „demnächst serienmäßig in der Bundesrepublik hergestellt werden". Da man von Ardennes Leistung aber nicht völlig unterschlagen konnte, setzte man sowohl die Leistung als auch den Mann auf subtile Weise in ein Licht, in dem sie in der Öffentlichkeit wahrgenommen werden sollten: Die Idee womöglich geklaut, der Erfinder ein Bastler [365].

Weniger einleuchtend als von Ardennes Zuwendung zur biomedizinischen Technik ist auf den ersten Blick, dass er es sich zur Lebensaufgabe machte, eine universelle Krebstherapie zu entwickeln. Eine Therapie, die nicht nur Tumore an einzelnen Organen, sondern alle Krebszellen im gesamten Körper bekämpfen sollte. Angeregt hatten ihn dazu die Forschungsarbeiten des Biochemikers, Arztes und Physiologen Otto Warburg (1883–1970), der 1931 den Nobelpreis für Medizin erhalten hatte. Und

Otto Warburg (tat) alles, um Manfred von Ardenne zu unterstützen. Er beschwor ihn, nicht aufzugeben … Er brachte seine ganze Autorität als weltbekannter Biochemiker und Nobelpreisträger ein, lud ihn als seinen Begleiter zur Nobelpreisträgertagung 1966 ein, …, und wandte sich vor versammeltem Publikum mit ermutigenden Worten an ihn. Der Physiker von Ardenne, in der Medizin ein „Außenseiter", imponierte ihm. Vermutlich hielt er ihn gerade wegen seiner Außenseiterrolle für fähig, die Denkgewohnheiten orthodoxer Mediziner zu durchbrechen. [366]

Von Ardenne hat mit seinen Mitarbeitern die „systemische Krebs-Mehrschritt-Therapie (sKMT)" entwickelt. Sie beruht auf einer extremen Übererwärmung des gesamten Körpers. Dadurch werden Krebsgewebe geschädigt. Da diese kaum temperaturempfindlicher sind als normale Zellen, muss man dafür sorgen, dass wirklich nur sie angegriffen werden und nicht auch das gesunde Gewebe in Mitleidenschaft gezogen wird. Das erreicht man, idem in einem ersten Therapieschritt der Tumor übersäuert und der Körper zusätzlich mit Sauerstoff versorgt wird. Dadurch wird die Temperaturempfindlichkeit des Tumors erhöht, während gleichzeitig das gesunde Gewebe stabilisiert wird [367].

Um sein therapeutisches Konzept wissenschaftlich zu fundieren und weiterzuentwickeln, wurden über zweieinhalb Jahrzehnte hinweg grundlegende experimentelle Studien an Kleintieren durchgeführt. Um es praktisch verwirklichen zu können, ließ von Ardenne in seinem Institut Anlagen für die Ganzkörpertherapie entwickeln und bauen. Und er drängte darauf, die Therapie in Zusammenarbeit mit Kliniken rasch an Patienten zu erproben [368].

Das geschah an Patientinnen, die nach dem Ermessen der Ärzte „austherapiert beziehungsweise moribund" waren, d. h. an Sterbenden. Nach zwei Jahren war die vorsichtige, aber ermutigende Bilanz der Kliniker, dass sich mit dem Einsatz der Krebs-Mehrschritt-Therapie ein „Fortschritt in der Krebstherapie" abzeichnet. Aber bis heute, 40 Jahre danach, hat sich von Ardennes Konzept zur Bekämpfung des Krebses nicht durchsetzen können.

Ein Wissenschaftshistoriker hat dafür mehrere Gründe gefunden. Beispielsweise „die generelle Innovationsschwäche der Zentralplanwirtschaften des Ostens" und später „das kommerziell begründete Desinteresse der bundesdeutschen Pharmaindustrie". Vor allem aber, dass von Ardennes Konzept „viel mehr Gegner als Befürworter" hatte. Seine heftigsten Widersacher saßen im Zentralinstitut für Krebsforschung der Akademie der Wissenschaften der DDR und im Deutschen Krebsforschungszentrum in Heidelberg.

Dabei spielte sein eiliges Vorwärtsdrängen in die klinische Erprobung eine wichtige Rolle. Sie hat ihm schwere Vorwürfe aus der Ärzteschaft eingebracht. Andererseits haben ihn erfahrene Kliniker in diesem Drängen bestärkt, „nachdem sie das Konzept verstanden hatten und dessen Potenzial im Tierexperiment nachgewiesen werden konnte." Aber viele Ärzte haben auch einfach nicht akzeptieren können, dass ein medizinischer Laie, der nie am Seziertisch oder in der klinischen Praxis gestanden hatte, eine Krebstherapie auf der Grundlage der Denkmuster und Methoden der Physik entwickeln wollte, die ihrer traditionellen Denk- und Arbeitsweise eher fremd waren [369].

Von Ardenne hat sich dadurch nicht von seinem Ziel abbringen lassen. Er ist vielmehr einem Rat seines Freundes und Vorbilds Otto Warburg gefolgt:

> Ich muss sagen, dass ich Sie bewundere … Sie sind in den wenigen Jahren durchaus an die Spitze der Krebsforschung vorgedrungen … Mein Instinkt sagt mir, dass Ihnen auf die Dauer der Sieg sicher ist. Sie können jetzt nur *einen* Fehler machen: dass Sie, entmutigt durch so viel Widerstand, zu früh aufgeben. [370]

Im Jahre 1991 hat von Ardenne selbst eine Klinik für systemische Krebs-Mehrschritt-Therapie gegründet, die überwiegend von seiner Familie finanziert wurde. In den folgenden fünf Jahren

> wurden (dort) 572 Patienten mit verschiedensten Tumoren im fortgeschrittenen Stadium behandelt. Nur bei einem Drittel konnte der Krankheitsverlauf nicht beeinflusst werden, wohingegen bei immerhin zwei Dritteln das Tumorwachstum vorübergehend zum Stillstand gebracht werden konnte oder sogar eine Rückbildung zu beobachten war. [371]

Dabei hat man die Erkenntnis gewonnen, dass es wichtig ist, die systemische Krebs-Mehrschritt-Therapie durch eine Sauerstoff-Mehrschritt-Immunstimulation „zur Vernichtung eines möglichst großen Anteils der die Therapie überlebenden Krebszellen durch die körpereigene Abwehr" zu ergänzen. Später wurden die meisten Behandlungen außerdem mit einer „moderaten, also niedriger dosierten Chemotherapie kombiniert", da man aus Veröffentlichungen anderer Arbeitsgruppen gelernt hatte, „daß einige Chemotherapeutika unter Hyperthermie eine verstärkte Wirkung aufweisen." Außerdem schien von Ardenne einer „Halbkörperbestrahlung dringend geboten". Diese konnte allerdings aus finanziellen Gründen nicht realisiert werden [372].

Nach der Wiedervereinigung Deutschlands wurden von Ardenne schwere wissenschaftliche und ethische Mängel vorgehalten. Er müsse nach fast 30 Jahren Krebsforschung endlich anfangen „wissenschaftlich nachprüfbar zu arbeiten" und auch „erkennen, daß er an Menschen experimentiert und nicht an Metallteilen, die er hinterher wegwerfen kann". Einige Krebsforscher plädierten aber trotz aller Zweifel an der Wirksamkeit der Krebs-Mehrschritt-Therapie dafür, sie „sorgfältig zu überprüfen, um die Kontroverse zu lösen". [373] Fast alle verbliebenen Protagonisten der Therapie verschweigen aber bewusst den Namen von Ardenne. Ein Krebsspezialist, Professor am Klinikum der TU Dresden, versteht das. Denn das sei ein „verbrannter Markenname". [374]

Von Ardenne hatte seitdem keine Chance mehr, öffentliche Fördermittel für seine Krebsforschung zu bekommen, wie sie ihm in der DDR zugeflossen waren. Im Jahre 2000 stellte seine Klinik den Betrieb ein, da ihre weitere Finanzierung nicht mehr möglich war. Am Ende seines Lebens bilanziert Manfred von Ardenne:

> Ein endgültiges Urteil über die therapeutische Wirksamkeit der systemischen Krebs-Mehr-schritt-Therapie wird … erst in einigen Jahren möglich sein, wenn kontrollierte Studien … durch von uns unabhängige Dritte … ihren Abschluss gefunden haben. [375]

Im Jahre 2005 hat der Unterausschuss „Ärztliche Behandlung" des Gemeinsamen Bundesausschusses der Kassenärztlichen Bundesvereinigung von Ardennes Therapie begutachtet. Mit folgendem Ergebnis:

> Die bisher vorliegenden Studien wurden zu Fragen der frühen klinischen Prüfung durchge-führt und weisen zum Teil erhebliche methodische Mängel auf. Sie erfassen kleine Kollek-tive einzelner onkologischer Indikationen oder Fallserien sehr unterschiedlicher Tumore. Keine der Studien konnte einen Nachweis des therapeutischen Nutzens unter alleiniger oder begleitender systemischer Krebs-Mehrschritt-Therapie erbringen. Auch zu Verträg-lichkeit bzw. Sicherheit der sKMT können anhand der vorliegenden Daten keine Schluss-folgerungen getroffen werden. Bei einigen Studien wurden die Ergebnisse zudem nicht nach international anerkannten Standards gewonnen und ausgewertet. Insbesondere die Nebenwirkungen werden nicht angemessen dargestellt. [376]

Die Ardenne-Story, die Ihnen exemplarische zeigen sollte, dass es nicht Kreativität und Leidenschaft allein sind, die in der Wissenschaft zum Erfolg führen und dass wissenschaftlicher Erfolg nicht unbedingt auch Anerkennung bedeutet, hat uns auf unserer Exkursion durch die Werkstoffforschung von Nanomaterialien und ihrer Produktion über die Nanoanalytik, insbesondere die Elektronenmikroskopie und deren Erfinder, zur Krebstherapie geführt. Ganz schön weit von unserem Thema weg, oder? Sie werden sich wundern, aber dieser Abweg bringt uns auch wieder direkt zu Nanomaterialien zurück.

Genauer gesagt, zu Eisenoxid-Nanopartikeln, mit deren Hilfe aggressive Tumoren zielgerichtet bekämpft werden. Dieses neue Verfahren beruht, wie von Ardennes Krebstherapie, auf dem Prinzip der Hyperthermie. Allerdings wird dabei nicht der gesamte Körper des Patienten erhitzt, sondern nur der Tumor. Dazu werden die magnetischen Nanopartikel in den Tumor gespritzt. Im Tumor werden sie von einem äußeren magnetischen Wechselfeld aufgeheizt, wodurch die Krebszellen absterben. Dieses unter dem Namen NanoTherm® patentierte Verfahren, ist an der Universitätsklinik der Charité, gemeinsam mit dem Leibniz-Institut für Neue Materialien in Saarbrücken und der MagForce Nanotechnologies GmbH entwickelt worden, gefördert vom Bundesministerium für Bildung und Forschung [377].

Die Anwendung von magnetischen Teilchen zum selektiven Erhitzen von Tumoren reicht zurück bis ins Jahr 1957. Seither wurden weltweit vielversprechende Tierversuche und auch erste klinische Experimente an verschiedenen Tumorarten durchgeführt, die mehr oder weniger erfolgreich waren. Sie unterschieden sich vor allem in der Art der verwendeten Partikel und in der Technik, mit der sie in die Tumoren eingebracht wurden. [378] Die Wirksamkeit der NanoTherm®-Therapie ist in einer in den Jahren 2005 –2009 an 59 Patienten durchgeführten Studie nachgewiesen worden, bei denen wiederholt Hirntumoren diagnostiziert worden waren. [379] Gleichwohl gibt es Fachleute, die die bislang erzielten Ergebnisse skeptisch sehen. Das Therapiesystem ist inzwischen in Europa zugelassen und wird von der MagForce AG, einem Medizintechnik-Unternehmen, das sich auf Nanomedizin in der Onkologie spezialisiert hat, hergestellt und vertrieben [380] [381] [382].

4.7   Wo ist die „rote Linie"?

Nanopartikel bieten aber nicht nur die Chance, Krankheiten wirksam zu therapieren. Unter Umständen können sie womöglich auch genau das Gegenteil bewirken, nämlich die Gesundheit von Menschen schädigen. Erinnern wir uns noch mal, dass sich im Jahre 2008 Partner aus Wirtschaft und Wissenschaft zu einer Innovationsallianz Nanotubes zusammengeschlossen hatten. Ein Mitglied dieses Verbundes war die Bayer AG. Sie hat zwei Jahre später die weltgrößte Produktionsanlage für Carbon Nanotubes eingeweiht und eine jährliche Produktion von 200 Tonnen geplant. Die Anlage hat jedoch den regulären Betrieb nie aufgenommen. Im Frühjahr 2013 hat das Unternehmen die Vermarktung von CNT eingestellt. Wegen gesundheitlicher Bedenken. Das jedenfalls behauptet ein internationales Selbsthilfe-Netzwerk, das sich für Umweltschutz und soziale Anliegen einsetzt und dabei insbesondere den Bayer-Konzern weltweit beobachtet und kritisch begleitet. Tierversuche hätten gezeigt, dass die winzigen Partikel über die Atemwege, den Magen-Darm-Trakt und die Haut in den Körper eindringen und dort, ähnlich wie Asbest, die Entstehung von Krebs begünstigen können. Der Bayer-Konzern selbst habe gewarnt, dass zu diesem Produkt keine toxikologischen Untersuchungen vorlägen [383] [384].

Sicher werden Sie nun fragen oder sollten es jedenfalls tun, was an diesen Behauptungen dran ist. Sind die Herstellung und Verwendung Nanoteilchen wirklich so riskant? Und ist die Bayer AG deshalb aus der CNT-Produktion ausgestiegen?

Tatsächlich hat Professor Günter Oberdörster mit seinen Kollegen von der University of Rochester in New York schon vor zehn Jahren eindrucksvoll nachgewiesen, dass sich Nanopartikel beim Einatmen in der Lunge festsetzen. Und weil sie so winzig klein sind, können sie Zellmembranen und auch die Blut-Hirn-Schranke überwinden. Diese Barriere zwischen dem Blutkreislauf und dem Zentralnervensystem schützt das Gehirn vor dem Eindringen von Krankheitserregern oder Giften, die sich im Blut befinden können. Für Nanopartikel ist sie kein Hindernis. Sie können sogar ins Gehirn vordringen. Die Forscher haben verfolgt, wie sich Kohlenstoffpartikel mit einem Durchmesser von 35 nm in Ratten ausbreiten. Sie waren in der Lunge und bereits einen Tag, nachdem sie eingeatmet worden waren, in dem

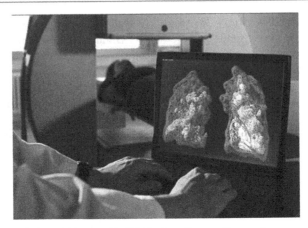

Abb. 4.15 Gefahren durch Nanopartikel? Mit einer Gamma-Kamera kann man über mehrere Tage hinweg beobachten, wo sich nach der Inhalation markierte Teilchen in der Lunge festsetzen und wie lange sie dort verbleiben

Teil des Gehirns nachweisbar, der für die Geschmackswahrnehmung zuständig ist. [385] (Abb. 4.15).

Aber nicht nur durch Einatmen, sondern auch über die Haut könnten Nanopartikel in den Körper gelangen. Die Haut besteht aus drei Schichten. Die äußere, die Epidermis, schützt den Körper vor dem Eindringen fremder Stoffe. Jedenfalls der meisten. Schützt sie auch vor dem Eindringen von Nanopartikeln? Oder können sie diese Schicht passieren? Beispielsweise Titandioxid-Nanopartikel, die in Sonnenmilch, aber auch in anderen Kosmetika, Lacken und Farben als Filter für ultraviolettes Licht enthalten sind. In einem von der EU geförderten Forschungsprojekt hat man untersucht, ob TiO_2-Nanopartikel aus Sonnencremes über die Haut in den Körper eindringen können. Im Ergebnis ist man zu dem Schluss gekommen, dass das nicht zu erwarten ist. Gesunde Haut ist eine zuverlässige Barriere, die solche Teilchen nicht passieren lässt [386].

Professor Tilman Butz, ehemaliger Leiter des Instituts für Nukleare Festkörperphysik der Universität Leipzig, der dieses im Jahre 2007 abgeschlossene NANO-DERM-Projekt koordiniert hat, hat gezeigt, wie dieser Schutz funktioniert. Die Nanopartikel werden von Zellen des Bindegewebes der menschlichen Haut (Humanhautfibroblasten) aufgenommen. In den hornhautbildenden Zellen der Epidermis (Keratinozyten) sind sie nicht zu finden. (Nur nebenbei: Dass sich die Materialforschung auch mit der Entwicklung und Herstellung von Kosmetika beschäftigt, hätten Sie wahrscheinlich nicht vermutet. Tut sie aber. Die Materials Research Society hat 2007 ein Bulletin sogar hauptsächlich diesem Thema gewidmet.) (Abb. 4.16).

Diese Forschungsergebnisse betreffen ausdrücklich gesunde Haut. Deshalb warnt Professor Butz:

Gesunde Haut ist eine zuverlässige Barriere gegen Nanopartikelpenetration. Was wir nicht recht wissen, ist, was passiert eigentlich bei einer von einem Sonnenbrand geschädigten Haut, also wenn bereits die Hautfetzen runter hängen, und sie schmieren sich dann erst ein. Ich kann mir nicht vorstellen, dass man keinen Kontakt mit vitalem Gewebe hat, und ich würde also sehr stark davon abraten, so etwas zu tun. [387]

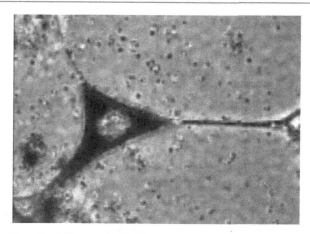

Abb. 4.16 Gefahren durch Nanopartikel in Kosmetika? – Titanoxidpartikel in Zellen des Bindegewebes der Haut

Solche und andere potentielle Gefahren der Nanotechnologie werden seit einigen
Jahren weltweit untersucht und oft kontrovers diskutiert. Tatsache ist, dass wir
über die Wirkungen häufig verwandter Nanomaterialien auf die Umwelt und die
Gesundheit des Menschen noch viel zu wenig wissen. Darauf weist auch die Nanokommission der Bundesregierung hin, die im Jahre 2006 ins Leben gerufen wurde
und der Vertreterinnen und Vertreter aus Wissenschaft, Unternehmen, Umwelt- und
Verbraucherorganisationen, Gewerkschaften, Ministerien und Behörden angehören.
Sie fordert deshalb, Wissenslücken auf dem Feld der Sicherheitsforschung abzubauen und die Risikoforschung zu verbessern. Nur so könnten staatliche Behörden
ihrer Verantwortung für den Schutz von Mensch und Umwelt beim Umgang mit
Nanomaterialien gerecht werden. Das heiße auch, gegebenenfalls vorläufig auf eine
Anwendung zu verzichten, bis gesicherte Erkenntnisse vorliegen. Allerdings müssten Nanomaterialien immer im Einzelfall unter Abwägung des möglichen Nutzens
mit den potentiellen Risiken bewertet werden. Allgemeine Aussagen über eine prinzipielle Gefährlichkeit von Nanomaterialien könne man nicht treffen [388].

Der Deutsche Bundestag hat sich schon frühzeitig mit der Problematik des
verantwortlichen Umgangs mit Nanotechnologien auseinandergesetzt. [389] Das
Bundesministerium für Bildung und Forschung hat die Untersuchung eventueller
Gefahren durch Nanopartikel bereits im Jahr 2003 als ein Fördergebiet in das Rahmenprogramm Werkstoffinnovationen für Industrie und Gesellschaft (WING) aufgenommen. Es fördert seither Projekte mit dem Schwerpunkt „NanoCare" zu den
Themen Erforschung der Zusammenhänge zwischen Materialeigenschaften und
humantoxikologischer Wirkung, Identifizierung von Wirkmechanismen und Entwicklung von Messstrategien und Testsystemen.

Meine Antwort auf Ihre Frage, ob Nanoteilchen wirklich so gefährlich sind, ist
deshalb: Ja, Kohlenstoff-Nanopartikel sind zwar wirtschaftlich vielversprechend,
sie können aber für den Menschen auch gefährlich sein. Wie gefährlich und unter
welchen Bedingungen weiß man noch nicht genau genug. Deshalb werden nicht nur
die wirtschaftlichen Chancen, sondern auch die möglichen Risiken ihrer Produktion

und Anwendung intensiv erforscht. Das alles war bereits bekannt, als die Bayer AG im Jahre 2010 ihre Produktionsanlage für Carbon Nanotubes eingeweiht hat.

Ist sie nun drei Jahre später, nachdem sie dafür viel Geld investiert und erhebliche staatliche Fördermittel erhalten hat, zur Einsicht gelangt, dass sie wegen möglicher Gesundheitsrisiken lieber auf die Produktion von CNT verzichten soll? Meine Antwort auf diese Frage ist: Kann sein. Ausschlaggebend dafür waren aber wohl eher wirtschaftliche Überlegungen. Denn Bayer MaterialScience hat dazu selbst offiziell mitgeteilt, dass es seine Entwicklungs-Aktivitäten noch stärker auf Themen konzentrieren will, die eng mit dem Kerngeschäft verknüpft sind, und dass das Unternehmen deshalb seine Arbeiten rund um Kohlenstoff-Nanoröhrchen zum Abschluss bringen wird. Man sei zwar nach wie vor davon überzeugt, dass Kohlenstoff-Nanoröhrchen ein großes Potenzial haben. Bahnbrechende massenhafte Anwendungen seien für Bayer MaterialScience aber derzeit nicht in Sicht. Und damit auch keine umfangreiche Kommerzialisierung. Kein Wort also von Bedenken wegen gesundheitlicher Risiken! [390]

Aber wer soll und kann im Einzelfall entscheiden, ob die Anwendung eines neu entwickelten Materials, vielleicht sogar schon dessen Entwicklung selbst, vertretbar ist oder ob man zunächst lieber die Finger davon lassen soll? Industrieunternehmen, die sich ein gutes Geschäft davon erhoffen? Forscher, die vor wissenschaftlicher Neugier brennen und im teilweise harten Wettbewerb um neue Erkenntnisse und deren Nutzung die Nase vorn haben wollen? Politiker, die meist von Wissenschaft, geschweige denn von konkreten Forschungs- und Entwicklungsprojekten keine Ahnung haben, aber Geld der Steuerzahler dafür bereitstellen sollen und damit in der Öffentlichkeit gut dastehen möchten? Wer mit Industrievertretern, Wissenschaftlern und Politikern über Forschungsvorhaben diskutiert hat, weiß, wie schwierig es sein kann, die verschiedenen Interessen unter einen Hut zu bekommen.

Dieser oder jener von Ihnen wird vielleicht denken, eine Risikodiskussion mehr, was soll's? Leider haben Sie ja Recht, dass wir ständig mit Alarmmeldungen über tatsächliche oder vermeintliche Gefahren konfrontiert werden: BSE, Schweinegrippe, Vogelgrippe, Feinstaubbelastung, Klimawandel, gesundheitsgefährdende Stoffe in Kinderspielzeug und Nahrungsmitteln, Atommüll. Und nun eben Nanomaterialien. Je mehr es werden, desto mehr gewöhnt man sich daran, und umso weniger nimmt man sie ernst. Selbst, wenn es dann mal zur Katastrophe kommt wie in Fukushima, scheinen sich manche noch für besonders cool oder gar sachkundig zu halten, wenn sie solche Gefahrenwarnungen lässig als Hysterie abtun. Und den Warnern vielleicht sogar noch das Etikett eines lächerlichen Technikpessimisten verpassen.

Welche Risiken können und wollen Sie in Ihrem künftigen Beruf, hoffentlich als Werkstofffachfrau oder –mann, eingehen und welche nicht? Wie verhalten Sie sich, falls Ihre Karriere davon abhängt, dass Sie Risiken eingehen, die Ihnen eigentlich zu groß erscheinen? Würden Sie sich dem verweigern, obwohl Sie genau wissen, dass andere nicht solche Skrupel haben? Die große Frage ist: Wo ist die rote Linie, die nicht überschritten werden darf? Ehrlich gesagt, ich kann sie Ihnen nicht schlüssig beantworten. Vielleicht gibt es darauf auch keine generelle Antwort. Wahrscheinlich müssen Sie das von Fall zu Fall für sich selbst entscheiden und sich entsprechend verhalten. Wenn Sie kein totaler Ignorant sein wollen, der schlicht und einfach dem Trend folgt, der gerade modern oder mehrheitsfähig ist, sondern eigenverantwortlich im Sinne einer nachhaltigen Entwicklung der Gesellschaft handeln möchten, werden Sie um diese Entscheidung nicht herumkommen. Vielleicht hilft Ihnen dabei die Einsicht des Technikhistorikers Professor Joachim Radkau: „Risikobewusstsein kennzeichnet den Fachmann, blinde Begeisterung verrät den Dilettanten." [391]

Bedenken Sie dabei bitte auch, was geworden wäre, wenn sich erst Handwerker und später Ingenieure und Wissenschaftler gescheut hätten, auch Risiken einzugehen? Wenn der Eisengießer Miller sich hätte davon abschrecken lassen, dass ihm sein Glockenguss zunächst explodiert ist und Menschen schwer verletzt hat. Oder wenn man nach dem Einsturz der Firth-of-Tay-Brücke keine so großen Brücken mehr gebaut hätte. Oder wenn Röntgenstrahlen für Werkstoffforscher tabu wären, seit man weiß, dass sie auch Gesundheitsschäden verursachen können. Oder sollten keine neuen Werkstoffe für noch leistungsfähigere Flugzeugtriebwerke mehr entwickelt werden, nachdem eines der modernsten Triebwerke von Rolls-Royce zu einer schlimmen Katastrophe geführt hat?

Es ist ein schmaler Grat zwischen den Chancen und Risiken der Nanotechnologie. Ein Ritt auf der Rasierklinge. Studien des Bundesinstituts für Risikobewertung haben jedoch gezeigt, dass Risiken der Nanotechnologie selten thematisiert werden, sowohl in den Medien als auch in der Bevölkerung. Im Vordergrund der Berichterstattung und der Diskussion stehen vorwiegend deren Chancen. Dennoch haben die Nanotechnologie und konkrete Nanoprodukte Probleme in der Bevölkerung akzeptiert zu werden. Allerdings weniger wegen befürchteter Risiken, sondern mehr aufgrund von Nutzenerwägungen [392].

Bleibt, nachdem wir nun viel über Nanomaterialien gesprochen haben, die zunächst paradox klingende Frage zu beantworten, die Professor Gottstein indirekt aufgeworfen hat – ich habe sie bei unserem Einstieg in die Nanotechnologie zitiert: Gibt es die eigentlich, da wir doch auch nicht von Makro-, Meso- oder Mikromaterialien sprechen? Und wenn ja, welche Materialien sind das, die man zweifelsfrei als Nanomaterialien bezeichnen kann?

Letztlich ist das eine Frage der Definition, das heißt der Übereinkunft zwischen Fachleuten. Und die lautet, wie ich Ihnen schon gesagt habe, dass es dabei um Nanoobjekte geht, deren Abmessung mindestens in einer Dimension unterhalb von 100 nm liegt. Für Pulver, Röhren, Fasern und Beschichtungen ist diese Definition unproblematisch, denn deren Abmessung kann man, wie wir gesehen haben, relativ einfach bestimmen. Was ist aber mit kompakten Werkstoffen?

Beispielsweise Kunststoffe, die mit Nanopulvern, -röhrchen oder -fasern verstärkt sind. Oder Keramiken und Metalle, deren Gefügebestandteile nur teilweise einen Durchmesser haben, der kleiner ist als 100 nm. Soll man die auch zu den Nanomaterialien zählen? Dann wären aber auch eine Reihe konventioneller Werkstoffe Nanomaterialien. Beispielsweise ausgehärtete Aluminiumlegierungen, deren Guinier-Preston-Zonen in diesem Dimensionsbereich liegen, und nanobeschichtete Stähle. Oder soll man sagen, wie es ein Fachausschuss der EU-Kommission vorgeschlagen hat, dass kompakte Werkstoffe einen bestimmten Anteil an Nanoobjekten enthalten müssen, um als Nanomaterialien zu gelten? Wie soll man das aber messen? Außerdem kann sich dieser Anteil im Laufe der Zeit ändern, beispielsweise wenn Nanoröhrchen, mit denen Kunststoffe verstärkt sind, zu größeren Teilchen agglomerieren.

Sie sehen, ganz so paradox, wie es zunächst klingt, ist die Frage nicht, ob es Nanomaterialien gibt und welche das sind. Denn auch Nanopulver, -fasern und –röhrchen, die man definitionsgemäß als Nanomaterialien bezeichnen kann, werden in der Regel nicht „eigenständig" als solche verwendet, sondern dienen der Erzeugung bestimmter mechanischer oder funktionaler Eigenschaften kompakter Werkstoffe. Ein pragmatischer Ausweg aus diesem Dilemma, den das Bundesministerium für Bildung und Forschung gewählt hat, ist, Nanomaterialien anhand dieser Eigenschaften zu definieren. Das heißt, als Nanomaterialien solche Materialien zu bezeichnen, deren technisch nutzbaren Eigenschaften unmittelbar auf der gezielten Erzeugung von Nanostrukturen beruhen [393].

Solche nanospezifischen Eigenschaften können durchaus auch bei Strukturgrößen oberhalb von 100 nm auftreten. Ein Beispiel dafür ist eine durchsichtige temperaturbeständige, hochharte und hochfeste Keramik aus polykristallinem Aluminiumoxid (α-Al_2O_3), über deren Herstellung Dr. Krell, Abteilungsleiter am Fraunhofer-Institut für Keramische Technologien und Systeme (IKTS), bereits im Jahre 2002 auf einem Nanotechnologie-Kongress des Bundesministeriums für Bildung und Forschung berichtet hat.

Diese Keramik ist, wie in der Keramiktechnologie üblich, gesintert worden. Zu Ihrer Erinnerung: Sintern ist ein Urformverfahren, bei dem Pulver bei einer Temperatur unterhalb des Schmelzpunktes unter Druck „zusammengebackt" werden. Auf diese Weise den so entstehenden kompakten Werkstoff sowohl transparent zu machen als auch die gewünschten mechanischen Eigenschaften zu erzeugen, war keine simple Aufgabe.

Dabei spielt neben den Kristallen und den Korngrenzen auch die Struktur der im Werkstoff verbleibenden Poren eine ausschlaggebende Rolle. Diese Restporosität ist eine Ursache dafür, dass polykristallines Aluminiumoxid undurchsichtig ist, da das Licht an den Poren diffus gestreut wird. Um es lichtdurchlässig zu machen, muss die Porosität auf weniger als 0,03 % verringert werden. Um eine hohe Härte und Festigkeit zu erzielen, sollte sie aber zehnmal so hoch sein. Hinzu kommt, dass die mittlere Größe der Aluminiumoxid-Kristallite beim üblichen Sintern auf über 20 µm vergröbert wird. Dadurch wird das Licht zusätzlich abgelenkt. Die Aufgabe bestand also darin, sowohl die Kristallite als auch die Poren auf eine Größe zu minimieren, die etwa der Wellenlänge des sichtbaren Lichtes entspricht, damit es nicht oder nur minimal gestreut wird, und zwar bei einer Porosität unter 0,03 %.

Durch eine schlichte Optimierung des Sinterprozesses war eine solch geringe Porosität, oder anders gesagt, eine so extreme Dichte des Sinterkörpers nicht zu erreichen. Naheliegend war nun die Idee, Nanopulver, also Pulver mit einem Durchmesser von unter 100 nm als Ausgangsstoff zu verwenden. Aber wie Sie wissen: Wegen ihrer hohen Oberflächenaktivität agglomerieren Nanopulver beim Verdichten und führen deshalb zu einem größeren Kornwachstum als herkömmliche gröbere Pulver.

Dr. Krell und seine Kollegen haben dieses Problem gelöst, indem sie aus den gröbsten in Frage kommenden und kommerziell verfügbaren Pulvern, die einen

Durchmesser von 200 nm hatten, mit sehr wenig Wasser einen Schlicker mit einem hohen Pulveranteil und geringer Viskosität hergestellt haben. In diesem Schlicker haben sich die Pulverteilchen ohne eine äußere Einwirkung räumlich von selbst geordnet. Der dadurch entstandene, in der Keramiktechnologie sogenannte Grünkörper, wurde dann auf konventionelle Weise gesintert. Die besonderen Eigenschaften, vor allem seine Transparenz, aber auch seine Härte und Festigkeit, verdankt dieser keramische Werkstoff seiner Nanostruktur (Abb. 4.17).

Er kann deshalb als Nanomaterial gelten, obwohl seine Korngröße mit etwa 500 nm deutlich über der dafür weithin als Kriterium definierten 100 Nanometermarke liegt. Die ersten Interessenten an dieser Entwicklung waren übrigens, wie Dr. Krell berichtet hat, leider nicht deutsche Firmen, sondern Fachleute aus den USA. Sie wollten diesen Werkstoff für verschiedene Schutzanwendungen nutzen, zum Beispiel zur Abdeckung von Panzerglas.

Trotz aller Fortschritte der Werkstoffforschung steht aber die Entwicklung und Anwendung kompakter nanokristalliner Metalle als Strukturwerkstoffe noch ziemlich am Anfang. Zwar kann man heute beispielsweise Stähle mit mittleren Korngrößen im Sub-Mikrometerbereich, also in der Größenordnung wie bei Keramiken, mit Hilfe bestimmter thermomechanischer Verfahren großtechnisch produzieren, aber die Herstellung kompakter nanokristalliner Legierungen für strukturelle Anwendungen bleibt eine Zukunftsaufgabe [394].

Insgesamt kann also die Nanotechnologie bislang wenig dazu beitragen, die mechanischen Eigenschaften von Konstruktionswerkstoffen dadurch zu verbessern, dass man dreidimensionale Nanostrukturen, das heißt Nanokristallite erzeugt. Das bedeutet aber nicht, dass die Nanotechnologie für die Verbesserung der mechanischen Eigenschaften kompakter Strukturwerkstoffe überhaupt keine Rolle spielt. Im Gegenteil. Dabei geht es aber um ein- oder zweidimensionale Nanostrukturen. Um Nanoschichten, zum Beispiel zur Verbesserung der Verschleißeigenschaften hochbelasteter Bauteile, und um Nanopartikel, wie Carbonitrid-Teilchen zur Steigerung der Härte und Kriechbeständigkeit von Stählen.

Es ist deshalb kein Wunder, dass nicht nur in der Bevölkerung die Zurückhaltung gegenüber der Nanotechnologie gewachsen ist, sondern dass auch in Wissenschaft, Wirtschaft und Politik das Interesse an der Nanotechnologie und an Nanomaterialien auf ein, wie ich finde, vernünftiges Maß geschrumpft ist. Die Nanoeuphorie der ersten Jahre dieses Jahrhunderts hat sich gelegt.

Es sind auch gar nicht so sehr Nanostrukturen und -objekte an sich, die im Blickfeld der Werkstoffforscher stehen. Sie möchten vielmehr das Zustandekommen der Eigenschaften von Werkstoffen durch das Zusammenspiel der Strukturen über alle Dimensionsbereiche hinweg, von der Nano- bis zur Makroskala, besser verstehen.

4.8 Werkstoffdesign 2.0: Simulieren, Kombinieren, Selektieren

Neben der Wegweisung „nach unten" in die Nanotechnologie durch Feynman, hat ein theoretisches Konzept der Werkstoffforschung einen starken Impuls gegeben, das das Zustandekommen der Eigenschaften von Materialien über alle Dimensions-

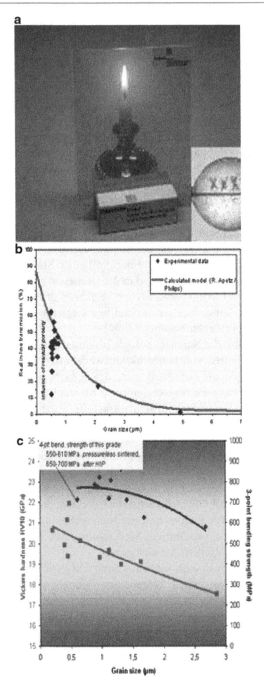

Abb. 4.17 Transparente Keramik. **a** Transparent-Keramik aus Sub-μm-Sinterkorund. Die Durchsichtigkeit des Hohlkörpers wird durch einen zentralen Draht und die XXX-Markierung auf der Rückseite (!) demonstriert. **b** Hohe Transmission ungestreuten Lichtes („Durchsichtigkeit") hochdichter $Al_2 O_3$ -Gefüge mit Sub-μm-Struktur bei 640 nm Wellenlänge. **c** Verminderte Korngrößen geben chemisch und thermisch stabile α-$Al_2 O_3$ -(Korund)-Transparentkeramiken mit höchster Festigkeit und Härte

ebenen hinweg als Muster für die Entwicklung neuer Werkstoffe ins Blickfeld gerückt hat: Das Verständnis von Materialien als komplexe, hierarchisch aufgebaute
Systeme. Es verweist zugleich auf die prinzipielle strukturelle Gleichartigkeit aller, einschließlich biologischer Materialien. Dieses Konzept wurde im Jahre 1994
vom Committee on Synthetic Hierarchical Stuctures in dem Bericht „Hierarchical
Structures in Biology as a Guide for New Material Technology" an den National
Research Council der USA präsentiert [395].

Ich hatte Werkstoffe bereits Anfang der 1970er Jahre im Zusammenhang mit
Überlegungen zur Lehre der Werkstoffwissenschaft als hierarchische Systeme beschrieben (Abb. 4.18).

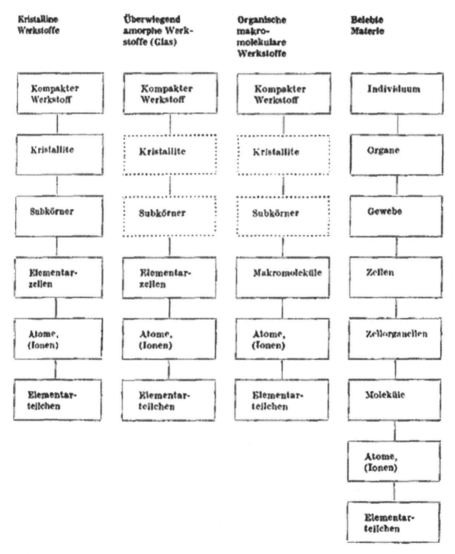

Abb. 4.18 Werkstoffe als hierarchische Systeme

Damals habe ich hypothetisch spekuliert, dass Werkstoffe der unbelebten Natur von einem bestimmten Stadium ihrer Entwicklung an biologische Funktionen und umgekehrt biologisches Material niederer Stufe (etwa auf der Ebene der Zellen) technische Funktionen erfüllen könnten, und dass sich in diesem Bereich die Erkenntnisse der Werkstofforschung und der Molekularbiologie gegenseitig befruchten sollten. Ich habe diese Ideen dann allerdings nicht weiter verfolgt und versucht, sie wissenschaftlich konkret zu erhärten [396].

Wie wir gesehen haben, sind Erkenntnisse über die Herstellung von Werkstoffen und ihre Eigenschaften ursprünglich „von oben nach unten", das heißt ausgehend von der experimentell-empirischen Untersuchung des kompakten Werkstoffes gewonnen worden. Im Zentrum standen dabei zunächst die mechanischen Eigenschaften, die man durch Zug- und Biegeversuche ermittelt hat. Nach und nach ist man dann in tiefer liegende Strukturebenen, in Gefüge- und Gitterstrukturen bzw. molekulare Strukturen, vorgedrungen und hat nicht nur empirisch, sondern auf der Basis von Erkenntnissen und Methoden aus der Physik, Chemie und Thermodynamik zunehmend auch theoretisch verstanden, welche Rolle sie für das Zustandekommen der makroskopischen Eigenschaften von Werkstoffen spielen.

Der Fortschritt der Naturwissenschaften hat es dann auch ermöglicht, den umgekehrten Weg „von unten nach oben", vom Atom bzw. Molekül zum Festkörper, zu beschreiten und die Ursachen fundamentaler Strukturen und Eigenschaften von Materialien mehr auf theoretisch-experimentelle Weise zu erforschen. Denken Sie beispielsweise an die Versetzungstheorie und die plastische Verformung, an die Elektronentheorie und die Eigenschaften von Halbleitern, an die Theorie der Makromoleküle und ihre Bedeutung für die Herstellung von Kunststoffen sowie an die Quantenmechanik und die Eigenschaften von Nanomaterialien.

Beide Wege, der stärker empirisch geprägte von der Makro- zur Nanodimension und der mehr theoretisch fundierte von der Nano- zur Makrodimension, sind gewissermaßen zwei Seiten ein und derselben Medaille, die sich wechselseitig ergänzen. Der Traum vieler Werkstofforscher ist es nun, beide über alle Dimensionsbereiche hinweg durchgängig und theoretisch schlüssig miteinander zu verbinden. Dabei geht es nicht nur um Längen-, sondern auch um Zeitskalen. Denn die Bildung und Zerstörung von Strukturen im Nanometerbereich spielt sich, wie wir besprochen haben, in der Größenordnung von Femtosekunden ab, während sie in der Makrometerdimension Stunden, ja Jahre dauern kann, wie Korrosionsprozesse, oder sogar Jahrhunderte, wenn man an geologische Prozesse denkt, bei denen ja auch Materialstrukturen gebildet und zerstört werden.

Das Ziel ist letztlich, eine Materialtheorie zu entwickeln, die es ermöglicht, das Zustandekommen der Eigenschaften von Materialien über alle Dimensionsebenen hinweg, ausgehend von fundamentalen Prinzipien, Strukturen und Prozessen auf der atomaren Ebene, quantitativ zu modellieren und auf diese Weise Werkstoffe mit neuen Eigenschaften vorherzusagen und zu entwickeln. Dadurch dass man, wie wir gesehen haben, mit immer kleineren Strukturen bis hin zur Nanodimension experimentieren und man auch komplexere Strukturen immer besser theoretisch verstehen und charakterisieren kann, sind Werkstofforscher bereits in der Lage beispielsweise die plastische Verformung in guter Übereinstimmung mit experimentellen Ergebnissen zu simulieren (Abb. 4.19).

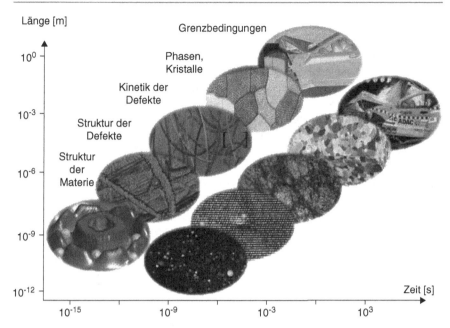

Abb. 4.19 Computational Materials Science – Längen- und Zeitskalen, Vergleich Computersimulation mit Ergebnissen von Experimenten, Beispiel plastische Verformung von Kristallen

Insgesamt ist die Werkstoffforschung von diesem Ziel allerdings noch meilenweit entfernt. Noch immer werden zum Beispiel neue Legierungen weitgehend durch gezieltes Probieren entwickelt, das zwar zunehmend theoretisch grundiert ist, aber zum großen Teil auch auf Erfahrung beruht.

Doch durch die rasante Entwicklung der Informationstechnik, sowohl der Hardware als auch der Software, ist neben der Theorie und dem Experiment eine neue methodische Säule der Werkstoffforschung entstanden, die den Weg bereiten könnte, Werkstoffe eines Tages vielleicht sogar vollständig auf der Grundlage der Quantentheorie zu entwickeln: Die Computational Materials Science. Darunter versteht man die Computersimulation der Bildung und Zerstörung von Materialstrukturen, der Herstellungsprozesse von Werkstoffen und der Eigenschaften von Bauteilen. Auf atomarer Ebene ist sie oft der einzige Weg, die Bildung und Zerstörung von Strukturen zu untersuchen, da reale Experimente in dieser Dimension bislang kaum machbar sind.

Und sie ist auch die einzige Möglichkeit, die Bildung und Zerstörung von Werkstoffstrukturen in ihrer ganzen Komplexität über alle Hierarchieebenen hinweg zu studieren und damit das Zustandekommen der Eigenschaften und das Verhalten von Werkstoffen unter verschiedenen Bedingungen immer besser verstehen zu lernen. Dabei müssen Sie aber immer bedenken, dass Computerexperimente nicht die Realität abbilden, wie die Licht- und Elektronenmikroskopie und andere bilderzeugende Untersuchungsmethoden. Was Sie bei Simulationsexperimenten auf dem Monitor des Computers sehen, sind lediglich Strukturen und das Verhalten von

Modellen, mit denen Sie den Computer „füttern", und von denen Sie annehmen, dass sie zumindest weitgehend der Realität entsprechen.

Ich will Ihnen damit bewusst machen, dass deren Ergebnisse die Realität umso zutreffender widerspiegeln, je genauer man Werkstoffe modellieren kann. Daran erkennen Sie, wie Theorie, Experiment und Computersimulation wechselseitig miteinander verflochten sind. Denn einerseits benötigt man zur Erstellung von Computermodellen ein zuverlässiges theoretisches Fundament und präzise experimentell gewonnene Daten, und andererseits trägt die Simulation maßgeblich zur Vervollkommnung der Materialtheorie und zur Verringerung der Zahl notwendiger Laborexperimente bei. In den letzten Jahren hat sich die Multiskalen-Modellierung, die Modellierung über mehrere Dimensionsbereiche hinweg, bereits zu einer Methode entwickelt, mit der man Prozesse in Materialien sowie Materialeigenschaften und -funktionen nicht mehr nur beschreiben, sondern auch vorhersagen kann. [397] Wäre es nicht reizvoll für Sie, künftig an der Ausarbeitung einer ganzheitlichen, dimensionsübergreifenden Materialtheorie mitzuarbeiten und den Weg mit zu ebenen, Werkstoffe auf der Basis fundamentaler Prinzipien, Strukturen und Prozesse auf atomarer Ebene am Computer zu entwickeln? Vor allem, wenn Sie eine Neigung zur Physik und Mathematik haben, denn die Multiskalen-Modellierung von Materialien verlangt, die dafür relevanten physikalischen Theorien zu verstehen und das adäquate mathematische Instrumentarium zu beherrschen.

Der Fortschritt auf dem Gebiet der Computational Materials Science kann auch einer Methode zum Durchbruch in der Materialforschung verhelfen, die ihre Wurzeln in der Chemie, vor allem beim Auffinden von Wirkstoffen für neue Medikamente in der Pharmaindustrie hat: Die kombinatorische Materialforschung. Dabei geht es nicht um die Kombination verschiedener Materialien zu Verbundmaterialien oder Materialverbunden, wie der Begriff nahelegt. Vielmehr dient sie dazu, bekannte Ausgangsstoffe miteinander zu kombinieren und herauszufinden, welche dieser Kombinationen am besten geeignet sein könnte, daraus ein neues Material mit definierten Eigenschaften zu entwickeln. Und das auf eine sehr effiziente Weise.

Bislang läuft das üblicherweise so, dass Werkstoffforscher verschiedene Ausgangsstoffe miteinander mischen und daraus Legierungen oder Verbindungen herstellen, deren Eigenschaften sie dann bestimmen. Dabei beschränken sie sich meist auf die relativ wenigen Ausgangsstoffe, deren Phasendiagramme bekannt sind, und versuchen, die Eigenschaften der daraus synthetisierten Materialien gezielt zu verbessern.

Im Prinzip stehen aber alle Elemente des Periodensystems als Ausgangsstoffe zur Verfügung. Wenn man diese in allen möglichen Kombinationen und unterschiedlichen Konzentrationen der Ausgangsstoffe synthetisiert, um völlig neue Werkstoffe zu entwickeln, ergibt das eine gigantische Anzahl von Materialien. Mit den althergebrachten Methoden könnte allein schon das viele Jahre dauern. Das wäre aber nur der Anfang. Denn dann müsste man noch ihre Strukturen und Eigenschaften bestimmen, um jene Legierungen und Verbindungen herausfiltern zu können, die die beste Chance haben, daraus einen Werkstoff mit Eigenschaften herzustellen, der für eine spezifische Anwendung optimal geeignet ist. So viel Zeit haben Werkstoffforscher nicht.

Und da ist die kombinatorische Materialforschung die Methode, die das Problem lösen kann. Und sie braucht dafür nur einen Versuch. So wird mit ihr bei der Suche nach neuen Werkstoffen für Katalysatoren, wo sie schon seit geraumer Zeit etabliert ist, ein zehn- bis hundertfacher Zeitgewinn gegenüber bisherigen Methoden erzielt, da in einem Experiment 200 Materialien getestet und charakterisiert werden können. Außerdem werden mit dieser Technik jetzt auch Materialien synthetisiert und untersucht, die so exotisch sind, dass sie früher unter den Tisch gefallen sind.

Wie funktioniert das? Im Prinzip geht es bei der kombinatorischen Materialforschung immer darum, viele verschiedene Varianten winziger Materialproben mit Hilfe eines automatischen Analysesystems in Windeseile zu untersuchen und Materialien zu identifizieren und zu selektieren, die aufgrund ihrer Struktur und ihrer Eigenschaften für einen bestimmten Anwendungszweck geeignet erscheinen.

Beispielsweise haben Entwickler der Siemens Corporate Technology (CT), der zentralen Forschungseinheit der Siemens AG, auf diese Weise einen komplex zusammengesetzten Leuchtstoff entdeckt, der in der Summe weißes Licht ergibt, wenn man ihn als dünne Schicht auf eine blaue Leuchtdiode aufträgt. So wurde eine wesentlich naturgetreuere Farbwiedergabe erreicht. Dazu haben sie winzige Mengen der Elemente Strontium, Barium, Titan und Niob als Oxide in definierten Mischungsverhältnissen mit einem Roboter auf eine Trägerplatte aufgebracht und zusammen mit der Firma Symyx Technologies GmbH innerhalb von zwei Jahren 150.000 Kombinationen automatisch analysiert. Ohne die kombinatorische Materialforschung hätte das zwei Jahrzehnte gedauert. Außerdem konnten sie so den Einfluss der prozesstechnischen Parameter in viel größerer Breite untersuchen. Das war wichtig, weil die Eigenschaften eines Leuchtstoffes nicht nur von dessen chemischer Zusammensetzung abhängen, sondern auch von seiner Verarbeitung [398].

Auf andere Weise entwickelt Professor Alfred Ludwig mit seinen Kolleginnen und Kollegen an der Ruhr-Universität Bochum mit Hilfe der kombinatorischen Materialforschung Werkstoffe der Mikrotechnik, zum Beispiel für Computer, mobile Kommunikationsgeräte oder Sensoreinheiten für die Automobil- und Umwelttechnik, bei denen eine Vielzahl von Funktionen auf möglichst engem Raum konzentriert sind. Sie bringen die Ausgangsstoffe nicht auf eine Trägerplatte auf, wie eben am Beispiel der Leuchtstoffentwicklung beschrieben, sondern erzeugen mit Hilfe von Sputter-Technologien, über die wir im Zusammenhang mit der Herstellung dünner Schichten gesprochen haben, in einem einzigen Experiment auf einem Silicium-Wafer eine Vielzahl verschiedener Materialien. Zur Auswertung dieser sogenannten Materialbibliotheken können sie pro Tag die Struktur und Eigenschaften hunderter Proben analysieren, um interessante Werkstoffvarianten oder unerwartete Effekte zu entdecken [399] (Abb. 4.20).

Die kombinatorische Materialforschung kann also die Entwicklung neuer Werkstoffe enorm beschleunigen und sie bietet die Möglichkeit, völlig neue Materialien zu entdecken. Aber ob Materialien für Katalysatoren, für Leuchtstoffe oder für die Mikrotechnik, immer handelt es sich dabei zunächst um winzige Teilchen oder dünne Schichten. Das macht es relativ einfach, ihre Struktur und Eigenschaften automatisch zu bestimmen. Bei kompakten Materialien ist die Sache wesentlich komplizierter. Wie Sie gelernt haben, hängen deren Eigenschaften von der Wech-

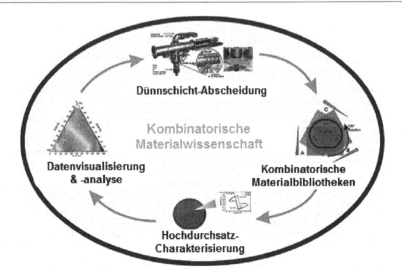

Abb. 4.20 Kombinatorische Materialforschung mit Hilfe der Abscheidung dünner Schichten

selwirkung vieler Strukturmerkmale über alle Hierarchieebenen hinweg ab, von der Nano- bis zur Makrodimension. Und die verstehen Materialforscher noch nicht vollständig. Sie verfügen eben noch nicht über eine ganzheitliche, dimensionsübergreifende Materialtheorie. Deshalb können sie auf der Basis der Analyseergebnisse, wie sie die kombinatorische Materialforschung liefert, keine verlässliche Aussage darüber treffen, welche Eigenschaften ein kompaktes Material haben würde, das aus dem untersuchten Material hergestellt wird.

Und hier kommt wieder die Computational Materials Science ins Spiel. Sie könnte eines Tages die kombinatorische Materialforschung ergänzen, wenn sie prognostizieren kann, welche Eigenschaften die im „Miniformat" analysierten Materialien dann im „Großformat" aufweisen werden. Doch selbst dann bleibt immer noch das „Scale Up"-Problem, die praktische Übertragung der Herstellung im Labormaßstab in die Produktion in einer großtechnischen Anlage. Es bleibt also noch viel zu tun, bis Werkstoffforscher neue kompakte Werkstoffe mit definierten Eigenschaften durch Simulieren, Kombinieren und Selektieren entwickeln können. Aber in Sichtweite sind sie schon.

Mit diesem Ausblick wollen wir unsere Exkursion durch die Werkstoffforschung beenden, obwohl es noch viele interessante Gebiete zu besichtigen gäbe. Bevor wir uns aber verabschieden, möchte ich von den vielen Eindrücken, die auf dieser Reise auf Sie eingestürmt sind, die Aspekte herausheben, die von grundlegender Bedeutung sind, und sie zu einem Gesamtbild der Werkstoffwissenschaft zusammentragen. Als Ausgangspunkt und Ordnungsschema nehme ich dafür die praktischen Arbeits- und Problemfelder der Werkstoffforschung.

Literatur

279. Hartmann, U.: Nanotechnologie, Elsevier Spektrum Akademischer Verlag, 2006, S. 30 ff.
280. R. Feynman: There's Plenty of Room at the Bottom. In: Sci. Eng. 23, 1960, S. 22 (Vortrag, gehalten am 29. ezember 1959) http://calteches.library.caltech.edu/47/2/1960Bottom.pdf
281. N. Taniguchi: On the basic concept of nanotechnology. In: Proc. Intl. Conf. Prod. Eng. To-kyo, Part II, Japan Society of Precision Engineering, 1974
282. National Science and Technology Council, Committee on Technology, Subcommittee on Nanoscale Science, Engineering and Technology: National Nanotechnology Initiative, June 2002
283. Deutscher Bundestag, 15. Wahlperiode, Bericht des Ausschusses für Bildung, Forschung und Technikfolgenabschätzung (17. Ausschuss) gemäß § 56a der Geschäftsordnung, TA-Projekt – Nanotechnologie, Drucksache 15/2713, 15. 03. 2004
284. KOMMISSION DER EUROPÄISCHEN GEMEINSCHAFTEN, MITTEILUNG DER KOMMISSION, Auf dem Weg zu einer europäischen Strategie für Nanotechnologie, KOM (2004) 338 endgültig, Brüssel, den 12.5.2004
285. Bundesministerium für Bildung und Forschung: Rahmenprogramm Werkstoffinnovationen für Industrie und Gesellschaft – WING, Oktober 2003
286. Bundesministerium für Bildung und Forschung: Nanotechnologie erobert Märkte – Deutsche Zukunftsoffensive für Nanotechnologie, Bonn, Berlin, 2004
287. Executive Office oft the President of the United States, National Science and Technology Council, Committee on Technology, Subcommittee on Nanoscale Science, Engineering, and Technology: Nanotechnology Initiative Strategic Plan, February 2011
288. Fraunhofer Magazin, 4.2006, S. 8
289. Luther, W. u. a.: Nanotechnologie als Wachstumsmarkt, Zukünftige Technologien Consulting der VDI Technologiezentrum GmbH, Düsseldorf, 2004, S. 41
290. Gottstein, G.: Plädoyer für die Metallkunde, DGM-Strategieworkshop „Modern Metals", 3. März 2010, Bonn, in: DGM AKTUELL 2010, No. 4, S. 3
291. komm.passion GmbH: Wissen und Einstellungen zur Nanotechnologie, Berlin • Hamburg • Düsseldorf • Frankfurt • München, November 2004, http://www.komm-passion.de/fileadmin/bilder/themen/pdf/Nanostudie_kurz.pdf
292. Hunt, W.H.: Nanomaterials: Nomenclature, Novelty, and Necessity, Journal of Metals, October 2004, http://www.tms.org/pubs/journals/JOM/0410/Hunt-0410.html

Mr. Fullers Fußbälle

293. Fullerene, http://de.wikipedia.org/wiki/Fullerene, 19.08.2013
294. Fullerene, http://en.wikipedia.org/wiki/Fullerene, 7 October 2013
295. Kroto, H.W., J.R. Heath, S.C. O'Brien, R.F. Curl & R.E. Smalley: C60: Buckminsterfullerene, Nature, Volume 318, 14 November 1985, pp. 262–263 http://www.nature.com/nature/journal/v318/n6042/abs/318162a0.html
296. Richard E. Smalley – Biographical, http://www.nobelprize.org/nobel_prizes/chemistry/laureates/1996/smalley-bio.html
297. Sir Harold Kroto – Biographical, http://www.nobelprize.org/nobel_prizes/chemistry/laureates/1996/kroto-bio.html
298. a. a. O./294/, p. 262
299. Europäisches Patentamt: Fullerene – eine elementare Entdeckung, Gewinner in der Kategorie Lebenswerk beim „European Inventor Award 2010", http://www.epo.org/learning-events/european-inventor/finalists/2010/kraetschmer_de.html
300. Krätschmer, W.: The story of making fullerenes, Nanoscale, 2011, 3, 2485–2489, http://pubs.rsc.org/en/Content/ArticleLanding/2011/NR/c0nr00925c#!divAbstract
301. a. a. O./298/

302. Bulusu, S. et.al.: Evidence of hollow golden cages, Proceedings of the National Academy of Sciences, May 30, 2006, vol. 103 no. 22, pages 8326–8330, http://www.pnas.org/content/103/22/8326.full.pdf+html?sid=36de42a2-84d5-436f-9135-9cfc98687532

Gerollte Verwandte

303. Iijiama, S.: Helical microtubules of graphitic carbon, Nature, Vol. 354, 7 November 191, pages 56–58 http://www.nature.com/nature/journal/v354/n6348/abs/354056a0.html
304. NEC Laboratories: Carbon Nanotube – The Story Behind the Name, http://www.nec.com/en/global/rd/innovative/cnt/01.html
305. Kohlenstoff-Nanoröhren: Potenziale einer neuen Materialklasse für Deutschland – Technologieanalyse, Herausgeber: Zukünftige Technologien Consulting der VDI Technologiezentrum GmbH im Auftrag und mit Unterstützung des Bundesministerium für Bildung und Forschung, 2009
306. Innovationsallianz Carbon Nanotubes: Innovationen für Industrie und Gesellschaft, http://www.inno-cnt.de/de/
307. Inno CNT: http://www.inno-cnt.de/de/faq.php#11/
308. Kanellos, M.: Carbon nanotubes enter Tour de France, CNET News, July 7, 2006, http://news.cnet.com/Carbon-nanotubes-enter-Tour-de-France/2100-11395_3-6091347.html
309. Bundesministerium für Bildung und Forschung: nano.DE-Report 2011 – Status quo der Nanotechnologie in Deutschland, S. 24
310. Ionic Liquids Technologies GmbH, Heilbronn, Preisliste 2013, http://www.nanomaterials.iolitec.de/
311. http://www.gold.de/infos,goldpreis-pro-gramm-und-unze-feingold.html
312. US Patent US2981877 (A) — 1961-04-25: Semiconductor device-and-lead structure, http://worldwide.espacenet.com/publicationDetails/originalDocument;jsessionid/
313. Gordon Moore: http://de.wikipedia.org/wiki/Gordon_Moore, 16. Oktober 2013
314. Shulaker, M.M. et al.: Carbon nanotube computer, Nature 501, 526–530, Published online 25 September 2013, http://www.nature.com/nature/journal/v501/n7468/full/nature12502.html
315. Abate, T.: A first: Stanford engineers build basic computer using carbon nanotubes, Stanford Report, September 26, 2013 http://news.stanford.edu/news/2013/september/carbon-nanotube-computer-092513.html
316. Michael Willmann, http://de.wikipedia.org/wiki/Michael_Willmann, 2. November 2013
317. http://www.kunstbilder-galerie.de/gemaelde-kunstdrucke/bilder/michael-lukas-leopold-willmann/bild_795261.html
318. Bradley C. Edwards: The Space Elevator NIAC Phase II Final Report, March 1, 2003, http://www.nss.org/resources/library/spaceelevator/2003-SpaceElevator-NIAC-phase2.pdf
319. Reibold, M. u. a.: Materials: Carbon nanotubes in an ancient Damascus sabre, Nature 444, 286 (16 November 2006), Published online 15 November 2006, http://www.nature.com/nature/journal/v444/n7117/pdf/444286a.pdf
320. Altes Damaszener Schwert mit hochmodernen Kohlenstoff-Nanoröhren, TU Dresden – Nachwuchsgruppe Strukturphysik, http://www.physik.tu-dresden.de/isp/nano/presse061120-damaszener.php?lang=En-US
321. Becker, M.: Legendäre Klingen: Geheimnis des Damaszener Stahls gelüftet, http://www.spiegel.de/wissenschaft/mensch/legendaere-klingen-geheimnis-des-damaszener-stahls-geluftet-a-448539.html
322. Damaszener Stahl, http://www.arsmartialis.com/index.html?name=http://www.arsmartialis.com/technik/damast/damast1.html
323. Haller Stahlwaren: Damasteel – höchste Qualität aus Schweden, http://cms.haller-stahlwaren.de/wissenswertes/materialkunde/damasteel.html
324. Universelles Herstellungsverfahren für Nanoröhrchen, Max-Planck-Gesellschaft, Presse-Information, PRI C 11/T 6/2002 (40), 13. Juni 2002, http://www.mpi-halle.mpg.de/department2/uploads/media/02_MPG-Steinhart.pdf

325. Wendorff, J. A. u. a.: Nanodrähte und Nanoröhren mit Polymeren, Nachrichten aus der Chemie 52, April 2004, S. 426–431, http://www.mpi-halle.mpg.de/mpi/publi/pdf/5301_04.pdf
326. a. a. O. [304], S. 39 ff.

Auf den Punkt gebrachte Bekannte

327. BMBF: Nanopartikel – kleine Dinge, große Wirkung, Bonn, Berlin 2008
328. Zeolithe (Stoffgruppe), http://de.wikipedia.org/wiki/Zeolithe_%28Stoffgruppe%29, 21. August 2013
329. Fukushima, Arbeiter kämpfen mit Zeolith gegen Verseuchung – Das Mineral Zeolith nimmt Radioaktivität aus dem Meer auf, http://www.oe24.at/welt/japan-beben/Arbeiter-kaempfen-mit-Zeolith-gegen-Verseuchung/24594088, 16. April 2011
330. Kolloidales Silber, http://de.wikipedia.org/wiki/Kolloidales_Silber, 7. November 2013
331. Horn, M.: Silber schützt vor Bakterien, Fraunhofer Magazin 1.2003, S. 62–63, http://www.archiv.fraunhofer.de/archiv/magazin-2003/pflege.zv.fhg.de/german/publications/df/df2003/mag1-2003-62.pdf
332. Kreibig, U. u. a.: Optische Eigenschaften metallischer Nanopartikel, RWTH THEMEN, 2004, 1, 26.05.2004, S. 48–50, http://darwin.bth.rwth-aachen.de/opus3/volltexte/2013/4439/pdf/4439.pdf
333. Bammel, K.: Oberflächliche Farbenpracht, Physik Journal 5 (2006) Nr. 12, S. 52–53, http://www.pro-physik.de/details/physikjournalIssue/1089729/Issue_12_2006.html
334. Fonds der Chemischen Industrie im Verband der Chemischen Industrie e. V.(Hrsg.): Informationsserie – Wunderwelt der Nanomaterielien, 2012 https://www.vci.de/Downloads/Nanomaterialien_Textheft.pdf
335. Rodt, S. und D. Bimberg: Quantenpunkte: Design-Atome in Halbleitern, Welt der Physik, http://www.weltderphysik.de/gebiet/technik/quanten-technik/halbleiter-quantenpunkte/, erstellt: 28.04.2009
336. US-Firma produziert ersten Quantencomputer der Welt, Deutsche Wirtschaftsnachrichten, 26.10.2013, http://deutsche-wirtschafts-nachrichten.de/2013/10/26/us-firma-produziert-ersten-quantencomputer-der-welt/
337. Raab, C. u. a.: Herstellungsverfahren von Nanopartikeln und Nanomaterialien, Nano Trust-Dossiers, Nr. 006, 2008, S. 1–4, http://epub.oeaw.ac.at/ita/nanotrust-dossiers/dossier006.pdf
338. NARA Machinery Co. Ltd.: Partikeldesign der Zukunft, in: Institut für wissenschaftliche Veröffentlichungen, Nanotechnologie aktuell, 1/2008, S. 110
339. a. a. O. [310]
340. Stahlbroker, http://stahlbroker.de/2010/05/edelstahlpreise-bleiben-im-juni-stabil
341. Bekanntmachung des Bundesministeriums für Bildung und Forschung von Richtlinien zur Förderung im Rahmenkonzept „Forschung für die Produktion von morgen", 30.03.2006, http://www.bmbf.de/de/6088.php
342. Blitz: http://de.wikipedia.org/wiki/Blitz, 7. Oktober 2005
343. Schropp, A. et. al.: Full spatial characterization of a nanofocused x-ray free-electron laser beam by ptychographic imaging, Nature INSIGHT, Scientific Reports, 09 April 2013, http://www.nature.com/srep/2013/130409/srep01633/full/srep01633.html

Augen zum Sehen und „Baggern"

344. Ruska, E.: Das Entstehen des Elektronenmikroskops und der Elektronenmikroskopie, Nobelvortrag, gehalten am 8. Dezember 1986, http://ernst.ruska.de/daten_d/mainframe.html
345. Transmissionselektroenmikroskop: http://de.wikipedia.org/wiki/Transmissionselektronenmikroskop, 3. April 2013

346. JEOL, http://www.jeol.de/electronoptics/produktuebersicht/elektronen-ionenoptische-systeme/transmissionselektronenmikroskope/mev-tem/jem-arm1300s.php
347. Forschungszentrum Jülich: Einzigartiges Elektronenmikroskop eingeweiht -Forschen an den physikalischen Grenzen der Optik ist jetzt im Ernst Ruska-Centrum in Jülich möglich, Pressemitteilung, 29.02.2012, http://www.fz-juelich.de/SharedDocs/Pressemitteilungen/UK/DE/2012/2012-02-29PICO.html
348. a. a. O. [344]
349. Rasterelektronenmikroskop: http://de.wikipedia.org/wiki/Rasterelektronenmikroskop,   3. Dezember 2013
350. Technische Universität München, Fakultät für Chemie – Zentralanalytik: Rasterelektronenmikroskopie (REM), http://www.zentralanalytik.ch.tum.de/index.php?id=357
351. Rastertunnelmikroskop: http://de.wikipedia.org/wiki/Rastertunnelmikroskop, 3. Dezember 2013
352. Grill, L. u. a.: Architektur auf kleinstem Raum, Freie Universität Berlin, 29.06.2012 http://www.fu-berlin.de/presse/publikationen/fundiert/2009_01/07_grill_hecht/index.html
353. Rasterkraftmikroskop: http://de.wikipedia.org/wiki/Rasterkraftmikroskop, 27. Oktober 2013

Ehre, wem Ehre gebührt?

354. Drillingsraum: Interview mit Gerd Billing, http://www.drillingsraum.de/gerd-binnig/gerd-binnig-2.html
355. Wortlaut der Information der ROYAL SWEDISH ACADEMY OF SCIENCES vom 15. Oktober 1986, http://ernst.ruska.de/daten_d/nobelpreis/hintergruende/hintergruende.html
356. Max Knoll, http://de.wikipedia.org/wiki/Max_Knoll, 17. November 2013
357. Bodo von Borries, http://de.wikipedia.org/wiki/Bodo_von_Borries_%28Physiker%29, 17. November 2013
358. Ruska, E.: Das Entstehen des Elektronenmikroskops und der Elektronenmikroskopie, Nobelvortrag, gehalten am 8. Dezember 1986, http://ernst.ruska.de/daten_d/mainframe.html
359. Ernst Brüche: http://de.wikipedia.org/wiki/Ernst_Br%C3%BCche, 3. Dezember 2013
360. Lin Qing: Zur Frühgeschichte des Elektronenmikroskops, GNT-Vlg (Verlag), 1995, http://www.lehmanns.de/shop/naturwissenschaften/5084859-9783928186025-zur-fruehgeschichte-des-elektronenmikroskops
361. v. Ardenne, M.: Ich bin ihnen begegnet, Droste Verlag, 1997, S. 109 f.
362. Alfred Recknagel: http://de.wikipedia.org/wiki/Alfred_Recknagel, 14.November 2013
363. Manfred von Ardenne: http://de.wikipedia.org/wiki/Manfred_von_Ardenne, 2. Dezember 2013
364. Von Ardenne – Unternehmensgeschichte http://www.vonardenne.biz/VON_ARDENNE/UNTERNEHMEN/VON-ARDENNE/Unternehmensgeschichte/Biomedizin.html
365. Funkzeichen aus dem Magen, Der Spiegel, 18. März 1959, S. 58 f., http://wissen.spiegel.de/wissen/image/show.html?did=42624853&aref=image035/E0540/cqsp195912058-P2P-059.pdf&thumb=false
366. Werner, P.: Otto Warburg – Von der Zellphysiologie zur Krebsforschung – Biografie, Verlag Neues Leben, Berlin 1988, S. 320 f.
367. Manfred von Ardenne: Forschung auf dem Gebiet der Medizin, http://www.vonardenne.biz/VON_ARDENNE/UNTERNEHMEN/VON-ARDENNE/Manfred-von-Ardenne/1955-1990-Neue-Heimat-Dresden.html/
368. Ardenne, M.v.: Erinnerungen, fortgeschrieben, Droste Verlag GmbH, Düsseldorf 1997, S. 440 ff.
369. Barkleit, G.: Krebsforschung: Scheitern eines innovativen Ansatzes, Dtsch. Arztebl. 2005; 102(6): A-344/B-283/C-266, http://www.aerzteblatt.de/archiv/45331/Krebsforschung-Scheitern-eines-innovativen-Ansatzes

370. Otto Warburg, Max-Planck-Institut für Zellphysiologie: Brief an Manfred von Ardenne vom 1.4.67, Faksimile, a. a. O./368/, S. 439

371. a. a. O. [369]

372. a. a. O. [368], S. 449 ff.

373. Dickman, S.: Alternative Krebsbehandlung – Kein Geld für Mehrschritt-Therapie, Zeit online, 30. August 1991, http://www.zeit.de/1991/36/kein-geld-fuer-mehrschritt-therapie

374. a. a. O. [369]

375. a. a. O. [368], S. 453

376. Zusammenfassender Bericht des Unterausschusses „Ärztliche Behandlung" des Gemeinsamen Bundesausschusses über die Bewertung gemäß § 135 Abs.1 SGB V der Systemischen Krebs-Mehrschritt-Therapie nach von Ardenne, 27.01.2005, http://www.kbv.de/media/sp/2005_01_17_RMvV_41_nicht_anerkannt_sKMT_ArdenneBericht_GBA.pdf

377. a. a. O./309/, S. 40

378. Thiesen, B., A. Jordan: Clinical applications of magnetic nanoparticles for hyperthermia, Int. J. Hyperthermia, September 2008; 24(6): 467–474, http://www.ncbi.nlm.nih.gov/pubmed/18608593

379. Maier-Hauff, K. u. a.: Efficacy and safety of intratumoral thermotherapy using magnetic iron-oxide nanoparticles combined with external beam radiotherapy on patients with recurrent glioblastoma multiforme, J Neurooncol (2011) 103:317–324, http://link.springer.com/article/10.1007%2Fs11060-010-0389-0page-1

380. Thiesen, B. und A. Jordan: Clinical applications of magnetic nanoparticles for hyperthermia, Int. J. Hyperthermia, September 2008; 24(6): 467–474, http://www.ncbi.nlm.nih.gov/pubmed/18608593

381. Brüning, A.: Mit Magnetkraft gegen Tumore, Berliner Zeitung, 22.12.2010, S. 15, http://www.berlinonline.de/berliner-zeitung/archiv/.bin/dump.fcgi/2010/1222/wissenschaft/0005/index.html

382. MagForce AG, Nutzung hochentwickelter Nanomedizin für innovative Therapien, http://www.magforce.de/unternehmen/ueber-uns.html

Wo ist die „rote Linie"?

383. Coordination gegen BAYER-Gefahren: BAYER beendet Geschäft mit Kohlenstoff-Nanoröhrchen, 9. Mai 2013, http://www.cbgnetwork.org/5080.html

384. Coordination gegen Bayer-Gefahren, http://de.wikipedia.org/wiki/Coordination_gegen_Bayer-Gefahren, 16. September 2013

385. Giles, J.: Nanoparticles in the brain, Nature News, Published online 9 January 2004, http://www.nature.com/news/2004/040109/full/news040105-9.html

386. NANODERM: Quality of Skin as a Barrier to ultra-fine Particles, QLK4-CT-2002-02678, Final Report 2007 http://www.uni-leipzig.de/~nanoderm/Downloads/Nanoderm_Final_Summary.pdf

387. BMBF: Nanopartikel – kleine Dinge, große Wirkung, Chancen und Risiken, 2008

388. Verantwortlicher Umgang mit Nanotechnologie, Bericht und Empfehlungen der NanoKommission der deutschen Bundesregierung, 2008

389. a. a. O. [283]

390. Entwicklungs-Know-how wird Kooperationspartnern zur Verfügung gestellt: Bayer MaterialScience bringt Nano-Projekte zum Abschluss, Bayer MaterialScience: Presseinformation vom 08.05.2013, http://www.presse.bayer.de/baynews/baynews.nsf/id/Bayer-MaterialScience-bringt-Nano-Projekte-zum-Abschluss

391. Radkau, J.: Warum die angebliche „German Angst" in Wahrheit vernünftige deutsche Ingenieurtradition bedeutet, Geo 08/2011, S. 86 f.

392. Böl, G.-F. und M. Lohmann: Öffentliche Wahrnehmung von Risiken, Chancen und Nutzen der Nanotechnologie, a. a. O./309/, S. 80 f.

393. a. a. O./309/, S. 28 f.
394. Raabe, D.: Nano-Stähle, 3-Dimensionale Orientierungs-Elektronenmikroskopie und metall-physikalische Simulation der Umformung Forschungsbericht 2005 – Max-Planck-Institut für Eisenforschung GmbH, http://www.mpg.de/865443/forschungsSchwerpunkt?c=166398

Werkstoffdesign 2.0: Simulieren, Kombinieren, Selektieren

395. Committee on Synthetic Hierarchical Structures, Commission on Engineering and Technical Systems, National Research Council: Hierarchical Structures in Biology as a Guide for New Material Technology, The National Academies Press, 1994 http://www.nap.edu/catalog.php?record_id=2215
396. Urban, K.: Die Ziel-Inhalt-Methode-Relation in der Lehre der Werkstoffwissenschaft für Ingenieure des Maschinenbaus an Hochschulen der DDR, Dissertationsschrift, TU Dresden, 1972
397. Raabe, D.: Multiscale Modeling of Materials, http://www.dierk-raabe.com/multiscale-modeling/
398. Aschenbrenner, N.: Kalkuliertes Material, Pictures of the Future, Frühjahr 2003, http://www.siemens.com/innovation/de/publikationen/zeitschriften_pictures_of_the_future/pof_fruehjahr_2003/materialforschung/neue_materialien_finden.htm
399. Ludwig, A., J. Cao, J. Brugger and I. Takeuchi: MEMS tools for combinatorial materials processing and high-throughput characterization, Meas. Sci. Technol., 2005, Vol. 16, No. 1 http://iopscience.iop.org/0957-0233/16/1/015/pdf/0957-0233_16_1_015.pdf

Werkstoffwissenschaft – auf's Ganze gesehen

5

Sie haben bei unserem „Ritt auf der Rasierklinge" gesehen, wie der Umgang des Menschen mit Werkstoffen vom Handwerk zur Wissenschaft geworden ist, wie Werkstoffe ganze Epochen geprägt haben, wie sie und nach wie vor unser Leben verändern und wohin sich die Werkstoffwissenschaft entwickeln könnte. Sie haben dabei in verschiedenen Zusammenhängen auch gelernt, welches die hauptsächlichen Arbeitsfelder von Werkstofffachleuten sind, welche generellen Probleme sie bearbeiten und was das wissenschaftliche Fundament für ihre Lösung ist. Und Sie haben einige Bedingungen kennengelernt, die zu bedenken sind, damit neue Werkstoffe Eingang in die Industrie finden. Ich rufe Ihnen das abschließend noch einmal kurz und knapp in Erinnerung und fasse es in einigen Merksätzen zusammen, die Sie im Gedächtnis behalten sollten.

Aufgabe von Werkstofffachleuten, und zwar sowohl in Forschungseinrichtungen als auch in der Industrie, ist es zunächst, aus Rohstoffen technisch nutzbare Materialien zu gewinnen, ihre Eigenschaften zu erforschen sowie daraus neue oder verbesserte Werkstoffe und Verfahren für ihre Herstellung zu entwickeln. Dabei kommt es aus volkswirtschaftlichen, ökologischen und sozialen Gründen – wie die Rücksichtnahme auf Sie, die nachfolgende Generation – zunehmend darauf an, die begrenzt verfügbaren Ressourcen effizient zu nutzen, den Rohstoffeinsatz und Energieaufwand für die Werkstoffherstellung zu senken.

Merke: Die Herstellung neuer oder verbesserter Werkstoffe beginnt bei der Verarbeitung von Rohstoffen zu technisch nutzbaren Materialien. Sie ist nicht nur eine werkstoffwissenschaftliche Aufgabe, sondern unter dem Gesichtspunkt der Ressourceneffizienz auch ein volkswirtschaftliches, ökologisches und soziales Problem.

Moderne Werkstoffe bestehen nicht mehr allein aus den traditionellen anorganischen und organischen, sondern auch aus biologischen Materialien und solchen, die ihnen technisch nachgeahmt sind, sowie aus komplexen Systemen verschiedener Materialien. Die Eigenschaften von Materialien zu erforschen und daraus Werkstoffe mit neuen oder verbesserten Eigenschaften zu entwickeln, ist oft nur in interdisziplinärer Zusammenarbeit möglich.

© Springer-Verlag Berlin Heidelberg 2015
K. Urban, *Materialwissenschaft und Werkstofftechnik*,
DOI 10.1007/978-3-662-46237-9_5

Merke: Die Werkstoffwissenschaft ist ein Fachgebiet, in dem nicht nur Werkstoffingenieure, sondern auch Physiker, Chemiker und Biologen sowie zunehmend auch Mathematiker, Softwareentwickler und Informatiker arbeiten.

Die Eigenschaften eines Werkstoffes werden durch seine atomare Zusammensetzung und seine Struktur bestimmt. Sie entstehen aus naturwissenschaftlicher Sicht durch mechanische, physikalische, chemische und biologische Prozesse der Strukturbildung und der Strukturzerstörung bei ihrer Herstellung und Nachbehandlung. Aus technologischer Sicht spricht man von Prozessen der Stoffumwandlung.

Die gleichen Vorgänge liegen auch jenen Eigenschaftsänderungen zugrunde, denen ein Werkstoff im Laufe seiner Anwendung unterliegt, z. B. durch Korrosionsprozesse. Sie führen in der Regel irgendwann zum Werkstoffversagen und im Extremfall sogar zur Zerstörung des Werkstoffes bzw. des aus ihm gefertigten Bauteiles.

Merke: Das gemeinsame wissenschaftliche Fundament sowohl für die Entwicklung und Herstellung als auch für die Anwendung aller Arten von Werkstoffen ist der Zusammenhang zwischen ihrer atomaren Zusammensetzung und Struktur und ihren Eigenschaften. Das Verständnis dieses Zusammenhangs ist für Werkstofffachleute die Grundlage für die Entwicklung neuer Werkstoffe, vielfältiger Herstellungs- und Nachbehandlungstechnologien sowie für die Verhinderung oder Verzögerung des Werkstoffversagens.

Aufgabe von Werkstofffachleuten ist es jedoch nicht nur, neue oder verbesserte Werkstoffe zu entwickeln und herzustellen, sondern auch für deren Nutzung zu sorgen. Deshalb müssen sie von vornherein die Anforderungen bedenken, die künftige Anwender an einen Werkstoff stellen. Dabei stehen zwar seine technischen Gebrauchseigenschaften an erster Stelle. Sie sind jedoch nicht das einzige Kriterium.

Vorrangiges Ziel von Werkstoffanwendern ist es, aus einem neuen oder verbesserten Werkstoff Erzeugnisse zu produzieren, Bauteile oder technische Systeme, die sie mit Gewinn vermarkten können. Deshalb verwenden sie keinen neuen Werkstoff, der ihnen zu teuer ist, selbst dann nicht, wenn er „Supereigenschaften" hat und für ein bestimmtes Erzeugnis technisch hervorragend geeignet wäre.

Merke: Bei der Werkstoffentwicklung sind von vornherein auch ökonomische Aspekte zu bedenken, damit ein neuer Werkstoff die Chance hat, in der Industrie eingesetzt zu werden.

Außerdem möchten Werkstoffanwender gern Werkstoffe einsetzen, aus denen sie Bauteile oder technische Systeme auf den in ihrem Betrieb vorhandenen Anlagen fertigen können, und zwar in Massenproduktion. Völlig neue Werkstoffe erfordern aber in der Regel neue Fertigungsverfahren und -anlagen, in die Anwender wiederum nur bereit sind zu investieren, wenn sie sich von ihrem Erzeugnis einen entsprechend hohen Gewinn am Markt versprechen.

Merke: Bei der Entwicklung neuer Werkstoffe müssen von Anfang an auch fertigungstechnische Voraussetzungen und Bedingungen der Anwender berücksichtigt werden.

Die erfolgreiche Anwendung neu entwickelter Werkstoffe wird manchmal auch dadurch erschwert, dass Bauteile, die daraus hergestellt werden sollen, anders konstruiert werden müssen als es mit herkömmlichen Werkstoffen üblich ist. Zumal, wenn für sie noch keine verlässlichen Werkstoffkennwerte und Standards existieren, mit denen Konstrukteure arbeiten können.

Merke: Werkstoffentwickler sollten die konstruktiven Probleme und Möglichkeiten kennen, die ein neuer Werkstoff mit sich bringen kann. Vor allem sollten sie dazu beitragen, Werkstoffkennwerte und -standards zu schaffen, die den Konstrukteuren als Arbeitsgrundlage dienen.

Technische Erzeugnisse unterliegen bei ihrem Gebrauch vielfältigen Belastungen, die zu ihrer Schädigung führen können. Oft möchte man sie dann nicht aussondern oder entsprechende Bauteile austauschen, sondern reparieren. Bei neuen Werkstoffen, vor allem bei Verbundwerkstoffen, bereitet das manchmal Schwierigkeiten.

Merke: Werkstoffentwickler sollten von vornherein darüber nachdenken, ob und wie man Bauteile, die aus neuen Werkstoffen hergestellt werden sollen, ggf. später reparieren kann.

Und nicht zuletzt: Neu entwickelte Werkstoffe müssen umwelt- und gesundheitsverträglich sein. Auch aus Gründen einer effizienten Nutzung vorhandener Ressourcen sollten sie recycelt und als Sekundärrohstoff wiederverwertet werden können, wenn ein Bauteil ausgedient hat.

Merke: Werkstoffentwickler müssen von Anfang an ökologische Aspekte, die Gesundheitsverträglichkeit und die Wiederverwertung neuer Werkstoffe im Auge haben.

Werkstofffachleute haben es also im Grunde mit zwei Gruppen von Eigenschaften zu tun: Solche, die die von ihnen neu entwickelte Werkstoffe aufweisen (vorhandene Eigenschaften Ev) und jene, die sich aus den Anforderungen ergeben, die ihre Anwendung stellt (geforderte Eigenschaften Eg). Beide sollen letztlich möglichst gut übereinstimmen.

Merke: Um die Eigenschaften neu entwickelter Werkstoffe mit den vom Anwender geforderten Eigenschaften möglichst gut in Übereinstimmung zu bringen, ist es zweckmäßig, sowohl Werkstoffhersteller und Werkstoffanwender als auch Nutzer des Enderzeugnisses, beispielsweise Mediziner, von Anfang an in die Werkstoffentwicklung einbeziehen.

Um festzustellen, ob ein Werkstoff die vom Entwickler und Hersteller angestrebten Eigenschaften aufweist und ob das vorhandene Eigenschaftsspektrum den Auswahlkriterien für seine Anwendung entspricht, aber auch, um die Funktionsfähigkeit der daraus hergestellten Erzeugnisse während ihrer Nutzung zu gewährleisten, müssen neue oder weiterentwickelte Werkstoffe charakterisiert und ihre Eigenschaften geprüft und überwacht werden. Und zwar nicht nur vor, sondern auch während ihrer Anwendung, um einem Funktionsausfall eines Bauteiles rechtzeitig vorbeugen zu können.

Merke:Die Werkstoffprüfung und -charakterisierung ist ein eigenständiges Gebiet der Werkstoffwissenschaft, das sowohl in die Entwicklung und Herstellung von Werkstoffen als auch in die Werkstoffanwendung hineinreicht und beide miteinander verbindet.

Diese Merksätze beschreiben charakteristische Arbeits- und Problemfelder der Werkstoffwissenschaft. Fügen wir diese zusammen, erhalten wir ein Bild ihrer Gesamtstruktur entlang der gesamten Wertschöpfungskette, vom Rohstoff über die Werkstoffentwicklung, -herstellung, -prüfung und -charakterisierung, bis hin zur ihrer Anwendung (Abb. 5.1).

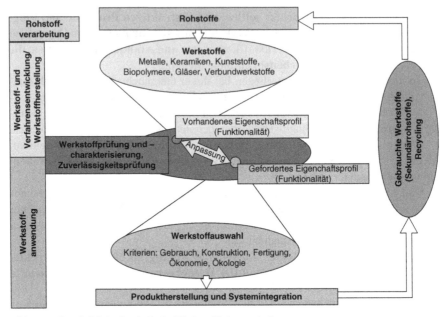

Abb. 5.1 Ganzheitliche Struktur der Werkstoffwissenschaft

Dieses Strukturbild soll Ihnen helfen, sich auf dem sehr differenzierten Feld der Werkstoffwissenschaft zu orientieren und Einzelheiten, die Sie auf unserer Exkursion durch ihre Vergangenheit und Gegenwart kennengelernt haben, in einen allgemeinen Zusammenhang einzuordnen. Das erleichtert es ihrem Gehirn, sie dauerhaft im Gedächtnis zu verankern und neues Wissen passgerecht anzudocken und zu speichern, das Sie erwerben werden, falls sie sich entschließen, in eine der Studienrichtungen einzusteigen, die Universitäten und Hochschulen unter dem Label „Materialwissenschaft und Werkstofftechnik" anbieten. Einen kompletten Überblick über diese Studienrichtungen sowie Informationen über Studienanforderungen, -ziele und -inhalte, Berufschancen und Karrierewege finden Sie im Studienführer der Deutschen Gesellschaft für Materialkunde (DGM). /[400]

Sie wissen jetzt, worauf Sie sich einlassen, wenn Sie eine Richtung der Materialwissenschaft und Werkstofftechnik als Studienfach wählen. Ich würde mich freuen, wenn ich Sie dazu motivieren konnte. Dennoch empfehle ich Ihnen, sich eingehend beraten zu lassen, ob diese, wie ich meine, faszinierende Wissenschaft, genau das Richtige für Sie ist. Die Werkstofffachleute der DGM sind gewiss gern bereit, Ihnen zu helfen, das herauszufinden. Denn die Wahl eines Studienfaches ist wie ein Ritt auf der Rasierklinge. Entweder es macht Ihnen Spaß und Sie werden glücklich und zufrieden damit oder Sie quälen sich durch das Studium oder steigen womöglich später doch noch in eine andere Richtung um.

Literatur

400 Checkpoint Zukunft – Der DGM-Studienführer Materialwissenschaft und Werkstofftechnik, 2013, http://www.dgm.de/dgm/images/dgm-studienfuehrer.pdf

Abbildungsnachweis

2.1   a) Flintstone knife: https://commons.wikimedia.org/wiki/File:Flintstone_knife.jpg, Michal Maňas, © cc-by-sa.2.5; b) Bronze-Rasiermesser: © Frank Trommer, mit freundlicher Genehmigung; c) Rasiermesser aus Stahl aus: Rasirspiegel oder die Kunst sich selbst zu rasiren (Ausgabe der SLSUB Dresden), Legrand / Reinig, gemeinfrei; d) Erster Rasierapparat mit auswechselbaren Klingen: http://www.invention-protection.com/pdf_patents/pat775134.pdf, ohne Autornennung und ©-Vermerk; e) Rasierklinge: © Darekm135; cc-by-sa-3.0-Lizenz; f) Rasiersystem: © Johan; cc-by-sa.3.0; g) 5+1 Klingensystem: R. Schwietzke, Testbericht Gillette Fusion Power, cc-by-sa.2.5

2.2   aus: Hummel, R.E.: Understanding Materials, 2004

2.3   oben: aus Hummel, R.E.: Understanding Materials, 2004; b) unten: aus Hornbogen E, Werkstoffe – Aufbau und Eigenschaften, 2006

2.4   Nach: Hummel, R.E: Understanding Materials, 2004

2.5   Oben rechts: nach Kuhn, N., T.M. Klapötke: Allgemeine und Anorganische Chemie – Eine Einführung, 2014

2.6   Nach: Eisenkolb, F.: Einführung in die Werkstoffkunde, Band 1, Allgemeine Metallkunde, 1957

2.7   oben: nach Eisenkolb, F.: Einführung in die Werkstoffkunde, Band 1, Allgemeine Metallkunde, 1957: unten: nach Schatt, W. (Hrsgb.): Einführung in die Werkstoffwissenschaft, 1972

2.8   rechts Einlagerungsmischkristall: nach© Chillkrötchen, cc-by-sa.3.0; Atomradien: aus Askeland, R.A.: Materialwissenschaften, 1996

2.9   Rennofen: © Museum Schloss Salder der Stadt Salzgitter, Foto Johamar, © gemeinfrei; Stückofen: Aus: „De Re Metallica" by Georgius Agricola, 1556, User: Helix84, © gemeinfrei; Hochofen: Aus: Tavernier, J., Frénzeny P., The Manufacture of Iron – Filling the Furnace, „Harper's Weekly", November 1, 1873, upload from en.wikipedia to Commons Hugh Manatee, © abgelaufen

2.10 Askeland, R.A.: Materialwissenschaften, 1996

2.12 a) Puddelofen: Aus: The Household Cyclopedia by Henry Hartshorne, 1881, https://commons.wikimedia.org/wiki/File:Puddling_furnace.jpg, © abgelaufen; b) Bessemerbirne aus: Meyers Konversations-Lexikon, 6. Auflage von 1902–1908, http://commons.wikimedia.org/wiki/File:Bessemerbirne.jpg, LoKiLeCh, © abgelaufen: c) Siemens-Martin-Ofen aus: Ledebur, A.: Manuel

© Springer-Verlag Berlin Heidelberg 2015
K. Urban, *Materialwissenschaft und Werkstofftechnik*,
DOI 10.1007/978-3-662-46237-9

2.45 © Nikhil P, cc-by-sa.3.0

2.46 aus: Askeland, R.A.: Materialwissenschaften, 1996

2.47 oben: © Nobelmuseum, Foto: Hildebrand, © gemeinfrei; unten links: © Alexander AIUS, cc-by-sa.30; unten rechts: © materialesnano.com, cc-by-sa.30

2.48 aus Askeland, R.A.: Materialwissenschaften, 1996

2.50 aus Binnewies et al.: Allgemeine und Anorganische Chemie, 2011

2.51 © Honina, cc-by-sa.30

2.52 Oben links: Lucent Technologies 1997, no ©, Mitte: © Deutsches Museum München; Foto: Journey234, gemeinfrei; oben rechts. © Stahlkocher, cc-by-sa.3.0; unten: © Cepheiden (talk), gemeinfrei

2.53 Sand: Urban,K.; Rohsilizium: Nixdorfmuseum, 2004, © Stahlkocher, cc-by-sa.3.0; Hochreiner polykristalliner Siliziumstab: Warut Roonguthai, cc-by-sa.3.0; Monokristalliner Si-Einkristall: © Stahlkocher, cc-by-sa.3.0.; Si-Wafer: Stahlkocher, cc-by-sa.3.0.; Chips auf einem 150mm-Wafer: Fotograf: Armin Kübelbeck, cc-by-sa.3.0, Wikimedia Commons; AMD-Prozessor: Advanced Micro Devices, Inc. (AMD), © gemeinfrei, derivative work: © Der Messer (talk), gemeinfrei; Fujitsu-Siemens Amilo Notebook XA-3530: © Rico Shen, cc-by-sa.4.0

3.1 © Smarsly, W., MTU Aero Engines GmbH, 2007

3.2 aus: Schuster, J.C., M.Palm: Reassesment of the Binary Aluminium-Titan Phase Diagram, Journal of Phase Equilibria and Diffusion, June 2006, Vol. 27, Issue 3, pp 255 – 277, technisch interessanter Bereich: Kättlitz, O.: Technologische Entwicklung zur Herstellung von near-net shape Niederdruckturbinenschaufeln aus dem intermetallischen Werkstoff Titanaluminid im Feinguss, Dissertation, RWTH Aachen, Fakultät für Georessourcen und Materialtechnik, 2014

3.3 © Smarsly, W., MTU Aero Engines GmbH, 2007

3.4 © Smarsly, W, MTU Aero Engines GmbH, 2004

3.5 © BMW Group Forschung und Technik GmbH, 2006

3.6 © Heller, T. u.a., ThyssenKrupp Stahl AG, 2004

3.7 links: © Hadhuey, cc-by-sa.3.0; rechts: © Simon.white.1000, cc-by-sa-3.0

3.8 © Stehfun, cc-by-sa.3.0

3.9 Urban, K.

3.10 Holzstrukturen: © Zollfrank; C., TU München; Wellpappenstruktur: © Greil, P., Friedrich-Alexander-Universität Erlangen-Nürnberg

3.11 © Kern, K., Max-Planck-Institut für Festkörperforschung

3.12 © Helmholtz Zentrum Dresden Rossendorf

3.13 © Helmholtz Zentrum Dresden Rossendorf

3.14 oben und unten rechts: © Cölfen, H., Max-Planck-Institut für Kolloid- und Grenzflächenforschung, 2005; links unten: Fratzl, P., Max-Planck-Institut für Kolloid- und Grenzflächenforschung, © Wiley-VCH Verlag GmbH & Co. KGaA, 2010

3.15 Hierarchische Struktur von Knochen (alle Bilder, außer HAP-Plättchen): Fratzl, P., Max-Planck-Institut für Kolloid- und Grenzflächenforschung,

4.14 © Cepheiden (talk), gemeinfrei

4.15 © GSF-Forschungszentrum GmbH, Neuherberg, in: BMBF: Nanopartikel – kleine Dinge, große Wirkung, Chancen und Risiken, 2008

4.16 © Butz, T., Universität Leipzig, 2008

4.17 © Krell, A., Fraunhofer Institut für Keramische Technologien und Systeme

4.18 Urban, K.: Zur Bestimmung des Begriffes Werkstoff im Lehrfach „Stoffkundliche Grundlagen der Produktionsmittel", Wiss. Z. der PH Erfurt, Mathematisch-naturwissenschaftliche Reihe, 11(1975), S. 53)

4.19 © Raabe, D., Max Planck Institut für Eisenforschung

4.20 © Alfred Ludwig, Ruhr-Universität Bochum, Institut für Werkstoffe

Sachverzeichnis

© Springer-Verlag Berlin Heidelberg 2015
K. Urban, *Materialwissenschaft und Werkstofftechnik,*
DOI 10.1007/978-3-662-46237-9